环境样品前处理与质量控制技术

江苏康达检测技术股份有限公司技术委员会 编写

中国石化出版社

内 容 提 要

本书系统介绍了不同类型的环境样品、当前国内外各种先进的环境样品前处理技术以及前处理过程中的质量控制技术。全书共分为八章，不仅包括环境样品保存、运输及制备，还包括环境中有机污染物、无机污染物、金属污染物检测的前处理技术，环境中微生物检测的处理技术，以及在原有前处理发展技术上提出的环境样品前处理的新技术及发展趋势。此外，本书还介绍了环境样品前处理过程中的质量控制方法，在每章中提供了大量的样品前处理在监测工作中产生的实际应用的方法案例，并附有真实数据以供参考。

本书可供环境监测采样人员、分析人员和质量管理人员在监测工作中参考使用，也可供高等院校环境工程、分析化学、环境化学等相关专业师生及其他行业的分析技术人员学习参考。

图书在版编目(CIP)数据

环境样品前处理与质量控制技术 / 江苏康达检测技术股份有限公司技术委员会编写．—北京：中国石化出版社，2022.1
ISBN 978-7-5114-6560-3

Ⅰ.①环… Ⅱ.①江… Ⅲ.①污染物-前处理 Ⅳ.①X132

中国版本图书馆 CIP 数据核字(2022)第 021184 号

中国石化出版社出版发行

地址：北京市东城区安定门外大街 58 号
邮编：100011　电话：(010)57512500
发行部电话：(010)57512575
http://www.sinopec-press.com
E-mail：press@sinopec.com
北京柏力行彩印有限公司印刷
全国各地新华书店经销
*
710×1000 毫米 16 开本 23.75 印张 416 千字
2022 年 2 月第 1 版　2022 年 2 月第 1 次印刷
定价：128.00 元

编委会成员

主 编 单 位：江苏康达检测技术股份有限公司

编委会主任：张　峰

主　　　编：李冠华

副　主　编：赵雅芳

编　　　委：(以姓氏笔画为序)

王学东　王苏勤　王　倩　方　圆

尹雪香　朱佩玉　许　震　孙延昭

李　军　李志鸿　吴秋硕　张　磊

陈海秀　金峰涛　周　丽　封　岳

侯利文　姜金萍　顾亚南　顾俊鹏

徐　兰　徐敏敏　徐　慧　高　晨

郭　骏　桑贝贝　葛明敏　董　超

程　涛

参 编 单 位：江苏省苏州环境监测中心

苏州科技大学

参加编写人员

第 1 章编写人员：赵雅芳　徐　兰　李冠华　徐敏敏　张　磊

第 2 章编写人员：金峰涛　许　震　顾俊鹏　孙延昭

第 3 章编写人员：李冠华　李　军　程　涛　陈海秀　封　岳　朱佩玉

第 4 章编写人员：郭　骏　朱佩玉　董　超　吴秋硕

第 5 章编写人员：高　晨　周　丽　侯利文　桑贝贝　徐　慧　顾亚南

第 6 章编写人员：王苏勤　姜金萍　王　倩

第 7 章编写人员：王学东　李志鸿

第 8 章编写人员：葛明敏　尹雪香　方　圆

随着社会经济的不断发展，人民生活水平的不断提高，环境污染问题越来越受到关注，而环境污染物检测工作是环境管理的基础和重要依据。一个完整的环境污染物分析方法的建立一般包括目标分析物的确定、分析方法的选择、样品的采集、样品的前处理、样品的上机测定、数据处理以及分析结果报告等步骤。随着现代科学技术的迅速发展，各种采用高新技术的精密分析仪器不断涌现，分析仪器的水平不断提高，特别是现代电子技术、计算机技术以及自动化技术极大地推动了分析化学的发展。但是相比于现代仪器分析技术的快速发展，样品前处理技术目前存在着耗时长、提取液用量大、自动化程度低、操作复杂等诸多问题，前处理方法与技术的研究长期以来被忽视，使样品前处理技术成为制约分析化学发展的瓶颈。

目前，讨论样品前处理方法的书籍不在少数，但对不同环境样品的类型、前处理有哪些方法、如何规范操作、实际使用时如何控制过程中的变量及具体有哪些注意事项却少有描述。针对这些内容的匮乏，本书系统汇编了环境样品中有机污染物、金属污染物、其他无机污染物的前处理技术、环境样品中微生物检测的处理技术以及前处理中实际涉及的仪器设备，结合检测分析方法中的实际案例，为环境检测采样人员、实验分析人员和质量管理人员开展检测服务活动提供了完备的数据支撑及丰富的借鉴经验，同时作为培训教材也能够满足相关单位开展环境检测人员技能培训或高等院校专业授课的实际需求。

本书第1章介绍环境检测过程中样品前处理的作用与意义。第2章根据样品类型阐述水质样品、气体样品、土壤样品、沉积物样品及固体废弃物样品的保存运输与制备方法。第3章至第6章则根据样品污染物的类型，分类阐述有机污染物检测、金属污染物检测、其他无机污染物的前处理技术和环境样品中微生物检测的处理技术。第7章介绍了环境样品前处理新技术及发展趋势。第8章归纳总结样品前处理过程中的质量控制方式。最后附录部分整理出目前常用的标准方法所对应的样品前处理技术，为环境检测领域同行的实际检测需求提供参考。

本书由我公司在职员工共同协作完成，书中内容均来源于他们在一线岗位多年深耕总结所得，其中收录、引用的很多检测数据、图表源自我公司实验室多年环境检测工作的积累。江苏省苏州市环境监测中心的王苏勤老师及苏州科技大学环境学院的王学东教授对本书提出了宝贵的修改意见，在此表示诚挚的谢意！本书也参考了一些已出版的著作、教材、学术论文及各类标准，在此由衷感谢行业前辈们的工作积累。

由于编者们的学识水平有限，无论从理论上还是技术方面都还需要继续深入研究和完善，书中存在的纰漏、不足甚至错误之处，敬请专家和读者批评指正，以便我们在后续工作中做出相应的修订和改进。

江苏康达检测技术股份有限公司

2021年11月

目录 Contents

第1章 绪论

1.1 环境检测

1.1.1 环境检测的概念

环境检测是指运用现代科学技术手段，对代表生态环境污染和生态环境质量的各类环境要素样品的性质、数量、浓度进行检验和测试，包含样品采集及运输、保存、样品预处理、分析测试、数据处理等环节。环境检测的目的是将准确、有效的数据反馈给环境监管部门，为后续生态环境保护工作的全面开展提供具有价值的参考依据。

1.1.2 环境检测在环境保护工作中的作用

环境检测工作借助系统化方法开展，涵盖污染现场调查、污染数据收集、检测数据分析以及污染控制等环节，包括污染源现状分析、环境质量变化趋势及其引发后果预测等。环境检测可以客观真实地反映环境数据，为环境保护工作顺利开展提供重要参考依据。

环境检测也为环境保护标准的制定提供参考依据。环境保护主管部门通过收集、分析环境检测相关数据，在时间和空间上找出自然环境中的污染物含量及变化趋势，统筹考虑各时期各地区环境质量的实际情况，继而为环境保护相关标准的制定提供重要数据参考。

1.1.3 环境检测的发展历史

环境检测的发展主要体现在两个领域：环境检测方法和环境分析仪器。

相对于发达国家，我国工业发展较晚，对环境污染危害的认识也较迟。我国的环境保护工作起步阶段是在20世纪70年代初期，1973年8月国务院在北京召开了第一次全国环境保护工作会议，从此正式建立了环境保护机构。1980年12

月，国务院环保领导小组办公室召开了第一次全国环境监测工作会议，初步建成国家、省、市、县四级共312个监测站；1983年12月，第二次全国环境保护会议明确提出“保护环境是我国一项基本国策”，并制定了我国环保事业的战略方针，这标志着我国环保工作正式进入发展阶段。

经过了40多年发展，我国已建成较为完善的环境监测分析方法体系框架。20世纪80年代属于我国环境监测方法体系构建初期，在此期间原国家环保总局相继编制发布了《水和废水监测分析方法》《空气和废气监测分析方法》《环境放射性监测方法》《工业固体废弃物有害特性试验与监测分析方法》等标准规范。20世纪90年代属于我国环境监测方法体系发展期，地表水、环境空气、固定污染源、噪声、固体废物、土壤等环境要素的分析方法在此期间逐步完善规范。截至2020年底，环境保护部门颁布了近400项环境监测技术规范，修订了现行环境监测分析方法标准1000余项，内容涉及水和废水、环境空气和废气、土壤和沉积物、固体废物、生物、微生物、噪声振动等主要环境要素。同时，对于监测技术规范、突发环境污染事故监测等领域的相关标准也做了一定程度的修订。至此，我国环境监测方法标准体系正逐步走向完善。

2015年7月，国务院办公厅印发的《生态环境监测网络建设方案》(国办发〔2015〕56号)明确了“加快推进生态环境监测网络建设，健全生态环境监测制度与保障体系，必须要健全生态环境监测标准规范体系”的方针政策。环境监测主管部门构建完善的环境监测方法标准体系任重道远：一方面要根据工作需要及时修订完善环境监测方法标准，统一地表水、地下水、大气、土壤、污染源、生态、噪声、振动、辐射等技术标准规范；另一方面要确保各类监测部门和机构、排污单位等监测活动能执行统一的技术标准规范，增强各部门生态环境监测数据的可比性。目前，我国环境监测方法体系正在逐步完善，现行方法标准体系在提升我国环境监测技术水平、规范环境监测程序(过程)、提高监测数据的准确性和可比性、更好地服务和满足环境管理的需求等方面发挥了有力的技术支撑作用，但在具体工作中仍存在许多问题。

近年来，随着科技的发展，各种高精密度的分析仪器相继问世，环境检测逐步由经典的化学分析向仪器分析发展，手工操作逐步向连续自动化迈进。随着社会的快速发展以及对环境监测工作高效率的迫切需要，高效、快速的检测分析仪器已成为环境仪器领域的研究热点之一。其中，仪器的联合使用和信息化已成趋势，联用技术的使用，使部分复杂的有机混合物可在数小时内得到分离和检定。简而言之，随着现代科学技术的快速发展，环境分析仪器的性能特别是在精密化联用分析、多功能、自动化、智能化、网络化等方面有了极大的提高，同时环境分析向痕量化、超痕量化方向发展，也对样品前处理技术提出更高的要求。为满足这一需求，分析测试方法不断地推陈出新，其中高通量、自动化、低成本、健康环保、准确可靠的样品前处理技术是分析测试方法重要研究方向之一。

1.1.4 环境样本预处理的目的

样品前处理是指对样品中待测组分的提取、净化、富集的过程，使待测组分转化为便于测定的形态。

从环境中采集的样品，往往存在成分复杂、基质干扰等情况，所以无论是液体、气体、固体，基本都需要竞岗预处理后再进行分析测定。实际采样过程中得到的环境样品也常呈现多相态、非均一态的形式，如大气中所含的气溶胶与飘尘，废水中含的油乳液、固体微粒与悬浮物，固体废物中液态和固态混合物，土壤中植物根系、建筑垃圾等。

经过样品前处理，首先可以起到浓缩痕量被测组分的作用，从而提高方法的灵敏度，降低最小检测极限。因为环境样品中有毒有害物质的浓度很低，难以直接测定，经过前处理富集后，就很容易用各种仪器分析测定，从而达到降低测定方法最小检测极限的目的。

其次可以消除基体对测定的干扰，提高方法的灵敏度。否则基体产生的讯号可以大到部分或完全掩盖痕量被测物的讯号，不但对选择分析方法最佳操作条件的要求有所提高，而且增加了测定的难度，容易带来较大的测量误差。

通过衍生化的前处理方法，可以使一些在常规检测器上没有响应或响应值较低的化合物转化为具有很高响应值的化合物，如硝基烃在目前各种检测器上响应值均较低，把它还原为氨基烃再经三氟乙酰衍生处理后，生成带电负性很强的化合物，它们在电子捕获检测器上具有极高的灵敏度。衍生化通常还用于改变被测物质的性质，提高被测物与基体或其他干扰物质的分离度，从而达到改善方法灵敏度与选择性的目的。

此外，样品经前处理后变得容易保存或运输。因为环境样品浓度低，采集的量相对较大，不但保存和运输都不方便，而且容易使其中各组分发生变化。若将样品经过短的吸附柱，使被测组分吸附在吸附柱内，这样，不但缩小了体积，便于保存和运输，而且可以使被测组分保持相对稳定，不易发生变化。

最后，通过样品前处理可以除去对仪器或分析系统有害的物质，如强酸或强碱性物质、生物大分子等，从而延长仪器的使用寿命，使分析仪器能长期保持在稳定、可靠的状态下进行。

1.1.5 环境样本预处理的意义

通常，环境分析测试样品具有以下一些特性：样品种类多、来源广；样品组分复杂；样品中待测指标的含量低，部分基体杂质有干扰；样品待测指标稳定性差等。

分析测试一个环境样品的完整流程大致包含样品采集、样品预处理、分析测定、数据处理四个步骤。统计结果表明，样品前处理环节既耗费时间又容易引进误差。据统计，环境分析中样品前处理耗费的时间占分析过程的60%，而误差来源占分析过程的30%。正常完成一个样品的分析测试需几分钟至几十分钟，而样品预处理往往要消耗几小时，对于组分复杂的环境样品预处理甚至需要十几个小时。

因此环境分析方法的前处理技术需要快速、简便、自动化，这样既可以减少由人员操作及样品转移过程带来的误差，又可以避免使用大量溶剂对环境和人员健康带来的影响。因此，探索和研究新的快速、简便、自动化、绿色的前处理技术及方法，已成为环境分析领域里一个非常有意义的前沿课题。

1.2 环境污染物分类及特点

环境污染物是指进入环境后使环境的正常组成和性质发生变化、直接或间接有害于人类生存或造成自然生态环境衰退的物质，是环境监测研究的对象。大部分环境污染物是由人类的生产和生活活动产生的。有些物质原本是生产中的有用物质，甚至是人和生物必需的营养元素，由于未充分利用而大量排放，不仅造成资源上的浪费，而且可能成为环境污染物。

1.2.1 环境污染物的分类

环境污染物按污染类型可分为大气污染物、水污染物、土壤污染物等；按污染物的形态分为气体污染物、液体污染物和固体污染物；按污染物的性质分为化学污染物、物理污染物和生物污染物。也可以根据人类社会活动的不同功能产生的污染物进行分类，主要考虑工业、农业、交通运输和生活四个方面。

本书结合环境样品处理技术，按照污染物的性质，重点对典型的化学污染物、物理污染物和生物污染物进行介绍。

1.2.2 环境污染物的特点

(1) 自然性。长期生活在自然环境中的人类，对于自然物质有较强的适应能力。有人分析了人体中60多种常见元素的分布规律，发现其中绝大多数元素在人体血液中的百分含量与它们在地壳中的百分含量极为相似。但是，人类对人工合成的化学物质，其耐受力则要小得多。所以区别污染物的自然或人工属性，有助于估算它们对人类的危害程度。

（2）毒性。污染物的毒性作用可以分为可逆性毒作用和不可逆性毒作用、局部性毒作用和全身性毒作用、速发毒作用和迟发毒作用、联和毒性作用、三致毒作用(致畸变、致突变、致癌)等几类，其中环境污染物中的氰化物、砷及其化合物、汞、铍、铅、有机磷和有机氯等毒性较强。

（3）时间分布性。环境污染物的排放量和污染因素的强度会随时间而变化。有研究显示我国空气污染具有随季节变化的特征，冬季空气污染最为严重，春秋季节次之，而夏季最轻。某个工厂的污染物排放，不同时间段排放的污染物种类和浓度也会有所不同。受到污染的河流，由于潮汛和丰水期、枯水期的不同，随着时间变化水中污染物的浓度会发生变化。交通噪声的强度，由于不同时间车流量不同，噪声强度也会有非常大的差别。

在对环境污染进行监测时，必须考虑环境污染物的时间分布性，监测同一点位不同时间段的数据。

（4）空间分布性。污染物进入环境后，随着水和空气的流动而被稀释扩散。不同污染物的稳定性和扩散速度与污染物的性质有关，因此不同空间位置上污染物的浓度和强度分布是不同的。在对某一污染区域进行监测时，必须考虑环境污染物的空间分布性，根据规范要求结合实际情况制定监测计划，然后对监测数据进行统计分析，才能得到较全面而客观的结论。

（5）活性和持久性。活性和持久性表明污染物在环境中的稳定程度。活性高的污染物质，在环境中或在处理过程中易发生化学反应生成比原来毒性更强的污染物，构成二次污染，严重危害人体及生物。

（6）生物可分解性。有些污染物能被生物所吸收、利用并分解，最后生成无害的稳定物质。大多数有机物都有被生物分解的可能性。

（7）生物累积性。有些污染物可在人类或生物体内逐渐积累、富集，尤其在内脏器官中的长期积累，由量变到质变引起病变发生，危及人类和动植物健康。

（8）对生物体作用的加和性。环境是一个复杂体系，必须考虑各种因素的综合效应。从传统毒理学观点来看，多种污染物同时存在对人或生物体的影响有以下几种情况：

① 单独作用，即当机体中某些器官只是由于混合物中某一组分发生危害，没有因污染物的共同作用而加深危害的，称为污染物的单独作用。

② 相加作用，混合污染物各组分对机体的同一器官的毒害作用彼此相似，且偏向同一方向，当这种作用等于各污染物毒害作用的总和时，称为污染的相加作用。如大气中的二氧化硫和硫酸气溶胶之间、氯和氯化氢之间，当它们在低浓度时，其联合毒害作用即为相加作用，而在高浓度时则不具备相加作用。

③ 相乘作用，当混合污染物各组分对机体的毒害作用超过个别毒害作用的总和时，称为相乘作用。如二氧化硫和颗粒物之间、氮氧化物和一氧化碳之间，就存在相乘作用。

④ 拮抗作用，当两种或两种以上污染物对机体的毒害作用彼此抵消一部分或大部分时，称为拮抗作用。如动物试验表明，当食物中含有 30μg/mL 甲基汞，同时又存在 12. 5μg/mL 硒时，就可能抑制甲基汞的毒性。

1. 2. 3　化学污染物

化学污染物一般分为有机污染物和无机污染物两大类。

1. 2. 3. 1　有机污染物

有机污染物是指以碳水化合物、蛋白质、氨基酸以及脂肪等形式存在的天然有机物质及某些其他可生物降解的人工合成有机物质为组成的污染物。常见的包括饱和烃、不饱和烃、有机卤化物等。

(1) 烃类。烃类化合物的分布相当广泛，常见的有甲烷、丙烷、丁烷和异辛烷等。天然烃类包括小到只有一个碳原子的甲烷、大到几十个碳原子的 β 胡萝卜素等。

① 烷烃。烷烃也称为饱和烃，它是一类只含碳氢两种元素的化合物，所谓饱和就是指碳原子之间以单键相连接，其余价键都与氢原子结合的化合物，即烷烃的整体构造由碳-碳单键与碳-氢单键所构成，它也是最简单的一类有机化合物，而其下又可细分出链烷烃与环烷烃。

② 烯烃和炔烃。烯烃和炔烃统称为不饱和烃，即这个分子的碳骨架中至少含有一个双键或三键。烯烃的化学性质都比较稳定，但比烷烃活泼。

③ 芳香烃。芳香烃简称芳烃，为苯及其衍生物的总称，是指分子结构中含有一个或者多个苯环的烃类化合物。这个名称来源于有机化学发展初期，这一类化合物几乎都在挥发性、有香味的物质中发现，例如从安息香胶中取得安息香酸、从自苦杏仁油取得苯甲醛等。但后来许多性质应属芳香族的化合物，却不拥有香味，因此现今芳香烃，指的只是这些含有苯环的化合物。

芳香烃中，最简单和最重要的芳香烃是单环芳烃苯及其同系物，如甲苯、二甲苯、乙苯等。除了单环芳烃，芳香烃还包括多环芳烃，是指包含两个或两个以上的苯环，且共用相邻的两个碳原子的苯环类碳氢化合物，多环芳烃分子中也可能存在非芳环。多环芳烃的主要来源是食品的加工过程，特别在烟熏、火烤或烘焦过程中滴在上面的油脂也能热聚产生苯并[a]芘，有人认为这是烤制食品中苯并[a]芘的主要来源。

多环芳烃在环境中通过迁移、转化、富集，浓度水平可提高数倍甚至数百倍。有研究表明，二环、三环等低环的多环芳烃一般表现出较强的急性毒性，而高环数的多环芳烃对生物有很强的致癌、致畸和致突变作用。

(2) 有机卤化物。1989年国家环境保护局通过的《水中优先控制污染物黑名单》上的58种有毒有机化学品中，有25种属于有机卤代化合物。2001年，世界上127个国家的代表通过了《关于持久性有机污染物的斯德哥尔摩公约》，首批被列入公约受控清单的12种持久性有机污染物(POPs)均为有机氯化物。有机卤化物在环境中的广泛存在主要来源于人为输入，有机卤化物具有以下性质：

① 高毒性。有机卤化物在低浓度时也会对生物体造成伤害。其还具有生物放大效应，也可以通过生物链逐渐积聚成高浓度，从而造成更大的危害。

② 持久性。有机卤化物具有抗光解性、化学分解和生物降解性。

③ 积聚性。有机卤化物具有高亲油性和高憎水性，其能在活的生物体的脂肪组织中进行生物积累，可通过食物链危害人类健康。

④ 流动性大。有机卤化物可以通过风和水流传播到很远的距离。有机卤化物具有一定挥发性，在适当条件下挥发进入大气层。因此，它们能从水体或土壤中以蒸气形式进入大气环境或者附在大气中的颗粒物上。由于其具有持久性，所以能在大气环境中远距离迁移而不会全部被降解，但其具有一定的挥发性又会使得它们不会永久停留在大气层中，它们会在一定条件下又沉降下来，然后又在某些条件下挥发。这样的挥发和沉降重复多次就可以导致污染物分散到地球上各个地方。

(3) 含氧官能团的有机物。有机化学反应主要发生在官能团上，如醛的加氢发生在醛基碳氧键上，氧化发生在醛基的碳氢键上；醇的酯化反应是羟基中的O—H键断裂，取代反应则是C—O键断裂。含氧官能团的有机物分为很多种，主要为醇类(羟基)、酮类(羰基)、醛类(醛基)、羧酸(羧基)、醚类(醚)。

含氧官能团的有机物在工业生产使用中非常普遍，主要的毒性也分为如下几类：醇类、酮类、醚类物质主要作用于神经系统，对视神经有特殊的选择作用，对不同动物的毒性相差较大，醇类、酮类具有麻醉作用，其作用随碳原子数目的增加而增强；醛类主要是甲醛和丙烯醛，如甲醛对呼吸道黏膜有刺激作用，长期慢性刺激可导致黏膜充血，诱发呼吸道炎症。

(4) 含氮官能团的有机物。分子中含有氮元素的有机化合物统称为含氮有机化合物，可看作烃类分子中的一个或几个氢原子被各种含氮原子的官能团取代的生成物。含氮基团常常对化学物质的性质具有显著影响。含氮化合物的类型很多，主要有如下类型的化合物：

① 硝基化合物：如硝基甲烷、硝基苯等，其中包括芳香族硝基化合物。

② 胺：氨分子中的部分或全部氢原子被烃基取代而成的化合物称为胺，根据分子中氮原子上所连烃基的数目，可分为伯、仲和叔胺。

③ 烯胺：氨基直接与双键碳原子相连(也称 α，β-不饱和胺)。

④ 重氮化合物和重氨盐：重氮化合物是分子中含有重氮基的化合物。

⑤ 偶氮化合物：分子中含有偶氮基，并与两个烃基相连的化合物。

⑥ 叠氮化合物：纯粹的叠氮化合物，特别是烷基叠氮化合物容易爆炸，但却是有用的合成中间体。

⑦ 季铵盐和季铵碱：铵盐分子中 4 个复分子都被羟基取代，则生成季铵盐，如氯化四甲基铵等。

含氮官能团的化合物广泛存在于自然界，是一类非常重要的化合物。许多有机含氮化合物具有生物活性，如生物碱；有些是生命活动不可缺少的物质，如氨基酸等；不少药物、染料等也都是有机含氮化合物。

(5) 含硫、磷官能团的有机物。有机分子中的硫有很多不同氧化态。硫与氧之间的区别是硫的电负性比氧要小很多，因此参与形成氢键的能力也弱得多。此外，与氧相比，硫原子与碳原子以及硫原子与氢原子所形成的键要弱些，导致巯基比羟基的酸性和亲核性更强。

有机磷化合物具有强烈的生理活性，至今仍是一类重要的农药。在环境化学物质中，磷原子主要以氧化形态存在。磷酸、硫代磷酸的衍生物，尤其是脂类和硫脂类化合物用途广泛，包括用作增塑剂、阻燃剂或农药等。

1.2.3.2 无机污染物

无机污染物是指由无机物构成的污染物，除了碳元素同非金属结合而成的绝大多数化合物以外的各种元素及其化合物(如各种元素的氧化物、硫化物、卤化物、酸、盐等)称为无机物。

无机污染物有一部分是通过地壳变迁、火山爆发、岩石风化等自然过程进入大气、水体、土壤和生态系统的；有的是随着人类的生产和生活而进入环境的。采矿、冶炼、机械制造、建筑材料、化工等工业生产排出的污染物中大量为无机污染物，其中硫、氮、碳的氧化物和金属粉尘是主要的大气无机污染物。较一些高毒性、高危害的有机污染物来说，一些无机污染物在人们生产生活的环境中更加常见，如环境中各种重金属的污染、氟化物、氯化物、磷酸盐、总磷、氰化物、总氮等，这些无机酸、碱和盐类的随意排放，会引起环境的污染，其中所含的重金属，如铅、镉、汞、铜等会在沉积物或土壤中积累，通过食物链在高营养级上富集，直至危害人体与生物。它们有的会和烃类污染物进步发生气相反应生成光化学烟雾，有的会发生液相反应，引起酸雨等，从而伤害动植物，腐蚀建筑材料和使土壤肥力下降。下面对部分无机污染物进行介绍。

（1）无机氮化合物。无机氨包括氨态氮（简称氨氮）和硝态氮，其中硝态氮又分为硝酸盐氮和亚硝酸盐氮。水中的氨氮、亚硝酸盐氮和硝酸盐氮含量可反映水体受污染的程度。水中氨氮含量大表明水体刚刚受到污染；亚硝酸盐氮含量大则说明水体正处于自净过程；若硝态氮含量大则表明水体已经基本自净完全。亚硝酸盐能使血液中正常携氧的低铁血红蛋白氧化成高铁血红蛋白，因而失去携氧能力引起组织缺氧。亚硝酸盐是剧毒物质，成人摄入 0.2~0.5g 即可引起中毒，3g 即可致死。亚硝酸盐同时还是一种致癌物质，据研究，食道癌与患者摄入的亚硝酸盐量是正相关性，亚硝酸盐在胃酸等环境下与食物中的仲胺、叔胺和酰胺等反应生成强致癌物 *N*-亚硝胺。亚硝胺还能够透过胎盘进入胎儿体内，对胎儿有致畸作用。

（2）二氧化硫。二氧化硫对环境影响很大，过量的二氧化硫排放到大气中后会形成酸雾或硫酸盐气溶胶，并最终经过一系列反应形成酸雨。酸雨进入土壤后，会加速土壤中的铝释放，而植物吸收过量的铝化合物，最终导致植物中毒死亡。此外，酸雨还会改变土壤结构，加速土壤中矿物元素流失，导致土壤贫瘠，影响植物发育并诱发植物病虫害。二氧化硫还会损害人体健康，其与大气中的烟尘有协同作用，可使呼吸道疾病发病率增高，并导致慢性病患者的病情恶化。二氧化硫在人体内会破坏酶的活力，影响碳水化合物及蛋白质的代谢，影响人体对钙的吸收。二氧化硫还具有一定的雄性生殖毒性，经常接触高浓度二氧化硫的青年男子精子畸变率会升高且精子运动能力降低。

（3）氟化物。氟化物是类对植物毒性很强的污染物，在地壳中广泛存在。使用的矿石中含有氟的工厂，如铝厂、钢铁厂、玻璃厂和陶瓷厂都可能排出氟化物成为大气污染物。氟化物对植物的毒性比二氧化硫要大 10~1000 倍，而且相对密度小，扩散距离远。同时氟化物也广泛存在于天然水体中，它是人体必需的微量元素之一，缺氟易患龋齿病，而含量过高则可导致氟斑牙、氟骨病。氟化物在水体中绝大部分以离子状态存在，极易被组织吸收。

（4）氰化物。工业中使用氰化物很广泛，从事电镀、洗注、油漆、染料、橡胶等行业的人员接触机会较多。日常生活中，桃、李、杏、枇杷等含氢氰酸，其中以苦杏仁含量最高，木薯亦含有氢氰酸。氰化物毒性很强，职业性氰化物中毒主要是通过呼吸道，其次在高浓度下也能通过皮肤吸收。生活性氰化物中毒以口服为主，它能被口腔黏膜和消化道充分吸收。氰化物进入人体后析出氰离子，与细胞线粒体内氧化型细胞色素氧化酶的三价铁结合，阻止氧化酶中的三价铁还原，妨碍细胞正常呼吸，组织细胞不能利用氧，造成组织缺氧，导致机体陷入内窒息状态。

（5）硒。硒主要用于电子、光化学、通信设备和冶金制造等工业。其主要从

铜电解精炼所得的阳极泥中提取。它是人体内必需的微量元素之一，硒摄取不足或摄取过量，均可能导致疾病产生。同砷一样，元素硒毒性低，但硒的盐类化合物则可以经由吸入、食入或皮肤接触而造成中毒。接触硒粉尘或熏烟后会迅速引起强烈的眼、鼻和咽喉刺激症状，并可能表现出金属熏烟热或引起化学性肺炎。而在无机硒化合物中，亚硒酸为毒性最大的硒化合物。食入过量硒的急性中毒症状包括心律不齐、溶血、肝脏坏死、肺部水肿、脑水肿等，严重者可能会导致死亡。慢性硒中毒的症状包括毛发、指甲易碎裂脱落、肠胃不适、秃头、皮肤红疹、倦怠，情绪不稳定、四肢无力发麻、肝脏损害等。

(6) 重金属。从毒性和对生物体危害方面来看，重金属污染物有以下特点：①在天然水中只要有微量浓度即可产生毒性效应，一般重金属产生毒性浓度范围大致在 1~10mg/L，毒性较强的重金属有汞、镉等，大致在 0.001~0.01mg/L；②尽管微生物能降解重金属，但也可能使某些重金属在微生物作用下转化为金属有机化合物，产生更大毒性，汞在厌氧微生物作用下甲基化就是这方面的典型例子；③生物体从环境中摄取重金属，经过食物链生物放大作用，逐级地在较高级生物体内成千上万倍地富集起来，使重金属通过多种途径(食物、饮水、呼吸)进入人体，甚至通过遗传和母乳途径侵入人体；④重金属进入人体后能够与高分子物质(如蛋白质和酶等)发生强烈相互作用而使它们失去活性。也可能积累在人体的某些器官中，造成慢性累积性中毒，最终造成危害，这种累积性危害有时需要 10~20 年才显示出来。

1.2.4 物理污染物

物理性污染是指由物理因素引起的环境污染，物理性污染物包括噪声、电磁辐射(紫外线、微波)、电离辐射(各种放射性物质)、光反射等。

1.2.4.1 热污染

来自各种工业过程的冷却水，若不采取措施，直接排入水体，可能引起水温升高、溶解氧含量降低、水中存在的某些有毒物质的毒性增加等现象，从而危及鱼类和水生生物的生长。

1.2.4.2 噪声污染

噪声破坏了自然界原有的宁静，损伤人们的听力，损害人们的健康，影响了人们的生活和工作。强噪声还能造成建筑物的损害，甚至导致生物死亡。噪声已成为仅次于大气污染和水污染的第三大公害。

(1) 交通噪声。主要指各种机动车辆、飞机、火车、轮船等在行驶过程中的振动和喇叭声产生的噪声。它的特点是流动性和不稳定性。对交通干道两侧以及港口、机场附近的居民影响最大。

（2）工业噪声。指工厂的机器在运转时产生的噪声，也包括建筑工地施工时的噪声。它的特点是具有稳定的噪声源。在工厂和工地工作的人是直接的受害者，在其附近的居民也深受其害。

（3）社会生活噪声。是指人为活动所产生的除工业噪声、建筑施工噪声和交通运输噪声之外的干扰周围生活环境的声音，主要产生在商业区。另外，娱乐、体育场所，游行、集会、宣传等社会活动也会产生噪声。其他如家用电器的运转声，宠物的叫声，上楼下楼的脚步声，喧哗声，打闹声等。

1.2.4.3　放射性污染

放射性污染主要指人工辐射源造成的污染，如核武器试验时产生的放射性物质，生产和使用放射性物质的企业排出的核废料。另外，由于原子能工业的发展，放射性矿藏的开采，核试验和核电站的建立以及同位素在医学、工业、研究等领域的应用，使放射性废水、废物显著增加，造成一定的放射性污染。

对大气的污染：放射性物质进入大气后，对人产生的辐射伤害通常有三种方式：①浸没照射：人体浸没在有放射性污染的空气中，全身的皮肤会受到外照射。②吸入照射：吸入有放射性的气体，会使全身或甲状腺、肺等器官受到内照射。③沉降照射：指沉积在地面的放射性物质对人产生的照射。如放射性物质放出的 γ 射线的外照射或通过食物链而转移到人体内产生的内照射。沉降照射的剂量一般比浸没照射和吸入照射的剂量小，但有害作用持续时间长。

对水体的污染：核试验的沉降物会造成全球地表水的放射性物质含量提高。核企业排放的放射性废水，以及冲刷放射性污染物的用水，容易造成附近水域的放射性污染。地下水受到放射性污染的主要途径有：放射性废水直接注入地下含水层、放射性废水排往地面渗透池、放射性废物埋入地下等。地下水中的放射性物质也可以迁移和扩散到地表水中，造成地表水的污染。放射性物质污染了地表水和地下水，影响饮水水质，并且污染水生生物和土壤，又通过食物链对人产生内照射。

对土壤的污染：放射性物质可以通过多种途径污染土壤。如放射性废水排放到地面上，放射性固体废物埋藏到地下，核企业发生的放射性排放事故等，都会造成局部地区土壤的严重污染。

1.2.4.4　光污染

可见光污染：可见光污染比较常见的是眩光，例如，汽车夜间行驶时照明用的车头灯，工厂车间里不合理的照明布置，会使人的视觉瞬间下降。核爆炸时产生的强闪光，可使几公里范围内的人的眼睛受到伤害。电焊时产生的强光，如果没有适当的防护措施，也会伤害人的眼睛。长期在强光条件下工作的人（如冶炼、熔烧、吹玻璃等），也会由于强光而使眼睛受到伤害。

随着城市建设的发展，太阳光的反射造成的污染日趋严重。在城市，特别是大城市里，高大建筑物的玻璃幕墙，会产生很强的镜面反射。玻璃幕墙的光反射效应在光线强烈的夏季特别显著，它会使局部地区的气温升高，强烈的反射光使人头昏目眩，双眼难睁，不仅影响人们的正常工作和休息，而且会影响街道上的车辆行驶及行人的安全。

红外线和紫外线污染：红外线是一种热辐射，对人体可造成高温伤害。较强的红外线可造成皮肤伤害，其情况与烫伤相似。最初是灼痛，然后是造成烫伤。波长为7500~13000Å 的红外线，对眼角膜的透过率很高，可造成视网膜的伤害。波长 19000Å 以上的红外线几乎全部被眼角膜吸收，会造成眼角膜烧伤。人眼如果长期暴露在红外线下可能引起白内障。

紫外线对人体的伤害主要是眼角膜和皮肤。适当的和适度的接受紫外线照射，可使肌体皮下脂肪中的一种胆固醇转化成对身体有益的维生素，但是过度照射紫外线则可能损害人体的免疫系统，导致多种皮肤损害。

1.2.4.5 电磁波污染

影响人类生活环境的电磁污染源可分为天然和人为的两大类。天然的电磁污染是由某些自然现象引起的。如雷电，除了可能对电器设备、飞机、建筑物等直接造成危害外，还会在广大地区从几千赫到几百兆赫以上的范围内产生严重的电磁干扰。其他如火山喷发、地震、太阳黑子活动引起的磁暴等都会产生电磁干扰，这些电磁干扰对通讯的破坏特别严重。

人为的电磁波污染主要有①脉冲放电。如切断大功率电流电路产生的火花放电，会伴随产生很强的电磁波。②功频交变电磁场。如大功率电机变压器以及输电线附近的电磁场。③射频电磁辐射。如无线电广播、电视、微波通讯等各种射频设备的辐射。它的特点是频率范围广，影响区域大，已成为电磁污染的主要因素。

研究表明，电磁波的频率超过 10^5Hz 时，就会对人体构成潜在威胁。由于它无色、无味、无形，它的危害性很容易被人们忽视。假如长期暴露在超过安全的辐射剂量下，就会大面积杀伤(甚至杀死)人体细胞。电磁波还会影响和破坏人体原有的电流和磁场，使人体原有的电磁场发生变异，干扰人体的生物钟，导致生态平衡出现紊乱，自主神经失调。

但也有学者认为，高频电磁辐射，如 γ 射线，X 射线(来源于宇宙射线和原子辐射)的能量很大($E=h\nu$，其中 ν 为电磁波的频率)，可以破坏分子内部的化学键，甚至会损伤生物体内的 DNA，引起肿瘤和白血病。但由家用电器和高压电缆产生的电磁场频率非常低，没有足够的能量破坏化学键，只能引起分子振荡，使生物组织发热。正常情况下，这种电磁场产生的感应电流强度比人体中自然存在的电流强度还低，不足以对人构成威胁。

居室中的辐射源如电视、冰箱、空调、电脑、吹风机、搅拌器等，其中大型的家用电器均有屏蔽电磁场的保护壳，影响不大。其他电器如手机，包括室外的变电室、高压输电线、电缆、无线电波、微波等，它们携带的能量均低于 γ 射线和 X 射线，不会给人体造成大的伤害。

1.2.5　生物污染物

生物污染物是指废水中的致病微生物及其他有害的生物体，主要包括病毒、病菌、寄生虫卵等各种致病体。此外，废水中若生长有铁细菌、硫细菌、藻类、水草及贝壳类动物时，会堵塞管道、腐蚀金属及恶化水质，也属于生物污染物。

生物污染物主要来自城市生活废水、医院废水、垃圾及地面径流等方面。病原微生物的水污染危害历史最久，至今仍是危害人类健康和生命的重要水污染类型。

病原微生物的特点是数量大、分布广、存活时间较长、繁殖速度很快、易产生抗药性，想要消灭它的难度无疑是巨大的。因此，此类污染物实际上通过多种途径进入人体，并在体内生存，一旦时机成熟，就会引起人体疾病。

地下水中生物污染物可分为 3 类：细菌、病毒和寄生虫。在人和动物的粪便中有 400 多种细菌，已鉴定出的病毒有 100 多种。在未经消毒的污水中含有大量细菌和病毒，它们有可能进入含水层污染地下水。而污染的可能性与细菌和病毒存活时间、地下水流速、地层结构、pH 值等多种因素有关。

用于评价饮用水质量的大肠杆菌类在人体及热血动物肠胃中经常发现，它们是非致病菌。在地下水中曾发现，引起水媒病传染的致病的有霍乱弧菌(霍乱病)、伤寒沙门氏菌(伤寒病)、志贺氏菌、沙门氏菌、肠道产毒大肠杆菌、胎儿弧菌、小结肠炎耶氏菌等，其中后 5 种病菌都会引起不同特征的肠胃病。

病毒比细菌小得多，存活时间长，比细菌更易进入含水层。在地下水中曾发现的病毒主要是肠道病毒，如脊髓灰质炎病毒、人肠道弧病毒、甲型柯萨奇病毒、新肠道病毒、甲型肝炎病毒、胃肠病毒、呼吸道肠道病毒、腺病毒等，而且每种病毒又有多种类型，对人体健康危害较大。

寄生虫包括原生动物、蠕虫等。在寄生虫中值得注意的有：梨形鞭毛虫、痢疾阿米巴和人蛔虫。

1.2.6　优先控制污染物

大量污染物进入环境中会给人类及生态系统带来一系列不良影响，当然对于有毒化学物质的研究无疑是环境领域研究的重点。世界上化学物质种类繁多，达千万种，进入环境的化学物质达十多万种。人类无论从人力、物力、财力还是从化学物质毒害程度和出现频率的实际情况来看都不可能对每种化学品进行监测，实行控制面只能有重点和针对性地对一部分污染物进行监测和控制。这就要求人们根据污染物对人类健康的危害程度、降解难度、在环境中残留水平、出现频率、是否具有生物累积性等特点，对众多污染物进行比较，确定一个筛选原则。

这个筛选过程就是优先过程，这些经过优先选择的污染物称为环境优先污染物(以下简称优控污染物)。在确立筛选原则的基础上，选择对人类健康危害较大的污染物作为优先监测和控制的对象，将是一种有效解决环境问题的科学策略。

优先控制污染物的筛选应当遵循的原则如下：

① 优先选择具有较大产生量、使用量或排放量的污染物；

② 优先选择广泛存在于环境中，具有较高的检出率和稳定性的污染物；

③ 优先选择具有环境与健康危害性，在水中难以降解，具有生物累积性和水生生物毒性的污染物；

④ 优先选择已经具备一定监测条件，存在可用于定性和定量分析的化学标准物质的污染物；

⑤ 采取分期分批建立优控污染物名单的原则。

首次开展优控污染物监测的国家是美国。早在 1976 年，美国环保署(USEPA)在《清洁水法》中公布了 129 种优先污染物，其中包括 114 种有机化合物、15 种无机重金属及其化合物。后又提出了 43 种空气优先监控污染物名单。苏联卫生部于 1975 年公布了水体中有害物质最大允许浓度，其中有机物质 73 种，后来又补充了 30 种，共 103 种；有机物 378 种，后又补充了 118 种，共 496 种。实施 10 年后，又补充了 65 种有机物，合计达 664 种之多。在 1975 年所公布的工作环境空气和居民区大气中有害物质最大允许浓度中无机物及混合物 266 种，有机物 856 种，合计达 1122 种之多。欧盟 1975 年提出《关于水质的排放标准》的技术报告，列出了“黑名单”和“灰名单”，其中“黑名单”包括有机卤化物、有机锡化物、水中或水环境介质中显示致癌活性的物质、汞及其化合物、镉及其化合物、油类和来自石油的烃类等八类物质。日本环境厅 1986 年公布了 1974~1985 年对 600 种优先有毒化学品进行普查的结果。其中检出率高的有毒污染物有 189 种，有机氯化物所占比例最大。我国在进行研究和参考国外经验的基础上也将 14 类、共计 68 种化学污染物列为优控污染物，见表 1-1。

我国优控污染物“黑名单”中有机物 12 类、58 种，占总数的 85.3%，包括 10 种卤代烃类，6 种苯系物，4 种氯代苯类、多氯联苯，6 种酚类，6 种硝基苯，4 种苯胺，7 种多环芳烃，3 种钛酸酯，8 种农药、丙烯腈，2 种亚硝胺。另外还有氰化物和9种重金属及其化合物。由于各个国家的环境、经济状况、科学技术发展程度等条件的变化，各国的优控污染物“黑名单”也会随之改变。因此由各国公布的优控污染物“黑名单”可以看出，比起无机污染物，环境中的有机污染物对环境的危害更大，但这并不代表无机污染物就可以被忽视。

表1-1　我国水中优先控制污染物黑名单

序号	类别	优先控制污染物
1	挥发性卤代烃类	二氯甲烷，三氯甲烷，四氯化碳，1,2-二氯乙烷，1,1,1-三氯乙烷，1,1,2-三氯乙烷，1,1,2,2-四氯乙烷，三氯乙烯，四氯乙烯，三溴甲烷(溴仿)，计10个
2	苯系物	苯，甲苯，乙苯，邻二甲苯，间二甲苯，对二甲苯，计6个
3	氯代苯类	氯苯，邻二氯苯，对二氯苯，六氯苯，计4个
4	多氯联苯	1个
5	酚类	苯酚，间甲酚，2,4-二氯酚，2,4,6-三氯酚，对一硝基酚，计5个
6	硝基苯类	硝基苯，对硝基甲苯，2,4-二硝基甲苯，三硝基甲苯，2,4-硝基氯苯，计5个
7	苯胺类	苯胺，二硝基苯胺，对硝基苯胺，2,6-二氯硝基苯胺，计4个
8	多环芳烃类	萘，荧蒽，苯并(b)荧蒽，苯并(k)荧蒽，苯并(a)芘，茚并(1,2,3-c,d)芘，苯并(ghi)芘，计7个
9	酞酸酯类	酞酸二甲酯，酞酸二丁酯，酞酸二辛酯，计3个
10	农药	六六六，滴滴涕，敌敌畏，乐果，对硫磷，甲基对硫磷，除草醚，敌百虫，计8个
11	丙烯腈	1个
12	亚硝胺类	*N*-亚硝基二甲胺，*N*-亚硝基二正丙胺，计2个
13	氰化物	1个
14	重金属及其化合物	砷及其化合物，铍及其化合物，镉及其化合物，铬及其化合物，汞及其化合物，镍及其化合物，铊及其化合物，铜及其化合物，铅及其化合物，计9个

1.3 环境污染物检测方法概述

环境污染物监测是指运用物理、化学、生物等现代科学技术方法，间断地或连续地对环境化学污染物及物理和生物污染等因素进行的监测和测定，分析其变

化和对环境的影响，是一个连续的、动态的过程。环境检测是对污染物、污染源的性质、数量、浓度的鉴定和检验。常见化学污染物的检测方法可分为化学分析法和仪器分析法，其中化学分析法主要有重量法和容量法，仪器分析法主要有光谱分析法、色谱分析法、电化学分析法、质谱分析法等。随着科学技术的不断发展，一些新的检测技术也不断出现并被用于环境污染物的检测。下面简要介绍一下环境中化学污染物检测的常用分析方法：

1.3.1 化学分析法

化学分析法是以物质的化学反应为基础的分析方法，主要用于常量物质的分析，在环境污染物检测中应用广泛。它是环境检测分析方法的基础，主要有重量法和容量法。

1.3.1.1 重量法

重量分析法是通过物理或化学反应将被测组分与试样中的其他组分分离后，转化为一定的称量形式，由称得的质量计算得到被测组分的含量。重量法根据分离方法的不同，一般分为：气化法、沉淀重量法、电解重量法和萃取重量法。

重量法的优点是准确度高。它直接通过分析天平称量就可得到分析结果，无须使用容量器皿测定的数据，也不需要基准物质做比较，测定的误差一般小于0.1%。缺点是操作烦琐，不适用于微量组分的测定。

在环境污染物监测中，重量分析法常用来检测大气中颗粒物、水中的油和悬浮物等。

1.3.1.2 容量法

容量法也称滴定分析法，根据不同的反应类型主要分为酸碱滴定法、络合滴定法、氧化还原滴定法及沉淀滴定法。

(1) 酸碱滴定法。酸碱滴定法也称中和滴定法，是基于酸碱反应的分析方法。用已知浓度的酸或碱来滴定未知浓度的碱或酸，当指示剂指示到达终点后，计算被测物质的量。此法优点是反应速度快，反应进行的程度高，副反应极少，确定反应计量终点的方法简便，但其不足之处是实验操作过程比较烦琐。在环境污染物监测中，常用此法测定土壤、肥料、各种水体的酸碱度、氮和磷的含量、农药中的游离酸等。

(2) 络合滴定法。络合滴定法又称配位滴定法，是以络合反应为基础的分析方法。在络合反应中，配位剂提供电子对，中心离子接受电子对。但是由于配位剂与中心离子一般形成逐级络合物，即副反应较多，准确滴定较为困难，而且金属指示剂的选择也需要满足一定的条件，因而也限制了络合反应的使用范围。此法优点在于可以同时测定两种或多种离子混合溶液中的单个离子含量和总含量，主要是通过加入不同性质的络合掩蔽剂，同时调节酸度范围等条件来实施。最常用的配位剂是乙二胺四乙酸(EDTA)，能与多数金属离子形成稳定性较好的配合物，无逐级络合现象，反应定量关系明确，而且反应速率快、水溶性好，广泛应用于各种金属离子的滴定。在环境污染物监测中，主要用此法测定水中钙、镁、氰化物以及水的总硬度等。

(3) 氧化还原滴定法。氧化还原滴定法是以氧化还原反应为基础的分析方法。在氧化还原滴定法中，可以利用指示剂在化学计量点附近颜色的改变来指示终点。此法优点是可以测定多种无机物和有机物；缺点是氧化还原反应机理比较复杂，有些反应常因伴有副反应而没有明确的计量关系，另外有些反应虽然在热力学上判断可以进行，但因反应速率缓慢而给分析应用带来困难。氧化性和还原性标准溶液均可以作为滴定剂，常用的氧化还原滴定法有高锰酸钾法、重铬酸钾法、碘量法与间接碘量法、溴酸钾法和硫酸铈法等。在环境污染物监测中，高锰酸钾法主要用于测定地表水、饮用水和生活污水中的化学需氧量；碘量法用于测定水中溶解氧。

(4) 沉淀滴定法。沉淀滴定法是基于沉淀反应的分析方法，这一分析方法的理论基础是被分析物与滴定剂发生沉淀反应。沉淀滴定法应用较广的是生成微溶性银盐的反应，即银量法。沉淀滴定法的缺点主要是沉淀反应形成的沉淀很多没有固定组成，而且有些沉淀本身溶解度较大，在化学计量点时反应不够完全，另外有些沉淀反应速度较慢，尤其对于晶形沉淀易形成过饱和现象，还有些沉淀反应没有合适的指示剂指示终点。在环境污染物监测中，该方法可以用于测定卤素以及氰根离子(CN^-)、硫氰根离子(SCN^-)等离子。

1.3.2 仪器分析法

仪器分析法是指采用比较复杂或特殊的仪器设备，通过测量物质的某些物理或物理化学性质的参数及其变化来获取物质的化学组成、成分含量及化学结构等信息的一类方法。主要有光谱分析法、色谱分析法、电化学分析法和质谱分析法。

1.3.2.1 光谱分析法

光谱分析方法是基于物质与辐射能作用时，测量由物质内部发生量子化的能级之间的跃迁而产生的发射、吸收或散射辐射的波长和强度，以此来鉴别物质及确定它的化学组成和相对含量的方法。这些光谱是由于物质的原子或分子特定能级的跃迁所产生的，根据其特征光谱的波长可进行定性分析；而光谱的强度与物质的含量相关，可进行定量分析。

按波长区域不同，光谱可分为红外光谱、可见光谱和紫外光谱等；按产生光谱的基本微粒不同，光谱可分为原子光谱、分子光谱；按光谱表观形态不同，光谱可分为线光谱、带光谱和连续光谱；按产生的方式不同，光谱可分为发射光谱、吸收光谱和散射光谱。

(1) 依据物质与辐射相互作用的性质，光谱分析法一般分为发射光谱法、吸收光谱法和散射光谱法三种类型。

发射光谱法是测量原子或分子的特征发射光谱，研究物质的结构和测定其化学组成的分析方法。发射光谱法主要包括：原子发射光谱法、分子磷光光谱法、化学发光法等。由于荧光光谱法测量的也是原子或分子的特征发射光谱，因此，所有的荧光光谱，包括原子荧光光谱、分子荧光光谱和 X 射线荧光光谱等均属于发射光谱法。

吸收光谱法是通过测量物质对辐射吸收的波长和强度进行分析的方法。吸收光谱法包括原子吸收光谱法、紫外-可见分光光度法、红外光谱法、电子自旋共振波谱法、核磁共振波谱法等。吸收光谱法被广泛应用于水质监测、空气质量监测以及土壤监测中的微量及痕量环境污染物的定性定量分析。

散射光谱法用于物质分析的主要为拉曼光谱法。

(2) 依据物质与辐射相互作用之时发生能级跃迁的粒子种类不同，光谱分析法可分为原子光谱法和分子光谱法。

属于原子光谱法的有原子发射光谱法(AES)、原子吸收光谱法(AAS)和原子荧光光谱法(AFS)以及 X 射线荧光光谱法。

属于分子光谱法的有紫外-可见分光光度法、红外光谱法、分子荧光光谱法和分子磷光光谱法等。

1.3.2.2 色谱分析法

色谱分析法又称层析法。是一种物理或物理化学分离分析方法，先将混合物中各组分分离，而后逐个分析。其分离原理是利用混合物中各组分在固定相和流动相中溶解、解吸、吸附、脱附或其他亲和作用性能的微小差异，当两相做相对运动时，各组分随着移动在两相中反复受到上述各种作用而得到分离。色谱法已成为分离分析各种复杂混合物的重要方法，但对分析对象的鉴别能力较差。

色谱法常见的方法有：柱色谱法、薄层色谱法、气相色谱法、高效液相色谱法等。根据流动相和固定相的不同，色谱法分为气相色谱法和液相色谱法。

(1) 气相色谱法。气相色谱法中可以使用的检测器有很多种，最常用的有火焰电离检测器(FID)、电子捕获检测器(ECD)、质谱检测器(MSD)、氮磷检测器(NPD)、火焰光度检测器(FPD)与热导检测器(TCD)。

气相色谱法广泛应用于环境介质中有机污染物如挥发性有机物、半挥发性有机物、多环芳烃，有机磷农药、药品和个人护理用品(PPCPs)等的检测。只要在气相色谱仪允许的条件下可以气化而不分解的物质，都可以用气相色谱法测定。对部分不稳定物质或难以气化的物质，通过化学衍生化的方法，仍可用气相色谱法分析。

（2）液相色谱法。根据固定相的不同，液相色谱分为液固色谱、液液色谱和键合相色谱。高效液相色谱仪由输出泵、进样装置、色谱柱、梯度冲洗装置、检测器及数据处理和微机控制单元组成。液相色谱的检测器主要有紫外吸收检测器、荧光检测器、电化学检测器和示差折光检测器，其中以紫外吸收检测器使用最广。在环境检测领域，液相色谱法广泛应用于沸点较高、热稳定性差、分子量相对较大的有机污染物检测。

（3）离子色谱法。离子色谱法(IC)是利用离子交换原理，连续对共存的多种阴离子或阳离子进行分离、定性和定量的方法。离子色谱检测器分为两大类，即电化学检测器和光学检测器，电化学检测器包括电导检测器和安培检测器，光学检测器包括紫外-可见光检测器和荧光检测器。离子色谱法主要应用于环境介质中无机阴离子(F^-、Cl^-、Br^-、NO_2^-、NO_3^-、SO_4^{2-}、PO_4^{3-}等)、无机阳离子(Li^+、Na^+、NH_4^+、K^+、Mg^{2+}、Ca^{2+}等)、有机酸(甲酸、乙酸、丙酸、丁酸、异丁酸、戊酸、异戊酸等)的检测。

（4）薄层色谱法。薄层色谱，或称薄层层析，在环境样品检测中主要用于样品的预分离、纯化。

1.3.2.3 电化学分析法

电化学分析法是利用物质的电化学性质进行定量分析的一类方法。该法具有简便、快速、灵敏、较准确及易于实现自动连续测定等特点。电化学分析法依据电化学原理的不同，可将其进一步划分为电导分析法、电位分析法、库仑分析法和极谱分析法。

电位分析法是利用电极电位与化学电池电解质溶液中某种组分浓度的对应关系而实现的定量测定的方法，电位分析法可分为直接电位法和电位滴定法。直接电位法或称离子选择电极法，利用膜电极把被测离子的活度表现为电极电位，在一定离子强度下，活度可转换为浓度，实现分析测定。

在电位分析法中所用的离子选择性电极主要有卤素离子电极、气敏电极、阳离子选择性电极等。其中氟离子电极在环境监测中应用最广泛，氟离子电极已成功地应用于自来水、天然水、海水、饮料、空气、尿液、植物、土壤等各种试样的测定。不同的气敏电极可以分别测定大气、烟道气中的NO_2、SO_2、CO_2等物质，氨气敏电极可测定水样、土壤中的铵态氮、硝酸盐氮，飘尘中的氨和工厂排放废气、空气、废水中的氨，以及重金属合金中的氮等。

1.3.2.4 质谱分析法

质谱法(Mass Spectrometry, MS)即用电场和磁场将运动的离子按它们的质荷比分离后进行检测的方法。测出离子准确质量即可确定离子的化合物组成。

质谱检测器与气相色谱、液相色谱、原子发射光谱等技术联用被广泛应用于环境介质中污染物的检测分析。三重四极杆质谱、飞行时间质谱、高分辨磁质谱等先进质谱检测器的应用为环境中痕量甚至超痕量污染物的定性、定量检测提供了更多的选择。

1.3.3 生物监测技术

(1) 大气污染的指示生物监测。大气污染的生物监测手段主要有:

① 利用指示植物监测大气污染,主要是根据各种植物在大气污染的环境中叶片上出现的伤害症状,对大气污染做出定性和定量的判断。

② 测定植物体内污染物的含量,估测大气污染状况。

③ 观察植物的生理生化反应,如酶系统、发芽率的变化等,判断大气污染长期效应。

④ 测定树木的生长量和年轮等,估测大气污染的现状和历史。

⑤ 利用某些敏感植物(如地衣、苔藓等)制成大气污染植物监测器,进行定点观测。

(2) 水质生物监测。生物毒性的检测原理为利用有毒物质污染应激下生物体的死亡、行为响应和生理生化改变,通过人工观察存活生物数量,或使用仪器自动测量指示生物的发光强度、呼吸作用、氧含量、酶活性、微生物产电量等指标,来判断水中毒性大小。这种方法使用“毒性”代替“毒物”来反映水质情况,确认对生态和健康的影响,也称为综合毒性。

生物毒性监测和常规化学指标监测相比,优势在于能够对复合污染和未知污染物快速响应,常用于突发性污染事故监测、饮用水安全监测或者在线预警装置。

生物毒性监测使用的指示生物有动物、植物和微生物等。目前我国用于水质毒性监测的指示生物主要有四种:菌类、藻类、蚤类和鱼类。

1.4 环境样品前处理技术的作用

1.4.1 样品前处理简介

样品前处理,也称为样品预处理,一个完整的样品分析全过程大致包括:

样品采集、运输与保存、样品制备、样品前处理、分析检测、数据处理与报告编制几个步骤。从广义上来说，分析检测之前的操作步骤都属于样品前处理。从狭义上来说，对于实验室分析工作者而言，样品前处理主要涉及从样品制备到分析之前的样品分解、提取、净化等环节，也就是把待分析样品处理成能够进行仪器或化学分析状态的过程。统计结果表明，在整个样品分析过程中样品前处理占用了相当多的时间，有的甚至可以耗费整个分析过程60%以上的时间，甚至更多，而且也有统计显示主要的分析误差也来自样品前处理环节。

随着现代科学技术的迅速发展，各种采用高新技术的精密分析仪器不断涌现，分析仪器的水平不断提高，特别是应用现代电子技术、计算机技术以及自动化技术极大地推动了分析化学的发展。但是相比于现代仪器分析技术的快速发展，样品前处理技术目前存在着耗时长、提取液用量大、自动化程度低、操作复杂等诸多问题，前处理方法与技术的研究长期以来被忽视，使样品前处理技术成为制约分析化学发展的瓶颈。

因此近些年来样品前处理新技术与新方法的探索与研究引起了分析学家的关注，已经成为当代分析化学的重要课题与发展方向之一。快速、简便、环保、自动化的前处理技术不仅省时、省力，而且可以减少由于不同人员操作以及实验环节过多带来的误差，同时也可以减少使用大量有机溶剂对环境造成的污染，样品前处理技术的深入研究必将对分析化学的发展起到积极的推动作用。

1.4.2　环境样品特点

环境监测所面临的样品性质是极其复杂的，环境监测的对象包括气体、液体、固体等多种形态，待测物可能存在浓度低、组分复杂、干扰物质多和稳定性差、易受环境影响而变化等特点，不经处理难以直接进行分析测试，一般都要经过样品制备与前处理以后才能测定。环境样品主要有以下几个特点。

1.4.2.1　样品类型多样

环境监测所涉及的样品类型复杂、多样。包括气体样品（有组织废气、无组织废气、环境空气、室内空气、工作场所空气）、液体样品（地表水、饮用水、地下水、工业废水、生活污水、雨水、海水、废液等）、固体样品（农林业土壤、建设用地土壤、底泥、生活垃圾、固体废物、污泥等）。对于不同类型的样品需要采用不同的有针对性的前处理方法来实现对待测组分的检测工作。表1-2列出了环境监测主要涉及的样品类型及其特点。

表 1-2　环境样品类型

环境样品类型	细分类型	特点
气体样品	有组织废气	净化设施处理前，高温、高湿、样品浓度高。净化设施处理后，排放浓度低，并向高空排放，扩散相对较容易
	无组织废气	污染物种类多，排放点广，排放源高度低，呈地面弥漫状，持续时间长，危害大
	环境空气	污染物浓度水平比废气样品要低，方法检出限也更低，样品易受污染
	室内空气	
	工作场所空气	有害物质种类多，不同工位不同时段污染物浓度变化大
液体样品	地表水	待测分析物浓度水平低，要求检测方法灵敏度高，样品易受污染
	地下水	
	工业废水	污染物种类繁多，浓度波动幅度大，基质复杂
	生活污水	氮、磷营养物质、有机物和微生物含量高
	饮用水	待测分析物浓度水平低，要求检测方法灵敏度高，样品易受污染
	海水	对样品采集、运输、保存要求高，样品盐度较高
	大气降水	待测分析物种类较少且相对固定，样品保存时间短
固体样品	土壤	与气体和水样相比易于运输保存，但基质更为复杂且不均匀，需要制样
	底泥	
	生活垃圾	
	污泥	
	其他固废	

1.4.2.2　样品基质复杂

化学分析中，基质指的是样品中被分析物以外的组分。基质常常对分析物的分析过程有显著的干扰，并影响分析结果的准确性。例如，溶液的离子强度会对分析物活度系数有影响，这些影响和干扰被称为基质效应。气体、液体或固体样本大多数情况下都必须经过处理才能进行分析测定，特别是许多复杂样本以多相非均一态的形式存在，如大气中所含油气溶胶和浮尘，废水中含有的乳液、固体微粒与悬浮物，土壤中的水分、微生物、石块等，所以，复杂的样本必须经过前处理去除基质干扰后才能进行分析测定。

1.4.2.3　保存时效短、保存条件严格

环境样品中很多待测组分易变质退化，保存期短。通常需要借助冷藏或冷冻

的方式减缓样品中待测组分的反应速度、挥发速度和微生物作用，或者通过加入固定剂的方式保存样品，比如测定金属离子的水样常用硝酸酸化 pH 值至 1~2，既可以防止重金属的水解沉淀，又可以防止金属在器壁表面上的吸附，还能抑制微生物的活动。

采集样品的工具和盛放样品的容器同样需要严格筛选，选择样品容器时要考虑样品内待分析组分与样品容器之间的相互作用，应避免样品内组分与容器材质本身发生反应。避免样品容器本身含有待测组分，如：玻璃容器含有钠、镁、钙、硼、硅等元素，塑料容器含有邻苯二甲酸酯类等。采用的容器不能吸收待测组分，一般的玻璃容器吸附金属，聚乙烯等塑料材质会吸附有机物质、磷酸盐和油类。同时要考虑到可能含有被光分解的组分，对于部分分析组分要置于深色容器中避光保存。样品容器密封性要好，防止样品被外界污染或交叉污染，防止待测物挥发，如检测挥发性有机物(VOCs)的样品。

1.4.2.4 待测组分含量低或含量跨度范围广

污染物进入环境后，经过水、大气的稀释，其在环境中的含量很低，浓度往往是微量级甚至是痕量级。另外，污染物在环境中的含量范围可能跨度很大。这就对环境监测方法的灵敏度、检测限、测定范围提出了很高的要求，要对环境样品进行分离、富集等预处理后，才能满足监测的要求。

1.4.3 环境样品前处理技术的作用

(1) 样品浓度调节。对样品的前处理，首先可以起到浓缩被测痕量组分的作用。因为样本中待测物质浓度往往很低，难以直接测定，经过前处理富集后，就很容易用于各种仪器分析测定，从而提高方法的灵敏度，降低了测定方法的检出限。常用的浓缩方法有：旋转蒸发、氮吹、加热蒸发浓缩、真空浓缩、离心真空浓缩等方法。

(2) 去除干扰。环境样品前处理最主要的目的就是消除基质与其他干扰物质，提高方法的选择性、准确度、精密度和灵敏度，是准确检测分析待测物过程中的关键环节。另外，通过样品前处理可以去除对仪器或分析系统有害的物质，如强酸或强碱性物质、生物分子等，起到保护分析仪器以及测试系统的作用，以免影响分析仪器的性能以及寿命。常用的有过滤、离心、净化等。

(3) 萃取和分离富集。当样品基质不适合直接进行后续的分离或仪器检测时，需要将分析物从原来的样品基质中提取到其他介质中(利用分析物在不同介质中的溶解度不同实现介质置换)。提取是一个复杂的过程，是被测组分、样品基质和提取溶剂(或固体吸附剂)三者之间的相互作用与达到平衡的过程。常用的有液-液萃取、液-固萃取、固相萃取、超声提取、超临界流体萃取、柱色谱

萃取等。

常用的样品分离富集方法包括以下几种。

沉淀法：形成了无机沉淀、有机沉淀、共沉淀等完整的体系。

蒸馏挥发法：利用水样各组分沸点不同，采用蒸馏法而使其彼此分离。测定水样中的挥发酚、氰化物时均需先在酸性介质中进行预蒸馏分离。蒸馏具有消解、富集和分离三种作用。

溶液萃取分离法：在无机分析方面，螯合物萃取体系、离子缔合物萃取体系及酸性磷类萃取体系广泛应用于痕量元素的萃取分离；有机溶剂的液-液萃取在有机物分析上是一种有效的提纯手段。

离子交换法：利用离子交换剂与溶液中的离子发生交换反应进行分离。离子交换剂可分为无机离子交换剂和有机离子交换剂(离子交换树脂)；

吸附法：在无机领域，使用黄原棉等吸附剂；在有机领域，硅胶、活性炭、多孔高分子聚合物等应用最广泛。利用多孔性的固体吸附剂将水样中一种或数种组分吸附于表面，以达到分离的目的。常用的吸附剂有活性炭、氧化铝、分子筛、大网状树脂等。被吸附富集于吸附剂表面的污染组分，可用有机溶剂或加热解吸出来供测定。

色谱法：薄层色谱法、萃取色谱法、柱色谱法、离心色谱法、高效液相色谱法、毛细管色谱法等在各自的领域发展很活跃，色谱法的发展代表了分离富集技术发展的主要方向。

层析法：分为柱层析法、薄层层析法、纸层析法等，吸附剂分为无机吸附剂和有机吸附剂。

样品分解：形成了完整的各类热分解、酸分解、碱分解、融熔盐分解、酶分解体系，包括干法、湿法等各种方法。设备方面有自动控制高温炉、自控振荡器、超声波提取器等。

(4) 把不可测物质转化成可测物质，不稳定物质转化成稳定物质。环境样品中很多待测物质对分析方法、分析仪器没有响应或者待测物质本身不稳定，是很难被直接测定的。在前处理过程中加入特定的试剂使待测物转化为可直接测定的物质，常见的方法有显色反应、衍生化法等。

显色反应：在环境检测中，很多待测物不能通过本身的颜色进行光度分析，因为它们的吸光系数值都很小，一般都是选适当的试剂，将待测物转化为有色化合物，再进行测定。这种将试样中被测组分转变成有色化合物的化学反应，叫显色反应。显色反应有氧化还原反应和配位反应。显色反应能否满足光度法的要求，除了与显色剂的性质有关系外，控制好显色反应的条件也是十分重要的。显色条件包括显色剂用量、酸度、显色温度、显色时间及干扰的消除。

衍生化是一种利用化学变换把难于分析的物质转化为与其化学结构相似但易于分析的物质，或者说使一些正常在检测仪器上没有响应或响应值很低的化合物转化为检测灵敏度更高的物质。一般来说，一个特定功能的化合物参与衍生反应，溶解度、沸点、熔点、聚集态或化学成分会产生偏离，由此产生的新的化学性质可用于量化或分离。气相色谱中应用化学衍生反应是为了增加样品的挥发度或提高检测灵敏度，而高效液相色谱的化学衍生法是指在一定条件下利用某种试剂(化学衍生试剂或标记试剂)与样品组分进行化学反应，反应的产物有利于色谱检测或分离。一般化学衍生法主要有以下几个目的：提高样品检测的灵敏度；改善样品混合物的分离度；适合于进一步做结构鉴定，如质谱、红外或核磁共振等。

1.4.4 环境样品前处理技术选用原则

没有哪一种样品前处理技术能适用于所有样品类型或所有待测分析物，即使同一种待测物，所处的样品与条件不同，可能要采用的前处理方法也不同。所以样品是否要预处理，如何进行预处理，采用何种方法，应根据样品的性状、检验的要求和所用分析仪器的性能等方面加以考虑。一般来说，评价前处理方法选择是否合理，主要考虑以下几个方面：

(1) 是否能最大限度地去除影响测定的干扰物。这是衡量前处理方法是否有效的指标，否则即使方法简单、快速也无济于事。

(2) 被测组分的回收率是否高。回收率不高通常伴随着结果的重复性比较差，不但影响方法的灵敏度和准确度，而且最终使低浓度的样本无法测定，因为浓度越低，回收率往往也越差。

(3) 操作是否简便、省时。前处理方法的步骤越多，多次转移引起的样本损失就越大，最终的误差也越大。

(4) 成本是否低廉。尽量避免使用昂贵的仪器与试剂。当然，对于目前发展的一些新型高效、快速、简便、可靠而且自动化程度很高的样本前处理技术，尽管有些使用仪器的价格较为昂贵，但是与其产生的效益相比，这种投资还是值得的。

(5) 是否影响人体健康及环境。应尽量少用或不用污染环境或影响人体健康的试剂，即使不可避免，必须使用时也要回收循环利用，将其危害降至最低。

(6) 应用范围尽可能广泛。尽量适合各种分析测试方法，甚至联机操作，便于过程自动化。

1.4.5 环境样品前处理技术发展趋势

由于传统的样本前处理方法存在诸多问题和缺点，近年来，随着分析技术、计算机技术、机械制造、自动化技术等的快速发展，样品前处理技术也不断丰富和创新，如液相微萃取、自动索氏提取、吹扫捕集、微波辅助萃取、超临界流体萃取，超声波萃取，固相萃取、液膜萃取法、固相微萃取、顶空法、膜萃取、加速溶剂萃取等，这些新技术的共同点是：所需时间短、消耗溶剂量少、操作简便、能自动在线处理样本、精密度高等，这些前处理方法有各自不同的应用范围和前景。环境样品前处理技术的发展呈现出如下趋势：

(1) 新的样品前处理技术不断涌现。主要是在原有技术基础上的改进和创新，例如，在传统溶剂提取基础上，结合其他辅助技术形成的微波辅助溶剂萃取、加速(同时加热和加压)溶剂萃取使得从固体和半固体样品中提取目标组分变得更加快速和有效；源于色谱和柱层析技术的固相萃取已经成为目前应用最广泛的样品前处理技术。

(2) 自动化前处理仪器发展迅速。传统的样品前处理技术大多采用人工或以人工辅助的半自动操作，少数自动化前处理装置也多为进口产品，近年样品前处理技术的国产化和自动化发展迅速。仪器自动化不仅速度快且重现性好，样品前处理自动化为在线样品前处理技术奠定了基础。例如，固相萃取最初基本是手工操作，一次只能处理一个样品，接着出现了简易的固相萃取仪，可以多样品同时操作，还可通过抽真空的方式调节洗脱液的流速，再后来全自动固相萃取仪也商品化了，连同组分收集和样品浓缩均可全自动操作。

目前国内有不少厂商开发出多种样品前处理仪器，例如：北京莱伯泰科、上海屹尧、厦门睿科等厂商生产的全自动固相萃取仪，上海屹尧、北京吉天、上海新仪等十多家厂商生产的微波消解器，北京莱伯泰科生产的凝胶色谱净化系统，北京吉天等厂家生产的快速溶剂萃取仪，等等。

(3) 与后续测定仪器的在线联用。一些典型的样品前处理-测定联用已经作为一种固定的分析方法，并有成套专门仪器。例如：GC-MS、LC-MS、氢化物发生-原子荧光光谱、裂解气相色谱等。还有一些样品前处理与后续测定仪器在线联用技术虽然暂时还没有成熟的商品仪器，但许多仪器制造商或研究人员已经自行组装仪器，开展方法研究或在部分领域尝试实际应用。例如：固相(微)萃取-色谱(或色质联用)在环境有机污染物、食品添加剂等样品分析中已有很多研究报道；又如：瑞士万通的在线超滤(或渗析)净化-离子色谱法就可用于在线除去食品、生物样品中的大分子后测定样品中的无机离子，牛奶、果汁等样品可以直接进样分析其中的无机离子。

(4) 仪器的小型化和微型化。样品前处理仪器的小型化和微型化是整个分析体系小型化和微型化的需要。为满足现场检测、野外实验不断增长的需求，小型化、便携式样品前处理仪器也越来越受到关注。芯片实验室同样也需要在芯片上实现各种样品前处理操作，目前已经可以在微流控芯片上进行溶剂萃取、固相萃取、膜分离等多种样品前处理操作。

（5）样品前处理工作站。也称综合样品前处理平台，是将几种前处理技术集成在一起，用来完成多项样品前处理操作的综合性前处理平台，适合复杂样品的前处理。例如，莱伯泰科研制的将凝胶色谱、全自动固相萃取和自动浓缩装置组合在一起的前处理工作站，适合食品、生物和医学样品的多项前处理的连续自动操作，凝胶色谱先除去样品基体物质中的生物大分子，固相萃取进一步将目标组分从小分子混合物中分离、富集出来，自动浓缩可以进一步提高富集倍数。

1.5　环境样品前处理技术分类

1.5.1　按样品类别分类

按照环境样品形态来分，主要分为固体样品、液体样品及气体样品的前处理技术。

（1）固体样品前处理技术。用于固体样品的前处理技术主要包括索氏提取、快速溶剂提取、微波辅助萃取、超临界流体萃取、超声提取、震荡萃取、静态顶空和动态顶空、湿法消解、微波消解、干灰化法。

（2）液体样品前处理技术。用于液体样品的前处理技术主要包括液液萃取、固相萃取、固相微萃取、静态顶空及动态顶空、湿法消解、液膜萃取等。

（3）气体样品前处理技术。气体样品的前处理方法有固体吸附管溶剂解析技术、固体吸附管热解析技术、气体样品的冷阱二次富集解析技术、吸收液富集技术、全量空气法等。

1.5.2　按分析物类别分类

按照环境分析物类别来分，主要分为有机污染物、金属污染物及非金属无机污染物的前处理技术。

（1）环境中有机污染物检测的前处理技术。液液萃取、固相萃取、固相微萃取、静态顶空及动态顶空、超声萃取、振荡提取、索氏提取、加速溶剂萃取、微波辅助萃取、超临界流体萃取、固体吸附管溶剂解析技术、固体吸附管热解析技术、气体样品的冷阱二次富集解析技术以及分析有机物常用的浓缩技术、净化技术和衍生化技术。

（2）环境中金属污染物检测的前处理技术。湿法消解（四酸全消解法、王水消解法、电热板消解法、高压密封罐消解法）、微波消解法、石墨消解法、干灰化法、碱熔法、碱消解法、金属元素形态分析前处理技术（Tessier 法、BCR

法)等。

(3) 环境中非金属无机污染物检测的前处理技术。直接测定、显色反应、消解(电热板消解、灭菌锅消解、碱熔消解)、蒸馏、搅拌(玻璃棒搅拌、转子搅拌)、过滤(一般过滤、抽滤、压滤)、离心、共沉淀、氮吹、加热蒸发(水浴、沙浴、油浴)、干燥、灼烧、浸出(水平振荡、翻转振荡)、超声提取、液液萃取、离子交换等。

1.6 环境样品前处理过程中质量控制的意义

随着科学技术的迅速发展，各种采用高新技术的精密分析仪器不断涌现。相比于现代仪器分析技术的快速发展，样品前处理技术目前仍然存在着耗时长、自动化程度低、操作复杂等诸多问题。因此样品前处理环节的质量控制具有重要意义。常用的实验室质量控制方法包括：标准物质监控、空白测试、重复性测试、加标回收率测试、内外部比对试验、能力验证、标准曲线核查、质量控制图等等。

1.6.1 标准物质和标准样品的使用

实验室直接使用合适的有证标准物质或标准样品作为监控样品，定期或不定期将监控样品以比对样或密码样的形式，与样品检测以相同的流程和方法同时进行，验证检测结果的准确性。标准物质和标准样品浓度都已知，能为实验室判断自身检测能力提供重要的技术依据，两者最大的区别在于标准物质通常基体简单，而标准样品的基体组成要求和待测样品一致或接近。该方法的评价通常采用以下方式：将测定值与标准值比较，如果误差符合方法规定的要求则为合格，反之则不合格。

1.6.2 空白测试

空白测试又称空白试验，是在不加待测样品(特殊情况下可采用不含待测组分，但有与样品基本一致基体的空白样品代替)的情况下，用与测定待测样品相同的方法、步骤进行定量分析，获得分析结果的过程。空白试验测得的结果称为空白试验值，简称空白值。空白值一般反映测试系统的本底，包括测试仪器的噪声、试剂中的杂质、环境及操作过程中的沾污等因素对样品产生的综合影响，它直接关系到最终检测结果的准确性。

实验室通过做空白测试，一方面可以有效评价并校正由试剂、实验用水、器皿以及环境因素及操作过程带入的杂质所引起的误差；另一方面在保证对空白值进行有效监控的同时，也能够掌握不同分析方法和检测人员之间的差异情况。

1.6.3　重复性测试

重复性测试，也称为平行样测试，指的是在重复性条件下对同一个样品进行的两次或多次测试。平行样在一定程度上能反映方法的室内精密度，根据其结果可判断有无大的误差，可用于减少随机误差。重复测试可以广泛地用于实验室对样品制备均匀性、检测设备或仪器的稳定性、测试方法的精密度、检测人员的技术水平以及平行样间的分析间隔等进行监测评价。

留样复测也是一种重复性测试，实验室通过留存样品的再次测量，比较分析上次测试结果与本次测试结果的差异，用以发现实验室因偶然因素对实验室检测结果准确性、稳定性和可靠性的影响。留样复测应注意所用样品的性能指标的稳定性。

1.6.4　加标回收率测试

加标回收率测试，通常是将已知质量或浓度的被测物质添加到空白样品或被测样品中作为测定对象，使用和样品检测同样的方法进行检测，检测结果与添加的质量或浓度进行比较，计算得到加标回收率。通常情况下，可以用回收率的大小来评价定量分析结果的准确度。而样品加标试验与空白加标试验相比还可以检验样品基质对被测物质分析结果的影响。

加标回收率试验简单易行，可用来评价检测结果的准确度，能综合反映多种因素引起的误差，在检测实验室日常质量控制中有十分重要的作用。

1.6.5　质量控制图

为控制检测结果的精密度和准确度，通常需要在检测过程中，持续地使用监控样品进行检测控制。对积累的监控数据进行统计分析，通过计算平均值、极差、标准差等统计量，按照质量控制图的制作程序，确定中心线，上、下控制限，以及上、下辅助线和上、下警戒线，从而绘制出质量控制图。并使用质量控制图判断日常测定的质量控制数据是否合格。

质量控制图是质量控制活动中的一种重要的评价方法，但需要注意的是，这个方法的结论评价是依托于其他质控样品的检测数据而存在的，是通过对质控数据的统计分析而实现质量控制的目的。如果用于绘制质量控制图的质控数据一直存在系统误差，那么使用这种方法无法发现并解决这一问题。

1.6.6　试剂耗材验收

试剂耗材验收分为技术性和符合性验收。①技术性验收，就是通过实验的方法对试剂耗材进行验收，一般这种验收方法适用于对检验结果质量有重要影响的化学试剂、易耗品等关键消耗性材料。由相关实验室根据工作需求，提出技术性验收并列出技术验收需求清单，同时给出技术性验收的具体操作步骤；②符合性验收，就是对所采购供应品包装进行验收，它包括实物验收和资料验收，适用于一般的试剂耗材。实物验收通常是查看相关规格和包装标签上的名称、纯度是否符合本实验室采购需求，清点数量是否正确，是否有包装破损以及瓶盖处是否渗漏等情况。

1.6.7 人员培训考核与监督

实验人员需要掌握环境检测、化学、分析化学、生物工程、环境工程等相关专业背景知识，掌握有关实验的基本原理与技术，能正确使用有关的仪器设备，独立按照检测方法要求进行环境检测工作，经培训、考核后获取相应的技术任职资格。同时定期或不定期对实验人员进行适当的监督，通常情况下，实验室在监督频次上对新上岗人员的监督高于正常在岗人员。

1.6.8 仪器检定校准与期间核查

在环境样品的检测过程中，必须加强对仪器设备的检定、校准与期间核查，保证仪器设备在样品分析过程中的示值准确和可溯源性。特别是在样品前处理过程中使用到的仪器设备相对于分析仪器更容易被忽视，分析人员需要足够重视。比如称量或移取样品和试剂的量器，加热设备的温度，振荡设备的频率等。

1.6.9 实验室内部比对

比对分析是一种复现性检测，常用的比对分析方法主要有人员比对、方法比对以及仪器比对等。实验室应根据年度质量控制计划的需要制定用于内部质量控制的比对试验计划。计划应明确各项比对试验的检测项目、比对形式、参加人员、预计日期、结果评价准则、不满意结果的处置要求等内容。针对比对试验中出现的问题进行原因分析，根据其对实验室出具检测结果的影响采取纠正措施、预防措施或相应的改进措施。

人员比对：由实验室内部的检测人员在合理的时间段内，对同一样品，使用同一方法，在相同的检测仪器上完成检测任务，比较检测结果的符合程度，判定检测人员操作能力的可比性和稳定性。实验室内部组织的人员比对，主要目的是评价检测人员是否具备上岗或换岗的能力和资格，因此，主要用于考核新进人员、新培训人员的检测技术能力和监督在岗人员的检测技术能力两个方面。

方法比对：方法比对是不同分析方法之间的比对试验，当然也可以是不同的前处理方法之间的比对试验。指同一检测人员对同一样品采用不同的检测方法，检测同一项目，比较测定结果的符合程度，判定其可比性，以验证方法的可靠性。方法比对的考核对象为检测方法，主要目的是评价不同检测方法的检测结果是否存在显著性差异，监控检测结果的有效性，其次也用于对实验室涉及的非标方法的确认。

仪器比对：仪器比对是指同一检测人员运用不同仪器设备(包括仪器种类相同或不同等)，对相同的样品使用相同检测方法进行检测，比较测定结果的符合程度，判定仪器性能的可比性。仪器比对的考核对象为检测仪器，主要目的是评价不同检测仪器的性能差异、测定结果的符合程度和存在的问题。仪器比对通常用于实验室对新增或维修后仪器设备的性能情况进行的核查控制，也可用于评估仪器设备之间的检测结果的差异程度。

1.6.10 实验室外部质控

实验室外部质量控制措施不仅是实验室内部质量控制的有效补充，而且更能向客户证明实验室的技术能力。实验室外部质量控制措施的方式主要有能力验证、测量审核、实验室间比对以及外部盲样考核(表1-3)。

表1-3 环境样品前处理过程中常用的质量控制技术方法

序号	质量控制方法	主要作用	关注要点
1	空白实验	监控检查前处理过程中的污染情况，容器、试剂、水等	除没有实际样品外完全采用相同的方法、步骤进行检测
2	平行样	重复性测试，检查分析结果的精密度，减少偶然误差	平行样测定结果的精密度判定要求
3	空白加标回收	检查检测方法的准确度	加标量要与标准曲线相适应
4	样品加标回收	检查样品基质对检测方法的准确度的影响	加标量要与样品中待测物的含量相适应
5	标准样品检测	检查检测方法的准确度	选用基体组成与被测样品接近的标准样品
6	使用替代物	在样品前处理之前加入，用来检查待测物在前处理过程中的损失或回收率	替代物要与待测物性质相近且样品中没有，通常使用待测物的同位素取代化合物
7	实验室内部比对	人员比对、方法比对、仪器比对	针对出现的问题进行原因分析，采取纠正措施、预防措施
8	质控图	检查影响检测结果的各种因素是否处于稳定受控状态	注意用于绘制质量控制图的质控数据本身的准确性

参 考 文 献

[1] 陈玲，赵建夫主编．环境监测(第二版)[M]．北京：化学工业出版社，2014
[2] 奚旦立，孙裕生，刘秀英编．环境监测[M]．北京：高等教育出版社，1996(2002重印)
[3] 陈亢利，钱先友，许浩瀚编．物理性污染与防治[M]．北京：化学工业出版社，2006
[4] 程生平，赵云章，张良等编著．河南淮河平原地下水污染研究[M]．武汉：中国地质大学出版社，2011
[5] 宋化民，杨昌炎主编．环境管理基础及管理体系标准教程[M]．北京：中国地质大学出版社，2011
[6] 李平．环境监测中有机污染物样品前处理技术研究进展[J]．生物化工，2016，2(3)
[7] 黄维妮，林子俺．色谱分析中样品前处理技术的发展动态[J]．色谱，2021，39(1)
[8] 何园缘，刘波，张凌云，张德明．水环境样品前处理技术研究进展[J]．城镇供水，2018(05)
[9] 杨阳．土壤中重金属检测样品前处理技术初探[J]．南方农机，2020，51(17)
[10] 黄骏雄．环境样品前处理技术及其进展(一)[J]．环境化学，1994(01)
[11] 黄骏雄．环境样品前处理技术及其进展(二)[J]．环境化学，1994(02)
[12] 王崇臣．环境样品前处理技术[M]．北京：机械工业出版社，2017，03
[13] 江桂斌．环境样品前处理技术[M]．北京：化学工业出版社，2016，02
[14] 丁家骥．化学检验中样品的预处理技术探析[J]．信息记录材料，2020，21(02)
[15] 周智．环境监测中的样品前处理技术探讨[J]．资源节约与环保，2019(6)
[16] 刘崇华，董夫银等．化学检测实验室质量控制技术[M]．北京：化学工业出版社，2013
[17] 吴邦灿，李国刚，邢冠华．环境监测质量管理[M]．北京：中国环境科学出版社，2011

第 2 章

环境样品保存、运输及制备

2.1 水样的保存及运输

不管是地表水、废水还是清洁度较好的地下水和饮用水，从采集到分析这段时间内，由于物理、化学、生物的作用都会发生不同程度的变化，这些变化使得进行分析时的样品已不同于采样时的样品，为了使这种变化降低到最小的程度，必须在采样时就对样品加以保护。

水样在贮存期内发生变化的程度主要取决于水的类型以及水样的化学和生物学性质，同时也取决于保存条件、容器材质、运输及气候变化等因素。这些变化往往非常快，样品常在很短的时间里就会发生明显的变化，因此采取相应的保存和运输措施很有必要，并需要尽快地进行分析。保存措施在降低变化的程度或减缓变化的速度方面是有作用的，但到目前为止所有的保存措施还不能完全抑制这些变化。

不同类型的水，产生的保存效果也不同，饮用水很易储存，因为其对生物或化学的作用很不敏感；一般的保存措施对地面水和地下水可有效地储存；废水则相对复杂，废水的性质或处理阶段的不同，其保存的效果也就不同，例如采自城市排水管网的废水与污水处理厂的废水其保存效果不同，采自最终处理工段的废水与未经处理的废水其保存效果也不同。

分析项目同样决定水样的保存时间，有的分析项目要求单独取样，有的分析项目要求在现场分析，有些项目的样品能保存较长时间。

由于采样地点和样品成分的不同，迄今还没有找到适用于一切场合和情况的绝对准则。在各种情况下，存储方法应与使用的分析技术相匹配。

2.1.1 水类样品保存原则

水质样品保存原则上是将物理、化学、生物的变化降低到最低的程度，以减少或避免组分发生损失或增多。

物理作用：光照、温度、静置或震动，敞露或密封等保存条件及容器材质都会影响水样的性质。如温度升高或强震动会使得一些物质如氧、氰化物及汞等挥发，长期静置会使 $Al(OH)_3$、$CaCO_3$、$Mg_3(PO_4)_2$等沉淀，某些容器的内壁能不可逆地吸附或吸收一些有机物或金属化合物等。

化学作用：水样及水样各组分可能发生化学反应，从而改变某些组分的含量与性质。如空气中的氧能使二价铁、硫化物等氧化，聚合物解聚，单体化合物聚合等。

生物作用：细菌、藻类以及其他生物体的新陈代谢会消耗水样中的某些组分，产生一些新组分，改变一些组分的性质，生物作用会对样品中待测的一些项目如溶解氧、二氧化碳、含氮化合物、磷及硅等的含量及浓度产生影响。

2.1.2 水类样品保存措施

（1）不可弃去组分。通常在采样前需要用待测水样对采样容器和样品器具进行荡洗，但如遇到特殊检测因子，如悬浮物、细菌总数、大肠菌群、油类、溶解氧、BOD_5、有机物、余氯等，则为了避免待测组分损失或增多，不需要对采样容器和样品器具进行荡洗。

（2）采样器材控制。采样器材主要是指采样器具和样品容器。采样器具的材质应具有较好的化学稳定性，在样品采集和样品贮存时不应与水样发生物理化学反应，从而引起水样组分浓度的变化；采样器具内壁表面应光滑，易于清洗、处理；采样器具应有足够的强度，使用灵活、方便可靠。样品容器应具备合适的机械强度、密封性好，用于微生物检验的样品容器应能耐受高温灭菌，并在灭菌温度下不释放或产生任何能抑制生物活动、导致生物死亡、促进生物生长的化学物质。

（3）pH 值控制。通过加酸或加碱调节水样的 pH 是常用的样品保存手段。如测定金属离子的水样常用硝酸酸化至 pH 1~2，既可以防止重金属的水解沉淀，又可以防止金属在器壁表面上的吸附，同时在 pH 1~2 的酸性介质中还能抑制生物的活动。而测定六价铬的水样应加氢氧化钠调至 pH=8，因在酸性介质中，六价铬的氧化电位高，易被还原。

（4）添加化学试剂。为了抑制生物作用或固定某些待测组分，采样时在水样中加入不同化学试剂。如在测氨氮、硝酸盐氮的水样中，加入氯化汞或三氯甲烷、甲苯作防护剂以抑制生物对亚硝酸盐、硝酸盐、铵盐的氧化还原作用；在测酚类的水样中加入硫酸铜以控制苯酚分解菌的活动；在测汞的水样中加入硝酸-重铬酸钾溶液，可使汞维持在高氧化态，改善汞的稳定性；含有余氯的水样，能

氧化氰离子，可使酚类、烃类、苯系物氯化生成相应的衍生物，所以常在采样时加入适量的硫代硫酸钠予以还原，除去余氯的干扰。

（5）冷处理。在大多数情况下，从采集样品后到运输至实验室期间，在 1～5℃冷藏并暗处保存，便可达到保存样品的目的。但冷藏并不适用长期保存，而对废水的保存时间就更短。

-20℃的冷冻温度一般能延长贮存期，但也不是所有水样都适合冷冻。如分析挥发性物质的样品；包含细胞、细菌或微藻类的样品均不适用冷冻的方式保存。

（6）过滤和离心。为了区分待测项目的可溶性与不可溶性，在采样时或采样后，用过滤器过滤样品或将样品离心分离都可以除去其中的悬浮物、沉淀、藻类及其他微生物。一般测有机项目时选用砂芯漏斗和玻璃纤维漏斗，而在测定无机项目时常用 0.45μm 的滤膜过滤。

2.1.3　保存剂添加注意事项

加入的保存剂有可能改变水中组分的化学或物理性质，因此选用保存剂时一定要考虑到对测定项目的影响，如待测项目是溶解态物质，酸化会引起胶体组分和固体的溶解，则必须在过滤后再酸化保存。

同时必须要做保存剂的空白试验，特别对微量元素的检测。要充分考虑加入保存剂所引起的待测元素数量的变化。如酸类会增加砷、铅、汞的含量。

2.1.4　水类样品的运输

样品运输前应将容器的外(内)盖盖紧。应从防震、防沾污、低温运输、避光运输几个方面保证样品的代表性不受影响。

防震：装箱时应用泡沫塑料或纸条挤紧，避免水样在运输过程中发生震动或碰撞。

防沾污：塞紧样品瓶盖，必要时可用封口胶密封，但当样品需要被冷冻保存时，不应溢满封存。

低温运输：对于需冷藏的情况，应用冰袋、保温箱或车载冰箱之类的辅助工具保存和运输样品；对于冬天温度较低的地区，则应做好保温措施，防止冻裂样品瓶。

避光运输：某些样品需要避光运输的，可在采样时就使用棕色或不透光的样品容器，再装箱运输。

2.2　气体样品的保存及运输

大气污染物状态有气态、气溶胶态和颗粒态，常用的采样方法有直接采样法、浓缩采样法和沉降采样法等。不同类型气态污染物的运输保存方式不一，大部分样品采集后应低温避光保存，减少样品发生物理、化学和生物作用，确保样品稳定。样品在运输过程中需要采取冷藏、避震、密封等措施来避免其损失、沾污、变质，并在规定时间内送交实验室完成分析。

2.2.1 直接采样法气体样品

当空气中被测组分浓度较高，或所用分析方法的灵敏度较高时，采用直接采样法采集少量空气样品即可满足分析需要。最典型的就是使用注射器、采气袋、真空瓶和苏玛罐等采样，此类样品要求尽快分析，不可久存，需要注意防止收集容器器壁的吸附和解吸现象，应选用聚四氟乙烯塑料收集器采集这些性质活泼的气态检测物。因此，用直接采样法采集的空气样品应该尽快测定，减少收集器内壁的吸附、解吸作用，同时运输过程注意密闭和避光，确保样品的稳定性。

2.2.2 浓缩采样法气体样品

当气体中有害物质浓度很低，而所用分析方法的灵敏度又不能满足气体进行直接测定的要求时，便需要在采样时将大量气体样品中的污染物进行浓缩。浓缩采样法是让采集的气体样品通过吸附剂或吸收液浓缩，主要有溶液吸收法、滤筒、滤膜阻留法和固体吸附剂阻留法等。

2.2.2.1 溶液吸收法样品

气体中以气态或蒸气状态存在的污染物，可用溶液进行吸收，当气体通过吸收液时，在气泡和溶液的界面上，污染物的分子可发生溶解作用或化学反应而迅速地进入吸收液中。与此同时，气泡中的气体分子因本身运动速度极大而扩散到气-液界面上，使气泡中的污染物分子很快被溶液吸收。

伴有化学反应的吸收速率，相比只靠溶解作用(物理吸收)的吸收速率要快得多。物理吸收仅适用那些溶解度较大的气体样品，故一般应优先选择伴有化学反应的吸收液。常用的吸收液有水、其他溶液或有机溶剂等。分析的对象不同，所选的吸收液也应不同。污染物吸收以后要有足够的稳定时间，以满足分析测定的需要。

一般溶液吸收法采集的样品保存过程中需要避免温度对其的影响，常用冰袋或者移动冰箱冷藏，同时要避光保存，防止组分的氧化和分解，有些吸收液还需要加入稳定剂来保持样品组分不被破坏，对于大部分吸收法采样的容器一般为玻璃容器，在运输过程中需要采取有效措施，例如使用泡沫包裹、采用防震的样品箱等，减少运输过程中产生的碰撞，防止样品破损。同时要在有效期内送至实验

室完成前处理或分析。

2.2.2.2　滤筒和滤膜阻留法样品

该方法是将过滤材料(滤筒、滤膜等)放在采样夹套内，用抽气装置抽气，则气体中的颗粒物被阻留在过滤材料上，称量过滤材料上富集的颗粒物重量，根据采样体积，即可计算出空气中颗粒物的浓度。

使用滤料采集气体中的气溶胶颗粒物，其富集是通过直接阻截、惯性碰撞、扩散沉降、静电引力和重力沉降等作用。滤料的采集效率除与自身性质有关外，还与采样速度、气溶胶颗粒物的大小等因素有关。低速采样，以扩散沉降为主，对细小颗粒物的采集效率高，高速采样，以惯性碰撞作用为主，对较大颗粒物的采集效率高。

常用的滤料有：玻璃纤维滤料、石英滤料、有机合成纤维滤料、微孔滤膜和浸渍试剂滤料等。由于滤料具有体积小、重量轻、易存放、携带方便、保存时间较长等优点，滤料采样法已被广泛用于采集气体中的颗粒态检测物。一般滤料比较脆，在保存过程中需要注意不能挤压，防止变形，尤其是滤筒，一般滤膜采样面向内存放到专用容器或者纸袋中，滤筒需要封口后放置到专用容器中防止变形；同时要保持样品的洁净，防止污染；部分样品需要避光、干燥条件保存。运输过程注意保持样品的空间状态，不得随意颠倒。

2.2.2.3　固体吸附剂阻留法样品

该方法是依据标准选择填充适量的固体吸附剂，当一定流速的气体通过采样管时，目标物质通过吸附、溶解、化学反应和物理阻留等作用于填充柱上被浓缩。经过热解吸或洗脱即可进行测定。

按照填充剂的性能和作用可分为吸附型、分配型和反应型三种。吸附型填充剂又有颗粒状和纤维状之分，常用的颗粒吸附剂有活性炭、硅胶、高分子多孔微球等，纤维状的有 PUF 棉等；分配型采样管中填充的是与气相色谱柱相同的物质；反应型采样管中填充的是一些可与待测组分发生化学反应的填充物，如金属细粒。

此类方法采集的样品需要低温避光保存，同时需要做好密封工作，以此来保持样品的稳定性，采集在固体填充剂上的待检测物比在溶液中更稳定，部分样品可存放数月。因部分样品的采集使用的是玻璃介质，运输过程中需采用防震的样品箱来减少运输过程中产生的碰撞，防止样品破损。

2.2.3　沉降法样品

环境空气中沉降法样品采集可分为“湿沉降”与“干沉降”两大类。前者是指悬浮于大气中的各种粒子由于降水冲刷而沉降的过程，泛指降水；后者是指悬浮于大气中的各种粒子以其自身末速度沉降的过程，泛指降尘。

降雨样品需要专门的降水自动采样器，且自带冷藏功能，样品使用样品瓶采集后，尽快用过滤装置除去降水样品中的颗粒物，将滤液装入干燥清洁的白色塑料瓶中，不加保存剂，为减缓由于物理作用、化学作用和生物作用，导致样品中待测成分的改变，运输过程需密封冷藏。

降尘样品收集需要把专用集尘缸在放到采样点之前，加入乙二醇 60~80mL，以占满缸底为准，加水量视当地的气候情况而定，如：冬季和夏季加 50mL，其他季节可加 100~200mL，加好后，罩上塑料袋，直到把缸放在采样点的固定架上再把塑料袋取下，开始收集样品，记录放缸地点、缸号、时间(年、月、日、时)，加乙二醇水溶液既可以防止冰冻，又可以保持缸底湿润，还能抑制微生物和藻类的生长，按月定期更换集尘缸一次[(30±2)d]。取缸时应核对地点、缸号，并记录取缸时间(月、日、时)，罩上塑料袋，带回实验室，取换缸的时间规定为月底内完成，在夏季多雨季节，应注意缸内积水情况，为防水溢出，及时更换新缸，采集的样品在运输过程同样注意不得泼洒，全程密封冷藏运输至实验室测定。

在验证室内环境洁净度时，需要采用沉降法来采集菌类样品，即通过自然沉降原理收集空气中的生物粒子于培养基平皿内，经若干时间，在适宜的条件下让其繁殖到可见的菌落进行计数，以平板培养皿中的菌落数来判定洁净环境内的活微生物数。将已制备好的培养皿按照相关要求放置，然后打开培养皿盖使培养基表面暴露相应时间，再将培养皿收集分析。样品运输保存过程中，采取一切措施防止人为对样本的污染，同时由于细菌活性较高，需要进行冷藏密封保存保证样品的代表性。

2.3　土壤及沉积物样品的保存、运输及制备

2.3.1　土壤及沉积物样品的保存

(1) 一般样品保存。一般样品的保存按照样品名称、编号和粒径分类保存；对于易分解或易挥发等不稳定组分的样品要采取低温保存的运输方法，并尽快送到实验室分析测试。测试项目需要新鲜样品的土样，采集后用可密封的聚乙烯或玻璃容器在 4℃以下避光保存，样品要充满容器，避免用含有待测组分或对测试有干扰的材料制成的容器盛装保存样品，测定有机污染物用的土壤样品要选用玻璃容器保存。样品的具体保存条件见表 2-1。

表 2-1　样品的保存条件和保存时间

测试项目	容器材质	温度/℃	可保存时间/d	备注
金属（汞和六价铬除外）	聚乙烯、玻璃	<4	180	
汞	玻璃	<4	28	
砷	聚乙烯、玻璃	<4	180	
六价铬	聚乙烯、玻璃	<4	1	
氰化物	聚乙烯、玻璃	<4	2	
挥发性有机物	玻璃（棕色）	<4	7	采样瓶装满装实并密封
半挥发性有机物	玻璃（棕色）	<4	10	采样瓶装满装实并密封
难挥发性有机物	玻璃（棕色）	<4	14	

（2）预留样品与分析取用后剩余样品保存时间。预留样品一般保留 2 年，分析取用后的剩余样品一般保留半年。特殊、珍稀、仲裁、有争议样品一般要永久保存。

（3）样品库要求。样品库需保持干燥、通风、无阳光直射、无污染；要定期清理样品，防止霉变、鼠害及标签脱落。样品入库、领用和清理均需记录。

2.3.2　土壤及沉积物样品的运输

（1）装运前核对。在采样现场样品必须逐件与样品登记表、样品标签和采样记录进行核对，核对无误后分类装箱。

（2）运输中防损。运输过程中严防样品的损失、混淆和沾污。对光敏感的样品应有避光外包装。装箱时应用泡沫塑料间隔防震，以防止破碎，保持样品完整性。有盖的样品箱应有“切勿倒置、易碎品”等明显标志；对于非扰动样品，应保证样品的结构在运输时不发生扰动。运输过程中建议将样品装入保温箱或者便携式冰箱冷藏运输，有助于减少样本的变化和变质。

（3）样品交接。样品由专人运送到实验室，送样者和接样者双方同时清点核实样品，并在样品交接单上签字确认，样品交接单由双方各存一份备查。

2.3.3　土壤及沉积物样品的制备

（1）工作室分布及要求：

① 风干（烘干）室。样品风干室需朝南、向阳，但严防阳光直射土样，通风良好、整洁、无尘、无易挥发性化学物质；注意防酸防碱及灰尘，窗户上应有防尘棉网，并配有温湿度计；房间内设有样品风干架，上下两风干层之间的高度不少于 30cm，为防止土壤翻动时导致相邻盘中土壤样品的相互污染，两个搪瓷盘

之间距离应在10cm以上，有条件的实验室可放隔尘挡板，以防止样品之间的相互污染；配备视频监控设备。

② 制备室。土壤样品制备室每个工位应配备专门的通风除尘设施和操作台。工位之间应相互独立，防止样品交叉干扰；制样机底部放置橡胶垫降低噪声；配备视频监控设备。

③ 样品库。保持干燥、通风、无阳光直射、无污染；要定期清理样品，防止霉变、鼠害及标签脱落。

(2) 制备工具/仪器：

风干(烘干)工具：干燥箱、搪瓷或木(竹)盘、牛皮纸等；

研磨工具：操作板(木质/有机玻璃)、木棒、木槌、无色聚乙烯薄膜、毛刷、有机玻璃棒、塑料镊子、不锈钢镊子、无纺布袋、玛瑙研钵、白色瓷研钵等；

过筛工具：尼龙筛，规格为2~100目，主要用10目(2mm)、60目(0.25mm)、80目(0.18mm)、100目(0.15mm)；

混匀工具：操作板(木质/有机玻璃)、无色聚乙烯薄膜、木铲等；

分装容器：具塞磨口玻璃瓶，具塞无色聚乙烯塑料瓶或特制牛皮纸袋；

称量工具：电子天平；

清洁工具：无油高压气泵、吸尘器等；

标签打印：热敏纸、热敏打印机；

防护用品：口罩、手套、帽子和套袖等。

(3) 样品的制备程序：

① 样品的干燥与脱水。

风干：在风干室将土壤样品转移到已铺垫两层牛皮纸的搪瓷盘中，将样品标签核对后转贴到搪瓷盘的牛皮纸上，将土壤样品在搪瓷盘中摊成2~3cm的薄层，适时地压碎、翻动，拣出碎石、砂砾、植物残体。将土壤样品风干搪瓷盘置于风干架上，填写风干样品入库记录，每日不定时翻动风干的土壤样品，随时碾碎样品中的土块，并记录土壤样品风干期间，每天风干室的温湿度。对于底泥、沉积物等黏性较大的土壤，需要在样品半风干状态时及时压碎，以免风干后难以制样。

烘干：样品干燥箱分室独立存放和干燥样品，在烘干室将土壤样品转移到已铺垫两层牛皮纸的搪瓷盘中，将样品标签核对后转贴到搪瓷盘的牛皮纸上，将土壤样品在搪瓷盘中摊成2~3cm的薄层，拣出碎石、砂砾、植物残体，不定时翻动干燥的土壤样品，碾碎样品中的土块。

真空冻干：可采用冷冻干燥机制备，冷冻干燥机使用前，将有机样品从低温

冷冻箱中取出，用扎有数个小孔的锡纸包裹好，将样品置于冻干机的托盘上，将托盘放置于冻干机的托盘架上，扣上真空罩，开启冻干机，先调节温度，待温度达到要求后，调节冻干机的真空度，当样品干燥后，关闭冻干机，待温度和真空度恢复室内水平后，打开真空罩，取出样品，根据土壤含水率的差别，干燥土壤样品一般需要60~100h。此方法适用于各类型样品，尤其适用于含有对热、光、空气不稳定的污染物样品。

离心分离：对于样品含水量较高，待测组分为易挥发或发生各种变化的污染物(如硫化物、农药及其他有机污染物)，可离心分离脱水后立即取样进行分析，同时另取一份烘干测定水分，对结果加以校正。

无水硫酸钠脱水：该方法适用于样品待测组分为油类等有机污染物时。除去样品中的异物(石子、叶片等)，混匀，加入适量无水硫酸钠，研磨均化成流沙状，转移至具塞锥形瓶中。

② 样品粗磨。

称重：将经风干(烘干)的土壤样品称重，事先将另一空搪瓷盘和两张同样牛皮纸，置于电子秤上称量其重量，归零后，再将装有风干(烘干)土壤样品的搪瓷盘置于电子秤上，称量样品的总重量，并记录。

分拣：对于称量后的土壤样品，拣出样品风干(烘干)盘中的碎石、沙砾、植物残体，对土壤中细小的植物残体，可利用塑料镊子的静电作用吸除，将剔除出的非土壤物体装入独立的塑封袋。

筛分及称重：利用木铲将搪瓷盘中的全部土壤样品，分批次转移至2mm的土壤筛中筛分，通过2mm筛的土壤样品，转移至粗磨聚乙烯袋中，贴上标签，大于2mm未通过的土壤样品，转移至无纺布袋中，注意要将所有的样品全部经2mm筛，进行筛分，将无纺布袋置于操作板上，利用木槌和木棍，将无纺布袋中未过筛的土壤样品碾压碎，再次过2mm土壤筛，过筛的土壤样品置于粗磨土壤聚乙烯袋中，大于2mm样品，再次放回无纺布袋中，反复多次，直至所有的土壤样品均通过2mm的土壤筛，称量并记录粗磨后土壤样品重量和土壤中不可研磨物的重量。

混匀：经过2mm筛分后的样品，全部置入已铺垫无色聚乙烯薄膜或薄牛皮纸的操作板上，利用堆锥法、翻拌法和提拉法，充分搅拌混匀土壤样品，并将土壤样品均匀平铺。

分装及贴标：采用四分器，将土壤样品进行四分法操作，取其四分法对角线的两份，一份留样装于样品袋或样品瓶，填写两份土壤标签，瓶内或袋内一份，瓶外或袋外粘贴一份，交样品库存放，另一份作样品的细磨用，将其余土壤样品分装，并贴上标签。

③ 样品细磨。

混匀：根据样品分析的要求，将土壤样品倒在已铺垫无色聚乙烯薄膜的操作板上充分混匀。

分样研磨：采用四分器将土壤样品进行四分法操作，取其四分法对角线的两份。选择合适的球磨罐和磨球，将土壤置于球磨罐中，装入磨球，体积不能超过球磨罐容积的三分之二，将球磨罐正确安装在球磨仪上，注意球磨罐的对称与平衡并锁紧，罩上安全罩，选择合适的转速和研磨时间，开启球磨仪，研磨结束，去除球磨罐，并用 2mm 的筛子筛分出磨球，若磨球的表面附着的土壤样品过多，则需利用刷子刷掉磨球表面的土壤样品，土壤样品全部过 2mm 的土壤筛，将经 2mm 筛分的土壤样品，通过相应目数的土壤筛，反复研磨，直至土壤样品达到相应的筛分孔径要求。

贴标：填写两份土壤标签，瓶内或袋内一份，瓶外或袋外粘贴一份。

2.4 固体废物样品的保存、运输及制备

2.4.1 固体废物样品的保存

（1）每份样品保存量至少应为试验和分析所需用量的 3 倍。

（2）样品装入容器后应立即贴上样品标签，标签上应注明：编号、废物名称、采样地点、批量、采样人、制样人、时间等。

（3）对易挥发的废物，采取无顶空存样并冷冻的方式保存。

（4）对光敏感的废物，样品应装入深色容器中并置于避光处。

（5）对温度敏感的废物，样品应保存在规定的温度下。

（6）对与水、酸、碱等易发生反应的废物，应在隔绝水、酸、碱的条件下贮存。

（7）样品保存应防止受潮或受灰尘污染，样品应在特定场所由专人保管。

（8）分析完成多余的样品不得随意丢弃，应送回原样存放处并统一交由有资质的单位处置。

（9）生活垃圾二次样品应在阴凉干燥处保存，保存期为 3 个月，保存期内若吸水受潮，则应在(105±5)℃的条件下烘干至恒重后，才能用于测定。

2.4.2 固体废物样品的运输

（1）装运前核对。在采样现场样品必须逐件与样品登记表、样品标签和采样记录进行核对，核对无误后分类装箱。

（2）运输中防损。运输过程中为防止样品的损失、混淆和沾污，应将样品按顺序装箱运输。装箱时应用泡沫塑料或瓦楞纸等间隔防震，以防止破碎，保持样

品完整性。有盖的样品箱应有“切勿倒置、易碎品”等明显标志；对于非扰动样品，应保证样品的结构在运输时不发生扰动。运输过程中建议将样品装入保温箱或者便携式冰箱冷藏运输，有助于减缓样本的变化和变质。

（3）样品交接。由专人将样品送到实验室，送样者和接样者双方同时清点核实样品，并在样品交接单上签字确认，样品交接单由双方各存一份备查。

2.4.3　一般固体废物样品的制备

2.4.3.1　制样工具

制样工具主要有：颚式破碎机、圆盘粉碎机、玛瑙研磨机、药碾、玛瑙研钵或玻璃研钵、标准套筛、十字分样板、分样铲及挡板、分样器、干燥箱、盛样容器等。

2.4.3.2　固态废物制样

固态废物样品制备包括以下 4 个不同操作。

（1）样品的粉碎。用机械或人工的方式破碎或研磨，使样品分阶段达到相应的实验分析要求的最大粒径。

（2）样品的筛分。根据粉碎阶段样品的最大粒径，选择相应的筛号，分阶段筛选出一定粒度范围的样品。

（3）样品的混合。用机械设备或者人工转推法，使过筛的一定粒度范围的样品充分混合，以达到均匀分布。

（4）样品的缩分。将样品于清洁、平整、不吸水的板面上用小铲堆成圆锥形，每铲物料自圆锥顶端落下，使其均匀地沿锥尖散落，不可使圆锥中心错位。反复转堆，至少三周，使其充分混合。然后将圆锥顶端轻轻压平，摊开物料后，用十字板自上压下，分成四等份，取两个对角的等份，重复操作数次，直至取到约 1kg 样品为止。在进行各项有害特性鉴别试验前，可根据要求的样品量进一步进行缩分。

2.4.3.3　液态废物制样

液态废物制样主要为混匀、缩分。

（1）样品的混匀。对于盛放小样或大样的小容器（瓶或罐）用手摇晃均匀；对于盛放小样或大样的中等容器（桶、听）用滚动、倒置或手工搅拌器混匀。

（2）样品混匀后，采用二分法，每次减量一半，直至实验分析用量的 10 倍为止。

2.4.3.4　半固态废物制样

（1）半固态废物。半固态废物制样原则按上述“固态废物制样”和“液态废物制样”规定进行。

（2）黏稠的污泥。黏稠的不能缩分的污泥，要进行预干燥，至可制备状态时，进行粉碎、过筛、混合、缩分。

（3）有固体悬浮物的样品。对于有固体悬浮物的样品，要充分搅拌，混合均匀后，按需要制成试样。

（4）含油等难混匀的液体。对于含油等难混匀的液体，可用分液漏斗等分离，分别测定体积，分层制样分析。

2.4.4 生活垃圾样品的制备

2.4.4.1 一次样品的制备

一次样品是指对生活垃圾进行分选、破碎缩分后得到的样品。用于物理组分和含水量等分析。

将测定生活垃圾容重后的样品中大粒径物品破碎至100~200mm，摊铺在水泥地面充分混合搅拌，再用四分法缩分2(或3)次，至25~50kg样品，置于密闭容器中。确实难以全部破碎的可预先剔除，在其余部分破碎缩分后，按缩分比例将预先剔除的部分再次破碎加入样品中，混匀，运送至实验室待检测。

2.4.4.2 二次样品的制备

二次样品是指对已完成生活垃圾物理组成和含水率分析的一次样品的各个物理组成进行缩分、粉碎、研磨、混配后得到的样品，用于生活垃圾可燃物、灰分、热值和化学成分等项目分析。

在生活垃圾含水率测定完毕后，应进行二次样品制备。根据测定项目对样品的要求，将烘干后的生活垃圾样品中各种成分的粒径分级破碎至5mm以下，选择下面两种样品形式之一制备二次样品备用。

（1）混合样。混合样应按下列步骤制备：

① 应严格按照生活垃圾样品物理组成的干基比例，将粒径为5mm以下的各种成分混合均匀。

② 按照“2.4.3.2”的方法缩分至500g。

③ 研磨仪将其粒径研磨至0.5mm以下。

（2）合成样。合成样应按下列步骤制备：

① 用研磨仪将烘干后的粒径为5mm以下的各种成分的粒径分别研磨至0.5mm以下。

② 按照2.4.3.2的方法将各成分分别缩分至100g后装瓶备用。

③ 按照生活垃圾样品物理组成的干基比例，配制测定用合成样，合成样的重量(M)可根据测定项目所用仪器要求确定，各种成分的重量(M_i)按式(2-1)计算，称重结果精确至0.0005g。

$$M_i = \frac{M \times C_i}{100} \tag{2-1}$$

式中　M_i——某成分干重，g；

M——样品重量，g；

C_i——某成分干基含量，%；

i——各成分序数。

2.4.4.3　缩分

将需要缩分的样品放在清洁、平整、不吸水的板面上，堆成圆锥体，用小铲将样品自圆锥顶端落下，使其均匀地沿锥尖散落，不可使圆锥中心错位。反复转堆，至少转三周，使其充分混匀，用十字样板自上压下，将锥体分成四等份，取任意两个对角的等份，重复上述操作数次，直到减至 100g 左右为止，并将其保存在瓶中备用。瓶上应贴有标签，注明样品名称(或编号)、成分名称、点位名称、采样人、制样人、制样时间等信息。

2.4.5　样品制备注意事项

（1）应对制样人员进行培训，制样人员应熟悉固体废物性状，掌握制样技术，懂得安全操作的相关知识和处理方法。制样时，应由两人以上在场进行操作。

（2）制样工具、设备所用材质不能和待制固体废物有任何反应，不破坏样品代表性，不改变样品组成；样品工具应干燥、清洁，便于使用、清洗、保养、检查和维修。

（3）制样过程中要防止待制固体废物受到交叉污染，发生变质和样品损失。组成随温度变化的固体废物，应在其正常组成所要求的温度下制样。

（4）制备生活垃圾样品时应防止样品产生任何化学变化或受到污染，在粉碎样品时，确实难全部破碎的生活垃圾可预先剔除，在其余部分破碎缩分后，按缩分比例将预先剔除的生活垃圾部分破碎加入样品中，不可随意丢弃难于破碎的成分。

2.5　生物样品的保存、运输及制备

2.5.1　生物样品的保存

2.5.1.1　浮游生物样品

样品采集之后，马上加固定液固定，以免时间延长标本变质。对藻类、原生动物和轮虫水样，每升加入 15mL 左右鲁哥氏液固定保存，也可将 15mL 鲁哥氏

液事先加入1L的玻璃瓶中，带到现场采样；对枝角类和桡足类水样，每100mL水样加4~5mL福尔马林固定液保存，样品固定后，送实验室保存。鲁哥氏液配制方法：40g碘溶于含碘化钾60g的1000mL水溶液中。福尔马林固定液的配制方法：福尔马林(市售的40%甲醛)4mL，甘油10mL，水86mL。

2.5.1.2 着生生物样品

(1) 着生藻类定量样品的保存和制作。用毛刷或硬胶皮将基质上所着生的藻类及其他生物，全部刮到盛有蒸馏水的玻璃瓶中，并用蒸馏水将基质冲洗多次，用鲁哥氏液固定，贴上标签，带回实验室。取样时，如时间不允许，可在野外将天然基质、玻片或聚酯薄膜放入带水的玻璃瓶中，带回实验室内刮取，并固定和保存。

(2) 着生藻类定性样品的保存和制作。仍按上述方法，将全部着生生物刮到盛有蒸馏水的玻璃瓶中，用鲁哥氏液固定，带回实验室作种类鉴定。

(3) 着生原生动物。将两个盛有该采样点水样的玻璃瓶，分别装入采样质基，其中一瓶立即加入鲁哥氏液和4%福尔马林液固定；另一瓶不加任何试剂，带回实验室作活体鉴定用。

2.5.1.3 底栖动物样品

样品采集后，为防止加入酒精后脱色，加固定液前要记录好样品色泽。根据现场采样种类多少，要将较硬的甲壳类等与软体动物如水栖寡毛类、蛭类水生昆虫的幼虫(稚虫)等分开。分别盛入塑料瓶中，个体较小的放入指管中。为防止软体动物断体、脱水、收缩，现场加入1%福尔马林或30%乙醇固定。

2.5.1.4 鱼类样品

野外采集到鱼样后，应尽快处理和保存。样品鱼要新鲜、体型完整，固定前要详细观察记录鱼体各部分的颜色。如果当天分析，冷冻保存即可，否则须加入3g硼砂和50mL 10%福尔马林固定溶液。体长超过7.5cm的鱼，要打开体腔，使固定剂浸入内脏器官。在鱼体僵硬前，注意摆正鱼体各部及鳍条的形状，最好用纱布包裹后浸入固定液中保存。

2.5.2 生物样品的运输

样品运输应附有清单，清单上注明分析项目、样品种类和数量。装有样品的容器在运往实验室的过程中，应采取保持样品完整性、防止破碎和倾覆的措施。运输过程中建议将样品装入保温箱或者便携式冰箱冷藏运输，有助于减少样本的变化和变质。

2.5.3　生物样品的制备

2.5.3.1　浮游生物样品制备

从野外采集并经固定的样品，带回实验室后必须进一步沉淀浓缩。为避免损失，样品不要多次转移。1000mL 的水样直接静置沉淀 24h 后，用虹吸管小心抽掉上清液，余下 20~25mL 沉淀物转入 30mL 定量瓶中。为减少标本损失，再用上清液少许冲洗容器几次，冲洗液加到 30mL 定量瓶中。用鲁哥氏液固定的水样，作为长期保存的浮游植物样品，在实验室内浓缩至 30mL 后补加 1mL 40%的甲醛溶液然后密封保存。浮游动物可采用医用输液泵、管进行浓缩，该方法比较简便、适用。浮游动物中的甲壳类动物样品用 5%甲醛溶液固定。

2.5.3.2　着生生物样品制备

（1）着生藻类样品制备。从野外采集并经固定的样品，带回实验室后必须进一步沉淀浓缩。置沉淀器内经 24h 沉淀，弃去上清液，定容至 30mL 备用。

定量计数时，把已定容到 30mL 的定量样品充分摇匀后，即可吸取 0.1mL 置入 0.1mL 的计数框里，在显微镜下观察计数。

定性鉴定时，吸取备用的定性样品适量，在显微镜下进行种类鉴定。必要时硅藻可制片进行鉴定，以取得较好的效果。在制片时，将定性样品放到表面皿内均匀旋转，去掉沉淀的泥沙颗粒，用小玻璃管吸取少量硅藻样品放入玻璃试管中，加入与样品等量的浓硫酸，然后慢慢滴入与样品等量的浓硝酸，此时即产生褐色气体。在砂浴或酒精灯上加热至样品变白，液体变成无色透明为止。待冷却后将其离心(3000r/min，5min)或沉淀。吸出上层清液，加入几滴重铬酸钾饱和溶液，使标本氧化漂白呈透明，再离心或沉淀。吸出上层清液，用蒸馏水重复洗 4~5 次，直至中性，加入几滴 95%乙醇，每次洗时必须使标本沉淀或离心，吸出上层清液可防止藻类丢失。制片时，吸出适量处理好的标本均匀放在盖玻片上，在烘台上烘干或在酒精灯上烤干，然后加上 1 滴二甲苯，随即加 1 滴封片胶，将有胶的这一面盖在载玻片中央，待风干后，即可镜检。

（2）着生原生动物样品制备。收集的定性定量样品，皆应采用活体观察，而且应在最短的时间内鉴定完毕。从理论上讲，载玻片上的周丛生物，如鞭毛虫、硅藻以及着生原生动物，可以直接进行观察，无须刮片，但往往由于层次过多或蓝藻绿藻的附着，实际上不可能直接进行玻片观察。用 0.1mL 计数框，微型生物一般检查 3~4 片，即可看到 80%的种类，其种(属)数量可分为总的、新见的、复见的和消失的种类。多数情况下，着生原生动物仅进行定性检定。

2.5.3.3　底栖动物样品制备

样品带回实验室后，用 70%乙醇或 5%福尔马林液固定或采用混合固定液，长期保存。摇蚊幼虫分类较复杂，需加甘油制片镜检观察，优势种分类到种，不确定时，用卑瑞斯胶封片。可保存1~3年。卑瑞斯胶配方：阿拉伯胶8g，蒸馏水10mL，水合氯醛30g，甘油7mL，冰乙酸3mL。先将阿拉伯胶放入小的烧杯中，加水10mL，将烧杯放至水浴锅，水加热至80℃，用玻璃棒搅动，待胶溶后，将水合氯醛加入使之溶解，然后再将甘油和冰乙酸加入，用玻璃棒搅拌均匀，再以薄棉过滤即可用。此胶搁置时间越久越好。

2.5.3.4 鱼类样品制备

根据鱼的大小，采样后固定1~7天，取出用流水清洗24h，然后转入40%异丙醇中保存。

参 考 文 献

[1] HJ/T 20—1998 工业固体废物采样制样技术规范[S]

[2] CJ/T 313—2009 生活垃圾采样和分析方法[S]

[3] 中国环境监测总站. HJ 493—2009 水质样品的保存和管理技术规定[S]. 北京：中国环境科学出版社，2009

[4] 中国环境监测总站. HJ/T 91—2002 地表水和污水监测技术规范[S]. 北京：中国环境科学出版社，2002

[5] 中国环境监测总站. HJ 91.1—2019 污水监测技术规范[S]. 北京：中国环境科学出版社，2019

[6] HJ/T 166—2004 土壤环境监测技术规范[S]

[7] HJ/T 91—2002 地表水和污水监测技术规范[S]

[8] 中国环境保护产业协会. 社会化环境检测机构从业人员实操技能培训教材[M]. 北京. 中国建筑工业出版社，2018

[9] 国家环境保护总局《水和废水监测分析方法》编委会. 水和废水监测分析方法(第四版)[M]. 北京：中国环境科学出版社，2002

第 3 章

环境中有机污染物检测的前处理技术

3.1 液液萃取

3.1.1 液液萃取基本原理

液液萃取是分离液体混合物的一种单元操作。利用原料中的组分在溶剂中溶解度的差异，选择一种溶剂作为萃取剂用来溶解原料混合液中待分离的组分，其余组分则不溶或少溶于萃取剂中，这样在萃取操作中原料混合物中待分离组分(溶质)从一相转移到另一相中，从而使溶质被分离-传质的过程称为液液萃取，也叫溶剂萃取。例如在有些无机物的萃取过程中，会先加入显色剂生成带颜色的络合物，再加入萃取剂进行萃取。

液液萃取操作可连续化，速度较快，生产周期较短，并且对热敏物质的破坏较少，在采用多级萃取时，溶质浓缩倍数大，纯化度高。

3.1.2 液液萃取理论基础

3.1.2.1 分配系数

在原料液中加入萃取剂后形成平衡的两个液相，被萃物在两相中的浓度比称为被萃物的分配系数 k。它反映了被萃组分在两个平衡液相中的分配关系，分配系数越大，那么被萃物越容易进入萃取相，萃取分离效果越好。分配系数与溶剂的性质和温度有关，在一定的条件下为常数。y_A，x_A为被萃取组分 A 在萃取相和萃余相中的质量分率。$k=0$，表示待萃物不被萃取，$k=\infty$，表示完全被萃取。

$$k_A = y_A / x_A$$

3.1.2.2 选择性系数(分离系数)

如果原料中含有组分 A 与 B，萃取剂对溶质 A 和 B 分离能力的大小，可用选择性系数 β(在同一萃取体系内两种溶质在同样条件下分配系数的比值)表示。它反映了被萃相中两种物质可被某种萃取剂所分离的难易程度。选择性系数值越远离1，两种物质越容易分离；反之则越不容易。

$$\beta = k_A / k_B$$

3.1.2.3 溶解的三个过程

（1）溶质各个质点的分离：液态的溶质会先分离成分子或离子等单个质点，吸收能量的大小与分子间的作用力有关，非极性物质<极性物质，氢键物质<离子型物质。

（2）溶剂在溶质作用下形成可容纳质点的空位：吸收能量的大小与溶剂分子之间的相互作用力有关，非极性物质<极性物质，氢键物质<离子型物质。

（3）溶质质点进入溶剂形成空穴：溶质分子与溶剂分子相互作用放出能量，顺序为：均为非极性分子<一为非极性分子、一为极性分子<均为极性分子<溶质被溶剂溶剂化。

3.1.2.4 相似相溶原理

（1）分子结构相似：分子组成、官能团、形态结构的相似。

（2）相互作用力相似：相互作用力有极性和非极性之分，两种物质相互作用力相近，则能互相溶解。例如：与水相似的物质易溶于水，与油相似的物质易溶于油；苯分子上引入羟基，溶解度增加；巯基较羟基溶解度小；被萃取的介电常数与溶剂越相近，就会更加易溶。

3.1.2.5 溶剂的互溶性规律

氢键是由一个氢原子和两个电负性原子结合构成的，是带方向性的强作用力，比范德华力强，形成氢键必须有电子受体和电子供体。按照形成氢键的能力，溶剂可分为四种类型：

（1）N型溶剂：不能形成氢键，如烷烃、四氯化碳、苯等称为惰性溶剂。

（2）A型溶剂：只有电子受体，如氯仿、二氯甲烷等，能与电子供体形成氢键。

（3）B型溶剂：只有电子供体，如醛、酮、醚、磷酸三丁酯、叔胺等。

（4）AB型溶剂：同时具有电子受体和电子供体，可缔合成多聚分子。

3.1.3 液液萃取基本操作

3.1.3.1 萃取

萃取工具一般为梨形分液漏斗，通常选用的漏斗体积为萃取液的2倍，如用250mL的梨形漏斗来对100mL的样品进行萃取。梨形分液漏斗的活塞部分不涂抹凡士林，以防止被有机溶剂溶解，使用前应先检漏。

按照标准方法，向分液漏斗中加入样品和适量萃取剂，将分液漏斗倾斜，上

口略向下，反复振荡，振荡时间根据标准中的规定，一般为30s到几分钟。萃取过程在通风橱中进行，期间需放气数次，分液漏斗倾斜，上口向上，旋开活塞，放出蒸气或产生的气体，使分液漏斗内外压力平衡。

萃取图解如图3-1所示。

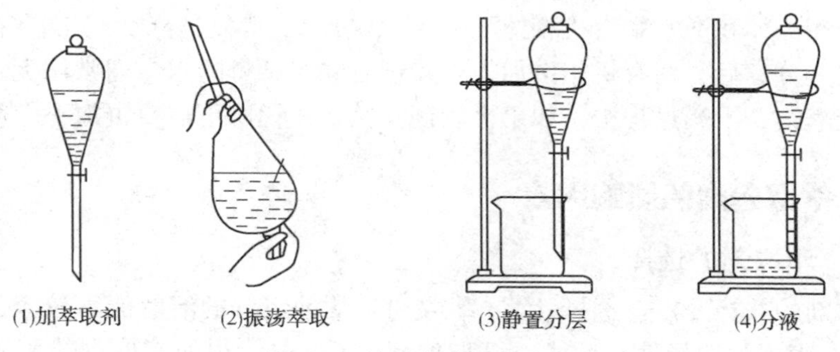

图3-1　液液萃取操作流程

3.1.3.2　分层

振荡萃取后，将溶液静置，使两相分为清晰的两层，一般需3~10min。

如产生乳化现象，一般可采用以下方法来破乳：

（1）静置法，加长静置时间，使分层完全，比如静置过夜后，减轻乳化现象效果明显。

（2）振荡法，振荡时不要过于激烈，放置时轻轻旋摇，加速分层；有时也需要水平振荡，可以消除两相界面处的“泡沫”。

（3）超声法，将萃取液置于超声仪中超声破乳。

（4）冷冻法，将萃取液放入冰箱的冷冻室内过夜，水相被冷冻，隔日取出，融化后可破乳。

（5）水浴加热法，加热乳化层，有一定的破乳效果。

（6）过滤法，若水样浑浊，过滤后可减小乳化程度。

（7）离心分离法，对于中、重度乳化现象，将萃取液混合物转移至离心机中，进行高速离心分离。

（8）加入少量电解质，如氯化钠、无水硫酸钠，利用盐析作用破乳。

（9）酸洗法，向萃取液中加入浓硫酸，轻轻振荡后静置分层。

（10）加入少量有机试剂，对于相对密度接近1的溶剂进行萃取时，萃取液容易与水乳化，可加入少量乙醚，稀释有机相，使之相对密度减小，容易分层；对于有乙醚或氯仿形成的萃取液，可加入5~10滴乙醇，缓缓摇动，可促使乳化液分层；对于乙酸乙酯和水的乳化液，加入氯化钠、硫酸铵或氯化钙等无机盐，溶于水中，可以促进分层。

3.1.3.3 分离和洗涤

分层后，先打开活塞，再拧开旋塞，放出下层液体，最后从上口倒出上层液体。注意分开两相时不应该使被测组分损失，一般重复进行萃取3次。

洗涤相的体积通常是有机相体积的1/10~1/2，重复洗涤2~3次。在有机相和水相完全分离后，在有机相中加入干燥剂以除去微量的水，通常用无水硫酸钠或无水硫酸镁，干燥过程中，如果干燥剂不结块，说明不需要再加干燥剂。

3.1.4 萃取分离的影响因素

3.1.4.1 萃取剂的选择

萃取剂的选择要点：选择性好(萃取剂对某种组分的溶解能力较大，对另一种较小)，表现为选择性系数大；萃取容量大(单位体积的萃取剂能萃取大量的目标物)，表现为分配系数大；萃取剂与原溶剂的互溶度(二者最好互不溶解，减少溶剂分离的步骤)；萃取剂与原溶剂有较大的密度差，易于原料液相分层不乳化、不产生第三相；被萃物与萃取剂的沸点相差越大越好；化学稳定性好、抗氧化还原、耐热、无腐蚀；易于反萃或分离便于萃取剂的重复利用；安全性好、无毒或低毒、不易燃、难挥发、环保；经济性好，成本低、损耗小。

常用萃取剂包括以下几种：

(1) 中性萃取剂：含磷类、含氧类和含硫类重型萃取剂，如磷酸三丁酯、甲基异丁基酮、二辛基亚砜等。

(2) 有机酸萃取剂：有机磷酸、有机磺酸、羧酸等。

(3) 胺类萃取剂：各种有机胺和胺盐。

(4) 螯合萃取剂：各种有机螯合物、冠醚等。

(5) 常规溶剂：醋酸丁酯、乙酸乙酯、氯仿、甲苯等。

3.1.4.2 操作温度的影响

操作温度的影响表现在以下三个方面：

(1) 一般情况下，两相间的分层区面积随温度升高而缩小：高温时溶剂间互溶度增大，使分层区面积缩小，萃取效率降低。

(2) 化合物高温不稳定时必须在低温萃取。

(3) 大部分化合物高温时在溶剂中的溶解度大，分配系数大；低温时溶解度小，分配系数小。

3.1.4.3 pH值的影响

pH值的影响表现在以下两个方面：

（1）pH值影响弱酸、弱碱性或两性化合物的分配系数及选择性，从而影响萃取收率。

（2）pH值影响药物的稳定性，尽量选择在产物稳定的范围内。

3.1.4.4　盐析作用的影响

（1）由于盐析剂(氯化钠、氯化铵及硫酸铵等)与水分子结合，导致游离水分子减小，降低了被萃物在水中的溶解度，使其易转入有机相。

（2）盐析剂会降低有机溶剂在水中的溶解度。

（3）盐析剂增大萃余相相对密度，有助于分相，在乳化时，加入盐析剂有利于破乳。

3.1.4.5　乳化与破乳化

溶剂萃取时，由于料液中经常残留具有表面活性的蛋白质、植物胶或料液本身已经加入了促进反应的相转移催化剂等表面活性剂，或萃取剂的密度不合适等原因，特别容易引起乳化发生，使有机相与水相难以分层。有机溶剂中掺杂水相，使溶剂回收困难；水相中夹杂有机相会造成目标产物损失，降低效率。

乳化主要形成了两种形式的乳状液，水包油型(O/W)和油包水型(W/O)。乳状液的界面上由于表面活性物质或固体粉粒的存在而形成了一层牢固的带有电荷的膜(固体粉粒膜不带电荷)，因而阻碍液滴的聚结分层。乳状液是热力学不稳定体系，有聚结分层、降低体系能量的趋势。所以，防止萃取过程发生乳化和破乳是液液萃取的重要课题。破乳就是利用乳状液的不稳定性，削弱和破坏其稳定性，3.1.3.2节有详细介绍。

3.1.5　应用示例

（1）《水质　硝基酚类化合物的测定　气相色谱-质谱法》(HJ 1150—2020)。

方法原理为：样品经酸碱分配净化后，在酸性条件下(pH值为1~2)，采用液液萃取法或者固相萃取法提取硝基酚类化合物，萃取液经脱水、浓缩、定容后用气相色谱分离，质谱检测。根据保留时间、碎片离子质荷比及丰度比定性，内标法定量。

具体操作步骤如下：

① 酸碱分配净化。将样品摇匀，量取1000mL，用氢氧化钠溶液(c(NaOH)=5.0mol/L)调节pH≥12，置于分液漏斗中，加入60mL二氯甲烷(农残级)，振摇萃取10min，待静置分层后，弃去有机相。用盐酸溶液(1+1)调节pH值至1~2，待萃取。

注1：可根据实际样品情况，适当调整取样体积。

注2：若有机相颜色较深，可将萃取次数适当增加至2~3次。

② 液液萃取。在上述酸碱分配净化后的样品中加入40g氯化钠（经马弗炉中400℃烘烤4h），振摇使其完全溶解。加入60mL二氯甲烷（农残级），振摇萃取10min，待静置分层后，收集有机相，用无水硫酸钠干燥装置进行脱水，收集于浓缩管中。再重复上述步骤2次，合并有机相。

该方法中液液萃取前，先经过酸碱分配净化，此步骤不可缺少，并且净化后调节pH至1~2，在酸性条件下，硝基酚类化合物的分配比大，萃取效率高，因此要根据不同被萃取物质的性质来选择合适的萃取条件，包括萃取试剂和萃取环境。

（2）《水质　15种氯代除草剂的测定　气相色谱法》（HJ 1070—2019）。

方法原理为：样品在碱性条件下（pH≥12）水解，然后在pH≤2条件下，用二氯甲烷或固相萃取柱提取样品中氯代除草剂，提取液经浓缩、溶剂转换后，用五氟苄基溴衍生化，衍生物经净化后用气相色谱分离，电子捕获检测器检测。根据保留时间定性，外标法定量。

具体操作步骤如下：

① 水解。量取500mL样品至分液漏斗中，用氢氧化钠溶液调节溶液pH≥12，静置1h。样品体积记作V。

注：如果高浓度样品，则减少取样量。对于只含有苯氧羧酸类除草剂的样品，可不进行水解。

② 液液萃取法。地表水、地下水等清洁样品可不净化直接萃取。对于基体复杂的样品，应先对水解后的样品进行净化。

净化：向水解后的样品中加入30mL二氯甲烷（农残级），振荡放气后，振荡萃取15min，静置15min，待两相分层后，弃去下层有机相。再加入30mL二氯甲烷重复萃取一次，弃去下层有机相。

萃取：用磷酸（优级纯）调节水解后的样品或净化后样品pH≤2，加入10g氯化钠（使用前在400℃下灼烧2h），振摇使其溶解。加30mL二氯甲烷（农残级），振荡放气后，振荡萃取15min，静置15min，待两相分层后，收集经无水硫酸钠脱水后的有机相于带刻度的浓缩瓶中。再用30mL二氯甲烷重复萃取两次。合并经无水硫酸钠脱水后的有机相，用浓缩装置浓缩至近干。用5mL丙酮（农残级）溶解，待衍生化。

③ 衍生化。在待衍生化的提取液中加入30μL碳酸钾溶液（$C=100$g/L），混匀后加入200μL五氟苄基溴溶液（$C=30$g/L），加塞密闭后在（60±2）℃水浴条件下衍生化反应3h以上。衍生后，用浓缩装置将反应液浓缩至0.5mL，用甲苯-正己烷混合溶剂（1+6）定容至2mL。

④ 衍生后净化。在硅胶柱上方装填0.5g无水硫酸钠（使用前在400℃下灼烧

2h)。用5mL正己烷(农残级)润洗硅胶柱。将样品加入硅胶柱，由10mL甲苯-正己烷混合溶剂(1+6)淋洗，弃去淋洗液。用8mL正己烷-甲苯混合溶剂(1+9)洗脱，接收全部洗脱液于10mL具塞比色管中，并用正己烷定容至标线，待测。

类似的，氯代除草剂的萃取方法中，先对样品进行碱化水解，再调节pH值，进行萃取，重复3次，以提高萃取效率。衍生化后净化步骤中，使用不同比例的甲苯-正己烷混合溶剂进行淋洗和洗脱，提高了氯代除草剂的提取率。

3.2　固相萃取

3.2.1　固相萃取基本原理

固相萃取(Solid-Phase Extraction，简称SPE)是近年来发展比较迅速的一种样品前处理技术，由液相萃取柱和液相色谱技术相结合发展而来，其本质是利用相似相溶原理，即利用待测组分、共存干扰组分与吸附剂间作用力强弱不同，进行选择性吸附与选择性洗脱而达到分离、净化和富集的目的。固相萃取相较于液液萃取具有很多优势，如：①回收率和富集倍数高；②消耗有机溶剂量低，可减少对环境的污染；③采用高效、高选择性的吸附剂能更有效地将分析物与干扰组分分离；④无相分离操作过程，更容易收集分析物；⑤能处理小体积试样；⑥操作方便、快速，费用低，易于实现自动化及与其他分析仪器联用。

3.2.2　固相萃取的类型

固相萃取实质上是一种液相色谱分离，主要分离模式也与液相色谱相同，可分为正相固相萃取(吸附剂极性大于洗脱液极性)、反相固相萃取(吸附剂极性小于洗脱液极性)、离子交换固相萃取。固相萃取所用的吸附剂也与液相色谱常用的固定相相同，只是在粒度上有所区别。

3.2.2.1　反相固相萃取

反相固相萃取包括一个极性或中等极性的样品基质(流动相)和一个非极性的或极性较弱的吸附剂(固定相)，所萃取的目标化合物通常是中等极性到非极性化合物。目标化合物与吸附剂间的作用是疏水性相互作用，主要是非极性-非极性相互作用，是范德华力。反相固相萃取柱常用的填料有C_{18}键合硅胶、C_8键合硅胶、苯基键合硅胶、活性炭、石墨化炭黑和多孔石墨碳等，常用的洗脱溶剂有甲醇、乙腈、乙酸乙酯、二氯甲烷或者两种溶剂的混合液等。

3.2.2.2　正相固相萃取

正相固相萃取所用的吸附剂都是极性的，用来萃取(保留)极性物质。在正

相萃取时目标化合物如何保留在吸附剂上，取决于目标化合物的极性官能团与吸附剂表面的极性官能团之间相互作用，其中包括了氢键，π-π 键相互作用，偶极-偶极相互作用和偶极-诱导偶极相互作用以及其他的极性-极性作用。正相固相萃取柱使用的填料有非键合硅胶、双醇基硅胶、氰基硅胶、氧化铝、硅酸镁、硅藻土等，常用的洗脱溶剂有正己烷、四氯化碳、四氢呋喃或者正己烷与乙酸乙酯的混合液等。

3.2.2.3 离子交换固相萃取

离子交换固相萃取是以离子间高能量的相互作用而达到分离的目的，所用的吸附剂是带有电荷的离子交换树脂包括强阳离子和强阴离子交换树脂，所萃取的目标化合物是带有电荷的化合物。强极性的溶质可从极性强的水或其他溶剂中分离出来，强离子交换树脂的交换容量不受 pH 值影响，弱离子交换树脂则依赖 pH 值的变化。载体为树脂或硅胶的强阳离子交换树脂的交换基团为硫磺酸，弱阳离子交换基团为羧酸；强阴离子交换树脂的交换基团为第四胺，弱阴离子交换树脂的交换基团为第一、第二胺或氨烷基。通常阴离子化合物可用季氨基或氨基小柱分离，阳离子化合物可用苯磺酸基或羧酸基小柱进行分离。

选择固相萃取柱类型时，可参考表 3-1 进行判断。

表 3-1　固相萃取柱类型选择相关参数

固相萃取类型	正相固相萃取	反相固相萃取	离子交换固相萃取	
固定相(填料)类型	硅胶、弗罗里硅土、氨基、氰基、二醇基	硅胶 C_{18}、C_8、C_4、氨基、氰基、苯基、PSD、HLB	阴离子交换	阳离子交换
固定相(填料)极性	大	小	大	
常用固相萃取柱	NH_2、CN、Silica、Florisil、Alumina 等	C_8、C_{18}、MAX、WAX、Phenyl、HLB 等	SAX、NH_2、MAX 等	SCX、MCX、PCX、WCX 等
分离对象	极性、中等极性，不带电荷	中等到非极性，不带电荷	酸性，带电荷	碱性，带电荷
吸附剂与化合物间作用力	氢键、π-π 键等	范德华力	静电吸引	
活化溶剂	有机提取溶剂 ex. 甲醇	水-有机混合溶剂 ex. 甲醇	水-有机混合溶剂 ex. 甲醇或者水溶液	

续表

固相萃取类型	正相固相萃取	反相固相萃取	离子交换固相萃取
上样	将分析物溶解于低极性有机溶液 ex. 正己烷，甲苯，二氯甲烷	将分析物溶解于强极性溶剂 ex. 甲醇/水；乙腈/水	将分析物溶解于强极性溶剂 ex. 水，缓冲溶液
淋洗溶剂	非极性溶剂(可以考虑加入 5%极性溶剂)	水溶液/缓冲溶液或者极性溶剂 ex. 水/甲醇	水溶液(可以考虑含有机溶剂) ex. 水/甲醇
洗脱溶剂	非极性和极性的混合溶剂(5%~50%极性溶剂) ex. 含有 10%极性溶剂的正己烷	非极性或者极性有机溶剂(可以考虑含有水或者缓冲液) ex. 甲醇，乙腈	极性溶剂(可以考虑含有酸或者碱) ex. 水，缓冲溶液

3.2.3　固相萃取操作步骤

固相萃取操作步骤主要包括柱预处理、上样、淋洗和洗脱，操作流程见图 3-2。

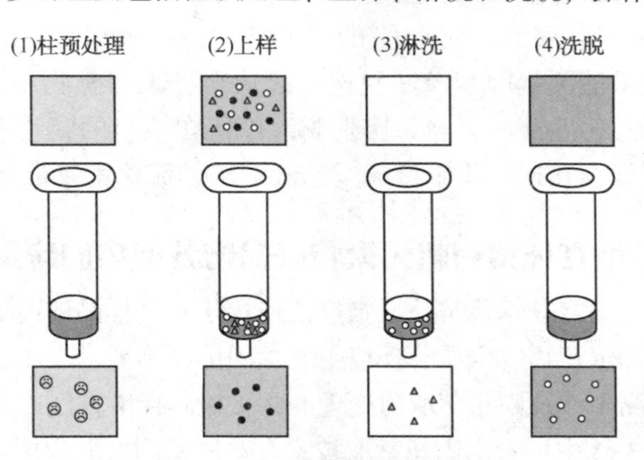

图 3-2　固相萃取操作流程

(1)柱预处理。柱预处理也叫柱的活化，固相萃取柱活化的目的有两个，第一是为了浸润填料，以便样品溶液能流过固相萃取柱；第二是为了清洗固相萃取柱上面的干扰杂质以及溶剂残留。通常需要两种溶剂来完成此步骤，第一个溶剂(初溶剂)用于净化固定相，另一个溶剂(终溶剂)用于建立一个合适的固定相环境使样品分析物得到适当的保留。每一活化溶剂用量为 1~2mL/100mg 固定相。在此过程中需注意两点：①终溶剂的极性不应强于样品溶剂，否则会降低回收率，通常选用弱于样品溶液的溶剂；②在活化的过程中和结束时，固定相都不能抽干，否则会导致填料床出现裂缝，得到较低的回收率和重现性，样品也没得到应有的净化，若出现干裂情况，所有活化步骤都需要重新进行。

（2）上样。将经过预处理好后的样品加入活化后的固相萃取柱中，通过加压、抽真空或离心的方式使样品进入小柱，让填料吸附目标组分。在此过程中，目标组分是否被充分吸附是影响试验回收率的关键。因此，为防止目标组分的流失，应控制适当的上样速度，不宜过快且样品溶液中溶剂的强度不可太大，可采取以下几种方式来达到减少流失的目的：①用强度较弱的溶剂稀释样品溶液；②减少上样体积；③增加固定相填料的量；④选择最合适的固相萃取柱类型。

（3）淋洗。淋洗的作用是选用合适的溶剂尽可能除去保留在吸附剂上的其他干扰组分，同时保证目标组分不会被淋洗下来，可通过不断调整淋洗溶液的种类、比例和体积，获得最佳溶剂配比，以此达到最佳的淋洗效果。

（4）洗脱。淋洗过后对目标组分进行洗脱与收集，通过加入对目标分子亲和力更强的溶剂将其洗脱下来，同时与固定相作用更强的干扰物将保留在固相萃取柱上，收集洗脱液。洗脱溶剂的强度对洗脱效果影响较大，因此选择合适的洗脱溶剂十分重要。洗脱溶剂的选择取决于目标物性质及所用吸附剂类型，如反相吸附剂一般使用甲醇或乙腈，正相吸附剂常采用非极性有机溶剂，离子交换吸附剂则最常采用高离子强度(>0. 5mol/L)的缓冲液作为洗脱剂。除此之外，洗脱速度也是影响洗脱效果的关键因素，洗脱速度过快会导致目标物不被完全洗脱下来，造成回收率较低，实践证明，当每次洗脱液停留在填料的膜片上 20s 到 1min 时，目标物回收率最好，在这一步中慢速或一滴一滴的流速都是最有利的。

3. 2. 4 固相萃取在环境有机污染物样品前处理中的应用

固相萃取因其自身技术优势，已被广泛应用于环境样品的前处理中，涉及多个领域，包括土壤和沉积物、水质、环境空气、固体废物等，表 3-2 中列出了部分环境有机污染物检测中涉及固相萃取前处理的相关检测标准方法以及推荐使用的固相萃取填料。从表 3-2 中可看出固相萃取技术在水质检测方面应用更为普遍。

表 3-2　环境有机污染物检测样品前处理中固相萃取柱选择

序号	所属类别	有机污染物类型	柱(膜)填料	规格	标准方法	萃取柱
1	土壤和沉积物	多环芳烃	硅酸镁	1000mg/6. 0mL	HJ 805—2016	Florisil
2	土壤和沉积物	有机氯农药	硅酸镁	1000mg/ 6. 0~10mL	HJ 835—2017	Florisil

续表

序号	所属类别	有机污染物类型	柱(膜)填料	规格	标准方法	萃取柱
3	土壤和沉积物	三嗪类农药	硅酸镁、硅胶、氨基	1000mg/6.0mL 或更大容量规格	HJ 1052—2019	Florisil、Sillica、NH_2
4	固体废物	有机氯农药	硅酸镁	1000mg/6.0mL	HJ 912—2017	Florisil
5	环境空气	有机氯农药	硅酸镁	1000mg/6.0mL	HJ 900—2017	Florisil
6	水质	多环芳烃	C_{18}	1000mg/6.0mL	HJ 478—2009	C_{18}
7	水质	硝基苯类化合物	聚苯乙烯-二乙烯基苯	1000mg/6.0mL	HJ 648—2013	HLB/GDX502
8	水质	硝基苯类化合物	C_{18}	1000mg/6.0mL	HJ 716—2014	C_{18}
9	水质	多氯联苯	十八烷基键和硅胶/弗罗里硅土	47mm(膜) 1000mg/6.0mL	HJ 715—2014	圆盘/Cleanert Florisil
10	水质	硝基酚类化合物	二乙烯苯-*N*-乙烯基吡咯烷酮	500mg/6mL 47mm(膜)	HJ 1150—2020	Poly-sery HLB、Oasis HLB、ProElut PLS/圆盘
11	水质	苯胺类化合物	苯磺酸化的聚苯乙烯-二乙烯基苯高聚物/苯磺酸化的硅胶	150mg/6mL 500mg/6mL	HJ 1048—2019	Waters Oasis WCX/Hosea SCX、Inert Sep SCX
12	水质	百菌清及拟除虫菊酯类农药	二乙烯苯-*N*-乙烯基吡咯烷酮	1000mg/6mL	HJ 753—2015	Poly-sery HLB、Oasis HLB、ProElut PLS
13	水质	苯氧羧酸类除草剂	二乙烯苯-*N*-乙烯基吡咯烷酮	500mg/6.0mL	HJ 770—2015	Poly-sery HLB、Oasis HLB、ProElut PLS
14	水质	氯代除草剂	二乙烯苯-*N*-乙烯基吡咯烷酮	500mg/6.0mL	HJ 1070—2019	Poly-sery HLB、Oasis HLB、ProElut PLS

3.2.5 应用示例

(1)《土壤和沉积物　有机氯农药的测定　气相色谱-质谱法》(HJ 835—2017)。

本方法原理为：土壤或沉积物中的有机氯农药采用适合的萃取方法(索氏提取、加压流体萃取等)提取，根据样品基体干扰情况选择合适的净化方法(铜粉脱硫、硅酸镁柱或凝胶渗透色谱)，对提取液净化，再浓缩、定容，经气相色谱分离、质谱检测。其中萃取后的样品选择硅酸镁柱净化的具体步骤如下：

将硅酸镁净化小柱(1000mg/6.0mL)固定在固相萃取装置上，用4mL正己烷淋洗净化小柱，再加入5mL正己烷，待柱充满后关闭流速控制阀浸润5min，缓慢打开控制阀，此时在层析柱上端加入约2g铜粉用于脱除提取液中的硫。继续加入5mL正己烷，在铜粉暴露于空气之前，关闭控制阀，弃去流出液。将浓缩液转移至小柱中，用2mL正己烷分次洗涤浓缩器皿，洗液全部转入小柱中(若需脱硫，应将此溶液浸没在铜粉中约5min)。缓慢打开控制阀，在铜粉暴露于空气之前关闭控制阀。

不需要分离样品中多氯联苯和有机氯农药时，打开控制阀，用9mL正己烷-丙酮混合溶剂(9∶1)洗脱，缓慢打开控制阀，使洗脱液浸没填料层，关闭控制阀约1min，再打开收集全部洗脱液，待再次浓缩加入内标后测定。

(2)《水质　17种苯胺类化合物的测定　液相色谱-三重四级杆质谱法》(HJ 1048—2019)。

本方法原理为：样品经过滤后直接进样或经阳离子交换固相萃取柱富集和净化后进样，用液相色谱-三重四极杆质谱分离检测苯胺类化合物。其中当采用固相萃取法时，具体操作步骤如下：

将混合型阳离子交换固相萃取柱固定在固相萃取装置上，依次用10mL甲醇和10mL水活化，保证小柱柱头浸润。量取100mL样品，加入20.0μL替代物使用液，以不大于3mL/min的流速通过小柱。样品体积可根据实际情况适当减少。依次用5mL乙酸溶液和4mL甲醇溶液淋洗小柱。然后用氮气吹扫或用固相萃取装置的真空泵干燥小柱10min，去除小柱中的残留水分。再用7.0mL氨水甲醇溶液(5∶95)洗脱小柱，洗脱液接收于收集管中。洗脱液经浓缩装置在50℃浓缩至略低于1mL，用水定容至1.0mL。准确移取500μL浓缩液，用水定容至1.0mL(试样体积应记为2.0mL)，加入10.0μL内标使用液，混匀后置于棕色进样瓶中，待测。

注1：不同的混合型阳离子交换固相萃取柱对邻苯二胺的回收率差异很大，

若需净化样品中的邻苯二胺等苯胺类化合物(2-硝基苯胺除外)，可以选择硅胶基质阳离子交换固相萃取柱，取样体积以 1.0~5.0mL 为宜，样品流速小于 1mL/min，洗脱液为 5.0mL 氨水甲醇溶液(1∶9)，其余操作条件与混合型阳离子交换固相萃取柱相同。

注 2：悬浮物对联苯胺的富集影响较大。当悬浮物浓度过高时，可以减少取样体积，避免堵塞固相萃取柱。也可以先用盐酸溶液(1+1)调节样品 pH 至 3 左右，摇匀样品后，用经过乙醇浸润的 0.45μm 的滤膜过滤，过滤液用 1mol/L 氢氧化钠溶液调节 pH 值至 7~8，再进行固相萃取。

3.3　固相微萃取

3.3.1　固相微萃取基本原理

固相微萃取(Solid-phase microextraction，SPME)以熔融石英纤维或其他材料为基体支持物，在其表面涂渍不同性质的高分子固定相薄层，利用“相似相溶”的原理，对待测物进行提取和富集，然后将富集了待测物的纤维直接转移到分析仪器中，通过一定的方式解吸附(一般是热解吸或溶剂解吸)，然后进行分离分析。固相微萃取的原理与固相萃取不同，固相微萃取不是将待测物全部萃取出来，其原理是建立在待测物在固定相和水相之间达成的平衡分配基础上。

固相微萃取技术克服了传统样品前处理技术的缺陷，集采样、萃取、浓缩、进样于一体，操作方便，耗时短，测定快速高效；无须任何有机溶剂，萃取头可重复使用，节约成本的同时减少了对环境的污染；灵敏度高，可以实现超痕量分析，可以达到纳克每克级别的检测。

3.3.2　固相微萃取的类型

SMPE 装置种类很多，常用的有纤维固相微萃取、管内固相微萃取、薄膜微萃取、分散固相微萃取、搅拌棒吸附萃取等，适用于各种复杂基质和多种化合物，被广泛应用于环境样品的检测分析。

固相微萃取的萃取模式按照基体支持物的不同主要分为纤维萃取模式和管内萃取模式。纤维萃取模式的基体支持物是石英纤维、不锈钢丝等材料。管内萃取模式的基体支持物是石英毛细管、peek 管等材料。

按照与样品和待测物质的接触方式不同，固相微萃取主要有三种基本的萃取模式：直接固相微萃取(Direct Extraction SPME)、顶空固相微萃取(Headspace SPME)和膜保护固相微萃取(Membrane-protected SPME)。

（1）直接固相微萃取。直接固相微萃取法就是把涂有萃取固定相的熔融石英纤维(萃取头)直接插入到样品基质中，待测物从样品基质中转移到萃取固定相中完成对待测物的提取和富集。直接萃取法适用于气态样品或较为洁净的液体样品。对于液体样品，在实际操作过程中常用搅拌、超声等方法来加速分析组分从样品基质中扩散到萃取固定相；对于气体样品而言，气体的自然对流已经足以加速分析组分在两相之间的平衡。

（2）顶空固相微萃取。在顶空萃取模式中，萃取过程可以分为两个步骤：首先，被分析组分从液相中先扩散到气相中；然后，被分析组分从气相中转移到萃取固定相中。这种模式可以避免萃取固定相受到某些样品基质(比如人体分泌物或尿液)中高分子物质和不挥发性物质的污染。在该萃取过程中，第二个步骤的萃取速度总体上远远大于第一个步骤的扩散速度，所以步骤 1 成为萃取的控制步骤，因为挥发性组分比半挥发性组分有着快得多的萃取速度。实际上对于挥发性组分而言，在相同的样品混匀条件下，顶空萃取的平衡时间远远小于直接萃取平衡时间。顶空固相微萃取适用于废水、油脂、高分子腐殖酸及固体样品中挥发、半挥发有机化合物的分析。

（3）膜保护固相微萃取。膜保护固相微萃取就是在直接固相微萃取的萃取头上增加了由特殊材料制成的保护膜，主要优势是在分析很脏的样品时保护萃取固定相避免受到损伤。与顶空萃取模式相比，膜保护固相微萃取对难挥发性物质组分的萃取富集更为有利。

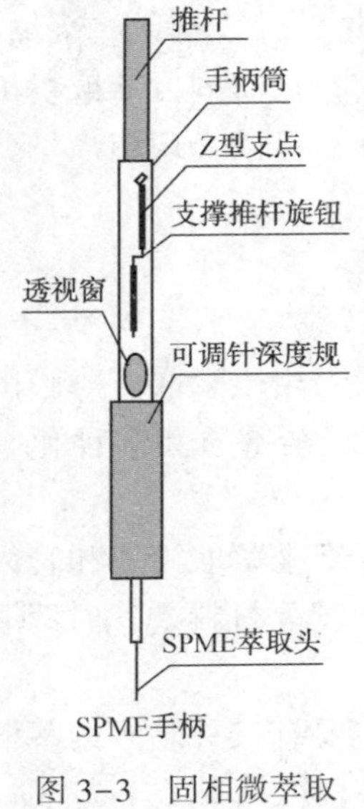

图 3-3　固相微萃取装置图

3.3.3　常见的纤维固相微萃取装置及操作步骤

固相微萃取装置由手柄和萃取头或纤维头两部分组成。萃取头是一根外套不锈钢细管的 1cm 长、涂有不同固定相的熔融石英纤维头，纤维头在不锈钢管内可自由伸缩，用于萃取、吸附样品，手柄用于安装或固定萃取头，可永久使用(图 3-3)。

固相微萃取方法分为萃取过程和解吸过程两步：

（1）萃取过程。

具有吸附涂层的萃取纤维暴露在样品中进行萃取。

① 将 SPME 针管穿透样品瓶隔垫，插入瓶中；

② 推动手柄杆使纤维头伸出针管，纤维头可以浸入水溶液中(浸入方式)或置于样品上部空间(顶空方式)，完成萃取；

③ 缩回纤维头，然后将针管退出样品瓶。

（2）解吸过程。

将完成萃取的 SPME 针头插入气相色谱进样装置的气化室内，使萃取纤维暴露在高温载气中，并使萃取物不断地被解吸下来，进入后续的气相色谱分析。或者插入液相色谱进样装置，使萃取纤维暴露在液相色谱流动相中，并使萃取物不断地被解吸下来，进入后续的液相色谱分析。

① 将 SPME 针管插入 GC 仪进样口；

② 推动手柄杆，伸出纤维头，热脱附样品进色谱柱；

③ 缩回纤维头，移去针管。

3.3.4　萃取分离的影响因素

（1）萃取头的选择。萃取头的选择是影响 SPME 分离效果的关键因素。涂层的选择应该由待测物质的性质决定，根据“相似相溶”原理，非极性涂层有利于对非极性或极性小的有机物进行分离；极性涂层对极性有机物的分离效果较好。固定相可以以键合型、非键合型、部分交联和高度交联四种形式涂附在石英纤维上。涂层在有机溶剂中的稳定性按以下顺序减小：键合型>部分交联>非键合型。除此之外，涂层的厚度对于分析物的吸附量和平衡时间也有影响，厚的涂层适于挥发性的化合物，而薄涂层在萃取大分子或半挥发性的化合物时更显优势，涂层越厚，吸附量越大，有利于扩大方法的线性范围和提高方法的灵敏度，但是达到平衡则需要更长的时间。

一般来说，小分子或挥发性物质常用膜厚 100μm 萃取头，较大分子或半挥发性物质采用 7μm 萃取头，综合考虑分析物的极性和挥发性时，还可以有 85μm、65μm、75μm、30μm 的极性或非极性萃取头选择。最常用的固相涂层物质是聚甲基硅氧烷（PDMS）和聚丙烯酸酯（PA），前者用于非极性化合物、多环芳烃、芳香烃等，100μm 的 PDMS 适用于分析低沸点的极性物质，7μm 的 PDMS 适用于分析中沸点和高沸点的物质，后者多用于极性化合物如苯酚类化合物。

（2）萃取温度。萃取温度对固相微萃取存在着双重作用，温度增加，可以加快待测物的分子扩散速度，有利于尽快达到平衡，尤其能使固体试样的待测物尽快从试样中释放出来。但是温度的增加，又使得平衡分配系数 K 减小、涂层对待测物的吸附量减少，降低灵敏度。对于 HS-SPME 来说，还有液上温度，一般来讲，液上温度低有利于吸附。因此，选择一个合适的温度非常重要。

（3）萃取时间。萃取时间指的是吸附平衡所需要的时间。萃取时间受多个因素影响，例如萃取头的种类和膜厚、分配系数、扩散速度、试样量、容器体积、基质、温度等。一般来说，分配系数小的物质需要的萃取时间长。在摸索实验方法时必须找出最佳萃取时间点，即富集效率接近平缓的最短时间。为了提高实验

的重现性，实验时要选择相同的萃取时间，一般萃取时间在5~60min以内。

（4）盐效应和pH值。向水样中加入少量氯化钠、硫酸钠等无机盐增强离子强度，降低极性有机物在水中的溶解度即起到“盐析”作用，从而提高了萃取效率。但对于有的待测物增加离子强度会起到“盐溶”作用，反而增大了待测物在基质中的溶解量，不利于萃取的进行。

改变pH值是通过调节酸碱度而影响了溶液中的离子强度从而改变待测物在基质中的溶解性。由于固定相属于非离子型聚合物，故对于吸附中性形式的分析物更有效。调节液体试样的pH值可防止分析组分离子化，提高被固定相吸附的能力。

（5）搅拌效率的影响。搅拌可以促使试样均匀，尽快达到平衡，从而缩短萃取时间，特别是对于高分子量和高扩散系数的组分。常用的搅拌方式有：超声波搅拌、电磁搅拌、高速匀浆，采取搅拌方式时一定要注意搅拌的均匀性，不均匀的搅拌比没有搅拌的测定精确度更差。高速匀浆的速度远远高于磁力转子搅拌，其效果更好。

（6）解吸温度。解吸温度是影响固相微萃取的另一个因素。在一定的温度下，解吸的时间越长，解吸越充分，若解吸不充分，可能对下一次的萃取造成污染。在一定的时间下，温度越高越利于解吸，但是温度过高，会缩短萃取纤维的寿命，一般常选择萃取头的老化温度作为解吸温度。

（7）样品量、萃取容器体积。样品量和萃取容器的体积对于固相微萃取结果有很大关系。样品量增大的情况下，重现性明显变好，检出量提高，但过大的样品量和萃取容器体积也会增加平衡时间。

（8）衍生化。衍生化反应可用于减小酚、脂肪酸等极性化合物的极性，提高挥发性，增强被固定相吸附的能力。在固相微萃取中，向试样中直接加入衍生剂或将衍生剂先附着在石英纤维固定相涂层上，使衍生化反应得以发生。

（9）固定相的处理。固相微萃取中的关键部位是石英纤维固定相，靠它对分析组分吸附和解吸，如果曾用过而上面的组分未被解吸掉，则会对以后的分析结果有干扰。每次使用前必须将其插入气相色谱进样器，在250℃左右放置1h，以去除上面吸附的干扰物，如果曾分析过衍生化组分则需要放置更长时间。

3.3.5 固相微萃取在环境有机污染物样品前处理中的应用

固相微萃取法最早的应用就是在环境样品的检测中，至今其在环境样品的微量元素分析中仍发挥着巨大的作用。应用比较广泛的有固态(如沉积物、土壤等)、液态(饮用水和废水等)及气态(空气、香料和废气等)的样品分析。在固态样品中的应用有在底泥中丁基锡化合物的检测、土壤和沉积物中的有机氯及硝基

化合物、污泥等沉积物中脂肪酸类洗涤剂组分和污泥中苯系列及其卤代物等有机化合物的检测等。

在水体中的应用有在环境水样中的挥发性有机物、卤代烃及其他苯系列化合物的分析，汽油、醇类、锡、砷、铅等有机金属及其他无机金属离子、有机磷和有机氯农药、除草剂、甲基汞、胺类物质、多环芳烃、羟基化合物以及废水中烷烃、脂肪烃、醇类、酯类和挥发性芳香族化合物的检测等。

在气态样品中的应用有气体中胺类物质、脂肪酸的检测以及和扩散管配合使用，应用于挥发性有机物(苯、甲基环己烷、甲苯、四氯乙烯、氯代苯、乙基苯、对二甲苯、苯乙烯、壬烷和异丙苯等)的检测以及石油烃化合物的检测等。

目前市场上有数量众多的固相微萃取产品可供选择。如美国Supelco公司以PDMS、DVB、PA、CAR四种萃取材料或材料组合制备的固相微萃取产品，分别针对挥发性、半挥发性、极性以及非极性物质的SPME分析。

在标准化方面，国内使用固相微萃取方法的检测标准还比较少。表3-3列出了使用固相微萃取方法的部分环境检测标准。

表3-3　使用固相微萃取方法的部分环境检测标准

序号	标准编号	标准名称	发布单位
1	GB/T 32470—2016	生活饮用水臭味物质　土臭素和2-甲基异莰醇检验方法	国标
2	DB 14/T 1948—2019	水质卤代烃的测定　顶空/固相微萃取-气相色谱法	山西地标
3	DB 14/T 1949—2019	土壤卤代烃的测定　顶空/固相微萃取-气相色谱法	山西地标
4	DB 21/T 2554—2016	海洋沉积物　苯系物的测定　顶空-固相微萃取/气相色谱-质谱分析法	辽宁地标
5	ISO 17943—2016	Water quality-Determination of volatile organic compounds in Water - Method using headspace solid phase micro - extraction(HS-SPME) followed by gas chromatography-mass spectrometry(GC-MS)	国际标准化组织(ISO)
6	UNI 10899—2001	Water quality-Determination of volatile hydrocarbons(VOC) and Volatile halogenated hydrocarbons (VOX) - Method by solid-phase microextraction(SPME) and capillary gas-chromatography	意大利标准(UNI)
7	UNI 10900—2001	Water quality-Determination of nitrogenous(triazine) herbicides-Method by solid-phase microextraction(SPME) and capillary gas-chromatography	意大利标准(UNI)

续表

序号	标准编号	标准名称	发布单位
8	ASTM D6889—2003	Standard practice for fast screening for volatile organic Compounds in water using solid phase microextraction(SPME)	美国材料与试验协会(ASTM)
9	ASTM D7363—2011	Standard test method for determination of parent and alkyl Polycyclic aromatics in sediment pore water using solid-phase microextraction and gas chromatography/mass spectrometry in selected ion monitoring mode	美国材料与试验协会(ASTM)

3.3.6 应用示例

(1)《生活饮用水臭味物质　土臭素和2-甲基异莰醇检验方法》(GB/T 32470—2016)。

① 方法原理：利用固相微萃取纤维吸附样品中的土臭素和2-甲基异莰醇，顶空富集后用气相色谱-质谱联用仪分离测定。

② 固相微萃取纤维：采用DVB/CAR/PDMS纤维或其他等效萃取纤维。

③ 样品前处理步骤：水样经0.45μm滤膜过滤，在60mL采样瓶中置入磁力搅拌子，加入氯化钠10g，加入水样40mL后再加入10μL 40μg/L的内标添加液，旋紧瓶盖。将采样瓶置于采样台60℃水浴加热，经15s搅拌均匀，压下萃取纤维至顶部空间进行吸附萃取，萃取40min后取出纤维，擦干吸附针头水分，将萃取纤维插入气相色谱进样口，250℃下解吸5min。

(2)《水质卤代烃的测定　顶空/固相微萃取-气相色谱法》(DB 14/T 1948—2019)。

① 方法原理：样品中的卤代烃经固相微萃取纤维吸附、顶空富集，用气相色谱分离、电子捕获检测器(ECD)进行检测。根据色谱保留时间定性，外标法定量。

② 固相微萃取纤维：采用二乙烯基苯/Carboxen/聚二甲基硅氧烷(DVB/CAR/PDMS)或其他等效萃取纤维。

③ 样品前处理步骤：向顶空瓶中加入2.5g氯化钠，取10.0mL恢复至室温的水样缓慢加入顶空瓶中，立即加盖密封。置于固相微萃取装置中，按照顶空/固相微萃取参考条件(平衡温度：30℃；平衡时间：10min；萃取时间：30min；搅拌速度：500r/min)进行测定。

3.4 静态顶空及动态顶空

3.4.1 顶空法的定义及分类

顶空法是一种间接分析方法，是通过检测样品基质上方的气体成分来测定原

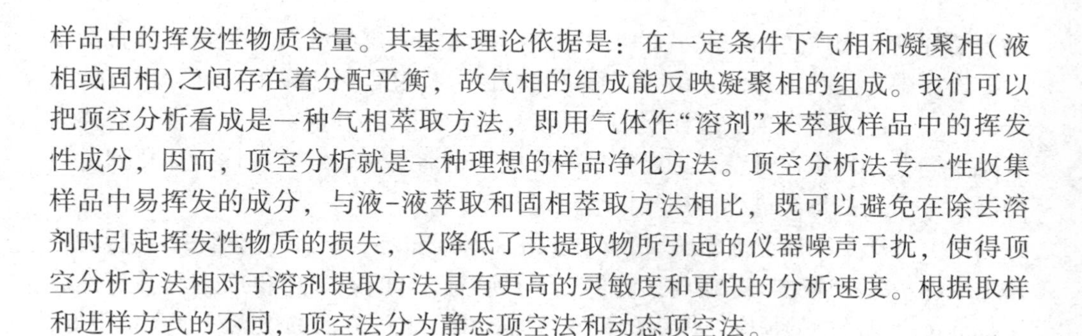

样品中的挥发性物质含量。其基本理论依据是：在一定条件下气相和凝聚相(液相或固相)之间存在着分配平衡，故气相的组成能反映凝聚相的组成。我们可以把顶空分析看成是一种气相萃取方法，即用气体作“溶剂”来萃取样品中的挥发性成分，因而，顶空分析就是一种理想的样品净化方法。顶空分析法专一性收集样品中易挥发的成分，与液-液萃取和固相萃取方法相比，既可以避免在除去溶剂时引起挥发性物质的损失，又降低了共提取物所引起的仪器噪声干扰，使得顶空分析方法相对于溶剂提取方法具有更高的灵敏度和更快的分析速度。根据取样和进样方式的不同，顶空法分为静态顶空法和动态顶空法。

3.4.2　静态顶空

3.4.2.1　静态顶空基本原理

静态顶空法是将样品放置在一密闭容器中，通过加热升温使待测样品中挥发性组分从样品基体中挥发出来，在一定温度下经过一段时间使气液两相达到平衡(见图3-4)，取气相部分进入仪器分析，又称平衡顶空或者一次气相萃取。静态顶空分析技术是顶空分析方法发展中所出现的最早形态，静态顶空分析技术(又称顶空进样技术)主要用于测量200℃下可挥发的被分析物，以及比较难于进行前处理的样品。

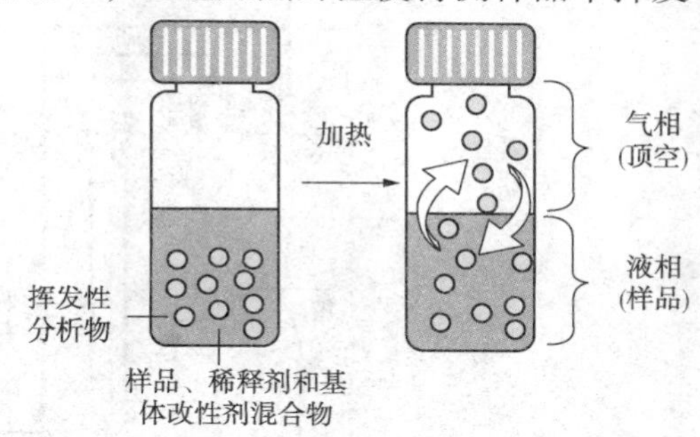

图3-4　静态顶空原理图

3.4.2.2　静态顶空分析法在仪器模式上的分类

(1) 顶空气体手动进样模式。将装有样品的密封容器置于控温精确的恒温槽中，在一定的温度、时间下达到平衡后，可使用气密进样针从容器中上部抽取顶空气体样品，注射入仪器进行分析。这种静态顶空分析法模式具有适用性广和易于清洗的特点，适合于香精香料和烟草等挥发性含量较大的样品分析。但是，手动进样方式有两个缺点：①压力控制难以实现，加热条件下顶空气的压力太大，会在气密进样针拔出顶空瓶的瞬间造成挥发性成分的损失，因此在定量分析上存在不足。②温度的控制，气密进样针的温度低时，某些沸点较高的样品组分很容易冷凝，造成样品损失。为了减少挥发性物质的冷凝，应该将气密进样针加热到合适的温度后进行取样操作，并且在每次进样前用气体清洗进样针，以便尽可能地消除系统残留和记忆效应。实际工作中在取样和进样过程中还是很难保证气密进样针温度的一致性，故分析重现性自动进样优于手动进样。

(2) 压力平衡顶空进样模式。该模式由压力控制阀和气体进样针组成，待样

品中的挥发性物质达到分配平衡时对顶空瓶内施加一定的气压将顶空气体直接压入载气流中。这种进样模式用时间程序来控制分析过程，所以很难计算出具体的进样量。但压力平衡顶空进样模式的系统死体积小，具有很好的重现性；同样为了减少挥发性物质在管壁和进样针中的冷凝，也需要对管壁和进样针加热到适当的温度，而且在每次进样前用气体清洗进样针。

（3）加压定容顶空进样模式。该模式由气体定量环、压力控制阀和气体传输管路组成，是靠对顶空瓶内施加一定的气压将顶空气体压入六通阀的定量环中，然后用载气将定量环中的顶空气体组分带入色谱柱中。这种方法的优点是重现性很好，适合进行顶空的定量分析。但由于系统管路较长挥发性物质易在管壁上吸附，因此一般需要将管路和进样针加热到较高的温度。图 3-5 为某品牌顶空进样器内部构造图，V1 为六位二通阀，Loop 为样品环，SV1 为排气阀，SV2 为加压阀。

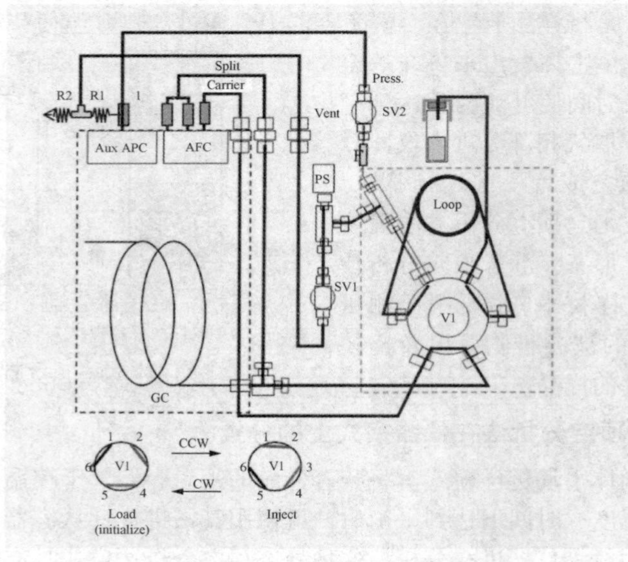

图 3-5　顶空进样器内部构造图

加压定容顶空进样模式具体分为以下四个步骤。

① 平衡：将一定量的样品加入顶空样品瓶，加盖密封，然后置于顶空进样盘中，设置好顶空参数，系统运行后自动进入恒温槽中，在设定的温度和时间条件下进行平衡。此时载气直接进入仪器进样口，同时用低流速吹扫定量环，然后放空，避免定量环被污染，部分自动顶空进样器具有搅拌功能，以加速其平衡。

② 加压：待样品平衡后，将进样针插入样品瓶的顶空部分，通过阀切换，使通过定量环的载气进入样品瓶加压，为下一步取样做准备，加压时间和压力大小由自动进样器控制。

③ 取样：通过六通阀切换，样品瓶中经加压的气体经过进样针进入定量环，取样时间应足够长，应保证样品气体充满定量环，但也不宜太长，以免损失样品。取样具体时间应根据样品瓶中压力的高低和定量环的大小而确定，由自动进样器自动控制，一般不超过60s。

④ 进样：通过阀切换使所有载气都通过定量环，将样品带入仪器分析。

经过以上四个步骤便完成了一次的顶空分析，然后将进样针清洗后移到下一个样品瓶，根据仪器的分析时间长短，在某一时刻开始对下一样品重复上述操作。

3.4.2.3　静态顶空分析法的影响因素

静态顶空分析系统由顶空气体进样器和色谱仪组成。分析结果很大程度上取决于：①能否有效地采集挥发性组分；②如何将顶空气体转移到色谱仪中去；③采用何种色谱分离模式。本章仅就顶空进样器方面进行讨论。为了能够得到良好的重现性和有效的色谱分离度，必须对样品的制备和把顶空气体转移到色谱分析系统的各项参数进行确认。

（1）样品的性质。顶空气体中各组分的含量不仅与其本身的挥发性有关，还与样品基质有关，特别是样品基质中溶解度大(分配系数大)的组分，“基质效应”更为明显。这是顶空进样的突出特点，即顶空气体的组分与原样品中的组分不同，因此标准样品/溶液必须与样品使用相同或者相似的溶剂基质，否则会有定量误差。以下为常见的消除或减少基质效应的一些方法：

① 盐析作用。盐析作用是指在水溶液中加入无机盐(如氯化钠)来改变挥发性组分的分配系数。实验证明，盐浓度小于5%时几乎没有作用，故常用高浓度的盐溶液，甚至用饱和浓度。盐析作用对极性组分的影响远大于对非极性组分的影响。实际工作中通常使用同体积的饱和溶液作为提取试剂和标准溶液配制试剂以减少加入无机盐带来的溶剂影响。

② 有机溶液中加入水。加水可以减小有机物在有机溶剂中的溶解度(水要与提取有机溶剂互溶)，增大其在顶空气体中的含量。

③ 调节溶液的pH值。通过调节pH值可以使溶液中的解离度发生改变，或使样品中待测物的挥发性发生改变，从而有利于实验分析。

④ 样品预处理。固体样品中的挥发物其扩散速度很慢，往往需要很长时间才能达到平衡，尽量采用小颗粒的固体样品有利于缩短平衡时间。在固体前处理过程中，加入溶剂后进行适当的振荡有助于提高样品的分散程度。

⑤ 稀释。对样品进行稀释也是减小基质效应的一种常用方法，但会降低分析灵敏度。

（2）样品的量。静态顶空分析中，进样量是通过进样时间和定量环来控制，同时还受温度和压力的影响。待测组分的分配系数越小(在凝聚相中的溶解度越大)，样品量波动对结果的影响越大。实际分析中，分配系数一般未知，故需保证样品量的一致性。样品体积的上限是样品瓶的80%，以便有足够的顶空体积，实际操作中常采用50%样品瓶体积。

(3) 平衡温度。静态顶空分析中升温有利于挥发性物质的挥发，但是也同样使得样品中的副反应增加。一般来说，温度越高，蒸气压越高，顶空气体的浓度越高，分析灵敏度就越高。待测组分沸点越低，对温度越敏感，从这一角度，平衡温度高些，有利于缩短平衡时间。实际分析中往往是在满足灵敏度的条件下，选择较低的平衡温度。过高的温度会导致某些组分的分解和氧化(因为样品瓶中有空气)，还会使得顶空瓶中气体的压力过高，特别是使用有机溶剂作为稀释剂时，故要选择高沸点的有机溶剂作为稀释剂。另外由于顶空瓶的耐受压力一般为350~400kPa，如果温度达到150℃以上，则无法继续恒温。水样的样品瓶恒温温度60~80℃，溶剂类样品瓶恒温温度60~120℃。

(4) 平衡时间。平衡时间本质上取决于被测组分分子从样品基质到气相的扩散速度。扩散速度越快，所需平衡时间越短。另外，扩散系数又与分子尺寸、介质黏度和温度有关，温度越高、黏度越低，扩散系数越大，所以提高温度可以缩短平衡时间。缩短平衡时间可以采用搅拌的方法，例如机械振动搅拌或者电磁搅拌。

(5) 样品瓶及密封隔垫。顶空样品瓶要求体积准确、能承受一定的压力、密封性好、对样品无吸附作用，一般使用硼硅玻璃制造。样品瓶体积一般10~20mL，根据仪器要求和样品确定体积。密封隔垫由塑料或者金属加密封垫组成，基本为一次性的压盖。为防止密封垫对样品组分的吸附，多采用内衬聚四氟乙烯或铝的密封垫。密封垫在一次取样之后，就可能会漏气，而且内衬垫扎穿之后就失去了保护作用，所以，每个顶空瓶只能进行一次取样，多次取样会影响检测结果的准确性。相应地，在样品制备时，要将样品、溶剂、内标等全部加入后再密封上机。

3.4.3 动态顶空

3.4.3.1 动态顶空基本原理

动态顶空分析是指在样品中连续通入惰性气体，如：氦气，挥发性组分即随该萃取气体从样品中逸出，通过装有一个吸附管的吸附装置(捕集阱)将样品浓缩，然后再将样品加热解吸进入仪器分析。这是一种连续的多次气相萃取，直到样品中的挥发性组分完全萃取出来，又称为吹扫捕集分析方法。由于气体的吹扫，破坏了密闭容器中气液两相的平衡，使得挥发组分不断地从液相进入气相而被吹扫出来，即保持液相顶部的任何组分的分压为零，使更多的挥发性组分逸出到气相，相较于静态顶空法能测量更低的痕量组分。吹扫捕集分析方法适用于从液体或固体样品中分析沸点低于200℃、溶解度小于2%的挥发性或半挥发性

物质。

3.4.3.2　吹扫捕集进样装置

吹扫捕集气相色谱法分析流程如图 3-6 所示。吸附装置位于冷阱中，通过六通阀的转换完成吸附和脱附过程，使用过程中为减少吸附效应，阀体应放置在加热装置中并保持一定的温度。吹扫捕集气相色谱法分析步骤大致如下：

（1）准备和预冷阶段：吹扫气对管路进行清洗，液氮阀打开使冷阱预冷至捕集所需的温度；

（2）吹扫阶段：吹扫气将挥发性物质从吹扫瓶中吹出，经水冷器冷却和解吸管气化后，进入冷阱的毛细管中，将挥发性物质全部捕集在冷阱中；

（3）进样阶段：吹扫结束后，冷阱快速升温至一定温度，挥发性物质按沸点顺序进入色谱柱中分离，进入检测器；

（4）反吹阶段：吹扫气从冷阱中进入，一路经热解吸管和水冷凝器排出，一路经冷阱毛细管进入色谱柱，直至整个分析结束。

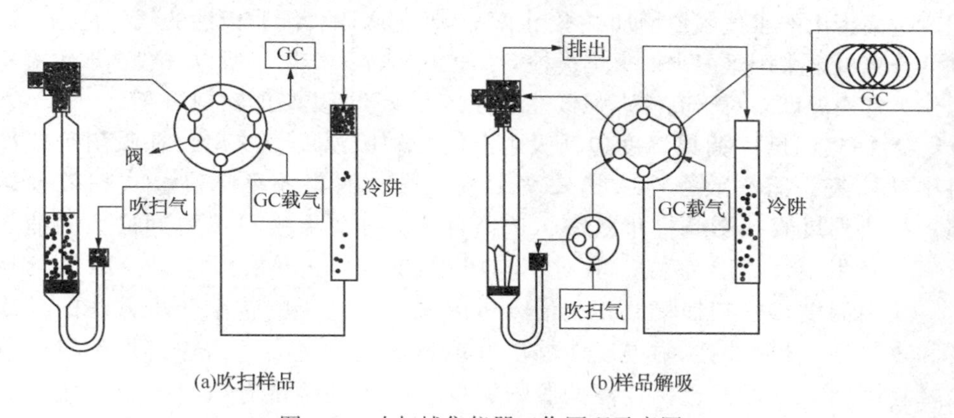

图 3-6　吹扫捕集仪器工作原理示意图

3.4.3.3　吹扫捕集分析法的影响因素

吹扫效率是在吹扫捕集过程中，被测组分能被吹出回收的百分数。影响吹扫效率的因素主要有样品的溶解度、吹扫温度、吹扫气的流速及时间、捕集效率和解吸温度及时间等。化合物不同，其吹扫效率也稍有不同。

（1）样品的性质。吹扫捕集是一种连续的多次气相萃取过程，样品中的挥发性组分被全部分析，这就导致了样品中非目标组分干扰会比较多。物质的吹扫效率受其溶解度的影响，溶解度越高的组分，其吹扫效率越低，对于高水溶性组分，只有提高吹扫温度才能提高吹扫效率。另外，盐效应能够改变样品的溶解度，通常盐的含量大约可加到 15%～30%，不同的盐对吹扫效率的影响也不同。

（2）甲醇和水的干扰。管路中残存的甲醇和水是吹扫捕集中常见的影响分析因素，两种物质的过量存在会导致信号变形。水的干扰致使峰形异常，会使前期吹扫出来的化合物回收率不高，还会缩短检测器的寿命；甲醇也会干扰质谱及色谱检测器的信号，甚至会误导分析人员将残存的甲醇峰视为待测物质的峰而造成假阳性数据现象。因此，能否降低水蒸气和甲醇对分析检测的影响是选择捕集管需考虑的首要问题。为减少水和甲醇的影响，首先要保证吸附剂是疏水的且不能保留甲醇，此外还可采取增加干吹扫时间、减少甲醇在样品前处理中的用量等措施。常见的捕集管使用 1/3 碳纤维、1/3 硅胶、1/3 活性炭的均匀填料或其他等效填料。

（3）吹扫捕集分析中有三个温度需要控制：

① 吹扫温度。提高吹扫温度，相当于提高蒸气压，从而有助于提高吹扫效率。蒸气压是吹扫时施加到固体或液体上的压力，它依赖于吹扫温度和蒸气相与液相之比。在吹扫含有高水溶性的组分时，吹扫温度对吹扫效率影响更大。因为温度过高带出的水蒸气量增加，不利于下一步的吸附，给非极性的气相色谱分离柱的分离也带来困难，水对火焰类检测器也具有淬灭作用，所以一般选取恒温室温作为常用温度。对于高沸点强极性组分，可以采用更高的吹扫温度。

② 捕集温度。捕集温度包括吸附温度与解吸温度。吹出物在吸附剂或冷阱中被捕集，捕集效率对吹扫效率影响较大，捕集效率越高，吹扫效率越高。冷阱温度直接影响捕集效率，选择合适的捕集温度可以得到最大的捕集效率。吸附温度常为室温，但对不易吸附的气体也可采用低温冷冻捕集技术。脱附温度是吹扫捕集气相色谱分析的关键，它影响整个分析方法的准确度和重复性。较高的脱附温度能够更好地将挥发物送入色谱柱，得到窄的色谱峰。因此，一般都选择较高的脱附温度，对于环境中有机物分析，脱附温度通常采用 250℃。

③ 连接管路温度。选择合适的管路温度以防止样品冷凝，环境分析中常用的连接管温度为 80~150℃。

（4）吹扫气的流速及吹扫时间。吹扫气流速取决于待分析物挥发性的大小。流速偏低时，不利于对含量低的样品进行定量分析；而太高的流速又会增加水蒸气对检测的干扰。吹扫时间是影响方法回收率和灵敏度的一个重要因素。吹扫时间偏短时，溶液中的分析物挥发不充分，吹扫时间太长又会吹脱吸附剂表面的分析物。吹扫气的体积等于吹扫气的流速与吹扫时间的乘积，吹扫体积一般控制在 400~500mL，吹扫时间一般为 10min 左右。

（5）脱附时间。在脱附温度确定后，脱附时间越短越好（一般为 2min），从而得到好的对称色谱峰。

3.4.4　静态顶空和动态顶空分析法的对比

静态顶空和动态顶空进样各有特点，下面进行分类比较。

(1) 仪器结构。静态顶空仪器较简单，不需要气体吹扫；动态顶空较复杂，需要吸附装置，连接管路比较多，需要气体吹扫液相或者固相。

(2) 进样方式。静态顶空存在两相平衡的问题，待测组分存在于平衡气相中，由气密性进样针直接进样；动态顶空没有两相间平衡的问题，待测组分被吹扫至捕集阱中吸附并浓缩，脱附后进入色谱柱分析。

(3) 萃取效果。静态顶空一次萃取，挥发性组分不会丢失，但可能不会完全萃取；动态顶空连续萃取，可将挥发性组分完全萃取，但吸附和脱附过程中可能造成样品组分的丢失。

(4) 灵敏度。静态顶空灵敏度稍低，动态顶空灵敏度较高。

(5) 应用范围。静态顶空适用于挥发性物质分析，高沸点组分效果差；动态顶空适用于挥发性物质分析，也可达到半挥发性物质的分析要求，可以分析沸点相对高(蒸气压低)的组分。

3.4.5　顶空分析法在环境有机污染物样品前处理中的应用

3.4.5.1　静态顶空和动态顶空在环境领域的应用

顶空分析在分析测试中具备很多优势。使用顶空进样可以非常有效地减少用于样品前处理的时间，无须从基体中提取待测物质进行液体进样。一般来说，直接检测待测样品中的挥发性组分比检测整个的液态或者固态样品干净，也就减少了进样系统维护的时间和费用。另外，在顶空进样中注入的溶剂含量比液体进样中所含的溶剂量少，产生的溶剂峰较小，从而减小溶剂峰对待测物质的影响。顶空分析法费用低、快速、自动化程度高，并且可以最大程度上避免溶剂提取所带来的分析本底，在环境问题日益严重的今天已经成为一种非常重要的分析手段，普遍应用于环境样品土壤、水质和固废等基体中挥发性物质的分析检测，各国均发布了自己的检测标准。以水中三氯甲烷、四氯化碳等这一类挥发性有机物为例，我国颁布了《水质　挥发性卤代烃的测定　顶空-气相色谱法》(HJ 620—2011)、《水质　挥发性有机物　吹扫捕集/气相色谱法》(HJ 686—2014)、《水质　挥发性有机物的测定　顶空/气相色谱-质谱法》(HJ 810—2016)等检测方法，美国EPA(Environmental Protection Agency)发布了《EPA Method 8260D(SW-846)》方法。EPA所用的环境分析方法主要是动态顶空的方法，我国所用的方法并不统一，主要以静态顶空分析为主。水样品加入基质改性剂后以静态顶空分析就可以得到令人满意的结果，而且静态顶空分析的精密度相对于动态顶空的方法好。

土壤样品的性质差异大，一般来说采用静态顶空分析方法的回收率较高，但富含有机质的土壤样品由于吸附能力强，相对来说动态顶空的方法好一些。针对基质复杂的固体废物样品，静态顶空的方法更适用。

3.4.5.2 静态顶空和动态顶空的实际分析谱图

参照《固体废物 挥发性有机物的测定 顶空/气相色谱-质谱法》(HJ 643—2013)仪器设置条件，顶空关键条件调整为：恒温炉温度 70℃，样品瓶恒温时间 22min，样品流路温度 100℃，传输线温度 110℃，样品瓶加压时间 0.5min，加压平衡时间 0.1min，导入时间 1.0min，导入平衡时间 0.1min，进样时间 0.5min，图 3-7 为 65 种挥发性有机物标准溶液顶空/气相色谱-质谱示意图。

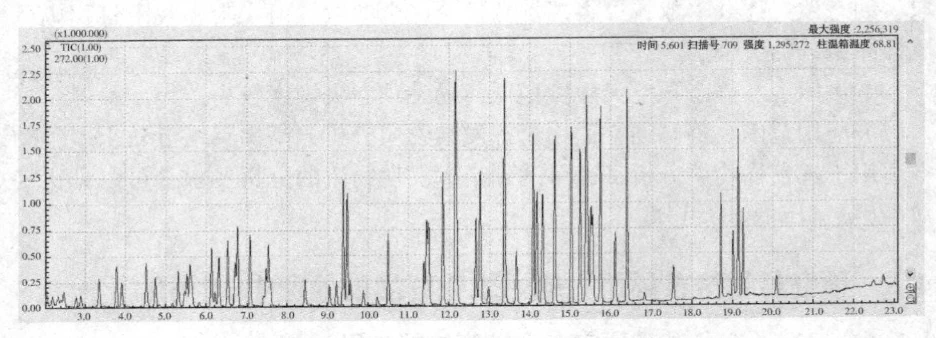

图 3-7 顶空/气相色谱-质谱示意图

参照《土壤和沉积物 挥发性有机物的测定 吹扫捕集/气相色谱-质谱法》(HJ 605—2011)仪器设置条件，吹扫捕集仪器关键条件调整为：六通阀烘箱温度 140℃，传输线温度 140℃，吹扫温度 20℃，吹扫流量 40mL/min，吹扫时间 11min，脱附温度 250℃，脱附时间 2.0min，图 3-8 为 65 种挥发性有机物标准溶液顶空/气相色谱-质谱示意图。

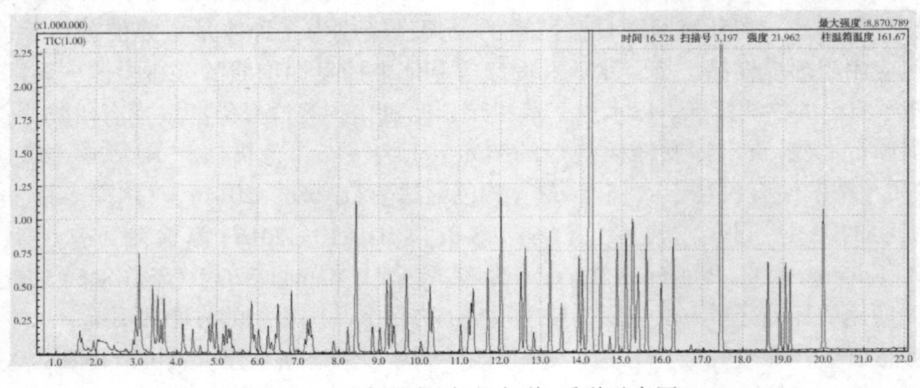

图 3-8 吹扫捕集/气相色谱-质谱示意图

3.5　超声萃取

3.5.1　超声萃取的定义

超声(波)萃取(Ultrasound extraction，UE)，亦称为超声波辅助萃取、超声提取，是利用超声波辐射压强产生的强烈空化效应、扰动效应、高加速度、击碎和搅拌作用等多级效应，增大物质分子运动频率和速度，增加溶剂穿透力，从而加速目标成分进入溶剂，促进提取进行的一种样品前处理技术。

3.5.2　超声萃取基本原理

超声波是指频率为 20kHz~50MHz 的机械波。与电磁波不同，超声波需要能量载体——介质来进行传播，其穿过介质时会产生膨胀和压缩两个过程，进而传递给介质以强大的能量。在液体中，膨胀过程会形成负压。如果超声波能量足够强，膨胀过程会在液体中生成气泡或将液体撕裂成很小的空穴，这些空穴瞬间闭合，闭合时产生高达 3000MPa 的瞬间高压和高温，这一过程称为空化作用，整个过程在 400μs 内即可完成。空穴的非均匀破裂产生高速液体喷流，使膨胀气泡的势能转化成液体喷流的动能，在气泡中运动并穿透气泡壁。连续不断产生的高压和喷射流不断地冲击固体表面，可破坏有机物在固体样品表面的吸附，使颗粒表面及缝隙中的可溶性活性组分迅速溶出，同时强烈的空化作用会使样品中细胞壁破裂，而将细胞内溶物释放到周围的提取液体中。此外，空化作用可击碎并细化固体样品，制造乳液，提高溶剂的穿透力，加速目标成分进入溶剂，提高提取率。利用超声波的上述效应，从不同类型的样品中可高效提取各种目标有机污染物成分。图 3-9 给出了常用的超声萃取所用的的仪器装置。

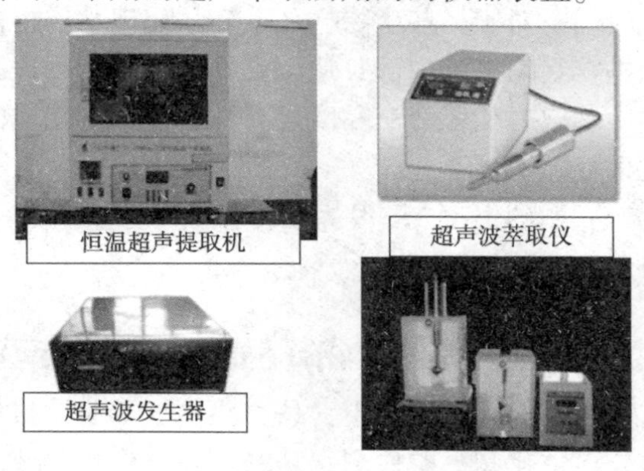

图 3-9　常用的超声萃取仪器装置

3.5.3 超声萃取的优缺点

与常规的萃取技术相比，超声萃取技术具有快速、价廉、高效的优点，在某些情况下甚至比超临界流体萃取(SFE)和微波辅助萃取还好。与索氏萃取相比，其主要优点有：①成穴作用增强了系统的极性，提高了萃取效率；②超声波萃取允许添加共萃取剂，以进一步增大液相的极性；③适合不耐热的目标成分的萃取；④操作时间比索氏萃取短。与超临界流体萃取相比，其主要优点有：①仪器设备简单，成本低廉；②可提取很多极性化合物。与微波辅助萃取相比，其主要优点有：①比常规微波辅助萃取安全；②萃取过程简单，不易对萃取物造成污染。

然而，超声萃取也有一定缺点和局限性。超声萃取的提取率受到的影响因素较多，因此其提取的稳定性不够好。对于一些结构不稳定、高反应活性的有机物如部分有机磷农药类，超声萃取中产生的自由基和高能量会造成一些目标化合物的分解，使其回收率大幅降低，因此不适用于该类物质的前处理。此外，超声萃取仪器在使用过程中不可避免地会造成一定的噪声污染。

3.5.4 超声萃取影响因素

超声萃取的提取率受到超声波的强度、频率、提取时间、提取温度、表面张力、黏度、样品形状、样品浸泡时间等很多因素影响，以下是超声波强度、样品浸泡时间、黏度、提取温度对超声萃取的影响。

(1) 超声波强度。超声波强度(仪器输出功率)反映了超声波的能量大小，与超声波空化作用强弱及破碎效果密切相关。超声波强度越高，空化作用越强，对样品的破碎效果越好。

(2) 样品浸泡时间。对于一些生物样品，样品超声萃取提前在溶剂中浸泡一定时间有利于溶剂进入组织细胞内部，从而更好地将待测物提取出来。

(3) 黏度。超声萃取时如果溶液黏度过高，不利于空化泡的形成及其膨胀和爆炸，致使提取效果变差。

(4) 提取温度。介质的温度(一般为水浴温度)对空化作用的强度有一定影响，进而影响超声萃取的效果。

3.5.5 超声萃取在环境有机污染物样品前处理中的应用

目前，超声波萃取技术已广泛用于食品、药物、工业原材料、农业、环境等领域中有机组分的分离纯化和提取检测，其中在环境检测领域主要应用于土壤沉积物、大气颗粒物、纺织品、生物样品中多种有机污染物的提取。

(1)《土壤和沉积物　有机物的提取　超声波萃取法》(HJ 911—2017)。HJ 911—2017中规定了提取土壤和沉积物中有机物的超声波萃取法，可适用于土壤和沉积物中多环芳烃、酚类、邻苯二甲酸酯类和有机氯农药等半挥发、难挥发性有机物的提取。超声波提取仪选用探头式、功率不小于500W的仪器，提取剂根据目标化合物的性质可选用二氯甲烷、正己烷、二氯甲烷-丙酮混合溶剂(1∶1)或正己烷-丙酮混合溶剂(1∶1)中的一种。提取土壤沉积物样品时，称取20g(精确到0.01g)样品于250mL玻璃烧杯中，加入一定量的无水硫酸钠(无水硫酸钠的加入量视样品的水分含量而定，但要保证总量不超过烧杯容量的一半)，用不锈钢角匙搅拌均匀，使搅拌后的试样呈流沙状，待提取。在装有试样的烧杯中加入约50mL的提取剂，保证加入的提取剂液面高出固体试样表面约2cm，超声波提取仪探头插入至液面以下1cm处，但必须在固体试样表面以上(可根据试样的体积，适当增加或减少提取剂的加入量)。调节超声波提取仪的功率及探头深度须保证试样在提取时能够被完全翻动，超声提取3min。随后在漏斗颈部放入少量石英玻璃棉，再加入适量无水硫酸钠，提取液经漏斗干燥过滤(若提取液中悬浮有固体颗粒物，需将提取液倒入离心管，低速离心去除其中的固体颗粒，然后过滤)。再重复提取两次，合并三次提取液，待后续处理。经氮吹浓缩仪浓缩后，半挥发性有机物采用气相色谱-质谱法分析，有机氯农药采用气相色谱-电子捕获(ECD)分析。

(2)《土壤和沉积物　多氯联苯的测定　气相色谱-质谱法》(HJ 743—2015)。HJ 743—2015规定了土壤中多氯联苯类化合物的测定方法。样品前处理方法推荐使用微波萃取或超声萃取两种方法。选用超声萃取法时，称取5.0~15.0g试样置于玻璃烧杯中，加入30mL正己烷-丙酮混合溶剂(1∶1)，用探头式超声波萃取仪，连续超声萃取5min，收集萃取溶液。上述萃取过程重复三次，合并提取溶液。随后根据样品基体干扰情况选择合适的净化方法(浓硫酸磺化、铜粉脱硫、弗罗里硅土柱、硅胶柱等凝胶渗透净化小柱)，对提取液净化、浓缩、定容后，用气相色谱-质谱仪分离、检测，内标法定量。

(3)新型有机污染物的提取。超声萃取技术在新型阻燃剂、烷基酚等新型有机污染物(POPs)的提取和分析中得到了广泛应用。江锦花等建立了超声萃取-气相色谱-质谱法测定海洋沉积物中39种多溴联苯醚残留的分析方法，沉积物样品用正己烷-二氯甲烷(体积比1∶1)混合溶液超声提取(控制水浴温度为25℃)60min，硅胶和氧化铝柱净化，负化学离子源-气相色谱-质谱法检测。赵陈晨等建立了一种测定土壤中8种烷基酚(APs)和烷基酚聚氧乙烯醚(APEOs)的分析方法，土壤样品用二氯甲烷-乙酸乙酯(4∶1，V/V)混合溶剂进行3次超声萃取，萃取的水浴温度35℃，超声萃取后经硅胶固相萃取柱净化，高效液相色谱检测。

3.6 振荡提取

3.6.1 振荡提取基本介绍

振荡提取法是通过对样品进行重复性的摇动，达到固体样品与提取溶剂充分混合，使污染物能够从样品中被分配到提取溶剂中，从而实现有效的提取和分离。

振荡浸提法作为一种传统的提取方法，其意义在于能够将样品充分混合均匀，从而大幅度增加液体的流动性，提高提取效率，且方法本身不对样品产生太大破坏，因此在环境检测、食品安全等领域仍具有很高的应用价值。相比于超声萃取、微波辅助萃取、加压流体萃取等新型有机污染物前处理技术，振荡提取操作步骤简单，设备易普及，并且具有良好的灵敏度和精密度，能够满足大部分样品检测的要求。

3.6.2 主要分类

3.6.2.1 翻转振荡提取

翻转振荡提取一般适用于固体废弃物浸出毒性翻转法，广泛应用于环境监测、固体废弃物处置等与固体废弃物的毒性鉴别、研究、处理、处置的相关行业。全自动翻转式振荡器是固体废弃物浸出试验设备，该设备要求温度实时控制，温度波动小，转速可调节，运转方式自行设定，此外，还具备多种翻转方式，能够长时间连续运行平稳，噪声低，维护方便，兼容性好。

3.6.2.2 水平振荡提取

水平振荡提取适用于对温度、振荡频率、振幅有较高要求的环境水样、土壤样品和固体废弃物的振荡浸提。通常采用频率可调的往复式水平振荡装置作为振荡设备，该装置采用永磁直流电机作为动力，通过电子调速电路，能够保持较为平稳的运动速度，同时具有使用寿命长，维护简单，操作方便的优点。

3.6.2.3 涡旋振荡提取

涡旋振荡提取是利用偏心旋转使试管等容器中的液体产生涡流，从而达到使溶液充分混合来提取样品中有机物的目的，主要针对 50mL 以下的小体积样品做快速混匀提取。该方法特点是混合速度快、提取效率高、体积小、操作方便。由于液体呈旋涡状能够将附在管壁上的试液全部混匀，对于一些难溶解的物质也具有较好的提取效果。此外，混合液体无须电动搅拌和磁力搅拌，所以混合液体不受外界污染和磁场影响。

3.6.3 振荡提取条件

3.6.3.1 振荡时间

在一定范围内，提取效率随着振荡时间延长，各种化学成分提取效果提高，但振荡时间过长，无用杂质成分也会随之被提取出来。实际使用过程中要根据目标化合物性质、提取溶剂等选择合适的振荡提取时间。冯洁等分别考察了振荡时间为10min、20min、30min、40min、60min、80min时对茶叶中9种有机氯和拟除虫菊酯农药提取效率的影响。结果表明，振荡时间为10~40min时，提取效率随着振荡时间的增长而明显增大，继续延长振荡时间，农药含量值无明显变化，最终确定振荡的最佳时间为40min。

3.6.3.2 振荡频率

不同目标化合物组分在振荡提取过程中适宜的振荡频率也不相同。HJ/T 299和HJ/T 300中关于固体废物有机化合物翻转振荡规定的振荡频率为(30±2)r/min。豆康宁等试验不同振荡频率对甘草酸提取效率的影响，发现当振荡频率分别为60r/min、80r/min、100r/min、120r/min、140r/min时，随振荡频率的增加，甘草酸提取效率一开始增加明显，振荡频率超过100r/min之后，提取率增加幅度变小。这是因为随着振荡频率的增加，物料在溶剂中混合更加充分，甘草酸的浸出率增加，但是当振荡频率达到一定值时，甘草酸提取效率受其影响变得较小。

3.6.3.3 振荡温度

一般来说，较高温度提取化合物的效率较高，较低温度提取的杂质较少。随着提取温度升高，分子运动速度加快，渗透、溶解、扩散速度加快，提取效果更好，但过高的振荡温度也会造成目标成分被破坏，同时杂质含量也增多。张春芳等采用正交实验法研究小麦粉中甲醛振荡提取条件，分别在室温22℃、30℃和50℃的提取温度下测定提取效率，结果表明30℃时甲醛的提取效率最高。

3.6.4 振荡提取技术在环境有机污染物样品前处理中的应用

振荡提取作为最常见的有机物提取技术之一，因其具有操作简便、设备便宜、测量结果稳定等特点，在元素形态分析、农药残留、持久性有机污染物监测等领域的应用仍十分广泛。

周志豪等建立了一种同时测定藻类中6种形态砷化合物(亚砷酸根、砷酸根、一甲基砷酸、二甲基砷酸、砷甜菜碱、砷胆碱)的振荡提取-高效液相色谱-电感耦合等离子体质谱法。选取0.3mol/L乙酸溶液作为提取剂振荡提取藻类样品中的砷化合物，经 HPLC-ICP-MS 进行分离和定量分析。结果表明：在优化实验条件下 6 种形态砷化合物的检出限为 0.24～0.34μg/L，加标回收率在 85.1%～98.3%。该方法灵敏度高，前处理简单高效，可以有效地分析藻类样品中不同形态的砷化物。

陈星星等采用振荡提取土壤中的有机氯农药，通过电子捕获器(ECD)进行定量分析。研究不同提取溶剂、提取时间、提取次数对土壤中 8 种有机氯类农药提取效率的影响。样品经正己烷/丙酮(V/V 为 4∶1)提取，提取时间 30min，提取 1 次，经旋转蒸发仪浓缩，浓硫酸净化后直接进样。该方法提取效率高于 70%，操作简单省时，具有良好的灵敏度、准确度和精密度，能满足实验室大量检测需要。

郭梅燕等为了准确评价氟磺胺草醚残留对后茬作物及生态环境的影响，较系统地研究了土壤中氟磺胺草醚残留的分析方法，确立了二氯甲烷-水-冰乙酸振荡提取土壤中氟磺胺草醚残留的样品前处理方法。结果显示，氟磺胺草醚在供试土壤中 3 个添加水平的平均添加回收率为 78.8%～104.4%，各添加水平 3 次重复测定的相对标准偏差均小于 8%。该方法简便、经济、快速、灵敏，适于土壤中氟磺胺草醚残留量的检测。

3.6.5 应用示例

(1)《食品安全国家标准　食品中噻节因残留量的检测方法》(GB 23200.41—2016)。

① 实验原理。试样用甲醇-水混合溶剂振荡提取，提取液用正己烷和三氯甲烷进行液-液分配后，经串联弗罗里硅土和中性氧化铝固相萃取柱净化，用配有电子捕获检测器的气相色谱仪进行测定，气相色谱-质谱仪确证，外标法定量。

② 提取步骤。称取 2g(精确至 0.01g)均匀试样于 50mL 具塞离心试管中，加 4mL 水混匀，静置 15min，加入 5mL 甲醇-水溶液置于涡旋振荡器上振荡提取 5min，离心 4min(离心速度为 6000r/min)，吸取上层清液于另一 50mL 具塞离心试管中，残渣用 5mL 甲醇-水溶液重复提取 1 次，合并提取液。往提取液中加入 2mL 氯化钠溶液和 5mL 正己烷振荡提取 2min，离心 1min(离心速度为 5000r/min)，吸取并弃去正己烷层，用 5mL 正己烷再提取两次并弃去正己烷层。加入 5mL 三氯甲烷振荡提取 3min，离心 1min(5000r/min)，吸取下层三氯甲烷层于 200mL 鸡心瓶中，用 5mL 三氯甲烷再提取两次，合并提取液，将提取液于 40℃ 水浴下旋转浓缩至约 1mL，待净化。

(2)《UPLC-MS/MS 法同时测定水源地沉积物中 11 种环境激素》。

① 实验原理。沉积物样品经甲醇振荡提取，浓缩后加入纯水，再经 HLB 固

相萃取柱净化，采用 C_{18} 色谱柱分离，以 1mmol/L 氟化铵水溶液-乙腈为流动相梯度洗脱，用配有电喷雾离子源的三重四极杆质谱进行多反应离子监测，内标法定量。

② 提取步骤。准确称取 10g(精确到 0.01g)研磨均匀的冻干沉积物样品于 100mL 玻璃离心管中，加入 30mL 甲醇于室温下振荡提取 30min，以 5000r/min 离心 10min，转移上清液置于氮吹管中，重复上述步骤，合并 2 次上清液，氮吹浓缩至 5mL，再加入纯水至 100mL，混匀后待净化。

3.7　索氏提取

3.7.1　索氏提取基本原理

索氏提取法又名索氏抽提法，作为一种最经典的萃取方法，是一种从固体物质中萃取目标化合物的前处理方法，常用于测定植物种子和果实中的脂肪含量。索氏提取装置一般是由提取烧瓶、提取管(索提管)、冷凝器三部分组成，提取管一侧有虹吸管和连接管装置。提取时先将固体物质研磨细，称取一定质量样品倒入套筒中，再放入提取管内，提取瓶内加入一定体积的萃取试剂(如甲苯)，利用加热套加热提取瓶，沸腾后甲苯汽化，由连接管上升进入冷凝器，甲苯蒸气遇冷液化成液体滴入提取管内，浸提样品中的目标物质。待提取管内甲苯液面超过虹吸管最高处时，溶有目标物质的甲苯经虹吸管流入提取瓶内，这一现象称为虹吸现象。流入提取瓶内的甲苯继续被加热汽化、上升、冷凝液化，滴入提取管内，如此循环重复，使样品中的目标物质富集到烧瓶内。

3.7.2　索氏提取操作步骤

索氏提取操作步骤主要包括滤纸预处理、连接装置、抽提和浓缩四个流程。

(1) 滤纸预处理。根据索提管的大小，将滤纸裁剪做成与提取器大小尺寸相应的滤纸筒(或购买商用成品滤筒)，然后将需要提取的样品装入滤筒内，借用工具(如长镊子)放入提取管内，在此过程中要求滤筒紧贴提取管内壁，同时又要方便取放。此环节需要注意两点，第一是装有样品的滤筒高度不能超过虹吸管，否则提取溶剂不能充分浸泡被提取物，影响最终提取效果；第二如果样品较轻，容易漏出滤筒，则可以在索提管下端的虹吸管入口处垫一层脱脂棉花，同时在滤筒上层用脱脂棉压住，以免堵塞虹吸管。

(2) 连接装置。将含有样品的滤筒放入索提管中，在提取烧瓶内加入足量的

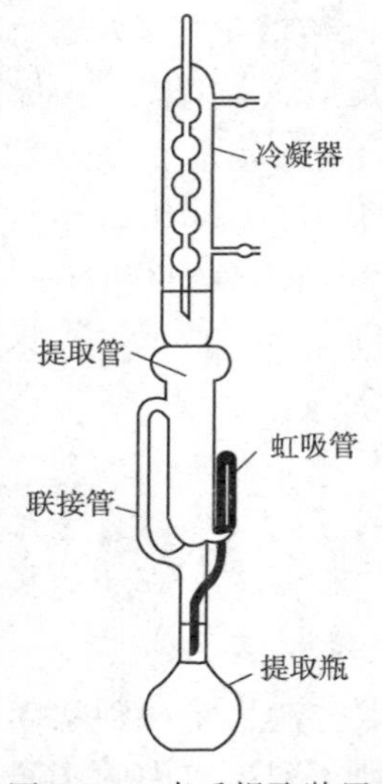

图 3-10　索氏提取装置

提取溶剂和沸石(防止爆沸)，连接好提取烧瓶、索提管、冷凝器，确保各部分连接处要严密不能漏气，搭建好的索提装置如图 3-10 所示。

(3) 抽提

先接通冷凝水开关，有条件的实验室建议配套一台水冷来进行制冷，打开加热套开关，根据所选用的提取溶剂设置相应的温度(一般比溶剂沸点高)，具体以每小时溶剂循环回流 4~6 次为宜，通常提取需要 16~24h，提取完成后，关闭加热套，此时注意冷却水仍然保持连通，待提取烧瓶温度冷却至室温后，关闭冷却水系统，提取环节完成。

(4) 浓缩

将提取完成后的烧瓶内溶剂借助旋转蒸发仪进行浓缩，根据实验目的不同，进行下一步称重或者净化。

3.7.3　注意事项

(1) 提取体系脱水处理。在进行索氏提取时，提取体系不能有水。首先体系中有水，会使样品中的水溶性物质溶出，产生干扰，其次水与提取溶剂往往互不相溶，样品中水会阻挡提取溶剂不能充分进入样品内部浸泡，降低提取效率，导致结果偏低。针对这一要求，可在索氏提取前先在样品中加入无水硫酸钠或硅藻土等吸水物质进行除水，保证提取效率。

(2) 样品的粒径粗细大小。制备好的样品粉末较粗，不易抽提干净，造成提取效率偏低；样品粉末较细，则有可能透过滤筒孔隙或脱脂棉随回流溶剂流失进入烧瓶内，影响测定结果。

(3) 实验室安全。提取的房间和通风橱中严禁有明火存在或明火加热，特别是当提取溶剂为挥发性乙醚或石油醚时，一般建议使用电热套或电水浴进行加热。

3.7.4　索氏提取在环境有机污染物样品前处理中的应用

索氏提取因其自身技术优势，已被广泛地应用于环境样品的前处理中，涉及多个领域，包括土壤和沉积物、废气、环境空气、固体废物等，表 3-4 中列出了部分环境有机污染物检测中涉及索氏提取前处理的相关标准方法以及其中推荐使用的提取溶剂。从表 3-4 中可看出索氏提取技术在土壤、固废检测方面应用更为普遍。

表3-4　环境有机污染物样品前处理中索氏提取溶剂的选择

序号	所属类别	有机污染物类型	标准方法	提取溶剂
1	土壤和沉积物	多环芳烃	HJ 805—2016	丙酮-正己烷
2	土壤和沉积物	有机氯农药	HJ 835—2017	丙酮-正己烷
3	土壤和沉积物	三嗪类农药	HJ 1052—2019	丙酮-二氯甲烷
4	土壤和沉积物	多氯联苯	HJ 922—2017	丙酮-正己烷
5	固体废物	有机氯农药	HJ 912—2017	丙酮-正己烷
6	固体废物	多氯联苯	HJ 891—2017	丙酮-正己烷或甲苯
7	固体废物	二噁英类	HJ 77.3—2008	甲苯
8	固体废物	多环芳烃	HJ 892—2017	丙酮-正己烷
9	环境空气和废气	二噁英类	HJ 77.2—2008	甲苯/丙酮
10	环境空气和废气	多环芳烃	HJ 646—2013	乙醚/正己烷

3.7.5　应用示例

（1）《土壤和沉积物　有机氯农药的测定　气相色谱-质谱法》（HJ 835—2017）。

本方法原理为：土壤或沉积物中的有机氯农药采用适合的萃取方法（索氏提取、加压流体萃取等）提取，根据样品基体干扰情况选择合适的净化方法（铜粉脱硫、硅酸镁柱或凝胶渗透色谱），对提取液净化、再浓缩、定容，经气相色谱分离、质谱检测。

其中对于索氏提取的步骤为：将制备好的土壤或沉积物样品全部转入索氏提取套筒中，加入曲线中间点以上浓度的替代物中间液，小心置于索氏提取器回流管中，在圆底溶剂瓶加入100mL正己烷-丙酮混合溶剂，提取16~18h，回流速度控制在4~6次/h，然后停止加热回流，待冷却至室温后取出圆底溶剂瓶，待浓缩。

注：如果上述提取液存在明显水分，需要进一步过滤和脱水。在玻璃漏斗上垫一层玻璃棉或玻璃纤维滤膜，加入5g无水硫酸钠，将提取液过滤至浓缩器皿中。再用少量正己烷-丙酮混合溶剂洗涤提取容器3次，洗涤液并入漏斗中过滤，最后再用少量正己烷-丙酮混合溶剂冲洗漏斗，全部收集至浓缩器皿中，待浓缩。

（2）《土壤和沉积物　二噁英类的测定的测定　同位素稀释高分辨气相色谱-高分辨质谱法》（HJ 77.4—2008）。

本方法原理为：采用同位素稀释高分辨气相色谱-高分辨质谱法测定土壤和沉积物中的二噁英类，规定了土壤和沉积物中二噁英类的采样、样品前处理及仪器分析等过程的标准操作程序以及整个分析过程的质量管理措施。按相应采样规范采集样品并干燥，加入提取内标后用盐酸处理，分别对盐酸处理液和盐酸处理后的样品进行液液萃取和索氏提取，萃取液和提取液溶剂置换为正己烷后合并，进行净化、分离及浓缩操作。加入进样内标后使用高分辨色谱-高分辨质谱法进行定性和定量分析。

其中样品索氏提取的步骤为：若样品中含碳状物，则需要用盐酸浸泡处理，按每1g样品至少加20mmol HCl搅拌样品，使其与盐酸充分接触并观察发泡情况，必要时再添加盐酸，直到不再发泡为止。用布氏漏斗过滤盐酸处理液，并用水充分冲洗滤筒，再用少量甲醇淋洗除滤筒及样品中的水分，将冲洗好的滤筒放入烧杯中转移至洁净的干燥器中充分干燥，滤筒及样品充分干燥后以甲苯为溶剂进行索氏提取，提取时间应在16h以上。若样品中不含碳状物，可以省略盐酸处理，直接进行提取操作。

3.8 加速溶剂萃取

3.8.1 加速溶剂萃取原理

加速溶剂萃取(Accelerated Solvent Extraction，ASE)是一种相对较新的自动化液-固萃取技术，是选择合适的溶剂，在较高的温度(40~200℃)和压力(1000~3000psi或6.89~20.6MPa)下萃取固体或者半固体样品的前处理技术。

3.8.1.1 加速溶剂萃取较高温度的作用

(1) 升高温度能极大地减弱由范德华力、氢键、溶质分子和样品基体活性位置的偶极吸引力所引起的溶质与基体之间的强相互作用力。加速溶质分子的解析动力学过程，减小解析过程所需的活化能，提高溶质的溶解能力。Pitzer等报道，溶剂温度从50℃增至150℃，蒽类的溶解性增加了近15倍；烃类的溶解性，如正二十烷，可以增加数百倍。

(2) 升高温度能够降低溶剂的黏度，减小溶剂渗透入样品基体内的阻力，加快溶剂分子向基体中扩散，增加溶剂对样品的溶解能力。

(3) 升高温度能够提高萃取效率、速度及萃取的重复性。表3-5展示了从土壤中萃取石油烃类(TPH)的温度效应，可以看出升高温度提高了萃取回收率及萃取的重复性。

表3-5 萃取温度对TPH萃取的影响(土壤萃取)

温度/℃	回收率/%	RSD/%
27	81.2	6.0
50	93.2	5.0
75	99.0	2.0
100	102.7	1.0
	样品经IR分析，$n=5$	

3.8.1.2　加速溶剂萃取较高压力的作用

（1）液体的沸点一般随压力的升高而提高。例如加速溶剂萃取常用的溶剂丙酮，其在常压下的沸点为 56.3℃，而在 5 个大气压下，其沸点高于 100℃。液体对溶质的溶解能力远大于气体对溶质的溶解能力，因此增加压力可使溶剂在沸点以上时仍保持液态。

（2）增加压力使得少量的溶剂快速充满萃取池，有利于溶剂进入低压时封闭的微孔，溶剂能够更好地浸润样品基体，有利于被萃取物质与溶剂的接触。

（3）增加压力对于绝大部分样品的提取回收率不会产生影响。

3.8.2　加速溶剂萃取仪的介绍

加速溶剂萃取仪是从固体和半固体样品中快速萃取有机物质的设备。加速溶剂萃取仪一般由控制面板、溶剂瓶、泵、气路、静态阀、加热炉区、不锈钢萃取池和收集瓶等构成。静态阀、加热炉位于仪器内部，静态阀是用于控制萃取池出口溶剂流路的开关，加热炉区用于控制萃取过程的温度，并在萃取过程中对萃取池密封。

图 3-11 显示了加速溶剂萃取仪的工作程序，具体步骤如下。

（1）装载萃取池。

第一步是手工将样品装填入萃取池，放到传送装置上，下面的步骤将完全自动化处理。在加热炉区的温度升高到设置温度后（确保萃取池内的样品在静态萃取开始前能够加热到指定温度），传送装置将萃取池送入加热炉区并与相对编号的收集瓶联接，加热炉加压密封萃取池。

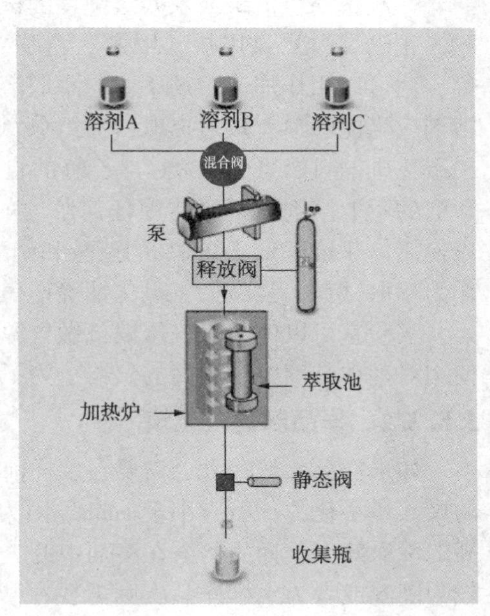

图 3-11　加速溶剂萃取仪工作程序示意图

（2）溶剂填充萃取池。

当萃取池在加热炉中就位，泵开始向萃取池内注入溶剂，按照预先设置可以从一个或多个萃取溶剂瓶中泵入溶剂，一旦溶剂通过萃取池到达指定收集瓶时，静态阀自动关闭，以实现池内的高压。当压力超过设定压力后，静态阀会迅速打开，释放部分压力，再迅速关闭。此时泵可能会补充泵入非常微量的新鲜溶剂到萃取池中，以保证池中的压力在设定值左右。

(3) 加热和静态萃取。

萃取池中的样品被加热炉加热到设定温度，然后开始静态萃取，一般一个循环 5min，常用为 1~2 个循环次数。

(4) 冲洗萃取池及吹扫。

萃取完成后，静态阀打开，萃取液流入收集瓶中，同时新鲜溶剂泵入萃取池，用于淋洗及清洗萃取池中的样品，溶剂量通常为萃取池体积的 40%~60%。最后一次溶剂清洗完成后，萃取池及管路中的残留溶剂被吹扫气吹入到对应的收集瓶中，残余的压力从萃取池中释放，系统压力放空。

(5) 卸载萃取池

萃取池从加热炉区卸载转移至萃取池托盘，托盘运行至下个指定位置，继续下一次运行，直至程序序列中的所有样品运行结束。

3.8.3 加速溶剂萃取操作注意事项

3.8.3.1 萃取溶剂及气源的选择

一般选择色谱级或农残级纯度的试剂作为萃取溶剂。实验室常用溶剂，如丙酮、正己烷、二氯甲烷、甲苯、乙腈、甲醇、乙醇、氯仿、异丙醇、四氢呋喃等，均可以用作加速溶剂萃取的萃取溶剂。选择萃取溶剂时需注意：选择的萃取溶剂应当能够最有效地提取目标组分，避免使用燃点在 200℃以下的试剂，比如二硫化碳的自燃点为 100℃，乙醚的自燃点为 180℃，此类溶剂不用作加速溶剂萃取的萃取溶剂；不要使用任何浓度的强无机酸(如盐酸等)作为萃取试剂，可以使用体积浓度低于 0.1%的硫酸和硝酸；体积浓度低于 5%的弱碱如氨水等可以作为萃取试剂，强碱如氢氧化钠等作为萃取试剂时，体积浓度需要小于 0.1%。

实验室可以使用空气压缩机做气源，也可以使用纯度为 99.9%的氮气源，如使用对基体纯度要求很高的仪器，为了确保基线平稳，需要使用高纯氮气。

3.8.3.2 样品制备及装填

如果样品颗粒较大，需要在装样前先进行研磨，加速溶剂萃取要求样品颗粒的尺寸最小化，一般应小于 1mm。因为萃取溶剂只有和目标物充分接触才能得到高的萃取效率，样品暴露在溶剂中的表面积越大，萃取进行的就越快。如果样品较为潮湿或者为水样样品，则需要在装填前与干燥剂/分散剂进行混合。常见的干燥剂有硅藻土和无水硫酸钠，但由于无水硫酸钠与湿度≥30%的样品混合会导致硫酸钠在系统中重结晶而堵塞管路，因此尽量不使用无水硫酸钠作为干燥剂。

此外，样品填装也是加速溶剂萃取过程比较重要的环节，它很大程度上决定了溶剂的用量。首先是萃取池的规格选择上，池容积越大则消耗的溶剂越多，反

之则越少；其次是池内样品的填充度上，样品填得越多则消耗的溶剂越少。一般可参考以下标准选择萃取池：①尽量选择较小的萃取池以装填足量样品获得更好的萃取效果；②选择萃取池时要考虑干燥剂和分散剂的用量所占用池容积。一般情况下，11mL 的萃取池可装 10g 样品，22mL 的萃取池可装 20g 样品，34mL 的萃取池可装 30g 样品(萃取池的具体规格参见仪器说明书)。在样品装填入萃取池前要在萃取池底部装入一片抛弃型过滤膜，其作用为防止萃取池底部的过滤筛板发生堵塞。常用的 2 种滤膜为：①纤维素过滤膜。该类型过滤膜适用于大部分采用有机试剂作为萃取溶剂的萃取方法；②玻璃纤维过滤膜。该类型过滤膜主要适用于采用水性溶剂萃取的萃取方法。

3.8.3.3　影响加速溶剂萃取效率的因素

影响萃取效率的因素主要包括：萃取溶剂的类型、萃取温度、萃取压力、静态萃取时间、冲洗液种类和冲洗体积、萃取循环次数等。样品本身的理化特性也需纳入考虑，例如：如果待提取组分易于氧化，对萃取溶剂进行预先脱气可有利于提高萃取效率。

3.8.4　加速溶剂萃取的特点

与自动索氏提取法、超声萃取法、微波萃取法、超临界流体萃取法和经典的分液漏斗振摇法等公认的成熟方法相比，加速溶剂萃取具有以下优点：有机溶剂用量少、萃取时间短、基体影响小、萃取效率高、使用方便、安全性好、自动化程度高等。同时，该方法也存在当样品基质复杂时无法直接分析以及成本高等缺点。

3.8.4.1　减少溶剂用量

就消耗溶剂量而言，传统的索氏提取为 200～500mL，自动索氏萃取为 50～100mL，超临界流体萃取为 150～200mL，微波萃取也需要 25～50mL。加速溶剂萃取减少了溶剂用量，10g 样品仅需 15mL，使得溶剂的消耗量降低了 90%以上，不仅减少了检测的成本，而且由于溶剂用量的减少，进一步缩短了前处理分析时间。

3.8.4.2　缩短萃取时间

现代化学残留检测分析技术的发展大大提高了实验的速度，色谱技术的发展使得很短时间即可获得数据结果，但是样品分离技术即前处理的萃取仍要花费较长时间：传统的索氏提取需 4～48h，自动索氏萃取为 1～4h，超临界流体萃取、微波萃取也需 0.5～1h。加速溶剂萃取仅需 15～20min，缩短了样品前处理的时间。

3.8.4.3　提高萃取效率

加速溶剂萃取通过提高温度和增加压力来进行萃取，减少了基质对溶质的影响，增加了溶剂对溶质的溶解能力，使得溶质能够较完全的萃取出来，提高了化学残留检测中的萃取效率和样品回收率。

3.8.4.4 加速溶剂萃取的热降解

由于加速溶剂萃取是在高温下进行，因此，待测物质是否热降解是一个令人关注的问题。Richter 曾用 DDT 和艾氏剂两种物质为例研究了加速溶剂萃取过程中易降解组分的降解程度。通常情况下 DDT 在过热状态下将裂解为 DDD 和 DDE，而艾氏剂裂解为异狄氏剂醛和异狄氏剂酮。实验结果表明，在 150℃ 下，对加入萃取池内的 DDT 和艾氏剂进行萃取（这些组分的正常萃取温度为 100℃），萃取物用气相色谱分析，DDT 的三次平均回收率为 103%，相对标准偏差为 3.9%，未发现有 DDD 或 DDE 存在；艾氏剂三次平均回收率为 101%，相对标准偏差为 2.4%，亦未发现有异狄氏剂醛或异狄氏剂酮的存在。加速溶剂萃取高温的时间一般少于 10min，以上实验结果可以看出，热降解不明显。

Richter 等还试验了温度为 60℃，压力为 16.5MPa，以氯甲烷作为溶剂采用预加入法对极易挥发的苯系化合物（苯、甲苯、乙苯、二甲苯）进行回收。结果表明，四次萃取的平均回收在 99.5%～100%，相对标准偏差为 1.2%～3.7%。在同样的试验条件下，戊烷（沸点 36℃）的回收为 90.1%，相对标准偏差为 1.8%。以上实验结果可以看出，加速溶剂萃取法也可用于样品中挥发性的组分的萃取。

3.8.4.5 加速溶剂萃取的主要缺点

加速溶剂萃取法最主要的缺点在于，当样品基质非常复杂（如土壤、固体废弃物样品）时，萃取液往往是黄褐色黏稠液体，无法直接上柱分析，可能还需过凝胶渗透色谱或层析柱做进一步净化处理。此外，方法在高温高压下操作，需用专门仪器，和经典溶剂萃取技术相比成本较高。

3.8.5 加速溶剂萃取在环境有机污染物样品前处理中的应用

加速溶剂萃取技术最初在 1995～1996 年间被报道，作为一种较新的技术，由于其突出的优点，已在环境、药物、食品和聚合物工业等领域得到广泛应用。加速溶剂萃取在环境检测分析中，已广泛用于土壤、污泥、沉积物、大气颗粒物、粉尘、动植物组织、蔬菜和水果等样品中的多氯联苯、多环芳烃、有机磷（或氯）农药、苯氧基除草剂、三嗪除草剂、柴油、总石油烃、二噁英、呋喃、炸药（TNT、RDX、HMX）等的萃取。美国环保局（EPA）发布了标准方法 Method 3545A（SW-846），我国也发布了很多使用加速溶剂萃取仪的环境检测方法，在大部分的方法标准中加速溶剂萃取法作为与索式提取的并行的方法使用，其中的基准标准是《固体废物　有机物的提取　加压流体萃取法》（HJ 782—2016）和《土壤和沉积物　有机物的提取　加压流体萃取法》（HJ783—2016）这两个标准。

以环境中土壤检测为例，以二氯甲烷和丙酮的混合溶剂作为萃取溶剂，部分萃取条件为：萃取温度：100℃，萃取池压力：10.0MPa，预加热平衡时间：5min，静态萃取时间：5min，溶剂淋洗体积：15mL，清洗时间：0.5min，氮气吹扫时间：1min，平行萃取 Nist 样品，其中多环芳烃检测结果均在接受范围内，相对标准偏差为 1.4%~11%，见表 3-6。

表 3-6　快速溶剂萃取法测定土壤中多环芳烃

组分名称	质量浓度/(mg/kg)	容许极限/(mg/kg)	检测结果 1/(mg/kg)	检测结果 2/(mg/kg)	相对偏差/%
萘	4.94	1.23~8.64	2.29	2.86	11
苊烯	3.05	0.76~5.34	3.06	3.67	9
苊	3.27	0.82~5.72	3.46	4.08	8
芴	4.99	1.25~8.74	5.88	6.43	4
菲	4.32	1.08~7.59	6.92	7.36	3
蒽	3.97	0.99~6.59	5.42	5.75	3
荧蒽	2.83	0.71~4.96	4.08	4.31	2.8
芘	4.27	1.07~7.46	6.27	6.93	5
苯并(a)蒽	2.94	0.73~5.14	3.73	4.04	4
䓛	3.34	0.83~5.84	4.29	4.72	5
苯并(b)荧蒽	2.8	0.70~4.90	3.29	3.44	2.3
苯并(k)荧蒽	3.12	0.78~5.46	3.92	4.26	4
苯并(a)芘	2.75	0.69~4.80	2.54	2.61	1.4
二苯并(a，h)蒽	4.11	1.03~7.19	4.33	4.69	4
苯并(g，h，i)芘	2.58	0.65~4.52	2.64	2.82	3
茚并(1，2，3-cd)芘	5.04	1.23~8.22	5.59	5.81	2.0

3.9　微波辅助萃取

3.9.1　微波辅助萃取基本介绍

微波辅助萃取技术作为一种新兴的萃取技术，因其具有快速高效、节省溶剂、环境友好等特点，目前已被广泛应用于有机污染物检测领域。不同于传统的萃取技术，微波辅助萃取主要通过微波加热的方式来促进溶剂对样品基体中目标化合物的萃取分离过程，其在萃取速度、萃取效率及萃取质量上均具有明显的优势。目前市场上已有较完善的微波辅助萃取系统，通过进一步将微波辅助萃取技术与其他分析技术结合使用，还可实现其在更广阔领域的应用前景。

3.9.2 微波辅助萃取基本原理

微波是指波长在 1mm～1m、频率在 300～30000MHz 的电磁波。由于微波的频率与分子转动的频率相关联，所以微波能是一种由离子迁移和偶极子转动引起分子运动的非离子化辐射能。当它作用于分子时，促进了分子的转动运动，分子若此时具有一定的极性，便在微波电磁场作用下产生瞬时极化，并以 24.5 亿次/s 的速度做极性变换运动，从而产生键的振动、撕裂和粒子之间的摩擦、碰撞，促进分子活性部分更好地接触和反应，同时迅速生成大量的热能，促使细胞破裂，使细胞液溢出并扩散到溶剂中。在微波场中，不同物质的介电常数、比热容、形状及含水量的不同，会导致各物质吸收微波能的能力不同，其产生的热能及传递给周围环境的热能也不同，这种差异使得萃取体系中的某些组分或基体物质的部分区域被选择性加热，从而使被萃取物质从基体或体系中分离出来，进入到介电常数小、微波吸收能力差的萃取剂中。

微波辅助萃取就是利用介质吸收微波能程度的差异，通过选择不同溶剂和调节微波加热参数，对物料中的目标成分进行选择性萃取，从而使试样中的某些有机成分达到与基体物质有效分离的目的。

3.9.3 微波辅助萃取影响因素

3.9.3.1 萃取温度

微波辅助萃取相对于常压萃取能够达到更高的萃取温度。一般情况下，升高萃取温度有利于提高萃取效率，但温度过高也会导致萃取的目标物质发生分解，同时使一些共存组分被萃取出来，进而对目标分析物产生干扰，降低方法的选择性。在实际使用过程中，应根据目标化合物及共存组分的性质来选择适宜的萃取温度，以达到既可以提高萃取效率，又能有效保证选择性的目的。

3.9.3.2 萃取溶剂

萃取溶剂的选择对萃取结果的影响至关重要。微波萃取中首先要求溶剂必须具有一定的极性，以吸收微波能进行内部加热，所选溶剂既要对目标萃取物具有较强的溶解能力，同时还要考虑溶剂的沸点及其对后续测定的干扰。常用的萃取溶剂有甲醇、丙酮、甲苯、二氯乙烷、乙腈等有机溶剂。在使用苯、正己烷等非极性溶剂进行萃取时须加入一定比例的极性有机溶剂如丙酮等。一般情况下，溶剂的极性越大，对微波能的吸收越大，升温越快。此外，选择不同溶剂比时萃取效率也有所不同。

3.9.3.3　萃取时间

萃取时间与被测样品量、溶剂体积以及微波加热功率有关，一般情况下萃取时间为5~20min，对于不同的物质和样品组成，最佳萃取时间也往往不同。

3.9.3.4　溶液的pH值

溶液的pH值也会对微波萃取效率产生一定的影响。例如从土壤中萃取除草剂三嗪时，分别用NaOH、NH_3-NH_4Cl、HAc、NaAc和HCl调节溶剂pH值，结果表明，当溶剂pH值在4.7~9.8时，除草剂三嗪的回收率最高。

3.9.3.5　物料中的水分或湿度缺

物料的含水量对回收率影响也很大。水是极性分子，因此物料中含有水分才能有效吸收微波能产生温度差。若物料不含水分，就要采取物料再湿的方法，使其具有足够的水分，也可选用部分吸收微波能的半透明溶剂浸渍物料，置于微波场中进行辐射加热的同时发生萃取作用。

3.9.4　微波辅助萃取的特点

微波辅助萃取是将微波和传统的溶剂提取法相结合后形成的一种新的提取技术，在实际应用过程中具有以下特点：

（1）萃取速度快。传统热萃取是以热传导、热辐射等方式自外向内传递热量，而微波萃取是一种“体加热”过程，即内外同时加热，因而加热均匀，热效率较高。微波萃取时没有高温热源，因而可消除温度梯度，且加热速度快，物料的受热时间短，有利于热敏性物质的萃取。

（2）溶剂用量少。在微波辅助萃取过程中，溶剂一般只需5~20mL，相比于索氏提取等传统方法的溶剂使用量要节省很多。

（3）萃取效率高。通过设置适宜的工作参数，可获得最佳的微波萃取条件，从而有效地萃取与分离目标组分。与传统的溶剂提取法相比，微波辅助萃取可节省50%~90%的时间。

（4）操作方便。目前市场上已有专门用于微波辅助萃取的商品化设备。该类设备已普遍配备控温、控压、控时等功能，可实现实验条件智能化控制，提高人员操作的便捷性。此外，微波辅助萃取可同时处理多个样品，能够满足批量样品的测定。

（5）需后续净化。微波辅助萃取在处理复杂的样品如土壤、生物样品中的痕量有机污染物时，由于一些共存组分被同时萃取，往往会对目标化合物的色谱分析产生严重干扰。因此，萃取后的液体一般需与试样基体分离后才能进行后续的测试。通常，萃取物须经硅胶柱分离和有机溶剂洗脱后方能进行定性与定量。

3.9.5 微波辅助萃取与其他样品前处理技术的联用

3.9.5.1 超声-微波协同萃取

超声波萃取(Ultrasonic extraction，UE)利用超声波辐射压强产生的强烈空化效应、机械振动、扰动效应等多重效用，在溶液中不断形成、增长和压缩气泡，从而使固体样品分散，扩大样品与萃取溶剂之间的接触面积，增大物质分子运动频率和速度，增加溶剂穿透力，最终将萃取物质从基质中分离出来。超声-微波协同萃取(Ultrasound/micro-wave assisted extraction，UMAE)将微波与超声波有机结合，充分利用超声波的空化效应和微波的高能效应，将超声振动能量和通过波导提取的微波能量直接作用或聚焦在样品上。

虽然UMAE存在仪器成本高的缺点，但它克服了传统MAE萃取罐容量小、不适用于含量低、密度小样品的缺点，实现了在低温常压下快速、高效、可靠的预处理，有利于极性和热不稳定物质的萃取，同时避免了萃取产物结构的破坏。该法具有提取速度快、有机溶剂消耗低、回收率高、损失少等特点。此外，UMAE还解决了传统密闭MAE萃取容器在高压下溶剂泄漏导致回收率低、重复性差以及萃取后冷却减压时间长等一系列问题。两种提取方式的结合实现了优势互补，具有较好的应用前景。

3.9.5.2 微波辅助-固相微萃取

微波辅助-固相微萃取(Microwave-assisted-solid-phase microextraction，MAE-SPME)充分结合了MAE和SPME快速高效浓缩的特点，目前已广泛应用于环境中农药残留、持久性有机污染物、食品中超标物质以及天然产物中的有效成分测定等多个领域。相比于单一的MAE和SPME技术，MAE-SPME装置减少了传统MAE后续的纯化和浓缩步骤，避免了常规加热时温度过高对SPME固定相吸附容量的影响，同时克服了SPME耗时、灵敏度和重复性差的问题，进一步扩大了SPME的应用范围。通过弥补MAE和SPME的不足，充分发挥两者各自的优势，建立起一种无需或仅需少量有机溶剂，集萃取、浓缩、进样于一体的预处理方法。该方法具有较高的选择性、可操作性和适用性。

3.9.5.3 微波辅助-液相微萃取

微波辅助-液相微萃取(Microwave-assisted-liquid-phase microextraction，MAE-LPME)是近年新发展起来的一种新型微型化样品预处理技术，其原理主要是基于样品与微升级甚至纳升级萃取溶剂之间的分配平衡，相当于微型化的液液

萃取。MAE-LPME 综合了传统 MAE 和 LPME 的优点，集采样、萃取和浓缩于一体，具有高效、快速、有机溶剂消耗少、操作简单、精确度和灵敏度高、易于实现自动化等优点，尤其适用于复杂基质样品的分析，可实现更高选择性的萃取分离。目前 MAE-LPME 已广泛用于环境中多环芳烃、农药残留物、多氯联苯、酚类化合物以及中药中有效成分的萃取。

3.9.6　微波辅助萃取技术在环境分析中的应用

作为一种高效快速、溶剂用量少、回收率高、重现性好、操作简便的样品前处理技术，微波辅助萃取在环境样品中的有机污染物分离富集方面的应用具有明显的优越性，其分析的对象主要包括有机农药残留、持久性有机污染物、有机金属化合物等各类污染物。

3.9.6.1　在有机农药分析中的应用

农业生产中使用了大量的有机农药，其中一些可直接或间接残留在粮食、蔬菜、水果、畜禽产品、水产品、土壤和水体中。农药残留的测定是对复杂基质中低浓度组分的定性和定量分析，通常通过样品制备、分离富集和仪器检测等步骤进行，其中分离富集是非常关键的。

马建生等采用微波萃取-弗罗里硅土固相小柱净化方法同时提取土壤中 9 种有机氯农药污染物，经气相色谱电子捕获检测器检测，9 种有机氯污染物平均回收率为 78.9%～114.1%，方法检出限为 0.27～0.56μg/kg，精密度为 2.48%～4.75%。该方法提取效率高，适用于提取及净化土壤中有机氯农药残留。

3.9.6.2　在持久性有机污染物分析中的应用

持久性有机污染物(POPs)不仅会致癌、致畸、致突变，还会产生内分泌干扰。由于其难降解性、毒性和生物累积性，目前已成为环境科学的研究热点之一。相关实验研究已开始采用微波辅助萃取技术检测环境样品中的典型持久性有机污染物。王春娟等建立了微波萃取-超高效液相法测定 $PM_{2.5}$中的 16 种多环芳烃的方法，选择乙腈作为萃取剂，微波萃取 30min，PAHs 的平均回收率为 70.0%～95.0%，该方法操作简单，适合于大批量样品的分析。罗治定等通过微波萃取的方法提取土壤中的 15 种多环芳烃(PAHs)，萃取液经硅酸镁固相萃取柱净化，使用气相色谱-质谱进行测定分析，方法的加标回收率为 70.85%～117.90%，重复性好，方法简单快速，具有良好的精密度。

多溴联苯醚(PBDEs)是一类具有生态风险的新型环境有机污染物。PBDEs 作为阻燃剂已愈来愈广泛地被添加到工业产品中，并对大气、水体、沉积物、土壤等环境介质产生污染，最终危害人类健康和生态安全。王成云等建立了微波辅助萃取-高效液相色谱法测定各种塑料制品中溴系阻燃剂的方法，以正丙醇为提取

溶剂，甲醇/缓冲溶液为流动相，在反相色谱柱上进行梯度淋洗。该方法回收率为95.86%~97.95%，相对标准偏差为0.92%~1.25%，检测限为1~5mg/kg，可以完全满足溴系阻燃剂的检测要求。

3.9.6.3 在有机金属化合物分析中的应用

由于不同形态的有机金属化合物的生理毒理作用有很大差异，形态分析在环境问题中占有重要的位置。然而萃取环境样品和生物样品中有机金属化合物的各种传统方法却各有弊端，如萃取时间长、萃取效率低等。

林晓娜等利用微波萃取结合高效液相色谱-电感耦合等离子体串联质谱同步分析水中砷、硒和铬形态。该方法以0.5mmol/L EDTA(pH7.5)缓冲液在100℃微波萃取2min，通过Hamilton PRP-X100阴离子交换色谱进行分离。流动相用氨水调节pH7.5，以4mmol/L NH_4HCO_3和0.3mol/L NH_4HCO_3分别为流动相A和B进行梯度淋洗，成功地分离了砷甜菜碱、亚砷酸根、二甲基砷酸根、一甲基砷酸根、砷酸根、亚硒酸根、硒酸根、三价铬和六价铬9种元素形态，同时具有操作方便、结果准确、试剂用量少、分析时间短等优点。

3.9.6.4 在其他有机污染物分析中的应用

龚丽雯等采用微波辅助萃取-高效液相色谱法对水厂的沉淀池和回收水池池底污泥中烷基酚类和烷基酚聚氧乙烯醚类化合物的浓度进行了测定，选择甲醇为提取溶剂，萃取温度比甲醇的沸点温度高20℃。该方法的检测限为0.010~0.050mg/L，回收率为95.47%~106.42%，测定结果的相对标准偏差为0.86%~5.20%。

林殷等建立了一种微波辅助萃取-气相色谱质谱法同时检测聚合物材料中9种有机磷酸酯化合物(OPEs)的分析方法。通过选择丙酮作为萃取溶剂，萃取温度为110℃，萃取时间为10min。结果表明，该方法中9种OPEs的检出限为0.2~1.9mg/kg，空白样品加标回收率为86.5%~106.0%，相对标准偏差为1.6%~8.6%，样品适用性较为广泛、通用性强，适用于聚合物材料中多种OPEs的同时检测。

3.9.7 应用示例

(1)《固体废物　有机物的提取　微波萃取法》(HJ 765—2015)。称取5~10g(精准到0.01g)待测样品，置于微波萃取罐内，加入适量正己烷-丙酮混合溶剂(1+1)，溶剂用量不超过萃取罐体积的1/3。将装有样品的萃取罐放入密封罐中，然后将密封罐放到微波萃取仪中，设定萃取温度和萃取时间，开启仪器进行萃取。萃取完成后，待萃取液降至室温，将萃取液除水过滤：在玻璃漏斗上垫一层玻璃棉或玻璃纤维滤膜，铺加约5g无水硫酸钠，将萃取液经上述玻璃漏斗过

滤到浓缩管中，用少量正己烷-丙酮混合溶剂(1+1)洗涤玻璃漏斗和过滤后的残留物，合并萃取液，待后续处理。不同分析项目推荐的微波萃取时间和萃取温度如表 3-7 所示。

表 3-7　微波萃取参考条件

序号	分析项目	预加热时间/min	萃取时间/min	萃取温度/℃
1	多环芳烃类	5	10	90
2	酞酸酯类	5	10	110
3	有机氯农药	5	10	110
4	有机磷农药	5	10	90
5	多氯联苯	5	10	110
6	其他有机物	5	15	100

(2)《微波辅助萃取-高效液相色谱法测定土壤中多环芳烃》。土样冷冻干燥 4h，风干后研磨至全部通过 40 目筛，准确称取 1.0g 于微波反应管中，加入搅拌磁子和 5.0mL 二氯甲烷-丙酮(1∶1)萃取溶剂，加盖放入微波腔中，预搅拌 30s，在 60℃下微波萃取 30min，待微波管内温度和压力下降后取出。将溶液冷却并用针头滤器过滤，用少量溶剂洗涤微波管和注射器内侧 2~3 次，洗涤液并入滤液中。在 25℃用氮气吹至近干，用 1.0mL 的乙腈-水(乙腈∶水=1∶1)复溶。将浓缩液移入自动进样瓶中，用高效液相色谱仪进行测定。

3.10　超临界流体萃取

3.10.1　超临界流体萃取基本原理

超临界流体萃取是指以超临界流体为溶剂，从固体或液体中萃取可溶组分的分离操作。

超临界流体萃取是国际上最先进的物理萃取技术，简称 SFE(Supercritical fluid extraction)。在较低温度下，不断增加气体的压力时，气体会转化成液体，当压力增高时，液体的体积增大，对于某一特定的物质而言，总存在一个临界温度(T_c)和临界压力(P_c)，高于临界温度和临界压力，物质不会成为液体或气体，这一点就是临界点。超临界流体对物质进行溶解和分离的过程就叫超临界流体萃取。

超临界流体萃取分离技术是利用超临界流体的溶解能力与其密度密切相关，通过改变压力或温度使超临界流体的密度大幅改变。在超临界状态下，将超临界流体与待分离的物质接触，使其有选择性地依次把极性大小、沸点高低和分子量大小不同的成分萃取出来。

超临界流体萃取是近代化工分离中出现的高新技术，SFE 将传统的蒸馏和有机溶剂萃取结合一体，利用超临界流体优良的溶剂力，将基质与萃取物有效分离、提取和纯化。例如：SFE 使用超临界 CO_2对物料进行萃取，CO_2是安全、无毒、廉价的气体，超临界 CO_2具有类似气体的扩散系数、液体的溶解力，表面张力为零，能迅速渗透进固体物质之中，提取其精华，具有高效、不易氧化、纯天然、无化学污染等特点。超临界 CO_2萃取基本流程图见图 3-12。

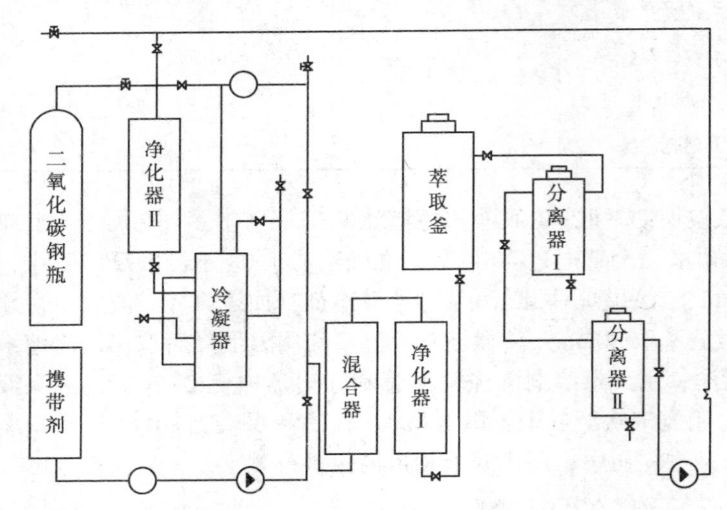

图 3-12　超临界 CO_2萃取基本流程图

3.10.2　超临界流体基本介绍

超临界流体(Supercritical Fluid，SF)是处于临界温度和临界压力以上，介于气体和液体之间的流体，超临界流体具有气体和液体的双重特性。SF 的密度和液体相近，黏度与气体相近，但扩散系数约比液体大 100 倍。由于溶解过程包含分子间的相互作用和扩散作用，因而 SF 对许多物质具有很强的溶解能力，这些特性使得超临界流体成为一种好的萃取剂。超临界流体萃取便是利用超临界流体的这一强溶解能力特性，从动、植物中提取各种有效成分，再通过减压将其释放出来的过程。

超临界流体萃取中，可作为 SF 的物质很多，如二氧化碳、一氧化亚氮、六氟化硫、乙烷、庚烷、氨等，一般常选用 CO_2。

3.10.3　SF溶解能力的影响因素

3.10.3.1　压力对SF溶解能力的影响

SF对物质的溶解能力受压力影响，通过调整萃取剂流体的压力，就可以按照不同组分在流体中溶解度的大小依次萃取分离出来。在一定温度和较低压力下，溶解度大的组分会首先被萃取出来，此时有利于对极性较小的待测物质进行萃取，压力较高时，有利于萃取极性较大和分子量较大的待测物。

3.10.3.2　温度对SF溶解能力的影响

温度的变化也会引起SF溶解能力的改变。萃取剂的密度与溶质的蒸气压会随着温度的变化而变化。在低温区(仍在临界温度以上)，温度升高流体密度降低，而溶质的蒸气压增加不多，因此萃取剂的溶解能力降低。温度可以使溶质从流体萃取剂中析出，温度进一步升高到高温时，虽然萃取剂密度进一步降低，但对溶质蒸气压迅速增加起到主要作用，因而挥发度提高，萃取率反而有增大的趋势。

因此，依据SF的这种性质，针对需要萃取的目标物，来调节萃取的压力和温度以达到目的，即在不同压力下萃取不同类别的化合物。液体溶剂萃取微量有机物质后需进一步浓缩后进行分析。在一般情况下，SF是以气态存在的，用SFE法萃取后，样品易于浓缩，也可与色谱技术联用。由于大部分SF是高纯、惰性、无毒且低廉，因此，采用SFE法，可在低温下萃取热不稳定性的化合物，且不会产生毒性和环境污染问题。

3.10.4　SF的选择性

3.10.4.1　SF基本介绍

为达到分离和去除杂质的目的，SFE溶剂必须具有良好的选择性。由于当萃取气体的临界温度接近于操作温度时，其溶解性越大；超临界温度相同的气体，其化学性质与溶质的化学性质越相似，溶解能力越好，因此，应选择SF的化学性质和待分离溶质的化学性质接近的气体，也可以选择将混合气体作为萃取气体，进行选择性萃取。但实际操作中，还要考虑的条件有萃取气体的性质、价格、工艺要求等。表3-8对一些SFE溶剂的流体临界性质进行了对比。

根据萃取对象的不同，SF的选择也不尽相同。通常考虑临界物质临界温度和压力较低的物质，见表3-8。比如常用的萃取剂中水的临界值最高，因此实际应用中使用最少，而二氧化碳的临界值相对较低，接近于室温，具有化学惰性、无毒无味、不可燃、廉价易得、不会产生二次污染等一系列优点，被广泛应用，二氧化碳是 SFE 技术中最常用的溶剂。但是，弱极性的二氧化碳只能萃取低极性和非极性的化合物，对应极性较强的化合物，通常使用氨或氧化亚氮作为 SFE 剂，然而氨易与其他物质反应，对设备腐蚀严重，氧化亚氮有毒、可燃易爆，使用较少。

表 3-8　部分 SFE 溶剂的流体临界性质

流体名称	临界温度/℃	临界压力/MPa	流体名称	临界温度/℃	临界压力/MPa
二氧化碳	31.1	7.35	二硫化碳	157.6	7.88
乙烷	32.3	4.88	水	374.3	22.11
丙烷	96.9	4.26	氧化亚氮	36.5	7.17
丁烷	152.0	3.8	氨	132.4	11.28
戊烷	296.7	3.38	异丙醇	235.2	4.76
乙烯	9.9	5.12	氟利昂 11	198.1	4.41
丙烯	91.8	5.04	氟利昂 13	28.8	3.9

3.10.4.2　常用萃取剂 CO_2 的优点

用超临界萃取方法提取天然产物时，一般用 CO_2 作萃取剂。主要有以下几个因素：

（1）临界温度和临界压力低（$T_c = 31.1$℃，$P_c = 7.38$MPa），操作条件温和，对有效成分的破坏少，因此特别适合于处理高沸点热敏性物质，如香精、香料、油脂、维生素等；

（2）CO_2 可看作是与水相似的无毒、廉价的有机溶剂；

（3）CO_2 在使用过程中稳定、无毒、不燃烧、安全、不污染环境，且可避免产品的氧化；

（4）CO_2 的萃取物中不含硝酸盐和有害的重金属，并且无有害溶剂的残留；

（5）在超临界 CO_2 萃取时，被萃取的物质通过降低压力或升高温度即可析出，不必经过反复萃取操作，所以超临界 CO_2 萃取流程简单。

因此超临界 CO_2 萃取特别适合于对生物、食品、化妆品和药物等的提取和纯化。选择作为萃取的 SF 应满足化学稳定，临界温度要接近室温，操作温度应低于被萃取溶质的分解温度或变质温度，选择性好、溶解度高、价廉易得。

3.10.5　夹带剂

3.10.5.1　夹带剂的作用及原理

在超临界状态下，CO_2 具有选择性溶解性质。SFE-CO_2 对低分子、低极性、

亲脂性、低沸点的成分如挥发油、烃、酯、内酯、醚，环氧化合物等表现出优异的溶解性，比如天然植物与果实的香气成分；SFE－CO_2对具有极性基团(—OH，—COOH等)的化合物，极性基团愈多，就愈难萃取，故多元醇、多元酸及多羟基的芳香物质均难溶于超临界二氧化碳；对于分子量高的化合物，分子量越高，越难萃取，分子量超过500的高分子化合物几乎不溶；而对于分子量较大和极性基团较多的中草药中有效成分的萃取，就需向有效成分和超临界二氧化碳组成的二元体系中加入第三组分，来改变原来有效成分的溶解度。在超临界液体萃取的研究中，通常将具有改变溶质溶解度的第三组分称为夹带剂(也有许多文献称夹带剂为亚临界组分)。一般来说，具有良好溶解性能的溶剂也往往是很好的夹带剂，如甲醇、乙醇、丙酮、乙酸乙酯。

夹带剂在超临界CO_2微乳液萃取技术中起着非常重要的作用。超临界CO_2微乳液是由合适的表面活性剂(SAA)溶解于SC-CO_2中形成的。由于SC-CO_2对大多数SAA的溶解力是有限的，使得超临界CO_2微乳液的形成过程比较困难。加入夹带剂(多为含3~6个碳原子的醇)不仅可以增加SAA在SC-CO_2中的溶解度，同时还可以作为助表面活性剂有利于超临界CO_2微乳液的形成。超临界CO_2微乳液萃取技术在生物活性物质和金属离子萃取方面取得了很大的成就，有着非常广阔的发展前景。

3.10.5.2　夹带剂的选择

夹带剂的选择是一个比较复杂的过程，归纳起来可概括为以下几个方面：

(1) 充分了解被萃取物的性质及所处环境。被萃取物的性质包括分子结构、分子极性、分子量、分子体积和化学活性等。了解被萃取物所处环境也是非常必要的，它可以指导夹带剂的选择。例如：DHA分布于低极性的甘油酯、中极性的半乳糖脂和极性很大的磷脂中，且主要存在于极性脂质中，所以要提取其中DHA必须提取出各种极性的脂质成分，进而可以确定合适的夹带剂。

(2) 综合夹带剂的性质(分子极性、分子结构、分子量、分子体积)和被萃取物性质及所处环境进行夹带剂的预选。对酸、醇、酚、酯等被萃取物，可以选用含—OH、C═O基因的夹带剂；对极性较大的被萃取物，可选用极性较大的夹带剂。

(3) 实验验证。确定因素有夹带剂的夹带增大效应(以纯CO_2萃取为参照)和夹带剂的选择性，统称为夹带剂的夹带效应。对于夹带剂的选择，还有必要掌握涉及萃取条件的相变化、相平衡情况，但这方面的实验测定比较困难，有关论文发表及介绍资料不多。另外，由于夹带剂在改善SC-CO_2的溶解性的同时，也会削弱萃取系统的捕获作用，导致共萃物的增加，还可能会干扰分析测定，故夹带剂的用量要小，一般不要超过5%(mol)。最后，超临界CO_2萃取技术已广泛应用于生物、医药、食品等领域，因而夹带剂在这些领域中还需满足廉价、安全、符合医药食品卫生等要求。

3.10.5.3 夹带剂存在问题和发展方向

夹带剂的引入赋予超临界 CO_2萃取技术更广阔的应用，但同时也存在两个缺陷。首先，由于夹带剂的使用，增加了从萃取物中分离回收夹带剂的难度；其次，由于使用了夹带剂，使得一些萃取物中有夹带剂的残留，这就失去了超临界 CO_2萃取没有溶剂残留的优点，工业上也增加了设计、研制和运行工艺方面的困难。因此开发新型、容易与产物分离、无害的夹带剂，研究其作用机理乃是今后研究的方向之一。

3.10.6 超临界萃取技术在环境有机污染物样品前处理中的应用

农药残留分析包括对样品的提取、净化、浓缩、检测等步骤，其中提取和分离净化是分析的关键环节。传统的农药残留分析中，样品的前处理大多采用有机溶剂提取。溶剂提取存在许多缺点：一是溶剂浪费严重，对环境污染较大；二是费时，提取、净化过程烦琐；三是提取率低。目前国际上将超声波提取和索氏萃取两种方法列为首要的农药残留提取方法。但是这两种提取方法最大的缺点就是处理时间较长，因而影响了其推广应用。

超临界流体萃取技术在农药残留的提取中具有得天独厚的优势。根据众多学者的研究发现，样品前处理简单、萃取时间短、提取效率高、提取结果准确度高、重现性好等优点将会极大程度地推动其在农药残留分析中的应用。对于水分含量大的样品，只需在样品前处理过程中加入适量的干燥剂混匀即可；对于极性较大的物质，在萃取过程中加入一定量的改性剂或将流体的配比加以改变就可以实现有效萃取。每个样品一般从制样到完成约需要 40min，大大地缩短了提取时间，是常规溶剂提取、索氏提取和超声波提取等方法所不能比拟的。研究还发现，超临界流体萃取的结果重现性和提取准确度远远好于其他方法。有关学者运用 SFE 技术来实现对杀虫剂结合残留的萃取，亦得到了比较满意的结果。

尽管目前超临界流体萃取技术已经成为农药残留研究中的热点，但是还存在一些缺点。首先仪器价格昂贵是制约该技术推广应用的主要因素；其次就是常用仪器的限流管比较容易堵塞，当样品的水分过大或提取物中有些成分黏度过高或聚合能力较强时，往往会将毛细管堵塞，严重时甚至使限流管报废，限制了对部分样品的提取；第三由于通常所使用的超临界流体是极性较弱的二氧化碳，对于极性较强物质的萃取不很理想，因此需要大量的实验来确定流体的种类及两种或三种以上流体的配比，同时还需要夹带剂的配合使用来成功实现对靶标物质的萃取。这些缺点基本上是技术上的弱点，比较容易改进。中国现在已经有很多厂家

可以完成超临界萃取仪器的制造。

SFE 技术越来越多地与多种方法联用，在农药残留的应用研究中很有潜力，尤其在农药多残留分析中，能够显著地提高分析效率。有学者将 SFE 和分析仪器 GC、MS 联用，对动物组织中的有机磷农药、氨基甲酸酯类农药进行分析，得到了很好的结果。Iancas 等研究后认为，将 SFE 与胶束毛细管电泳色谱(Micellar Electrokinetic Capillary Chromatography)技术结合可以迅速有效地实现萃取，该分析方法将成为农药残留分析中的新型方法。

3.11　固体吸附管溶剂解吸技术

3.11.1　固体吸附管

固体吸附管，简称吸附管，又称采样管，由不锈钢或玻璃/石英材质制成。内填不少于 200mg 的 Tenax(60~80 目)吸附剂(或其他等效吸附剂)，两端用孔隙小于吸附剂粒径的不锈钢网或石英棉固定，防止吸附剂掉落。管内吸附剂的位置至少离管入口端 15mm，填装吸附剂的长度不能超过加热区的尺寸。吸附管主要用于吸附挥发性有机物，常用的吸附管有 TENAX 采样管、活性炭采样管、硅胶采样管和其他特制采样管。

活性炭采样管分为热解吸型和溶剂解吸型。溶剂解吸型活性炭采样管规格为 6mm×80mm，内装处理好的 20~40 目活性炭 100~200mg，共分为两段：B 段为指示段，装有活性炭 50mg，A 段为采样段，装有活性炭 100mg，溶封口两段直径约为 2mm，该采样管与采样器配套使用。采样时在采样点用小砂轮打开采样管两端，100mg 端与采样器进气口相连，然后根据需要调节好采样器流量和采样时间开始采样，采样结束后将采样管两端套上塑料帽密封，带回实验室用气相色谱仪处理分析(图 3-13)。

图 3-13　活性炭采样管

1—玻璃棉；2—活性炭；
A—100mg 活性炭；B—50mg 活性炭

3.11.2　溶剂解吸技术

3.11.2.1　基本介绍

挥发性有机物经采样管吸附后，将采样管内填料倒入预先盛有合适的溶剂解吸瓶中，挥发性有机物从气态转化为液态，定容后即可分析。常用的吸附管有活性炭管、硅胶管及其他载有特定试剂的吸附管，比如 2,4-二硝基苯肼(DNPH)采样管。

3.11.2.2 采样穿透

串联两支吸附管采样，若后边一支吸附管的分析结果超过前、后两支之和的10%，则认为已经发生采样穿透。

在室温、相对湿度大于80%的条件下配制待测物的实验用气，浓度为容许浓度的2倍以上，每次用固体吸附管以测定方法的采样流量采样，采样时间分别为2h，4h，6h，8h；然后分别测定前、后段待测物含量，当后段含量等于前段含量的5%时，前段待测物含量称为穿透容量。

当发生采样穿透时，此次采样作废，需重新采样检测。

3.11.2.3 吸附效率

按下式计算活性炭管的吸附效率。

$$K=M_1/(M_1+M_2)\times100$$

式中 K——采样吸附效率,%；

M_1——A段采样量，ng；

M_2——B段采样量，ng。

吸附效率用来评价固体采样管对目标化合物的吸附情况。

3.11.2.4 解吸效率

实际解吸量与理论加入量的比值为解吸效率。解吸效率用来评价固体采样管中吸附的目标化合物的脱附情况，一般要求解吸效率大于90%。

3.11.3 应用示例

(1)《环境空气 苯系物的测定 活性炭吸附/二硫化碳解吸-气相色谱法》(HJ 584—2010)。

原理：用活性炭采样管富集环境空气和室内空气中苯系物，二硫化碳解吸，使用带有氢火焰离子化检测器(FID)的气相色谱仪测定分析。

样品解吸方式：将活性炭采样管中A段和B段取出，分别放入磨口具塞试管中，每个试管中各加入1.00mL二硫化碳密闭，轻轻振动，在室温下解吸1h后，待测。

(2)《工作场所空气有毒物质测定 第84部分：甲醇、丙醇和辛醇》(GBZ/T 300.84—2017)。

原理：空气中的蒸气态甲醇用硅胶管(内装200mg/100mg硅胶)采集，水解吸后进样，经气相色谱柱分离，氢焰离子化检测器检测，以保留时间定性，峰高或峰面积定量。

样品解吸方式：

① 样品处理：将前后段硅胶分别倒入两只溶剂解吸瓶中，各加入1.0mL水，

封闭后，解吸 30min，不时振摇。样品溶液供测定。

② 标准曲线的制备：取 4 只～7 只容量瓶，用水稀释标准溶液成 0.0～250.0μg/mL 浓度范围的甲醇标准系列。参照仪器操作条件，分别测定标准系列各浓度的峰高或峰面积。以测得的峰高或峰面积对相应的甲醇浓度（μg/mL）绘制标准曲线或计算回归方程，其相关系数应≥0.999。

③ 样品测定：用测定标准系列的操作条件测定样品溶液和样品空白溶液，测得的峰高或峰面积值由标准曲线或回归方程得样品溶液中甲醇的浓度（μg/mL）。若样品溶液中甲醇浓度超过测定范围，用水稀释后测定，计算时乘以稀释倍数。

（3）《环境空气　醛、酮类化合物的测定　高效液相色谱法》（HJ 683—2014）。

原理：使用填充了涂渍 2,4-二硝基苯肼（DNPH）的采样管采集一定体积的空气样品，样品中的醛酮类化合物经强酸催化与涂渍于硅胶上的 DNPH 按式反应，生成稳定有颜色的腙类衍生物，经乙腈洗脱后，使用高效液相色谱仪的紫外（360nm）或二极管阵列检测器检测，保留时间定性，峰面积定量。

样品解吸方式：加入乙腈洗脱采样管，让乙腈自然流过采样管，流向应与采样时气流方向相反。将洗脱液收集于 5mL 容量瓶中用乙腈定容，用注射器吸取洗脱液，经过针头过滤器过滤，转移至 2mL 棕色样品瓶中，待测。过滤后的洗脱液如不能及时分析，可在 4℃条件下避光保存 30d。

3.11.4　固体吸附管溶剂解吸技术

固体吸附管溶剂解吸技术是气体检测中非常成熟的技术，研制载有特定试剂的固体采样管，方便实用，简化实验工作。目前使用固体吸附管溶剂解吸技术的标准方法还有：

（1）《工作场所空气有毒物质测定　饱和脂肪族类化合物》（GBZ/T 160.63—2007）。

（2）《工作场所空气有毒物质测定　第 103 部分：丙酮、丁酮和甲基异丁基甲酮》（GBZ/T 300.103—2017）。

（3）《工作场所空气有毒物质测定　第 66 部分：苯、甲苯、二甲苯和乙苯》（GBZ/T 300.66—2017）。

（4）《工作场所有毒物质测定　第 86 部分：乙二醇》（GBZ/T 300.86—2017）。

3.12　固体吸附管热解吸技术

3.12.1　热解吸基本原理

热解吸（也称作热脱附，thermal desorption，TD）是指利用热量和惰性气体将挥发性和半挥发性有机物从固体或液体样品中洗脱出来，并直接利用载气将待测物质送至下一个系统单元如气相色谱仪分离后检测的一种脱附方法。根据吸附理论，温度越低，吸附物与被吸附物之间的吸附作用力越强；而温度越高，吸附物与被吸附物之间的吸附作用力越弱。因此，加热可以将吸附在吸附剂上的待测物解吸出来。解吸过程中使用两种吸附管实现两级解吸：

首先，采用大体积采样将化合物保留在高容量的吸附管(采样管)中，然后加热解吸到下一级毛细聚焦管中(一级解吸)；第二步，富集在毛细聚焦管中的样品再次加热解吸后导入气相色谱中(二级解吸)。采用毛细聚焦管二级富集解吸，只需较小的载气量就可以把富集在毛细聚焦管中的分析物导入气相色谱，提高了进样效率，并且可以得到尖锐的化合物峰形。毛细聚焦管技术避免了水的干扰，增强了极性化合物的分析。

与溶剂解吸法相比，热解吸具有以下优点：

(1) 灵敏度高，检测限低；

(2) 可靠性强，脱附效率高，可超过95%；

(3) 操作方便，人为干预少，可实现自动化；

(4) 运行成本低，不需要人工样品前处理，可全部进样，脱附管可重复使用；

(5) 无须使用有毒的有机溶剂，无溶剂峰、不带入杂峰。

总之，热解吸方法能够高效、迅速地完成样品中痕量可挥发性组分的富集、释放、检测，已发展成为分析空气中挥发性有机化合物的最常用的前处理方法。但热解吸需要使用专门的热解吸仪(热脱附仪)。

3.12.2 热解吸的温度

热解吸温度(TD温度)与待测物的沸点、热稳定性和吸附剂的稳定性都有关。TD温度过低可能会使样品中组分解吸不完全，回收率低，吸附剂中残存量大；TD温度过高则会使某些对热不稳定的物质分解而使回收率偏低。因此，要根据待测组分和吸附剂的热稳定性选择合适的TD温度，由于大多数高分子吸附剂在300℃以上就开始分解，TD温度一般不超过300℃。

3.12.3 热解吸的影响因素

3.12.3.1 升温速率和最终温度

热解吸过程主要受到升温速率和最终温度的影响。升温速率越快，最终温度越高，热解吸的速度越快，进入色谱柱的待测组分谱带就越窄。因此，热解吸过程应尽快升至高温，瞬间解吸出所有挥发性组分。

3.12.3.2　载气流速

热解吸过程中载气流速对热解吸有影响，一般情况下载气流速越快对热解吸越有利。

3.12.3.3　吸附材料

吸附材料(吸附剂)的种类、填充量和使用时间都会对热解吸造成影响。在吸附剂的种类方面，应选用捕集效率较高且易于加热回收的物质作为填充吸附剂，这样可提高吸附采样管的吸附-热解吸过程的整体回收率。目前常用的吸附材料有活性炭和Tenax-TA。吸附材料的填充量应控制在最小量，因为吸附材料的填充量如果过多，待测组分通过吸附捕集管期间分布范围会变广，这样会使色谱峰变宽。吸附材料的性能会随着使用时间变长而下降，这是由于吸附管在反复加热冷却过程中会出现吸附材料破碎，颗粒度和吸附能力都会发生变化，从而使吹扫气体通过吸附管的速度和待测物分布发生变化，色谱峰变形或变宽，此时应该用分样筛将小的吸附剂颗粒筛除或更换新的吸附材料。

3.12.3.4　采样量和采样流量

当采样量过大而接近穿透体积时，整个吸附捕集管内部都有待测物分布，热解吸出的组分进入色谱柱时会产生时间差，可能会分成两个色谱峰或色谱峰变宽，因此采样量不宜过大。在采样时，若使用的流量过低，则待测物在吸附剂上的扩散作用不可忽略。因此在采样时采样流量不应太低，以降低扩散作用的影响，但采样流量升高会降低吸附剂的吸附容量。一般选用固体吸附剂采样的流量是0.01~1L/min，对于外径6mm的采样管，实际推荐的采样流量为10~200mL/min，而最佳采样流量为50mL/min，流量超过200mL/min或低于10mL/min都容易产生较大误差。

3.12.3.5　空气湿度

一般情况下，标准中规定固体采样管采样时相对空气湿度不超过90%。

3.12.4　Tenax-TA吸附管

Tenax-TA是一种2，6-二苯呋喃(2，6-diphenyLene oxide)多孔聚合物树脂，广泛应用于气体、液体和固体中的挥发性物质或半挥发性物质的吸附性采集，亦可用于高湿度样品中的挥发物和用作填充材料。该吸附材料可制成商品化的Tenax-TA吸附管，与热解吸或者吹扫捕集装置联用，可检测到10^{-9}和10^{-12}数量级水平的挥发性有机物。EPA与NIOSH已经将这种方式作为标准分析方法分析挥发性有机物组分。

Tenax-TA 的优点有：

(1) Tenax-TA 对挥发性有机物的吸附效果较好；

(2) 化学性质非常稳定，大多数物质与其不发生反应，背景值低；

(3) 抗湿性强、不易吸收空气中水蒸气；

(4) 不易被氧化，耐高温、易于热脱附；

(5) 可再生，经过活化再生处理后可以重复利用。

新添装的 Tenax-TA 吸附管在使用之前应当在热脱附条件下采用(无氧)高纯气体按以下步骤吹扫老化：

(1) 高纯氮气(氧含量低于 10^{-6})以 10~50mL/min 的流速通过 Tenax 吸附管；

(2) 保持气体吹扫，从室温开始升温到 300~320℃，升温速度 4~10℃/min；

(3) 到达高温度后，保持 Tenax 吸附管在气体吹扫和温度条件下 2~4h；

(4) 老化完毕后保持气体吹扫冷却 Tenax 吸附管到室温，等吸附管完全冷却后关闭氮气，然后取下吸附管。老化后的采样管立即用聚四氟乙烯帽密封，放在密封袋或保护管中保存。

3.12.5 应用示例

(1)《环境空气　苯系物的测定　固体吸附/热脱附-气相色谱法》(HJ 583—2010)。

原理：用填充聚 2，6-二苯基对苯醚(Tenax)采样管，在常温条件下，富集环境空气或室内空气中的苯系物，采样管连入热脱附仪，加热后将吸附成分导入带有氢火焰离子化检测器(FID)的气相色谱仪进行分析。

仪器条件：①热脱附仪：采样管初始温度：40℃；聚焦管初始温度：40℃；干吹温度：40℃；干吹时间：2min；采样管脱附温度：250℃；采样管脱附时间：3min；采样管脱附流量：30mL/min；聚焦管脱附温度：250℃；聚焦管脱附时间：3min；传输线温度：150℃。②毛细管柱气相色谱柱箱温度：80℃恒温；柱流量：3.0mL/min；进样口温度：150℃；检测器温度：250℃；尾吹气流量：30mL/min；氢气流量：40mL/min；空气流量：400mL/min。

样品测定：将样品采样管安装在热脱附仪上，样品管内载气流的方向与采样时的方向相反，调整分析条件，目标组分脱附后，经气相色谱仪分离，由 FID 检测。记录色谱峰的保留时间和相应峰高或峰面积。根据保留时间定性，使用校准曲线计算目标组分的含量。现场空白管与已采样的样品管同批测定。

(2)《固定污染源废气　挥发性有机物的测定　固相吸附-热脱附气相色谱-质谱法》(HJ 734—2014)。

原理：使用填充了合适吸附剂的吸附管直接采集固定污染源废气中挥发性有

机物(或先用气袋采集然后再将气袋中的气体采集到固体吸附管中)，将吸附管置于热脱附仪中进行二级热脱附，脱附气体经气相色谱分离后用质谱检测，根据保留时间、质谱图或特征离子定性，内标法或外标法定量。

仪器条件：①热脱附仪参考条件：吸附管初始温度：室温；聚焦冷阱初始温度：室温；干吹流量：30mL/min；干吹时间：2min；吸附管脱附温度：270℃；吸附采样管脱附时间：3min；脱附流量：30mL/min；聚焦冷阱温度：-3℃；聚焦冷阱脱附温度：300℃；冷阱脱附时间：3min；传输线温度：120℃。通用型冷阱，填料为石墨化炭黑。②气相色谱仪参考条件：进样口温度：200℃；柱流量(恒流模式)：1.5mL/min；升温程序：初始温度35℃，保持5min，以6℃/min的速度升温至140℃，以15℃/min的速度升至220℃，在220℃保持3min。③质谱仪参考条件：扫描方式：全扫描；扫描范围：33～180u(0～6min)，33～270u(6min～结束)；离子化能量：70eV；传输线温度：230℃。

样品测定：参照标样加载步骤，在采好样品的吸附管中加入内标物50ng(高浓度曲线则加入内标500ng)，按照仪器参考条件，对样品进行TD-GCMS分析。以保留时间和质谱图比较进行定性。根据内标校准曲线法(液体标准线性相关系数一般应达到0.995)或曲线各点的平均相对响应因子均值(RRF相对标准偏差RSD≤30%，相对响应因子≥0.010)计算目标组分的含量。按与样品分析相同的操作步骤分析全程序空白样品。

3.13　冷阱二次富集解吸技术

3.13.1　冷阱二次富集解吸技术概述

在挥发性有机物(VOCs)和部分无机物如磷化氢的检测中，由于待测物质沸点低、易挥发且基体效应干扰较大，需要采用采样管吸附-热解吸方法进行前处理。但传统的常温吸附-热解吸方法存在一定缺陷，即便采用性能优良的吸附捕集管，也常常发生色谱峰变宽或变形的问题。针对这些问题，需要发展一种快速、简便、高效、富集倍数高的前处理新方法，冷阱二次富集解吸技术应运而生。该技术也称作二次冷聚焦，即采用冷阱对气体或蒸气样品中待测物进行二次冷冻捕集，然后将冷阱迅速升温(闪蒸)，以达到待测物富集浓缩的目的。该技术可集成于商品化的自动/半自动二次热解吸仪或大气预浓缩仪中，并与气相色谱或GC-MS联用，将二次富集解吸后的试样导入气相色谱柱中分离，由不同检测器检测。冷阱二次富集解吸技术不仅可以提高仪器分辨率和分析灵敏度，而且能有效减少由环境或基体成分带入而对样品中挥发性组分的分析所造成的影响和干扰。该方法还可以与动态顶空技术(吹扫捕集法)相结合，测定水体、土壤、固废样品中各种挥发性有机物。图3-14是自动热解吸仪中冷阱二次富集解吸-气相色谱检测系统构造示意图。

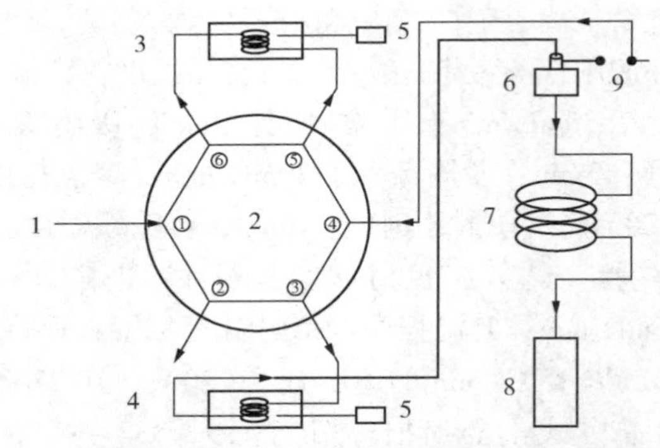

图3-14　冷阱二次富集解吸-气相色谱检测系统构造示意图

1—样品进口；2—六通阀；3—一次冷阱；4—二次冷阱；5—温度在线监测器；6—气相色谱进样口；7—色谱柱；8—检测器；9—载气系统

3.13.2　冷阱的工作原理

冷阱(cold trap)也称为捕集阱或冷凝器，是在冷却的表面上以凝结方式捕集气体的阱，是一种用于捕集气体及蒸汽的冷却装置。当挥发性物质组分通过冷阱时，可通过液化和吸附作用被捕集，起到较好的低温冷聚焦富集效果。利用此原理可以对一次热解吸后的挥发性物质进行二次富集，与单次富集过程相比其富集效率得到了进一步提高，后续气相色谱分离检测时谱峰变窄且峰形变好。

目前低温冷阱的制冷方式有半导体制冷、制冷剂制冷、机械制冷等。半导体冷阱的制冷器件使用特种半导体材料，通电后直接制冷，不需要制冷剂。半导体制冷具有可连续工作、无回转效应、工作时噪声小、寿命长、安装容易、便于自动控制的优点，但是半导体制冷所能达到的温度有限，最低一般只能达到-30℃，对沸点低、易挥发的VOCs的捕集不够完全，因此其应用范围受到了一定限制。制冷剂(最常用的是液氮)制冷的原理是液氮在气化过程中会吸收大量的热量，从而使周围环境的温度迅速降低，其最大的优势就是可达到的最低温度较低，在此温度下所有VOCs组分可实现完全捕集。

3.13.3　冷阱富集解吸仪器

(1) 自动热解吸仪。自动二次热解吸仪(热脱附仪)用于环境空气、废气等气体样品中挥发性有机物(VOCs)的前处理，其生产厂商有Markes、Perkin Elmer、中仪宇盛、北京踏实等。以AutoTDS-V型热解吸仪为例，该仪器的该仪器的主

要优势有：通用性能强，可与任意品牌气相色谱仪(GC)和(GC-MS)联用；操作简单，使用方便，自动化程度高，样品重复性好；冷阱采用半导体制冷+风冷，最低制冷温度可达-30℃(室温20℃时)，升温采用直接电阻加热，升温速率>1800℃/min，满足大部分低温富集需求。

(2) 大气预浓缩仪。大气预浓缩仪是包含三级冷阱预浓缩的气相色谱/气质联用仪前处理系统，用于气体样品中挥发性有机化合物的分析，其生产厂商有ENTECH、Markes、Nutech等。以ENTECH 7200型大气预浓缩仪为例，该仪器的主要优势有：三级冷阱采用全新的几何设计，极大地减少了冷凝点，同时冷阱的更换更加方便；“微进样”技术极大地减少了管路残留并提高了进样精准度；数控阀和机械手自动进样器的组合消除了以往机械阀的局限性，极大地避免了交叉污染和残留；所有管路经熔融硅惰性处理，保证VOCs及轻SVOCs的完全回收，并减小组分间发生化学反应的几率；除水、除CO_2性能出色，适应于多种极性及非极性VOCs的分析。

(3) 自动吹扫捕集装置。自动吹扫捕集装置用于固体或液体样品(水、废水、土壤、固废)中的VOCs前处理，在该装置中吹扫气体连续通过样品，将其中的挥发组分吹出后在吸附剂或冷阱中被捕集，随后进行热脱附并分析测定。冷阱对于吹扫捕集装置不是必需的，但使用冷阱捕集VOCs比吸附管更加高效。自动吹扫捕集装置生产厂商有Tekmar、OI Analytical等。

3.13.4 冷阱二次富集解吸在环境有机污染物样品前处理中的应用

(1) 吸附管采样-热脱附测定气体样品中VOCs。在《车内挥发性有机物和醛酮类物质采样测定方法》(HJ/T 400—2007)、《环境空气 苯系物的测定 固体吸附/热脱附-气相色谱法》(HJ 583—2010)、《环境空气 挥发性有机物的测定 吸附管采样-热脱附/气相色谱-质谱法》(HJ 644—2013)、《固定污染源废气 挥发性有机化合物的测定 固相吸附-热脱附/气相色谱-质谱法》(HJ 734—2014)等标准中均使用了带有冷阱二次富集解吸功能的热脱附仪对气体样品进行前处理。以HJ 734—2014为例，热脱附仪的参考条件为：吸附管初始温度：室温；聚焦冷阱初始温度：室温；干吹流量：30mL/min；干吹时间：2min；吸附管脱附温度：270℃；吸附采样管脱附时间：3min；脱附流量：30mL/min；聚焦冷阱温度：-3℃；聚焦冷阱脱附温度：300℃；冷阱脱附时间：3min；传输线温度：120℃。

除上述标准之外，冷阱二次富集解吸技术还可用于检测其他VOCs组分。顾一丹等建立了以Tenax-TA吸附管为吸附剂，采用冷阱二次热解吸-气相色谱联用技术测定相关含氰废气处理装置中丙烯腈、乙腈含量的方法，一次热解吸温度

250℃，时间5min，同时冷阱-3℃捕集，二次热解吸温度瞬间达到250℃，时间1min，载气压力为0.185MPa，在此热解吸条件下，丙烯腈、乙腈热解吸效率均高于98%，满足实际样品的分析。

（2）罐采样测定气体样品中VOCs。《环境空气 挥发性有机物的测定 罐采样/气相色谱-质谱法》(HJ 759—2015)规定了使用苏玛罐采集环境空气样品，经过冷阱浓缩、热解吸后GC-MS分离检测67种VOCs。该标准规定的大气预浓缩仪(气体冷阱浓缩仪)需至少具有二级冷阱，若具有冷冻聚焦的第三级冷阱效果更好。其中一级冷阱捕集温度-150℃，解吸温度10℃，烘烤温度150℃；二级冷阱捕集温度-15℃，解吸温度180℃，烘烤温度190℃；三级冷阱聚焦温度-160℃，烘烤温度200℃。江苏康达检测技术股份有限公司与岛津中国合作，利用液氮制冷的大气预浓缩仪和中心切割技术，使用两根不同的色谱柱及气相色谱检测器实现了对117种VOCs(包含PAMS和TO15所有组分)的测定，其中丙烯等5种C_2、C_3的VOCs组分(乙烯、乙炔、乙烷、丙烯和丙烷)采用HP-PLOT/Q柱分离，FID检测器检测；其他112种VOCs组分则采用DB-1柱分离，用质谱检测器检测。该方法能够实现对常规VOCs的一针进样同时测定，具有检出限低、稳定性好、精密度高、定量准确等优点。

（3）吹扫捕集测定水、土壤、固废样品中VOCs。吹扫捕集(动态顶空)是一种非平衡态的连续萃取方法，吹出的挥发性组分在吸附剂或冷阱中被捕集，经热脱附后测定。我国现行的标准中规定的吹扫捕集方法均为吸附剂(吸附管)常温捕集，但对于一些不易吸附或含量较低的待测物则可以采用冷阱低温富集解吸。在使用冷阱捕集时，冷阱温度直接影响捕集效率，选择合适的捕集温度可以得到最大的捕集效率。张江义等采用吹扫捕集-二次冷阱富集系统，结合GC-MS检测，实现了地下水中痕量氟利昂(CFC)的分离、富集和检测，并根据实际样品测定结果推测了地下水的表观年龄。

3.14 常用浓缩技术

浓缩是实验室中最常用的样品处理手段之一，农残分析、液相、气相、质谱分析前处理等都会涉及浓缩，尤其是在环境领域中对土壤、水、固体废物中的有机物含量进行检测时，样品前处理过程中常采用合适的有机溶剂进行提取→浓缩→净化→浓缩后上机分析。由此可见，浓缩这一步骤在有机实验中的关键性，而浓缩方式以及浓缩的过程操作则对最终实验结果的准确性起着至关重要的影响。对有机提取液进行浓缩主要有两个目的，一是为了提高检测样品浓度，起到富集的作用，从而满足方法检出限的要求；二是为了减少提取液所占容器体积，避免不必要的耗材浪费。

目前浓缩的方式有很多，各有所长，各有侧重，常应用于环境中有机污染物检测的前处理浓缩方式主要有以下四种：旋蒸浓缩、KD 浓缩、氮吹浓缩以及混合方式相结合的浓缩。

3.14.1　旋蒸浓缩

3.14.1.1　旋蒸浓缩基本原理

旋蒸浓缩其实是一种减压蒸馏，即通过降低液体的沸点，使那些在常压蒸馏时未达到沸点就会受热分解、氧化或聚合的物质在分解之前蒸馏出来，“旋转”可以使溶剂形成薄膜，增大蒸发面积，之后在高效冷却器作用下(一般是冷凝器)将热蒸气迅速液化，加快蒸发速率。旋蒸浓缩适用于不同沸点混合溶剂的分离及纯化。

3.14.1.2　旋蒸浓缩仪

旋蒸浓缩最常见的代表设备是旋转蒸发仪，主要通过电机控制使蒸馏烧瓶在合适的速度下恒速旋转以增大蒸发面积，同时通过真空泵抽气使蒸发烧瓶处于负压状态，降低溶液沸点，使溶液快速蒸发。旋转蒸发仪由马达、蒸馏瓶、加热锅(水浴锅或油浴锅)、冷凝管、溶剂回收瓶等部分组成，具体详见图 3-15。下面主要以此设备为例进行相关操作步骤、影响因素等的介绍。

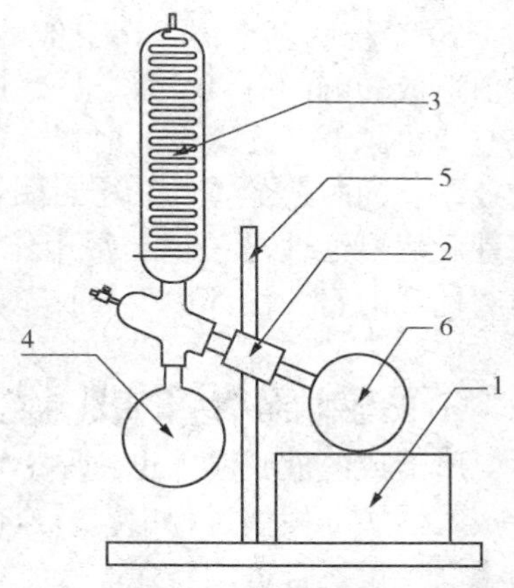

图 3-15　旋转蒸发仪装置结构图

1—加热锅；2—马达；3—冷凝器；4—溶剂回收瓶；5—支撑架；6—蒸馏瓶

(1)旋转蒸发仪的操作步骤：

① 打开旋蒸的冷凝装置(冷凝水或低温循环水)。

② 打开加热锅，调整温度。

③ 打开真空泵的循环水，开启真空泵。

④ 关闭旋蒸放气旋钮。

⑤ 装上蒸馏瓶，调整加热锅的高度。

⑥ 当真空度达到≥0.04MPa 时，打开旋转按钮，调整转速。

⑦ 旋蒸结束后，关闭旋转按钮，打开放气按钮，降低加热锅，拆下蒸馏瓶，并处理溶剂回收瓶中蒸出的溶剂。

⑧ 关闭加热锅、冷凝装置、真空泵及循环水。

(2) 蒸馏效率的影响因素。旋转蒸发仪的蒸馏效率直接决定了样品检测的工作效率，在相同溶剂的情况下蒸馏效率越高处理的样品个数也就越多。影响旋转蒸发仪蒸馏效率的因素有多种，常见的主要包括：冷却介质的温度、加热锅的温度、系统的真空度和蒸馏瓶的转速。

① 冷却介质的温度。冷凝器内循环冷却介质温度的高低会对冷凝器的冷凝效率造成很大的影响，为保证最佳的蒸馏效率，冷却介质一般建议同加热锅温度保持40℃左右的温差以便将热蒸气进行快速冷凝，从而降低蒸气对系统真空的影响。目前常用的冷却介质为循环冷凝水，若物质沸点较低，可选用以循环冷冻机为载体的冰水浴。

② 加热锅的温度。一般而言，加热锅的温度越高，蒸馏瓶内部的实验溶剂蒸发速度越快，但在实际蒸馏过程中，往往不通过设置过高的温度来提高蒸馏效率，原因在于针对热敏性物质，高温易使其分解，降低物质回收率，同时过高的温度也易使旋转蒸发仪中的某些部件软化，降低仪器使用寿命以及体系的密闭性。通常采用水浴加热时温度设置低于60℃，温度高于80℃室宜采用油浴加热。

③ 系统的真空值。真空值的高低也会对冷凝效率产生一定的影响，会对真空值造成影响的有真空泵、密封圈和真空管。真空泵：真空泵极限越低，系统的真空值也越低。在蒸馏的时候，需要通过真空控制器设置合理的真空值，保证蒸馏效率，同时避免爆沸。密封圈：作为承接蒸发管和冷凝管的关键密封件，其耐磨性和耐腐蚀性是关键，常用作密封圈的材质是：PTFE 和橡胶，其中 PTFE 的耐磨性和耐腐蚀性都优于橡胶。对于真空管经常使用硅胶管替代橡胶，因其老化效率慢。

④ 蒸馏瓶的转速。蒸馏瓶的转速越快，瓶内浸润面积越大，受热面积就越大，所形成的液膜厚度也愈厚，增大了传热温差，从而蒸馏效率得到提高。在旋转蒸发器实际使用过程中，转速也不是越快越好，需根据物质的性质以及蒸馏瓶的稳固性设置合适的转速。

(3) 注意事项：

① 安装接口部分要涂抹少量凡士林，避免抽真空时因漏气真空度无法达到。

② 旋转瓶中的溶剂量一般不能超过 50%，且安装旋转瓶时不可立即放手，待瓶内达到一定的负压后再松开，以免旋转瓶掉落。

③ 一般先开冷却装置，再加热防止溶剂挥发。

④ 根据溶剂或相关标准规定设定加热温度。

⑤ 溶剂回收瓶一定要用升降台支撑好，防止因瓶中溶剂量过多而掉落。

⑥ 关闭仪器的时候必须先减压再关闭真空泵，防止倒吸。

⑦ 旋蒸过程中关注蒸馏瓶中提取液的高度，剩余 5mL 提取液即可关闭加热装置，不可蒸干。

3.14.1.3 旋蒸浓缩特点

旋蒸浓缩相较于其他浓缩技术，有自身的突出优势：①蒸发速度相对较快，

适用于大体积样品的预浓缩；②带有溶剂回收，避免污染环境；③随着设备的不断发展改进，温度、真空度以及转速等均可设置，操作简便易控制，价格也相对便宜。与此同时，其也存在一些局限如：①只能处理单一样品；②最终定容体积不好控制，浓缩体积不易把握；③一次浓缩个数少，浓缩过程中需操作人员一直看管，不适合大批量样品的浓缩。

3.14.2　KD浓缩

3.14.2.1　KD浓缩基本原理

KD浓缩的原理同样是利用了溶剂沸点的不同，沸点低的溶剂在水浴下先沸腾挥发，挥发的溶剂一部分直接排出，另一部分在通过空气冷凝管的同时被冷凝回流到接收瓶中，起到淋洗内壁的作用，在半挥发性物质和农药的分析中KD浓缩使用较为普遍。

3.14.2.2　KD浓缩装置

KD浓缩的代表设备是KD浓缩器，目前常见的类型主要有A型和B型，如图3-16和图3-17所示。B型KD浓缩器的配件相较于A型KD浓缩器多，在实际使用中可根据实际情况进行选择。下面以A型KD浓缩器为例进行相关使用方法的介绍。

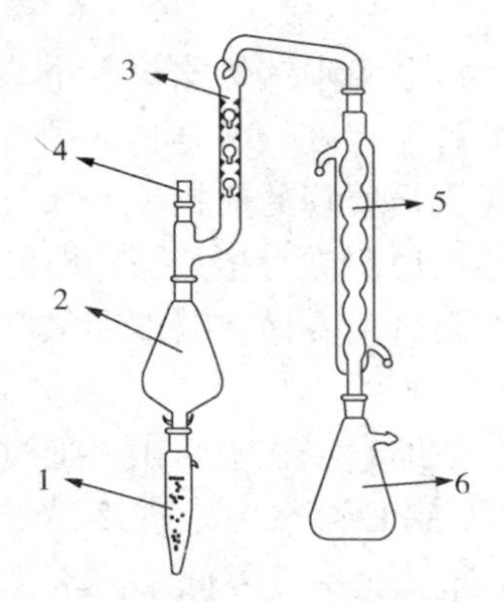

图3-16　A型KD浓缩器装置图

1—刻度离心管；2—梨形瓶；
3—三球分馏管；4—空心塞；
5—球形冷凝管；6—抽滤瓶

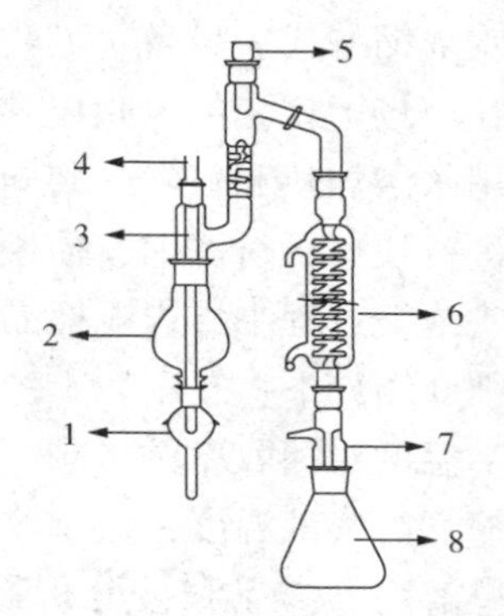

图3-17　B型KD浓缩器装置图

1—浓缩瓶；2—缓冲瓶；3—浓缩管；
4—导气管；5—温度计套管；6—蛇形冷凝管；
7—真空接收头；8—三角接收瓶

使用A型KD浓缩器时将仪器按照相关说明安装好，冷凝管与冷却水连接，抽滤瓶与抽气管连接，将待浓缩液装入梨形瓶，并将刻度离心管用橡皮筋加固放入2~3颗小的空心玻璃球以防止爆沸，取一只高型烧杯作为水浴加热器，把刻

度离心管浸在水浴内，准备工作就绪后就可进行加热浓缩蒸馏。蒸馏时先打开冷凝管的冷却水源和水流抽气管，然后用电炉或煤气火焰把水浴加热，把握好温度使液体不能过分爆沸，以免被浓缩的液体从三球上冲出。浓缩液中的有机溶剂不断地被蒸馏至抽滤瓶内，被浓缩的液体也逐渐由稀变浓，浓缩到 1mL 或更小的体积，这是根据使用要求而决定。操作完毕后，应及时将装置拆下清洗干净。

3.14.2.3 KD 浓缩特点

KD 浓缩器的装置价格便宜，可以一次性使用数十套装置，适用于大体积样品浓缩，且自身带有回流，浓缩时样品组分损失小，特别是对沸点较低的成分，但对热敏成分不利。

3.14.3 氮吹浓缩

3.14.3.1 氮吹浓缩基本原理

氮吹浓缩是通过将氮气快速、连续、可控地吹向加热样品的表面，使待处理样品中迅速浓缩，从而达到快速分离纯化的效果。近年来氮吹浓缩技术得到了快速的发展，各种类型的氮吹仪应运而生，广泛地应用于液相、气相及质谱分析中的样品前处理中。

3.14.3.2 氮吹浓缩仪

氮吹浓缩的代表设备是氮吹仪，按照加热方式可分为水浴氮吹仪和干式氮吹仪，现在市场上售卖的氮吹仪基本上都具有很高的智能程度，如全自动平行浓缩仪，利用水浴加热和氮吹的共同作用可以实现在无人员看管的前提下对大批量样品同时进行快速平行浓缩，使用过程中按照仪器使用说明进行相关操作即可。

氮吹浓缩过程中，影响样品回收率的因素主要来自两方面：温度和氮气流压力。详细介绍如下：

（1）温度对回收率的影响。对于水浴氮吹仪，浓缩管浸在水浴中，通过传热控制浓缩管内溶液温度，通常水浴温度控制范围从 30℃到 60℃。温度设定根据浓缩管里溶剂的沸点和被分析物质性质而定。水浴温度一般要低于溶剂沸点温度，否则可能蒸发速度过快，回收率可能降低，但是温度设置过低，会导致浓缩时间过长，长时间氮气吹扫也会导致待测物质挥发。在设置水浴温度时应充分考虑溶剂的沸点和挥发性。温度高，能缩短浓缩时间，避免目标物质与空气长时间接触，减少目标物质挥发，但过高温度会导致溶剂沸腾，从而降低回收率。对于干式氮吹仪，怕水的样品只能使用此类氮吹仪，其使用铝块来加热，加热时间快，温度高，温度可参照水浴氮吹仪按需设定。

（2）氮气流压力对回收率的影响。氮气流量改变是通过调节氮气进入口压力

实现，管径不变，流量与压力成正比关系。氮气流的压力越大，氮气流流量就越大。氮气流撞到试管壁形成旋涡，溶剂接触表面积和旋涡剪力越大，溶剂的蒸发越快，同时不停吹扫氮气能避免溶剂与空气发生化学反应。但氮气流流量也不宜过大，氮气管离溶剂液面要保持适当的高度，以防止样品溶液溅出而造成降低回收率。

3.14.3.3　氮吹浓缩特点

氮吹浓缩相对于其他浓缩方式具有明显的优势，如一次可处理多个样品，在多因素、多水平的重复实验中优势更为明显，操作简洁、灵活，可以不受约束地随时调节浓缩的过程，且随着氮吹仪的智能化，可以设置相应参数甚至浓缩终点来实现无人看管、节省人力的同时也避免了样品损失，但不太适用于大体积样液的浓缩。

3.14.4　离心浓缩

3.14.4.1　离心浓缩基本原理

离心浓缩是一种用于将溶剂蒸发出去的浓缩或干燥样品的独特过程，其在负压条件下利用旋转产生的离心力使样品中的溶剂与溶质分离。离心力可以抑制样品暴沸，使样品沉积于试管底部，避免了交叉感染，同时也避免了离心管内泡沫的产生。离心浓缩处理过后的样品可方便地用于各种定性和定量分析，如化学、生物化学、生物分析、免疫筛选及仪器分析等。

3.14.4.2　离心浓缩仪

离心浓缩的常见代表设备是真空离心浓缩仪，其简单构成一般就包括离心机、连接管线、真空泵三个部分，完整的系统除此之外还包括冷阱、化学阱和吸收柱、真空控制阀、真空压力计等。市场上不同厂家不同型号的真空离心浓缩仪构造上存在差别但原理大致相同，利用真空泵在浓缩仪内形成真空，降低溶剂沸点使溶剂快速蒸发，从而达到浓缩样品，实现高效率回收分析样品的目的。另外，冷阱可有效捕捉大部分对真空有损害的溶剂蒸汽，对高真空油泵提供有效的保护，真空泵使系统处于真空状态，降低溶剂的沸点，加快溶剂的蒸发速率。

真空离心浓缩仪在市面上种类、型号众多，选择时应考虑以下2个因素：

（1）真空泵。真空离心浓缩仪的原理是通过制造真空环境来降低溶剂沸点，使得溶剂变得容易挥发，故选择合适的真空泵是首要的，对实验效率、样品活性都具有较大影响。选择时需根据实际的实验情况，尤其是溶剂种类来选择。不同溶剂其沸点和凝固点不同，那么对泵的要求也不同。

（2）主机和转子。选择主机和转子时需综合考虑多种因素，包括实验过程中样品量大小、盛装样品的容器类型、蒸发面积的影响、温度对蒸发效率的影响、是否需要联用冻干机、是否需要测定样品温度以及日后浓缩系统的拓宽和升级等，以此为依据选择最佳的主机。

3.14.4.3 离心浓缩特点

离心浓缩法的特点是自成系统，效果好，操作简便，具有众多优点包括可实现多规格样品的浓缩；可处理所有液相样品，包括强腐蚀性样品；可同时处理多个样品且不会交叉污染；精确控制真空度，蒸发温度低；可在多种温度下处理样品，保证生物活性；混合物样品可分别回收等，但离心浓缩可处理的最大单个样品体积较小不超过 250mL。

3.14.5 混合方式结合的浓缩

每一种浓缩方式都有其自身的优势与缺陷，根据实际需要将不同的浓缩方式相结合往往可以达到更佳的浓缩效果。基于旋蒸最终定容体积不好控制的原因，故将旋转蒸发与氮吹浓缩这两种方式进行结合，利用旋转蒸发适用于大体积样品浓缩且浓缩速度快的优点对萃取液进行预浓缩，预浓缩至 10mL 以内，然后将预浓缩过的样品转移至氮吹管中，再利用氮吹浓缩最终定容体积好控制的优点来实现样品浓缩的目的。两种方式的结合可实现对单个大体积样品的快速浓缩，节约时间，提高效率。

3.14.6 应用示例

浓缩技术在环境有机污染物检测的前处理过程中应用较为普遍，现以《固体废物　有机氯农药的测定　气相色谱-质谱法》(HJ 912—2017) 方法作为典型示例，详细内容如下。

(1) 方法原理。固体废物和浸出液中的有机氯农药经提取、净化、浓缩、定容后，用气相色谱分离、质谱检测。根据质谱图、保留时间、碎片离子质荷比及其丰度定性，内标法定量。

(2) 固态和半固态废物试样的制备过程

① 提取。提取方法可选择索氏提取、加压流体萃取、微波萃取或其他等效萃取方法，萃取溶剂为正己烷-丙酮混合溶剂 (1+1) 或二氯甲烷-丙酮混合溶剂(1+1)，如采用索氏提取，将脱水后的固体废物样品全部转入玻璃纤维或天然纤维材质套筒内，加入曲线中间点附近浓度的替代物标准使用液，将套筒小心置于索氏提取器回流管中，在圆底溶剂瓶中加入 100mL 正己烷-丙酮混合溶剂，提取 16~18h，回流速度控制在 4~6 次/h。提取完毕，取出底瓶，待浓缩。

② 浓缩。推荐使用以下两种浓缩方法。其他方法经验证满足要求也可使用。

氮吹：使用氮吹浓缩仪时应在室温条件下，开启氮气至溶剂表面有气流波动（避免形成气涡），用二氯甲烷多次洗涤氮吹过程中已露出的浓缩器壁，将萃取液浓缩到5mL左右，无须净化时，全部转移，加入适量内标使用液，定容至10.0mL，混匀，待测。如需净化，继续浓缩至2mL，加入约5mL正己烷并浓缩至约1mL，重复此浓缩过程2次，浓缩至1mL，待净化。

旋转蒸发：加热温度根据溶剂沸点设置在30～60℃，将提取液浓缩至约10mL，停止浓缩。用一次性滴管将浓缩液转移至具刻度浓缩器皿中，并用少量正己烷-丙酮混合溶剂将旋转蒸发瓶底部冲洗2次，合并全部的浓缩液，再用氮吹浓缩至10mL以下，转移完全，加入适量内标使用液，定容至10.0mL，混匀后，待测。如需净化，继续浓缩至1～2mL，待净化。

③ 净化。浓缩后的提取液可采用硅酸镁层析柱、凝胶渗透色谱或硅酸镁小柱净化。其他方法经验满足要求也可使用。净化完成后，待测。

3.15　常用净化技术

净化技术作为检测实验室中常用的样品分析前处理手段之一，常多见于干扰物质多、复杂程度高等特点的基质样品的检测分析过程，尤其在环境有机污染物检测领域应用最为广泛。样品前处理过程中常见的分析步骤是提取→净化→上机分析。净化步骤作为前处理过程中的关键环节，针对不同的检测项目选择适合的净化方式以及净化的过程操作尤为重要。

有机污染物检测的前处理净化技术手段种类繁多，所消耗时间的长短也大不相同，常见的方法主要有以下几种：液液萃取、固相萃取（SPE）、层析法等。

3.15.1　液液萃取

3.15.1.1　液液萃取的原理

液液萃取法又称溶剂萃取或抽提法，是利用物质在两种互不相溶（或微溶）的溶剂中溶解度或分配系数的不同，使物质从一种溶剂内转移到另外一种溶剂中，经过反复多次萃取，将绝大部分的化合物提取出来。整个萃取操作过程并不造成被萃取物质化学成分的改变，所以萃取操作是一个物理过程。液液萃取与其他分离溶液组分的方法相比，优点在于常温操作，节省能源，不涉及固体、气体，操作简单方便。

3.15.1.2　液液萃取常见使用步骤

液液萃取是通过选择两种不相容的液体控制萃取过程的选择性和分离效率，在大部分情况下一种液相是水溶性，另一种液相是有机溶剂。在水相与有机相中，亲水化合物的亲水性越强，憎水性化合物将进入有机相中的程度就越大，疏水化合物的表现与之相反。实验室中常用分液漏斗等仪器进行萃取操作，如图 3-18所示。

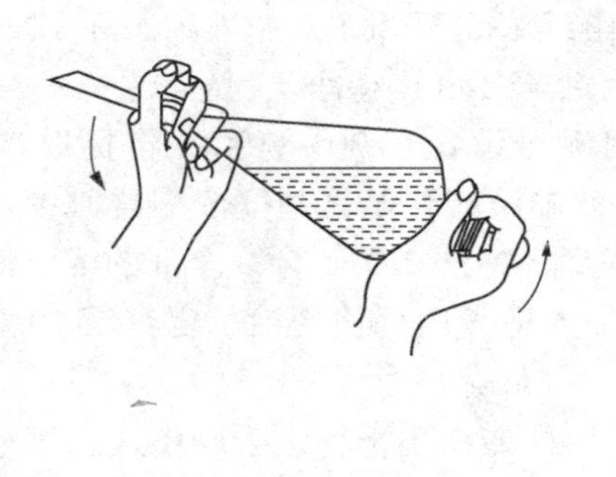
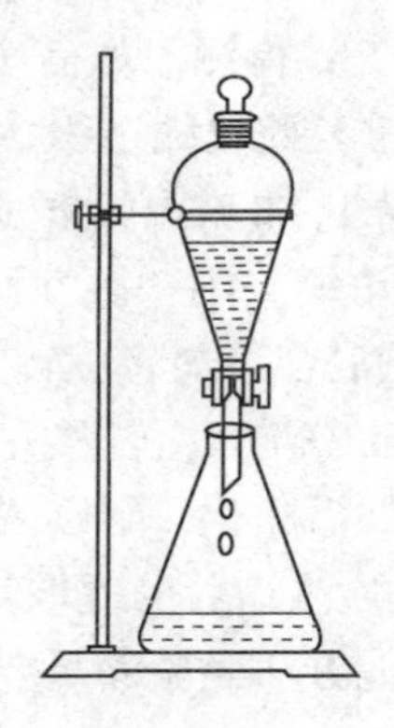

图 3-18　萃取装置结构图

(1)使用分液漏斗进行萃取的操作步骤：

① 选择容积较液体体积大至少一倍以上的分液漏斗，把活塞擦干，检查分液漏斗的顶塞与下方活塞处是否渗漏(用水检验)，确认不漏水后方可使用，将其固定在合适铁架上的铁圈中，关好活塞。

② 将被萃取液和萃取剂(一般为被萃取液体积的 1/3)依次从上口倒入分液漏斗中，塞紧顶塞。

③ 取下分液漏斗，用右手手掌顶住漏斗顶塞并握住漏斗颈，左手握住漏斗下方活塞处，大拇指压紧活塞，把分液漏斗口略朝下倾斜并前后振荡。开始振荡要慢，振荡后，使漏斗口仍保持原倾斜状态，下部支管口指向无人处，左手仍握在活塞支管处，用拇指和食指旋开活塞，释放出漏斗内的蒸气或产生的气体，使内外压力平衡，此操作也称“放气”。如此重复至放气时只有很小压力后，再剧烈振荡 2~3min，然后再将漏斗放回铁圈中静置。

④ 待两层液体完全分开后，打开顶塞，再将下部活塞缓缓旋开，下层液体自活塞放出至接收瓶中；

A. 若萃取剂的相对密度小于被萃取液的相对密度，下层液体尽可能放干净，有时两相间可能出现一些絮状物，也应同时放去；然后将上层液体从分液漏斗的上口倒入三角瓶中，切不可从活塞放出，以免被残留的被萃取液污染；再将下层液体倒回分液漏斗中，再用新的萃取剂萃取，重复上述操作，萃取次数一般为 3~5 次。

B. 若萃取剂的相对密度大于被萃取液的相对密度，下层液体从活塞放入三角瓶中，但不要将两相间可能出现的一些絮状物放出；再从漏斗口加入新萃取

剂，重复上述操作。

⑤ 将所有的萃取液合并，等待下一步骤操作。

（2）萃取效率的影响因素。影响萃取效率的因素有萃取剂的选择、用量，萃取次数，静置时间，乳化等。

① 萃取剂的选择：根据被萃取物质在溶剂中的溶解度而定，同时还应兼顾易与溶质分离。

② 同一分量的溶剂，分多次少量溶剂萃取，其效率高于一次用全部溶剂萃取。

③ 在萃取时，在水溶液中先加入一定量的电解质，利用盐析效应来降低有机化合物在水溶液的溶解度，可提高萃取效果。

④ 萃取时严格按照操作进行，振荡是否充分完全、破乳效果、静置分层时间是否足够等都可直接影响萃取效率。

⑤ 萃取时的温度、压力等外界因素对萃取的效率也有影响。

（3）注意事项。液液萃取中非常重要的操作是快速地振动样品，此步骤可确保两相的完全接触，有助于质量传递。由于物质剧烈的振动，在液液萃取中乳化现象经常发生，特别是含有表面活性剂和脂肪的样品。收集被测物质必须先进行破乳。为了防止乳化形成，可以用采取加热或加盐的方法破乳，如使用缓冲剂调节 pH 值，盐调节离子强度等。

3.15.2　固相萃取

3.15.2.1　固相萃取的工作原理

固相萃取技术基于液-固相色谱理论，采用选择性吸附、选择性洗脱的方式对样品进行富集、分离、净化，是一种包括液相和固相的物理萃取过程；也可以将其近似地看作一种简单的色谱过程。

3.15.2.2　固相萃取一般过程

固相萃取较常用的方法是首先进行净化柱活化，再加入需净化的样品，使液体样品溶液通过吸附剂，保留其中被测物质，再选用适当强度溶剂冲去杂质，然后用少量溶剂迅速充分洗脱被测物质，从而达到快速分离净化与浓缩的目的。也可选择性吸附干扰杂质，而让被测物质流出；或同时吸附杂质和被测物质，再使用合适的溶剂选择性洗脱被测物质，如图 3-19 所示。

3.15.2.3　固相萃取的特点

与液液萃取等传统的净化方法相比，固相萃取有以下特点：①高的回收率和高的富集倍数。大多数固相萃取体系的回收率较高，可达 70%～100%；另外，

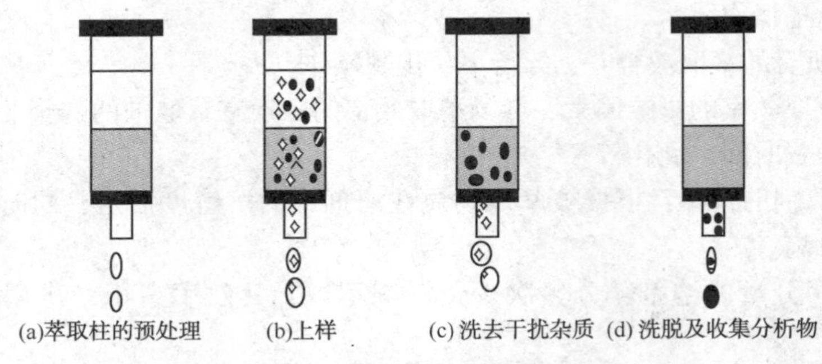

图 3-19　固相萃取流程图

固相萃取的富集倍数一般很高，很多体系很容易就能达到几百倍，少数体系甚至能达到几千或几万倍，这是一般传统分离富集方法很难达到的。②使用的高纯有毒有机溶剂量很少，减少了对环境的污染，是一种对环境友好的分离富集方法；另外，使用较少的有机溶剂也有利于减少有机溶剂中的杂质对被测物分析的影响。③无相分离操作，易于收集分析物组分，能处理小体积试样。④操作简单、快速、易于实现自动化。在固相萃取中，较大体积的样品溶液可在泵的压力推动或负压抽吸下较快地通过固相萃取柱或固相萃取盘，用少量洗涤液洗涤柱或盘后，被萃取柱或盘萃取的分析物可用小体积的洗脱剂定量洗脱，这几个步骤均可以很容易地实现自动化。而传统的液液萃取则要经过加萃取剂、剧烈摇动、消除乳化、静置分层等操作，有时还要洗涤与反萃取，这一系列烦琐操作在固相萃取中可以避免。

3.15.3　层析法

3.15.3.1　层析净化方法工作原理

层析技术(chromatography)又称色谱技术，主要是利用混合物中各个组分物理化学性质的差异导致其在固定相和流动相中分配系数不同，经多次反复分配从而将组分分离开来，属于固-液吸附层析。包括柱色谱(柱层析)、薄层色谱、纸色谱、气相色谱和高效液相色谱等，统称为色谱法。

3.15.3.2　层析方法代表-柱层析法

柱层析法是最早的色谱净化，1903 年首次成功用于植物色素的净化分离。随着现代分析技术的发展，许多变量因素使层析法成为具有多方面适用的方法，这些变量因素主要有：吸附剂类型、选用的溶剂极性、净化柱的尺寸和洗脱的速率。

(1) 吸附剂。吸附剂的选择通常根据需要待分离的化合物的类型而定，常见

的有：

① 纤维素类、淀粉和糖类：用于对酸碱相互作用敏感的多官能团的动物、植物性化合物。

② 硅酸镁：用于净化农药残留和其他的氯代烃类，如从烃类中分离氮化合物，亚硝胺、有机氯农药和多氯联苯类（PCBs）、硝基芳香化合物卤代醚类；从脂肪族和芳香族的混合物中分离出芳香族化合物；此外，硅酸镁载体被认为在分离类固醇、酯、酮、甘油酯、生物碱和一些糖方面非常有用。

③ 氧化铝：属于极性吸附材料，根据净化目的选择合适的溶剂可以有效地去除蛋白质、有机酸、糖类和脂肪，以达到净化目的，特别是氧化铝具有较好的除脂肪效果，其采用多孔氧化铝颗粒作为吸附剂，通过化合物的不同而在吸附剂上停留时间不同进行分离。在柱色谱法中通常使用 3 个 pH 值范围的氧化铝：碱性、中性、酸性，其中碱性氧化铝 pH 值为 9~10，用于分离生物碱、胺和其他碱性化合物，其缺点包括会引起聚合、缩合和脱水反应，不能用丙酮或乙酸乙酯作为洗脱液；中性氧化铝可用于醛、酮、烯、酯和糖苷的纯化，其缺点是比碱性形式活性小很多；酸性氧化铝 pH 值为 4~5，其可用于分离羧酸、氨基酸等酸性物质。

④ 硅胶：是一种弱酸性无定形二氧化硅可再生吸附剂，可以通过制备硅酸钠和硫酸来获得，适用于具有各种极性的化合物中干扰化合物的分离。

（2）选用的溶剂极性。溶剂极性对净化的作用是利用相似相容的原理，即极性溶质易溶于极性溶剂，非极性溶质易溶于非极性溶剂。物质的极性主要影响分子间的作用力，进而对溶解、熔化、气化、升华以及对应的反向过程产生决定性影响。相似相容本质上就是溶质和溶剂极性越相似分子间引力相对越强，越有利于溶质在溶剂中的分散，分散到分子层次就达到了溶解。

当选择净化采用的固定相是极性时，待测物质与固定相作用被留在固定相上，洗脱溶剂的极性越强，它与固定相对待测物质的竞争作用就越强，就越容易被洗脱，从而将不同极性大小的物质进行分离。

一般来说，各类化合物被洗脱时，非极性化合物最先被洗脱，极性化合物最后被洗脱，另外分子量也是决定洗脱顺序的一个因素，通常高分子量的非极性化合物比低分子量的非极性化合物洗脱得慢，甚至可能被某些极性化合物所超过。

（3）净化柱子的尺寸。为了让一定数量的样品达到良好的分离效果，还需正确选定净化柱的尺寸和吸附剂的量。一般的经验规律是，吸附剂的量应该是待分离的混合物重量的 25~30 倍，净化柱的高度和直径之比应大约为 8∶1。当物质分离程度较难时，越不易分离的化合物对柱子的尺寸要求更长，对吸附剂的量要求越多。

（4）洗脱的速率。溶剂流经柱子的速率对分离效果的好坏也有一定的影响作用，通常来说，待分离的化合物在柱上停留时间越久，其在固定相和移动相之间的平衡越广泛，从而使较为相似的物质得到更好的分离。然而当流速过慢时，混合物中各个物质在溶剂中的扩散速率可能变得大于这些物质沿柱下行的速率，反而会造成谱带变宽，导致分离效果变差。根据实验经验，在溶剂极性相同的情况下，溶剂的流速越快越好，因为流动相流速与板高成反比，而板高越小越好，故流动相流速越快越好，所以快速（加压）柱层析的效果一般比重力柱层析效果要好。

3.15.3.3 现代层析方法代表——凝胶色谱净化（GPC）

凝胶色谱是以多孔凝胶为固定相，利用凝胶孔的空间尺寸效应，使不同大小的分子达到分离的一种高效液相色谱（HPLC）方法。其分离机理类似于分子筛效应，被测量的高聚物溶液通过一根内装不同孔径填料的色谱柱，柱中可供分子通行的路径有粒子间的间隙（较大）和粒子内的通孔（较小）。当聚合物溶液流经色谱柱时，较大的分子被排除在粒子的小孔之外，只能从粒子间的间隙通过，速率较快；而较小的分子可以进入粒子中的小孔，通过的速率要慢得多。经过一定长度的色谱柱，分子根据分子量被分开，分子量大的在前面（即淋洗时间短），分子量小的在后面（即淋洗时间长）。因此，溶质按分子体积从大到小依次流出色谱柱。在凝胶色谱中，流动相只起溶解样品的作用，以有机溶剂为流动相的凝胶渗透色谱（GPC）应用较多，而以水为流动相的凝胶过滤色谱（GFC）的应用相对较少，主要是因为水溶性大分子不仅可以溶于水，通常也能溶于有机溶剂中。四氢呋喃、氯仿、甲苯和二甲基甲酰胺等非极性有机溶剂是最常用的流动相。在凝胶色谱中，固定相表面与溶质分子间不存在化学相互作用，即固定相是惰性多孔材料。

目前凝胶色谱固定相主要使用半硬质凝胶（如聚苯乙烯凝胶）和硬质凝胶（如多孔硅胶和多孔玻璃珠）。软质凝胶（如葡聚糖）因不耐压，通常只用于低压凝胶色谱。凝胶色谱主要用于高分子化合物的分子量及其分布的测定、中小分子有机物的分离与定量分析、生物大分子纯化（制备凝胶色谱）、凝胶色谱指纹图谱（如原油及其重质组分的评价）和样品净化。凝胶渗透色谱（GPC）用于样品净化的主要目的是为后续分析除去干扰物质（如大分子基体物质）或对样品进行浓缩。GPC样品净化采用的操作方式主要是为了分析生物样品中的小分子有机物而除去脂肪、蛋白质等大分子干扰物质；有时为了采用液质联用技术（HPLC-MS）等技术分析生物大分子，也可采用 GPC 除去样品中的小分子或脱盐。GPC 除去大分子物质选择的固定相的孔径应比较小，大分子难以进入孔道内，快速流出凝胶柱；而目标小分子可以进入孔道，在大分子物质之后流出，从而实现分离。

3.15.4　应用示例

净化技术在环境有机污染物检测过程中扮演非常重要的角色，绝大多数前处理过程均用到净化手段，现以《土壤和沉积物　二噁英类的测定的测定　同位素稀释高分辨气相色谱-高分辨质谱法》(HJ 77.4—2008)方法中介绍的净化技术作为应用示例，详细标准内容如下：

样品的净化可以选择硫酸处理-硅胶柱净化或者多层硅胶柱净化方法，对干扰物的净化可以选择氧化铝柱净化或活性炭柱净化方法。

(1) 硫酸处理-硅胶柱净化。将样品溶液浓缩至 1~2mL；用 50~150mL 的正己烷将浓缩液转移至分液漏斗中，每次加入适量(10~20mL)的浓硫酸，轻微振荡，静置分层，弃去硫酸层，根据硫酸层颜色的深浅重复操作 1~3 次；正己烷层每次加入适量的水洗涤，重复洗涤至中性，正己烷层经无水硫酸钠脱水后，浓缩至 1~2mL；填充柱底部垫一小团石英棉，用 10mL 的正己烷冲洗内壁，在烧杯中加入 3g 的硅胶和 10mL 的正己烷，用玻璃棒缓缓搅动赶掉气泡。倒入填充柱，让正己烷流出，待硅胶层稳定后，再填充约 10mm 厚的无水硫酸钠，用正己烷冲洗管壁上的硫酸钠粉末；用 50mL 的正己烷淋洗硅胶柱，然后将浓缩液定量转移至硅胶柱上，用 150mL 的正己烷淋洗，调节淋洗速度约为 2.5mL/min(约 1 滴/s)；将洗出液浓缩至 1~2mL。

(2) 多层硅胶柱净化：

① 装填：在填充柱底部垫一小团石英棉，用 10mL 正己烷冲洗内壁，依次装入无水硫酸钠 4g，硅胶 0.9g，2%氢氧化钾硅胶 3g，硅胶 0.9g，44%的硫酸硅胶 4.5g，22%硫酸硅胶 6g，硅胶 0.9g，10%的硝酸银硅胶 3g，无水硫酸 6g，用 100mL 的正己烷淋洗硅胶柱；

② 上样：将样品溶液浓缩至 1~2mL 后全部定量转移至多层硅胶柱上；

③ 淋洗：用 200mL 的正己烷淋洗，调节淋洗速度约为 2.5mL/min(约 1 滴/s)，洗出液浓缩待用。

若多层硅胶柱颜色加深较多，应重复上述操作，当样品含硫量较高时，可在索提的蒸馏烧瓶中加入铜粒或在多层硅胶柱上加入适量铜粉。

(3) 氧化铝柱净化。在填充柱底部垫一小团石英棉，用 10mL 正己烷冲洗内壁，在烧杯中加入 10g 氧化铝和 10mL 正己烷，用玻璃棒搅动赶走气泡，倒入填充柱，让正己烷流出，待氧化铝稳定后，再填充约 10mm 后的无水硫酸钠，用正己烷冲洗管壁上的无水硫酸钠粉末，用 50mL 正己烷淋洗氧化铝柱；将经过初步净化的样品浓缩液定量转移到氧化铝柱上，先用 100mL 的 2%二氯甲烷-正己烷混合溶剂淋洗，调节淋洗速度为 2.5mL/min(约 1 滴/s)，洗出液为第一组分；再

用150mL的50%二氯甲烷-正己烷混合溶液淋洗，调节淋洗速度为2.5mL/min(约1滴/s)，洗出液为第二组分，该组分含有分析对象二噁英类。

(4) 活性炭硅胶柱净化。在填充柱底部垫一小团石英棉，用10mL正己烷冲洗内壁，干法填充约10mm厚的无水硫酸钠和1.0g活性炭硅胶。注入10mL正己烷，敲击填充柱赶掉气泡，再填充约10mm厚的无水硫酸钠，用正己烷冲洗管壁上的无水硫酸钠粉末。用20mL的正己烷淋洗硅胶柱；将经过初步净化的样品浓缩液定量转移到活性炭硅胶柱上，先用200mL的25%二氯甲烷-正己烷混合溶液淋洗，调节淋洗速度为2.5mL/min(约1滴/s)，洗出液为第一组分，再用200mL的甲苯淋洗活性炭硅胶柱，调节淋洗速度为2.5mL/min(约1滴/s)，洗出液为第二组分，该组分含有分析对象二噁英类。

(5) 根据样品复杂情况不同，还可选用凝胶渗透色谱(GPC)、高压液相色谱(HPLC)、自动样品处理装置以及其他净化方法进行样品的净化处理。

《土壤和沉积物　有机氯农药的测定　气相色谱-质谱法》(HJ 835—2017)，凝胶渗透色谱净化(GPC)净化方法如下：

① 凝胶渗透色谱柱的校准。按照仪器说明书对凝胶渗透色谱柱进行校准，凝胶渗透色谱校准溶液得到的色谱峰应满足以下条件：所有峰形均匀对称；玉米油和邻苯二甲酸二酯的色谱峰之间分辨率大于85%；邻苯二甲酸二酯和甲氧滴滴涕的色谱峰之间分辨率大于85%；甲氧滴滴涕和苝的色谱峰之间分辨率大于85%；苝和硫的色谱峰不能重叠，基线分离大于90%。

② 确定收集时间。有机氯的初步收集时间限定在玉米油峰后至硫出峰前，苝洗脱以后，立即停止收集。然后用有机氯农药标准中间液进样形成标准物谱图，根据标准物质谱图确定起止和停止收集时间，并测定其回收率，当目标化合物回收率均大于90%时，即可按此比例收集时间和仪器条件净化样品，否则需继续调整收集时间和其他条件。

③ 提取液净化。用凝胶渗透色谱流动相将浓缩液定容至凝胶渗透色谱仪定量环需要的体积，按照确定后的收集时间自动净化、收集流出液，再次浓缩。

3.16　常用衍生化技术

衍生化是色谱分析中常用的一种辅助手段，其原理就是通过化学反应将样品中难于分析检测的目标化合物定量地转化成另一种结构相似且易于分析检测的化合物，通过后者的分析检测可以对目标化合物进行定性和(或)定量分析。一般来说，一个特定功能的化合物参与衍生反应，溶解度、沸点、熔点，聚集态或化学成分会产生偏离，由此产生的新的化学性质可用于量化或分离。

一般衍生化主要有以下几个目的：①将一些不适合某种色谱技术分析的化合

物转化成可以用该种色谱技术分析的衍生物。如某些高沸点、不汽化或热不稳定的化合物不能用气相色谱分析，通过衍生化转化成可以汽化的或热稳定的衍生物，然后再用气相色谱分析；②提高检测的灵敏度(降低检测限)，如液相色谱的紫外检测器灵敏度很高，但很多化合物没有紫外吸收或紫外吸收很弱，可以通过衍生化反应给这些化合物接上一个有强紫外吸收的基团，提高这些化合物的检测灵敏度。又如气相色谱的电子捕获检测器(ECD)对含卤素的化合物有很高的灵敏度，可以通过衍生化反应将一些化合物接上卤素基团，提高这些化合物的检出灵敏度；③改变化合物的色谱性能，改善分离度。如一些异构体在色谱上很难分离，通过衍生化反应，使两个异构体生成的衍生物色谱性能产生较大差异而得到分离。对一些难分离的物质对也可以选用某些衍生化试剂，只使其中一个发生衍生化反应转化成衍生物，两者可得到分离；④利用衍生化反应可以获得更多的定性信息，这点在使用色谱-质谱联用、色谱-红外光谱联用和色谱-核磁共振波谱联用方法确定化合物结构时作用更加明显。

不同模式的色谱分析其衍生化的目的有不同的侧重，在气相色谱中应用化学衍生反应多数是为了改善目标物的挥发性或者提高目标物的极性，而高效液相色谱和薄层色谱中应用化学衍生法多数是为了提高检测器对目标物的响应。

3.16.1　衍生化分类

衍生化常用的反应较多，包括酯化、酰化、烷基化、硅烷化、硼烷化、环化和离子化等，衍生化反应从是否形成共价键来说，可分为两种：标记和非标记反应。标记反应是在反应过程中，被分析物与标记试剂之间生成共价键；所有其他类型的反应，如形成离子对、光解、氧化还原、电化学反应等都是非标记反应。另一种按衍生化反应发生在色谱分离之前还是之后进行，可分为柱前衍生化和柱后衍生化，这种分类方式较为普遍。

3.16.1.1　柱前衍生化

柱前衍生化是指将被检测物转变成可检测的衍生物后，再通过色谱柱分离。这种衍生化可以是在线衍生化，即将被测物和衍生化试剂分别通过两个输液泵送到混合器中混合并使之立即反应完成，随之进入色谱柱；也可以先将被测物和衍生化试剂反应，再将衍生化产物作为样品进样；或者在流动相中加入衍生化试剂，进样后，让被测物与流动相直接发生衍生化反应。

(1) 柱前衍生化的条件：

① 反应能迅速、定量地进行，反应重复性好，反应条件不苛刻，容易操作。

② 反应的选择性高，最好只与目标化合物反应，即反应要有专一性。

③ 衍生化反应产物只有一种，反应的副产物和过量的衍生化试剂应不干扰

目标化合物的分离与检测。

④ 生成的衍生物要稳定，不能随时间分解，不能在柱上分解。

⑤ 衍生化试剂应方便易得，通用性好。

(2) 柱前衍生化的特点。柱前衍生是分析物经过色谱柱前与衍生剂反应，反应产物在色谱柱上实现分离，实际分离的是衍生产物，检测的也是衍生产物，其优势在于：相对自由地选择反应条件；不存在反应动力学的限制；衍生化的副产物可进行预处理以降低或消除其干扰；容易允许多步反应的进行；有较多的衍生化试剂可选择；不需要复杂的仪器设备。主要缺点是：操作过程烦琐，容易影响定量准确性；形成的衍生副产物可能对色谱分离造成较大困难；在衍生化过程中，容易引入杂质或干扰峰，或使样品损失。

3.16.1.2 柱后衍生化

柱后衍生化是针对柱前衍生的某些缺点，加以改进的衍生法，即先将被测物通过色谱柱分离，再将从色谱柱流出的溶液与反应试剂在线混合，生成可检测的衍生化产物，然后进入检测器。柱后衍生化广泛应用于氨基甲酸酯类农药、除草剂类、胺类、氨基酸类、链霉素以及其他氨基糖苷类抗生素的测定分析。

(1) 柱后衍生化的条件：

① 衍生剂必须过量且稳定，不过量，反应不完全，检测不充分，不稳定，重现性差。

② 衍生物、衍生产物和衍生副产物容易分离。如果只能检测到衍生产物最好。

③ 衍生反应快速完全。通常实验过程中仪器设定的流速恒定，衍生池管路长度一定，留给衍生化的时间也是一定的，衍生反应慢，影响效率。

(2) 柱后衍生化的特点。柱后衍生是分析物在色谱柱中实现分离后，在衍生池内与衍生剂反应，检测的是衍生产物，其主要优势在于：重现性好，影响因素少，引入物质比较少；被分析物可以在其原有的形式下进行分离，容易选用已有的分析方法。主要缺点是：对于一定的溶剂和有限的反应时间而言，目前可供选择的反应有限；需要额外的设备，反应器可造成峰展宽，降低分辨率。

3.16.2 衍生化试剂

衍生化试剂很多，简单地说，它能帮你将不能分析的样品通过衍生化试剂反应转化为可分析的化合物，衍生化试剂有烷基化试剂、硅烷化试剂、酰化试剂类、荧光衍生化试剂、紫外衍生化试剂、苯甲酰氯为衍生化试剂、羟基衍生化试剂、手性衍生化试剂、氨基衍生化试剂等。现以几类常见的衍生化试剂为例进行介绍。

3.16.2.1 硅烷化试剂

硅烷基指三甲基硅烷 $Si(CH_3)_3$或称 TMS。硅烷化作用是指将硅烷基引入到分子中，一般是取代活性氢，活性氢被硅烷基取代后降低了化合物的极性，减少了氢键束缚，因此所形成的硅烷化衍生物更容易挥发。同时，由于含活性氢的反应位点数目减少，化合物的稳定性也得以加强，硅烷化化合物极性减弱，被测能力增强，热稳定性提高。

硅烷化试剂作用同时受到溶剂系统和添加的催化剂的影响。催化剂的使用如三甲基氯硅烷、吡啶等可加快硅烷化试剂的反应。硅烷化试剂一般都对潮气敏感，应密封保存以防止其吸潮失效。常见的硅烷化试剂详见表 3-9。

表 3-9 常见的硅烷化试剂

序号	试剂名称	缩写	序号	试剂名称	缩写
1	双(三甲基硅烷基)乙酰胺	BSA	7	*N*-(叔丁基二甲基硅烷基)-*N*-甲基三氟乙酰胺	MTBSTFA
2	*N*,*O*-二(三甲基硅烷)乙酰胺	BSA	8	*N*-甲基三氟乙酰胺	MTBSTFA
3	双(三甲基硅烷基)三氟乙酰胺	BSTFA	9	三氟乙酸	TFA
4	二甲基二氧硅烷	DMDCS	10	三甲基氯硅烷	TMCS
5	六甲基二硅胺	HMDS	11	三甲基硅烷咪唑	TMSI
6	1,1,1,3,3,3-六甲基硅氮烷	HMDS	12	二甲基二氯硅烷	DMDCS

3.16.2.2 酰基化试剂

酰化作用作为硅烷化的代替方法，可通过羧酸或共衍生物的作用将含有活泼氢合物(如—OH、—SH、—NH)转化为酯、硫酯或酰胺。酰化作用具有很多优点，如可以保护化合物中的不稳定基团，增加其稳定性；可以提高糖类、氨基酸等物质的挥发性；有助于混合物的分离；对于使用 ECD 检测的物质可以降低其检出限。目前，常见的酰基化试剂有羧酸、酰氯、酸酐、羧酸酯等，具体详见表 3-10。

表 3-10 常见的酰基化试剂

序号	试剂名称	缩写	序号	试剂名称	缩写
1	乙酸酐	AA	4	七氟乙酸酐	HFBA
2	三氟乙酸酐	TFAA	5	*N*-甲基双(三氟乙酸酐)咪唑	MBTFA
3	五氟乙酸酐	PFPA	6	1-(三氟乙酰)咪唑	TFAI

3.16.2.3 烷基化试剂

烷基化作用是将烷基官能团(脂肪族或脂肪、芳香族)添加到活性官能团(H)上。以烷基基团代替氢的重要性在于生成的衍生物与原来化合物相比极性大为下降。该试剂常用于修饰改良含有酸性氢的化合物如羧酸和苯酚，生成的产物有醚、酯、硫醚、硫酯、正烷基胺和正烷基酰胺。弱酸性官能团(如醇)的烷基化要求有强碱催化剂(氢氧化钠、氢氧化钾)、酸性稍强的 OH 基团如苯酚和羧酸、弱碱催化剂(氯化氢、三氟化硼)即可。常见的烷基化试剂详见表 3-11。

表 3-11 常见的烷基化试剂

序号	试剂名称	缩写	序号	试剂名称	缩写
1	重氮甲烷		7	*N*,*N*-二甲基甲酰胺二缩乙醛	DMF-DEA
2	*O*-盐酸甲氧基胺		8	*N*,*N*-二甲基甲酰胺二缩甲醛	DMF-DMA
3	硼酸正丁酯	NBB	9	*N*,*N*-二甲基甲酰胺二缩丙醛	DMF-DPA
4	五氟苄基溴	PFBBr	10	1-甲基-3-硝基-1-亚硝基胍	MNNG
5	*N*-甲基-*N*-亚硝基对甲苯磺酰胺	Diazald	11	三甲基苯胺	TMAH
6	*N*,*N*-二甲基甲酰胺二缩叔乙醛	DMF-DBA	12	2,2-二甲基丙烷	DMP

3.16.2.4 紫外衍生化试剂

很多化合物在紫外可见光谱区无吸收而导致无法检测，紫外衍生化就是将紫外吸收弱或无紫外吸收的有机化合物与带有紫外吸收基团的衍生化试剂反应，使之生成可用紫外检测的化合物，如胺类化合物容易与卤代烃、羰基、酰基类衍生试剂反应。紫外衍生化有两个主要应用：一是用于过渡金属离子的检测，将过渡金属离子与显色剂反应，生成有色的配合物、螯合物或离子缔合物后用可见光检测；二是用于有机离子的检测，在流动相中加入被测离子的反离子，使之生成有色的离子对化合物后，分离、检测。

目前，能产生紫外吸收的物质应含有生色团：如 C ═C、C ═O、N ═N、NO_2、C ═S 等基团，当目标物分子结构中如含有—OH、—NH_2、—OR、—SH、—SR、—Cl、—Br、—I 等助色基团时，它们与生色团相连，能够使该生色团的吸收峰向长波方向移动，同时使其吸收强度增加。紫外衍生化试剂具备此特性，常见试剂详见表 3-12。

3.16.2.5 荧光衍生化试剂

荧光衍生化是通过适当的衍生试剂与本身不发荧光的待分析物质反应，转变为另一种发荧光的化合物，再通过测定该化合物的荧光强度来间接测定待分析物

质。这里要求衍生试剂应同时具有可与目标分子进行反应的官能团和荧光基团，量子产率高，能够从组成复杂的样品中选择性地与待测分子反应。常见的荧光基团有多环芳烃、芳香杂环化合物、香豆素、荧光素等，反应官能团如可以衍生伯氨基的异硫氰酸酯、衍生巯基的马来亚酰胺基等。常见的荧光衍生化试剂详见表 3-13。

表 3-12　常见的紫外衍生化试剂

序号	试剂名称	最大吸收波长/nm	摩尔吸收系数	序号	试剂名称	最大吸收波长/nm	摩尔吸收系数
1	2,4-二硝基氟苯	350	>104	7	萘酰甲基溴	248	1.8×10^4
2	对硝基苯甲酰氯	254	>104	8	*N*,*N*-对硝基苄基异丙基异脲	265	6200
3	对甲基苯磺酰氯	224	104	9	3,5 二硝基苯甲酰氯	248	104
4	异硫氰酸苯酯	244	104	10	对甲氧基苯甲酰氯	262	1.6×10^4
5	对硝基苯基溴	265	6200	11	2,4 二硝基苯肼	254	1.8×10^4
6	对溴代苯甲酰甲基溴	260	1.8×10^4	12	对硝基苯甲氧胺盐酸盐	254	6200

表 3-13　常见的荧光衍生化试剂

序号	试剂名称	激发波长/nm	发射波长/nm	序号	试剂名称	激发波长/nm	发射波长/nm
1	丹磺酰氯	340	355	5	邻苯二甲醛	340	455
2	丹磺酰肼	340	525	6	芴代甲氧基酰氯	260	310
3	荧光胺	340	525	7	荧光素异硫氰酸酯	350	383
4	4-溴甲基-7-甲氧基香豆素	365	420	8	4-氯-7-硝基苯一氧二氮杂茂	380	530

3.16.2.6　电化学衍生化试剂

电化学衍生化是指样品与某些试剂反应生成具有电化学活性的衍生物，以便在电化学检测器上有较高的响应，在此反应过程中环境介质会对其产生较大影响，如离子强度、pH 值和溶剂组成等。常用的电化学衍生化试剂有两类：一类是带有硝基的还原衍生试剂，可与羟基、氨基、羧基、羰基化合物反应生成具有电化学活性的衍生物；一类是带有芳氨基、酚羟基等的氧化衍生试剂。常见的电化学衍生化试剂详见表 3-14。

表 3-14　常见的电化学衍生化试剂

序号	试剂名称	缩写	序号	试剂名称	缩写
1	2,4-二硝基氟苯	DNFB	4	对硝基苄基溴	PNBB
2	二硝基苯磺酸	DNBS	5	2,4-二硝基苯肼	DNPH
3	*N*,*N*-二异丙基脲	PNBDI	6	3,5-二硝基苯甲酰氯	DNBC

3.16.3　衍生化反应注意事项

保证衍生化反应的顺利进行，除了根据目标物选择合适的衍生化试剂和控制好反应时间外，还需注意以下几个事项：

(1) 绝大多数衍生化反应要求是在无水条件下进行，对水“敏感”的衍生化试剂使用时一定要对样品和试剂进行脱水，且在反应过程中避免水汽的干扰。

(2) 反应容器不可含有目标化合物，衍生化试剂和所用溶剂需进行纯化，确保不含目标化合物。

(3) 当生成的衍生产物是易挥发化合物时应采用密封的衍生化容器或低温冷冻处理防止目标化合物的流失。

(4) 衍生化反应完成后应及时进行色谱分析，若不能及时分析，需将衍生化产物妥善存放并尽快安排分析。

(5) 保持分析所用设备的清洁，确保整个过程无干扰物质影响。

(6) 衍生化试剂的用量需适量，保证衍生化反应完全。用量可参照相关标准进行添加，若无相关标准则需要进行优化试验确定最佳使用量。

3.16.4　衍生化技术在环境有机污染物样品前处理中的应用

在环境监测分析中，色谱法凭借其高分离效能、高灵敏度以及快速分析等特点得到了广泛应用，但也存在一定的局限性，如气相色谱适用于分离分析挥发性较强的物质，对于极性强、挥发性低、热稳定性差的物质往往不能直接进样分析，液相色谱仪检测器是紫外-可见检测器时，样品待测组分在紫外-可见区无吸收或吸收弱而导致检测不出，但随着衍生化技术的发展及在色谱中的应用，扩大了色谱分析的测定范围。

3.16.4.1　有机氯农药分析

氯代除草剂多含有羟基和羧基，有一定的水溶解性，熔沸点较高，不易气化，无法直接进行气相色谱分析，部分氯代除草剂在 200℃左右还会发生分解。用气相色谱方法分析氯代除草剂时，都要对其进行柱前衍生化。常用的衍生化方法有：甲基衍生化法、乙基衍生化法、五氟苄基化法、热解乙醇化法、三甲基硅

烷化。衍生化后，可将酸衍生为酯，将酚衍生为醚，使不易气化或热不稳定的物质衍生化为易气化或热稳定的适于气相色谱分析的物质。例如《水质　15 种氯代除草剂的测定　气相色谱法》(HJ 1070—2019)。

方法原理：样品在碱性条件下(pH≥12)水解，然后在 pH≤2 条件下，用二氯甲烷或固相萃取柱提取样品中氯代除草剂，提取液经浓缩、溶剂转换后，用五氟苄基溴衍生化，衍生物经净化后用气相色谱分离，电子捕获检测器检测，根据保留时间定性，外标法定量。

衍生化步骤：样品经提取后需进行衍生化，即在待衍生化的提取液中加入 30μL 100g/L 的碳酸钾溶液，混匀后加入 200μL 30g/L 的五氟苄基溴溶液，加塞密闭后在(60±2)℃水浴条件下衍生化反应 3h 以上。衍生后，用浓缩装置将反应液浓缩至 0.5mL，用甲苯-正己烷混合溶剂(1+6)定容至 2mL，后续经净化后待分析。

3.16.4.2　醛酮类化合物分析

醛和酮都是含有羰基官能团的化合物。常温下，除甲醛外，十二个碳原子以下的脂肪醛酮是液体，高级脂肪醛酮和芳香酮多为固体。空气中醛酮类化合物分为低分子醛酮化合物和高分子醛酮化合物，环境中最关注的是低分子醛酮化合物，一方面低分子醛酮化合物的毒性大，另一方面它是光化学烟雾中的主要成分。醛、酮的化学性质主要决定于羰基，但由于羰基化合物极性较大，应用常规气相色谱分析很困难，又由于这些化合物在 ESI 源下不易质子化或去质子化，也很难直接使用质谱仪检测，衍生化法是解决上述问题的主要解决方法。例如《环境空气　醛、酮类化合物的测定　溶液吸收-高效液相色谱法》(HJ 1154—2020)。

方法原理：环境空气和无组织排放监控点空气中醛、酮类化合物在酸性介质中与吸收液中的 2，4-二硝基苯肼(DNPH)发生衍生化反应，生成 2，4-二硝基苯腙类化合物，用二氯甲烷-正己烷混合溶液或二氯甲烷萃取、浓缩后，更换溶剂为乙腈，经高效液相色谱分离，紫外或二极管阵列检测器检测，根据保留时间定性，外标法定量。

样品采集：将装有 20mL DNPH 饱和吸收液的棕色多孔玻板吸收瓶和分别装有 20mL、10mL 吸收液的棕色气泡吸收瓶串联到空气采样器，以 0.3~0.5L/min 的流量连续采样 1h，如果浓度偏低可适当延长采样时间，但总采样量不超过 80L。采样时如果温度低于 4℃，吸收瓶应放在恒温箱中。采样后，立即取下吸收瓶，用密封帽密封，避光保存。

3.16.4.3　草甘膦化合物分析

近年来，草甘膦因其极强的内吸传导性和光谱的杀灭效果，已成为最为广泛、销售量最大的除草剂，但同时对水质、土壤环境造成了一定的污染。草甘膦是强极性化合物，具有很好的水溶性，不溶于大部分有机溶剂，且挥发性差，这些性质不利于对其进行提取，并且限制了很多常规气相色谱标准衍生方法的采用，另外，草甘膦缺少发色团和荧光团，在利用高效液相色谱法进行检测前必须先进行衍生。例如《土壤和沉积物　草甘膦的测定　高效液相色谱法》(HJ 1055—2019)。

方法原理：将土壤和沉积物中的草甘膦用磷酸钠和柠檬酸钠混合水溶液提取，提取液在弱碱性条件下经正己烷萃取净化，水相用9-芴甲基氯甲酸酯衍生化后，用具有荧光检测器的高效液相色谱仪分离检测草甘膦的衍生物。

衍生化步骤：取1.0mL经提取净化后的水溶液于1.5mL聚乙烯塑料管中，加入0.12mL 0.05mol/L的四硼酸钠溶液和0.2mL 1.0mg/mL的9-芴甲基氯甲酸酯溶液，在常温下用混匀仪衍生4h，用针式过滤器过滤后待测。

参 考 文 献

[1] 周心如，杨俊佼，柯以侃主编．化验员读本化学分析：上册(第5版)[M]．北京：化学工业出版社，2016

[2] 生态环境部．HJ 1150—2020 水质　硝基酚类化合物的测定　气相色谱-质谱法[S]．北京：中国环境出版社，2021

[3] 生态环境部．HJ 1070—2019 水质　15种氯代除草剂的测定　气相色谱法[S]．北京：中国环境出版社，2020

[4] 张哲．固相萃取技术在环境监测领域中的应用及研究进展[J]．现代科学仪器，2013(03)：33-36

[5] 河南省环境监测中心．HJ 835—2017 土壤和沉积物　有机氯农药的测定　气相色谱-质谱法[S]．北京：中国环境出版社，2017

[6] 四川省生态环境监测总站．HJ 1048—2019 水质　17种苯胺类化合物的测定　液相色谱-三重四级杆质谱法[S]．北京：中国环境出版社，2020

[7] 欧阳钢峰．固相微萃取原理与应用[M]．北京：化学工业出版社，2012

[8] 刘俊亭．新一代萃取分离技术—固相微萃取[M]．Chinese Journal of Chromatography，1997，15(2)

[9] 陆峰，刘荔荔．固相微萃取技术的原理、应用及发展[J]．国外医学药学分册，1998，25(3)

[10] 周珊，赵立文，马腾蛟，黄骏雄．固相微萃取(SPME)技术基本理论及应用进展[J]．现代科学仪器，2006(02)

[11] 王崇臣．环境样品前处理技术[M]．北京：机械工业出版社，2017

[12] 江桂斌．环境样品前处理技术[M]．北京：化学工业出版社，2016

[13] 吴采樱．固相微萃取[M]．北京：化学工业出版社，2012

[14] 中华人民共和国国家质量监督检验检疫总局，中国国家标准化管理委员会．GB/T 32470—2016 生活饮用水臭味物质　土臭素和2-甲基异莰醇检验方法[S]．北京：中国标

准出版社，2016
[15] DB 14/T 1948—2019 水质卤代烃的测定　顶空/固相微萃取-气相色谱法[S]
[16] 鞍山市环境检测中心站 . HJ 741—2015 土壤和沉积物　挥发性有机物的测定　顶空/气相色谱法[S]. 北京：中国环境科学出版社，2015
[17] 刘虎威 . 气相色谱方法及应用[M]. 北京：化学工业出版社，2000
[18] 中国环境监测总站，江苏省环境监测中心 . HJ 686—2014 水质　挥发性有机物的测定　吹扫捕集/气相色谱法[S]. 北京：中国环境出版社，2014
[19] 李婷，侯晓东，陈文学，等 . 超声波萃取技术的研究现状及展望[J]. 安徽农业科学，2006(13)：3188-3190
[20] 上海市环境监测中心 . HJ 911—2017 土壤和沉积物　有机物的提取　超声波萃取法[S]. 北京：中国环境出版社，2017
[21] 江苏省环境监测中心 . HJ 743—2015 多氯联苯的测定　气相色谱-质谱法[S]. 北京：中国环境出版社，2015
[22] 江锦花，陈涛 . 超声萃取-气相色谱-质谱联用测定海洋沉积物中 39 种多溴联苯醚残留[J]. 分析化学，2009，37(011)：1627-1632
[23] 王成云，李丽霞，谢堂堂，等 . 超声萃取/气相色谱-串联质谱法同时测定纺织品中 6 种禁用有机磷阻燃剂[J]. 分析测试学报，2011，30(8)：917-921
[24] 赵陈晨，王超，郭文建，等 . 超声萃取-高效液相色谱法测定土壤中 8 种烷基酚和烷基酚聚氧乙烯醚[J]. 分析化学，2018(8)：1306-1313
[25] 冯洁，汤桦，陈大舟，等 . 茶叶中 9 种有机氯和拟除虫菊酯农药残留的前处理方法研究[J]. 分析测试学报，2010，29(10)：1041-1047
[26] 豆康宁，王飞 . 低温振荡法提取甘草酸工艺优化研究[J]. 中国调味品，2017，42(08)：138-141+147
[27] 张春芳，佟琦 . 正交实验法在小麦粉中甲醛振荡提取条件的应用研究[J]. 中国无机分析化学，2014，4(03)：75-78
[28] 周志豪，黄振华，周朝生，等 . 振荡提取-高效液相色谱-电感耦合等离子体质谱法测定藻类中 6 种形态砷化合物[J]. 山东化工，2018，47(21)：71-73+76
[29] 陈星星，陈肖肖，黄振华，等 . 土壤中有机氯类农药振荡提取分析方法探讨[J]. 浙江农业科学，2014(11)：1749-1750+1756
[30] 郭梅燕，李广领，谷珊山，等 . 土壤中氟磺胺草醚残留的高效液相色谱分析方法建立与优化[J]. 吉林农业科学，2014，39(01)：68-70
[31] 中华人民共和国国家卫生和计划生育委员会，中华人民共和国农业部，国家食品药品监督管理总局 . GB 23200. 41—2016 食品安全国家标准　食品中噻节因残留量的检测方法[S]. 北京：中国标准出版社，2017
[32] 贺小敏，施敏芳，陈浩，等 . UPLC-MS/MS 法同时测定水源地沉积物中 11 种环境激素[J]. 环境科学与技术，2020，43(09)：228-236
[33] 关雅琼，张曜武，杨浩 . 索氏提取器的起源与发展[J]. 天津化工，2011，25(3)：17-20
[34] 国家环境分析测试中心 . HJ 77. 4—2008 土壤和沉积物　二噁英类的测定　同位素稀释高

分辨气相色谱-高分辨质谱法[S]. 北京：中国环境科学出版社，2008
[35] 牟世芬，刘勇健．加速溶剂萃取的原理及应用[J]. 现代科学仪器，2001，3，18-20
[36] 戴安中国有限公司技术中心．ASE350 加速溶剂萃取仪操作手册[M/CD]. 2008-11
[37] 河南省环境监测中心．HJ 782—2016. 固体废物　有机物的提取　加压流体萃取法[S]. 北京：中国环境出版社，2016
[38] 河南省环境监测中心．HJ 783—2016. 土壤和沉积物　有机物的提取　加压流体萃取法[S]. 北京：中国环境出版社，2016
[39] 屈健．加速溶剂萃取技术的原理及应用[J]. 中国兽药杂志，2005，39(6)：46-48，41
[40] 赵静，马晓国，黄明华．微波辅助萃取技术及其在环境分析中的应用[J]. 中国环境监测，2008，24(06)：27-32
[41] 孔娜，邹小兵，黄锐，等．微波辅助萃取/样品前处理联用技术的研究进展[J]. 分析测试学报，2010，29(10)：1102-1108
[42] 马健生，王娜，迟广成，等．微波萃取-气相色谱法测定土壤中 9 种有机氯农药[J]. 安徽农业科学，2015，43(36)：29-30+32
[43] 王春娟，黄健，邵泽莲．微波萃取-超高效液相法测定 PM2.5 中的 16 种多环芳烃的方法[J]. 中国卫生检验杂志，2021，31(07)：800-803+807
[44] 罗治定，万秋月，王芸，等．微波萃取-气相色谱质谱法测定土壤中的多环芳烃[J]. 天津理工大学学报，2019，35(04)：53-57
[45] 王成云，杨左军，张伟亚．微波辅助萃取-高效液相色谱法测定塑料中的溴系阻燃剂[J]. 塑料助剂，2006(02)：39-43
[46] 林晓娜，戴骐，何卫东，等．微波萃取结合高效液相色谱-电感耦合等离子体串联质谱同步分析水中砷、硒和铬形态[J]. 食品科学，2018，39(14)：328-334
[47] 龚丽雯，王成云，李京会．微波萃取/HPLC 法测定污泥中的烷基酚类物质[J]. 中国给水排水，2006(24)：84-87
[48] 林殷，杜凤娟，王璨，等．微波辅助萃取-气相色谱质谱法测定聚合物中 9 种有机磷酸酯化合物[J]. 分析试验室，2017，36(02)：226-230
[49] 江苏省环境监测中心．HJ 765—2015. 固体废物　有机物的提取　微波萃取法[S]. 北京：中国环境出版社，2015
[50] 徐晖，吕丽丽，丁宗庆，等．微波辅助萃取-高效液相色谱法测定土壤中多环芳烃[J]. 华中师范大学学报(自然科学版)，2008，42(04)：565-568
[51] 王崇臣．环境样品前处理技术[M]. 北京：机械工业出版社，2017
[52] 赵淑军，董姣姣，等．黄芪中黄酮类化合物的超临界流体色谱分离方法研究[J]. 分析测试学报．2021
[53] 杨飞，纪元，等．超临界流体色谱-串联质谱分离和测定烟草烯酰吗啉顺反异构体[J]. 烟草科技，2021. 54(06)
[54] 张丹阳，贾昊，等．在线 SFE-SFC-MS/MS 在玉米粉农药多残留分析中的应用[J]. 农业环境科学学报，2021
[55] 干雅平，楼超艳，等．超临界流体色谱法同时测定海洋水体及沉积物中的 4 种双酚[J].

浙江大学学报(理学版). 2021，48(02)
[56] 王崇臣 . 环境样品前处理技术[M]. 北京：机械工业出版社，2017
[57] 崔连喜，王艳丽，李丽荣，等 . 固体吸附管采集-热解析-气相色谱/质谱法分析喷涂行业中的挥发性有机物[C]. 中国环境科学学会年会 . 2015
[58] 江珊 . Tenax-Ta 吸附管在环境空气苯系物检测中的应用[J]. 资源节约与环保，2018(03)：23
[59] 环境保护部 . HJ 583—2010 环境空气　苯系物的测定　固体吸附/热脱附-气相色谱法[S]. 北京：中国环境科学出版社，2010
[60] 环境保护部 . HJ 734—2014 固定污染源废气　挥发性有机物的测定　固相吸附-热脱附气相色谱-质谱法[S]. 北京：中国环境科学出版社，2014
[61] 环境保护部 . HJ 584—2010 环境空气　苯系物的测定　活性炭吸附/二硫化碳解析-气相色谱法 . 北京：中国环境出版社，2010
[62] 中华人民共和国国家卫生和计划生育委员会 GBZ/T 300. 84—2017 工作场所空气有毒物质测定　第 84 部分：甲醇、丙醇和辛醇
[63] 环境保护部 . HJ 683—2014 环境空气　醛、酮类化合物的测定　高效液相色谱法 . 北京：中国环境出版社，2014
[64] 宁占武，张艳妮，刘杰民，等 . 二次热解吸-气相色谱-质谱分析室内挥发性有机化合物[J]. 环境工程学报，2008(03)：391-394
[65] 周贻兵，吴坤，刘利亚，等 . 二次解吸-冷阱捕集-气相色谱法测定大气中总挥发性有机化合物[J]. 理化检验(化学分册)，2013，49(05)：611-613
[66] 陈作王，徐玮辰 . 二次热解吸-气相色谱-质谱法测定聚乳酸线材用于增材制造时产生的有机挥发物[J]. 理化检验(化学分册)，2021，57(03)：235-240
[67] 顾一丹，杜辰昊，李继文，等 . 二次热解吸-气相色谱法测定含氰废气中的氰化物[J]. 石油化工，2019，48(04)：396-400
[68] 吴晓妍，谭丽 . 利用苏玛罐-预冷冻浓缩-气相色谱/质谱法同时测定空气中的 108 种挥发性有机物[J]. 分析科学学报，2020，36(06)：844-850
[69] 张江义，李国敏，郭伟 . 吹扫捕集二次冷阱气相色谱-质谱联用测定地下水中的氟利昂[J]. 分析化学，2013，41(04)：598-601
[70] 河南省环境监测中心 . HJ 912—2017 固体废物　有机氯农药的测定　气相色谱-质谱法[S]. 北京：中国环境出版社，2018
[71] 焦艳超 . 环境水土样品中有机污染物检测净化方法总结[J]. 检测认证，2021，588(8)：43-246
[72] 生态环境部南京环境科学研究所 . HJ 1070—2019 水质　15 种氯代除草剂的测定　气相色谱法[S]. 北京：中国环境出版社，2020
[73] 辽宁省沈阳生态环境监测中心 . HJ 1154—2020 环境空气　醛、酮类化合物的测定　溶液吸收-高效液相色谱法[S]. 北京：中国环境出版社，2021
[74] 生态环境部南京环境科学研究所 . HJ 1055—2019 土壤和沉积物　草甘膦的测定　高效液相色谱法[S]. 北京：中国环境出版社，2020

第 4 章

环境中金属污染物检测的前处理技术

4.1 湿法消解

4.1.1 湿法消解基本原理

湿法消解是用无机强酸或强氧化剂溶液破坏样品中的有机物质，通过氧化和挥发作用去除一些干扰离子，将待测组分中各种价态的元素氧化成单一高价态或转变成易于分离的无机化合物，使待测组分转化为可测定形态的一种前处理方法。

常用的酸和氧化剂有盐酸、硝酸、硫酸、氢氟酸、高氯酸、过氧化氢等，它们的性质和适用范围也不尽相同。

(1) 盐酸。盐酸不属于氧化剂，通常不消解有机物，在高压与较高温度下，可与硅酸盐及一些难溶氧化物、硫酸盐、氟化物等作用，生成可溶性盐。许多碳酸盐、氢氧化物、磷酸盐、硼酸盐和各种硫化物都能被盐酸溶解。当样品基体含有较多的无机物时，多采用含盐酸的混合酸进行消解。

(2) 硝酸。硝酸是广泛使用的预氧化剂，它可同时氧化破坏样品中的无机物和有机物。大部分金属和合金可被硝酸氧化成相应的易溶于水的硝酸盐，但是也有部分金属，例如金(Au)、铂(Pt)、铌(Nb)、钽(Ta)、锆(Zr)不被硝酸溶解，铝(Al)和铬(Cr)不易被硝酸溶解。此外，硝酸还可溶解大部分硫化物。

(3) 硫酸。硫酸是许多有机组织、无机氧化物及金属的有效溶剂，几乎可以破坏所有的有机物，因为它具有强脱水能力，可使有机物炭化，使难溶物质部分降解并提高混合酸的沸点，从而迅速分解有机物质。但是由于硫酸赶酸时间长、易引入硫元素的干扰，在环境检测中使用率比较有限。

(4) 氢氟酸。氢氟酸本身易挥发，处理样品时很少单独使用，常与盐酸、硝酸、高氯酸等同时使用。氢氟酸是唯一能与硅、二氧化硅及硅酸盐发生反应的酸，少量氢氟酸与其他酸结合使用，可防止样品中待测元素形成硅酸盐。许多环

境样品，如土壤、水系沉积物、河道底泥、污泥等，用氢氟酸分析样品可除去样品中大量的硅，降低样品中的总溶解固体。必须注意的是，氢氟酸具腐蚀性，会腐蚀玻璃、硅酸盐，不能使用玻璃或石英容器。

（5）高氯酸。高氯酸是已知最强的无机酸之一，经常用来驱赶盐酸、硝酸和氢氟酸，而高氯酸本身也易于蒸发除去，除了一些碱金属，例如钾（K）、铷（Rb）、铯（Cs）的高氯酸盐溶解度较小外，其他金属的高氯酸盐类都很稳定且易溶于水。使用高氯酸可以维持整个样品消解过程中的氧化环境，保证有机成分完全氧化分解，避免较高的有机含量增大溶液黏度，从而影响样品引入仪器期间的传输和雾化效率。由于高氯酸是一种强氧化剂，热的浓高氯酸氧化性极强，会和有机化合物发生强烈（爆炸）反应，而冷或稀的高氯酸则无此情况，因此高氯酸大多在常压下的预处理时使用，较少用于密闭消解。

（6）过氧化氢。过氧化氢的氧化能力随介质的酸度增加而增加，分解产生的高能态活性氧对有机物质的破坏能力强，使用时通常先加硝酸预处理后再加入过氧化氢。组成过氧化氢的元素和水相同，以过氧化氢作为氧化剂不会向样品中引入额外的卤素元素，从而减少分析干扰。

由此可见，在日常前处理过程中，我们需要根据样品基体的不同选择合适的湿法消解体系。容易被氧化消解的样品选择用单一硝酸即可，难消解的则可选择混合酸体系，以加强处理能力。同时还需要注意各种酸或者氧化剂的沸点，控制好消解温度，才能够达到理想的消解效果，例如盐酸适合在 80℃ 以下的消解体系，硝酸适合在 80～120℃ 的消解体系，硫酸适合在 340℃ 左右的消解体系，盐酸-硝酸的混酸适合在 95～110℃ 的消解体系，硝酸-高氯酸的混酸适合在 140～200℃ 的消解体系，硝酸-硫酸的混酸适合 120～200℃ 的消解体系，硝酸-双氧水适合 95～130℃ 的消解体系。表 4-1 是 20℃ 常压下部分酸和氧化剂理化性质的汇总。

表 4-1　部分酸和氧化剂的理化性质（20℃，常压）

名称（分子式）	质量浓度/%	密度/（g/cm^3）	沸点/℃	化学性质
盐酸（HCl）	38	1.19	48	挥发性，还原性
硝酸（HNO_3）	68.3	1.50	122	易分解，强氧化性
硫酸（H_2SO_4）	98.3	1.84	338	脱水性，强氧化性
氢氟酸（HF）	40	1.12	44	强酸性
高氯酸（$HClO_4$）	28.4	1.76	203	强酸性，强氧化性
过氧化氢（H_2O_2）	30	1.11	108	强氧化性

4.1.2 湿法消解的类型

湿法消解的类型有很多种，一方面是因为湿法消解涉及的酸种类比较多，可以有多种酸体系；另一方面，用于湿法消解的前处理设备也有很多，例如电热板、水浴锅、微波消解仪、石墨炉消解仪等。因此，针对不同的样品，往往可以有多种酸体系和设备的组合来进行前处理。下面就介绍几种典型的前处理方法。

4.1.2.1 四酸全消解法

本方法广泛运用于土壤和沉积物的全量消解。土壤和沉积物是有机无机复合体，包括很多胶体、有机螯合物、空隙等。这些有机无机复合体会吸附、固定大量金属离子。全消解就是借助酸体系，使这些金属离子从这些有机无机复合体中彻底释放出来，从而准确地测定土壤和沉积物中相关元素的全部含量。

该方法涉及的四种酸是指盐酸、硝酸、氢氟酸、高氯酸。盐酸是辅助酸，用于初步分解样品，去除无机物；硝酸是主力酸，用于破坏样品中的有机质，溶解金属氧化物，稳定待测离子；氢氟酸主要用于消除硅酸盐，破除土壤晶格，土壤中铜、锌、镉、镍的矿物晶格能较低，易受酸分解破坏，溶出较高，而铬、铅主要包藏在晶格稳定的土壤矿物晶格中，需用氢氟酸破除；高氯酸用来溶解有机物和一些难溶的杂质。

四酸全消解法是目前使用最多，也是相对最成熟的消解方法，其优点例如：

① 样品前期经过了风干制备，均匀性有保证；

② 前处理设备简单，常规电热板就能满足要求，使用温度低，对容器的腐蚀损耗都比较小；

③ 处理成本低廉，并可以大批量操作；

④ 样品消解完全，可以准确反映出待测物质的含量情况。

不过其缺点也很明显，例如：

① 样品处理耗时太长，通常都需要数个小时才能完成；

② 试剂消耗量大；

③ 由于是敞口体系，很容易引入一些污染，并且一些易挥发性元素容易造成损失，影响最终数据准确性；

④ 消解过程中会产生有毒有害的酸雾，一旦操作不当，很容易对分析人员造成损害，甚至可能会造成环境污染。

4.1.2.2 王水消解法

王水是浓硝酸和浓盐酸按照 1 : 3 的体积比配制而成的混合酸，由于其同时具备氯离子的络合性和硝酸的氧化性，所以具有强氧化性，也常用于土壤和沉积物的前处理消解。

王水的成分极不稳定，浓硝酸见光分解，浓盐酸有强挥发性，长期的保存比较困难，为了保证王水的效果，通常采用临用现配的原则。

4.1.2.3　电热板消解法

电热板应该是所有金属前处理设备中应用最为广泛的一款，因为其成本较低，操作简便，易上手，较其他前处理设备而言安全系数更高，危险性较小，同时适用于多种类型样品，囊括了水、气、土领域，还可以满足同步大批量的样品处理。由于是敞口体系，对于样品的前处理效果也是一目了然(图 4-1)。

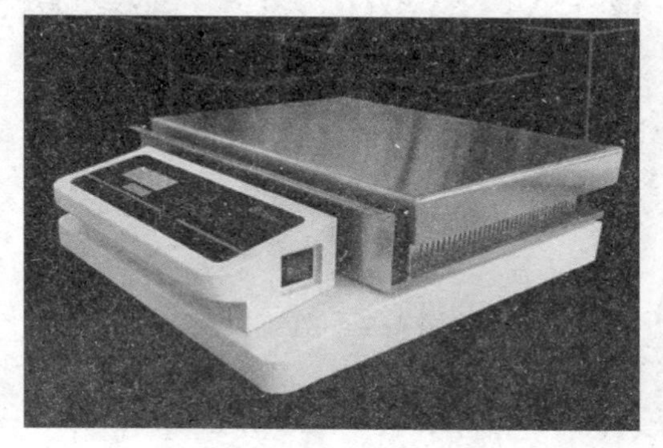

图 4-1　电热板

当然，电热板消解法也有其局限和不足，例如其板面温度容易不均匀，样品处理效果参差不齐，分析的准确度和精密度得不到保证；加入酸量太多，消解时间过长，尤其是消解土壤样品，用时长达数个小时，影响前处理效率；由于是敞口体系，一些易挥发元素不适用，同时也可能会引入外界污染或者对大环境造成污染；大量的酸雾很容易腐蚀实验室设备和器具，如果防护不当，还可能对操作人员造成身体伤害。

4.1.2.4　高压密封罐消解法

高压密封罐消解法是利用罐体内强酸，且处于高温高压密闭的环境来快速消解难溶物质的前处理方法，能够处理许多传统方法难以消解的样品。由于是闭合体系，所以元素含量不易挥发损失，同时也避免了被外界环境污染或者对大环境造成污染。可以批量处理样品，大大提高了工作效率。

同样，高压密封罐消解法也有一些使用限制或要求：首先就是成本问题，每套高压密封消解罐的费用都不低，如果想批量处理样品的话，消解罐数量要有保证，势必会是一笔不小的支出。同时高压密封罐的前处理过程是要配合烘箱、赶酸仪一起使用的，所以又需要额外增加烘箱、赶酸仪的采购成本。此外，消解液每次的加入量不宜过多，消解结束后不能立即将消解罐打开，至少需要冷却至室温后方可打开，因为部分样品加消解液后在消解过程中可能会产生大量气体，造成消解罐内部气压过大，消解完过早打开会很危险。

4.1.2.5　微波消解法

目前，微波消解法已经被众多环境领域的检测标准所使用，可以说是除了电热板消解法之外应用面最广的金属前处理方法。其工作原理是利用微波的穿透性

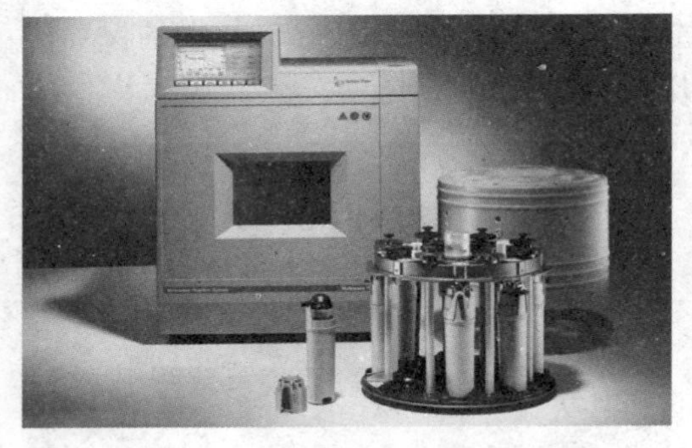
图 4-2 微波消解仪

和激活反应能力，加热密闭容器内的试剂和样品，使制样容器内压力增加，反应温度提高，加速样品溶解，从而提高反应速率，缩短样品制备的时间，而且可以控制反应条件，使制样精度更高。通常微波消解仪都是密闭式，并且同时装载及运转多个高压密封消解罐，可以说是高压密封罐消解法的升级版(图 4-2)。

微波消解仪的优点有：

(1) 加热快、升温高，消解能力强，从而缩短溶样时间。消解各类样品可在几分钟至二十几分钟内完成，比电热板消解速度快 10~100 倍。微波对样品溶液的直接加热和罐内迅速形成的高温高压实现了快速消解。

(2) 消耗溶剂少，空白值低。消解一个样品一般只需 5~15mL 的酸溶液，只有传统方法用酸量的几分之一。因为密闭消解酸不会挥发损失，不必为保持酸的体积而继续加酸，节省试剂，大大降低分析空白值，减少试剂带入的杂质元素的干扰。

(3) 采用密闭的消解罐，避免样品在消解过程中因形成挥发性组分而带来损失，也避免样品之间相互污染和对外部环境产生污染，保证了测量结果的准确性，适用于痕量及超纯分析和易挥发元素(如 Hg、As)的检测。此外微波消解系统能实时显示反应过程中密闭罐内的压力、温度和时间三个参数，并能准确控制，提高了分析的准确度和精密度。

(4) 由于微波消解是在密闭的罐中进行，挥发的酸极少，避免对实验室内其他设备造成腐蚀，从而使工作环境有效改善，免受酸雾困扰。此外，因为消解样品的速度加快，分析时间缩短，加上微波消解仪可以设定程序，自动化程度高，显著降低分析人员的劳动强度。

(5) 节省用电量，降低分析成本。与常规的电热板消解相比，微波消解仪的功率较小，消解用时也缩短，整体耗电量下降，节约分析成本。

微波消解法同样也存在局限性，比如消解时间较短，且称样量、加酸量都有一定的限制，可能产生消解不完全的情况，甚至会出现样品消解量过少导致样品含量无法检出的可能；消解罐数量有限，无法实现同步大批量样品处理；全程不能使用高氯酸；微波消解仪费用较高，需要配备赶酸仪进行后续的消解操作，增加实验室成本。

4.1.2.6　石墨消解法

石墨消解法主要依托石墨消解仪(见图 4-3)，它可以看作是电热板的创新升级版，以环绕式的加热方式对样品进行加热处理，提高热能利用率，同时它具备控温精度更高、孔间的差异性小、整机高效、节能、环保的优势，比电热板节能 75%以上，消解样品的速度比电热板快 2~6 倍，处理样品量是电热板的 2~3 倍，部分型号配置废气回收系统，能够对酸性烟雾等有害气体进行吸收，甚至有的石墨消解仪已经实现了自动化，例如部分实验室已经投入使用的"超磁石墨消解机器人"，能够编辑多个消化程序应对不同的样品，加酸、消解、赶酸、定容一站式处理，无须人工干预，极大地弥补了电热板消解法的一些不足(图 4-4)。

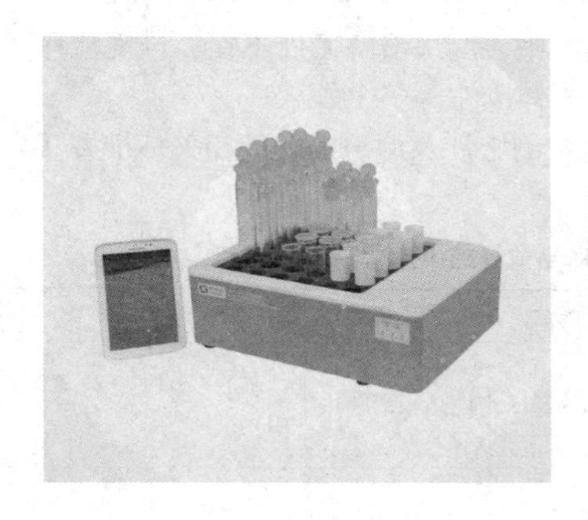

图 4-3　石墨消解仪

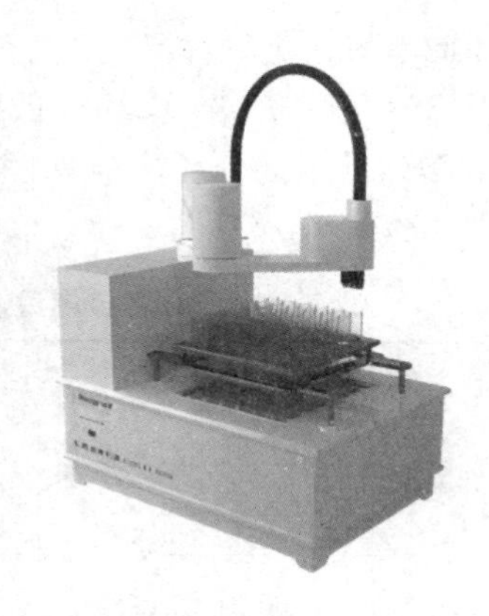

图 4-4　超磁石墨消解机器人

石墨消解仪消解试样时要注意以下几点：

(1) 试样添加酸后，切勿立即放入消解仪，先观察加酸后试样的反应。如果反应很激烈，起泡、冒气、冒烟等，需要先放置一段时间，待激烈反应过后再放入，以免造成喷溅或爆炸。对加酸后初期反应很激烈的试样，一次加酸的量无须过多，可将酸分几次加完。对于部分样品，可将酸加入试样中浸泡过夜，待到次日再放入消解仪中消解，会达到更优效果。

(2) 对于硫酸、磷酸等高沸点酸应在低浓度以及严格温控的条件下使用；

(3) 应尽量避免使用高氯酸；

(4) 由样品和试剂组成的溶液总体积不要超过 20mL。由于石墨消解法也经常使用密闭消解罐，因此上述注意点，与高压密封罐消解法及微波消解法的类似，同理，石墨消解法可用于微波消解的预处理和后续赶酸处理。

图 4-5　水浴锅

4.1.2.7　水浴消解法

水浴消解法是以水作为传热介质的一种加热消解方法，将被加热物质的器皿放入水中，水的沸点为100℃，该法适于100℃以下的加热消解，主要使用的设备是水浴锅(图 4-5)。水浴消解法的优点是避免了直接加热造成的过度剧烈反应与温度的不可控性，可以平稳均匀地加热，过程便于观察，部分试验中不会导致暴沸的现象。

4.1.3　湿法消解在环境金属污染物样品前处理中的应用

在环境金属污染物样品的前处理过程中，湿法消解无处不在，广泛应用于水和废水、空气和废气、土壤和沉积物、固体废物等多个领域。

表 4-2 列出了部分环境金属污染物检测中涉及湿法消解的相关标准方法以及其中使用的酸体系。

表 4-2　环境金属污染物样品前处理中湿法消解的选用

序号	所属类别	金属污染物	标准方法	湿法消解类型	酸体系
1	水和废水	银、铝、钡、铍等32种元素	HJ 776—2015	电热板消解法	硝酸(必用)+高氯酸(选用)
2	水和废水	砷、钙、镉、钴、铜、钾、锰、钼、镍、铅、铊、锌	HJ 678—2013	微波消解法	过氧化氢+浓硝酸
		银、铝、铍、钡、铬、铁、镁、钒			过氧化氢+浓硝酸+浓盐酸
3	水和废水	汞	HJ 694—2014	沸水浴消解法	盐酸+硝酸
		砷、硒、铋、锑		电热板消解法	硝酸+高氯酸+盐酸
4	水和废水	银、铝、砷、金等65种元素	HJ 700—2014	电热板消解法	硝酸(必用)+盐酸(必用)+过氧化氢(选用)
				微波消解法	浓硝酸(必用)+浓盐酸(必用)+过氧化氢(选用)

续表

序号	所属类别	金属污染物	标准方法	湿法消解类型	酸体系
5	空气和废气	银、铝、砷、钡等24种元素	HJ 777—2015	电热板消解法	硝酸（必用）+盐酸（必用）+过氧化氢（选用） 或：硝酸+过氧化氢
				微波消解法	硝酸（必用）+盐酸（必用）+过氧化氢（选用）
				高压密封罐消解法+电热板消解法	硝酸+氢氟酸+过氧化氢+高氯酸
				高压密封罐消解法	硝酸+氢氟酸+过氧化氢
6	空气和废气	锑、铝、砷、钡等23种元素	HJ 657—2013	电热板消解法	硝酸+盐酸
				微波消解法	硝酸+盐酸
7	土壤和沉积物	铜、锌、铅、镍、铬	HJ 491—2019	电热板消解法	盐酸+硝酸+氢氟酸+高氯酸
				石墨消解法	盐酸+硝酸+氢氟酸+高氯酸
				微波消解法	盐酸+硝酸+氢氟酸
8	土壤和沉积物	汞、砷、硒、铋、锑	HJ 680—2013	微波消解法	盐酸+硝酸
9	土壤和沉积物	镉、钴、铜、铬、锰、镍、铅、锌、钒、砷、钼、锑	HJ 803—2016	电热板消解法	王水
				微波消解法	王水
10	固体废物	银、铝、钡、铍等22种元素	HJ 781—2016	电热板消解法	浸出：硝酸 含量：盐酸+硝酸+氢氟酸+高氯酸
				微波消解法	浸出：硝酸 含量：硝酸+盐酸+氢氟酸+过氧化氢

续表

序号	所属类别	金属污染物	标准方法	湿法消解类型	酸体系
11	固体废物	汞、砷、硒、铋、锑	HJ 702—2014	微波消解法	盐酸+硝酸
12	固体废物	银、砷、钡、铍等17种元素	HJ 766—2015	微波消解法	浸出：硝酸+盐酸 含量：盐酸+硝酸+氢氟酸+过氧化氢

4.1.4 应用示例

(1)《水质　汞、砷、硒、铋和锑的测定　原子荧光法》(HJ 694—2014)。本标准根据元素性质的不同，前处理方式分成了两种，分别使用了沸水浴消解法和电热板消解法，同时也涉及混酸体系，具体操作步骤如下：

① 汞。量取5.0mL混匀后的样品于10mL比色管中，加入1mL盐酸-硝酸溶液(盐酸：硝酸：水=3：1：4)，加塞混匀，置于沸水浴中加热消解1h，期间摇动1~2次并开盖放气。冷却，用水定容至标线，混匀，待测。

② 砷、硒、铋、锑。量取50.0mL混匀后的样品于150mL锥形瓶中，加入5mL硝酸-高氯酸混合酸(硝酸：高氯酸=1：1)，于电热板上加热至冒白烟，冷却。再加入5mL盐酸溶液(盐酸：水=1：1)，加热至黄褐色烟冒尽，冷却后移入50mL容量瓶中，加水稀释定容，混匀，待测。

注：硝酸、盐酸和高氯酸具有强腐蚀性和强氧化性，操作时应佩戴防护器具，避免接触皮肤和衣服。所有样品的预处理过程应在通风橱中进行。

(2)《土壤和沉积物　铜、锌、铅、镍、铬的测定　火焰原子吸收分光光度法》(HJ 491—2019)。本标准适用的前处理方法较多，涵盖了电热板消解法、石墨消解法、微波消解法等多种方式，涉及混酸体系及用量也各有不同，具体操作如下：

① 电热板消解法。称取0.2~0.3g(精确至0.1mg)样品于50mL聚四氟乙烯坩埚中，用水润湿后加入l0mL盐酸，于通风橱内电热板上90~100℃加热，使样品初步分解，待消解液蒸发至剩余约3mL时，加入9mL硝酸，加盖加热至无明显颗粒，加入5~8mL氢氟酸，开盖，于120℃加热飞硅30min，稍冷，加入1mL高氯酸，于150~170℃加热至冒白烟，加热时应经常摇动坩埚。若坩埚壁上有黑色碳化物，加入1mL高氯酸加盖继续加热至黑色碳化物消失，再开盖，加热赶酸至内容物呈不流动的液珠状(趁热观察)。加入3mL硝酸溶液(硝酸：水=1：99)，温热溶解可溶性残渣，全量转移至25mL容量瓶中，用硝酸溶液(硝酸：水

=1∶99)定容至标线，摇匀，保存于聚乙烯瓶中，静置，取上清液待测。

② 石墨消解法。称取0.2~0.3g(精确至0.1mg)样品于50mL聚四氟乙烯消解管中，用水润湿后加入5mL盐酸，于通风橱内石墨电热消解仪上100℃加热45min。加入9mL硝酸加热30min，加入5mL氢氟酸加热30min，稍冷，加入1mL高氯酸，加盖120℃加热3h；开盖，150℃加热至冒白烟，加热时应经常摇动消解管。若消解管内壁有黑色碳化物，加入0.5mL高氯酸加盖继续加热至黑色碳化物消失，再开盖，160℃加热赶酸至内容物呈不流动的液珠状(趁热观察)。加入3mL硝酸溶液(硝酸∶水=1∶99)，温热溶解可溶性残渣，全量转移至25mL容量瓶中，用硝酸溶液(硝酸∶水=1∶99)定容至标线，摇匀，保存于聚乙烯瓶中，静置，取上清液待测。

③ 微波消解法。称取0.2~0.3g(精确至0.1mg)样品于消解罐中，用少量水润湿后加入3mL盐酸、6mL硝酸、2mL氢氟酸，使样品和消解液充分混匀。若有剧烈化学反应，待反应结束后再加盖拧紧。将消解罐装入消解罐支架后放入微波消解装置的炉腔中，确认温度传感器和压力传感器工作正常。按照表4-3的升温程序进行微波消解，程序结束后冷却。待罐内温度降至室温后在防酸通风橱中取出消解罐，缓缓泄压放气，打开消解罐盖。

表4-3　微波消解升温程序

升温时间	消解温度	保持时间
7min	室温→120℃	3min
5min	120℃→160℃	3min
5min	160℃→190℃	25min

将消解罐中的溶液转移至聚四氟乙烯坩埚中，用少许实验用水洗涤消解罐和盖子后一并倒入坩埚。将坩埚置于温控加热设备上在微沸的状态下进行赶酸。待液体成黏稠状时，取下稍冷，用滴管取少量硝酸溶液(硝酸∶水=1∶99)冲洗坩埚内壁，利用余温溶解附着在坩埚壁上的残渣，之后转入25mL容量瓶中，再用滴管吸取少量硝酸溶液(硝酸∶水=1∶99)重复上述步骤，洗涤液一并转入容量瓶中，然后用硝酸溶液(硝酸∶水=1∶99)定容至标线，混匀，保存于聚乙烯瓶中，静置，取上清液待测。

注1：实验中使用的高氯酸、硝酸具有强氧化性和腐蚀性，盐酸、氢氟酸具有强挥发性和强腐蚀性，试剂配制和样品消解应在通风橱内进行；操作时应按要求佩戴防护器具，避免吸入呼吸道或接触皮肤和衣物。

注2：样品消解时应注意各种酸的加入顺序。

注3：土壤和沉积物样品种类复杂，基体差异较大，在消解时视消解情况，

可适当调整样品取样量和试样定容体积，或酌情增加硝酸、盐酸、氢氟酸和高氯酸用量，或增加消解次数。

注 4：石墨消解法、微波消解法亦可参考仪器推荐消解程序，方法性能须满足本标准要求。

注 5：消解液残渣应为可流动的黏稠状物质，如坩埚壁上有黑色物质，说明有碳化物残留，高氯酸不够；如呈石灰渣样乳白液，说明含盐量高，盐酸或者硝酸不够；如土壤本色沉淀物较多，说明除硅效果不好，氢氟酸不够。

注 6：微波消解法不能使用高氯酸，有爆炸危险。为避免消解液损失和安全伤害，微波消解后的消解罐必须冷却至室温后才能开盖。

4.2 干灰化法

4.2.1 干灰化法基本原理

干灰化法主要是利用高温对样品进行加热，使其分解、灰化，达到去除其中有机质的目的，然后用适当的酸液溶解残余的灰分，使待测元素呈可溶态并最终用于测定。

通常是将试样粉碎后置于坩埚中，先在一定温度下干燥并炭化，然后置于高温电炉中灼烧至样品灰分呈白色或浅灰色，经酸溶解、定容后进行分析。

干灰化法主要适用于环境领域中有机物含量较多的样品测定，具有一定的选择性。此外，干灰化法还具有加热温度高、挥发速度快、试剂空白低、适用于批量分析等特点。

4.2.2 灰化条件

(1) 灰化容器。目前通常采用坩埚作为灰化容器，部分情况下也可采用蒸发皿。坩埚根据材质的不同可以分为石英坩埚、瓷坩埚、刚玉坩埚、石墨坩埚、铂金坩埚等，使用时应根据样品类型、灰化温度、待测元素性质等加以选择。坩埚在使用之前，应进行灼烧和清洁，避免组分残留和交叉污染(表 4-4)。

表 4-4 常见灰化容器及其特征应用

名称	实物图	特征应用
蒸发皿		一般为瓷制品，也可用玻璃、石英等制成。使用温度多在 400℃以下，一般用于蒸发液体、浓缩溶液或干燥固体物质。对酸、碱的稳定性好，耐高温，不宜骤冷

续表

名称	实物图	特征应用
石英坩埚		具有高纯度、耐温性强、质量稳定等优点，可在1450℃以下使用，不能和HF接触，高温时极易和苛性碱及碱金属的碳酸盐反应，适于用$K_2S_2O_7$、$KHSO_4$作熔剂熔融样品和用$Na_2S_2O_7$（先在212℃烘干）作熔剂处理样品
瓷坩埚		可耐热1200℃左右使用，适用于$K_2S_2O_7$等酸性物质熔融样品。一般不能用于以NaOH、Na_2O_2、Na_2CO_3等碱性物质作熔剂熔融，以免腐蚀瓷坩埚。不能和氢氟酸接触，可用稀盐酸煮沸洗涤
刚玉坩埚		学名氧化铝坩埚，由多孔熔融氧化铝组成，质坚而耐熔。适于熔融NaCl等，不适于用Na_2O_2、NaOH、纯碱、碳酸钾等碱性物质和酸性物质作熔剂（如$K_2S_2O_7$等）熔融样品。耐高温、不耐酸碱、耐急冷急热、耐化学腐蚀
石墨坩埚		具有良好的热导性和耐高温性，在高温使用过程中，热膨胀系数小，对急热、急冷具有一定抗应变性能。对酸，碱性溶液的抗腐蚀性较强，具有优良的化学稳定性
铂金坩埚		使用温度最高不可超过1200℃，不可接触：①固体K_2O、Na_2O、KNO_3、$NaNO_3$、KCN、NaCN、Na_2O_2、$Ba(OH)_2$、LiOH等；②王水、卤素溶液或能产生卤素的溶液；③易还原的金属及其化合物；④含碳的硅酸盐、磷、砷、硫及其化合物

（2）灰化温度。通常情况下，样品在高温电炉中加热温度达到550℃时能够被充分灰化，使用时依据样品性质而定。一般选择450~550℃作为灰化温度。过高或过低的灰化温度都会对待测元素结果测定产生影响。当灰化温度过高时，部分元素如铅、镉、氯等容易挥发损失，使测定结果偏低。同时样品中的磷酸盐、硅酸盐类化合物受热熔融，进而包裹碳粒，使碳粒无法正常氧化。除此之外，高灰化温度还会引起瓷效应，腐蚀坩埚壁。当灰化温度过低时，样品的灰化速度减缓、灰化时间延长，待测元素易被残渣吸附且难以酸溶，导致灰化不完全。另外，高温电炉加热的速度也不宜过快，以防止剧烈升温导致局部过热产生大量气体引起微粒飞溅。由于高温电炉内各处温度并不均衡，灰化灼烧过程中还应注意及时调整坩埚位置。

（3）灰化时间。样品在高温电炉中应进行充分灼烧，最终残留灰分颜色为白色或浅灰色，不含碳粒且达到恒重，则认为已经灰化完全。不同类别样品的灰化时间各不相同，一般在4~8h左右。

（4）取样量。干灰化样品的取样量通常取决于试样的类别和性状，以灼烧后灰分质量在10~100mg为宜。一般情况下，干样的取样量不超过10g，鲜样不超过50g。样品的取样量过大会引起灰化时间延长，灰化困难，取样量过少则可能会因为样品不均匀造成分析误差。

4.2.3 灰化助剂

目前大多数的金属元素含量测定都可以通过干灰化法进行处理，但在高温灰化的过程中，部分元素稳定性较差，容易挥发损失，此外还易形成酸不溶性混合物残留在容器壁上，导致吸留损失。为了促进样品分解和抑制待测元素挥发损失，需要在试样中加入灰化助剂。常用的灰化助剂有硝酸、硫酸、磷酸二氢钠、氧化镁、硝酸镁、氯化钠等，它们在干灰化过程中可发挥多种作用，如下：

（1）加入硝酸、硝酸镁、硝酸铝、过氧化氢等氧化剂，可加速氧化作用，促使样品中的有机物组分破坏分解。在此基础上，可适当降低灰化温度，以减少易挥发组分损失。硝酸镁除了具有氧化作用外，还能起到固定作用，同时具有使灰分松散疏松的效果。

（2）加入氧化钙、氧化镁等碱土金属的氧化物，可将待测元素与坩埚壁隔绝开来，减少器壁吸附带来吸留损失。同时还可将试样分散疏松，使试样不结块，更利于灰化。

（3）加入某些灰化助剂，可将试样中易挥发待测组分转化为难挥发性的物质。如试样中待测元素为易挥发的砷，加入硝酸镁作为灰化助剂，可与之反应生成难挥发的焦砷酸镁（$Mg_2As_2O_7$），从而达到减少砷元素挥发损失的目的。

（4）试样在干灰化过程中，有些碱性灰分会导致较大的吸留损失，通过加入少量硫酸、磷酸等作为灰化助剂，可中和灰分中的碱性成分，降低吸留损失。

4.2.4 灰化过程中常见元素特性

（1）砷（As）。砷在不添加灰化助剂的条件下进行高温灰化，在400℃左右就容易发生挥发损失。常采用氧化镁或硝酸镁作为灰化助剂。除此之外，也有采用碳酸钾：氧化镁（3：1）和碳酸钠作为灰化助剂的应用。砷的灰化温度一般控制在500~600℃，灰化容器可选择瓷坩埚或石英坩埚。灰化开始前应先在低温条件下使样品炭化，然后缓慢加热至灰化温度，待灰化完全后使用1：1盐酸或稀硫酸浸取残余灰分。在干灰化过程中，加入助剂的量过少、灰化前混合不充分或者

升温过快都会引起砷组分的损失。此外，生物试样中的砷可能以挥发性有机砷化合物的形式存在，使用时应取新鲜湿样加入灰化助剂混合后进行处理，并单独取一份试样用于干物质含量测定。

（2）锌（Zn）。当锌以氯化物的形式存在时，很容易挥发损失，而锌的硝酸盐和硫酸盐则可以在较高的灰化温度下保持稳定。不同类别试样的锌灰化损失程度和灰化温度也不相同。加入灰化助剂可以有效降低锌的损失。常用的助剂有碳酸钙（500℃）、硫酸（550℃），硫酸和硝酸镁混合助剂（850℃）或磷酸二氢钙（900℃）等。锌的灰化容器一般选择铂坩埚。瓷坩埚和石英坩埚由于在一定温度下会与锌化合物发生反应，故通常不采用。锌试样灰分一般可选用较浓的盐酸或硝酸进行溶解，也有将灰分在浓硫酸中浸渍一定时间后再以水稀释的处理方法。由于试样中大量的硅酸盐对锌元素具有明显的吸留效应，可将酸浸取后的残渣过滤、灰化，以氢氟酸加热，除去二氧化硅，剩余的残渣再用稀酸浸取。此外也可通过氢氧化钠熔融法使灰分溶解。

（3）铅（Pb）。铅的干灰化损失主要表现为在较低温度下氧化铅与二氧化硅和硅酸盐反应以及氯化铅的挥发损失。试样中存在的阴离子对铅的灰化温度和灰化损失有较大影响。一般情况下，氯化铅在铂坩埚中于400℃下有部分损失，随灰化温度升高，损失程度也相应增加。而硝酸铅和硫酸铅在500~600℃时损失比较少。使用时常加入硝酸、硝酸镁、碳酸钠等作为灰化助剂。硫酸和磷酸盐由于能使铅与坩埚反应而残留在坩埚上，故通常不采用。铅的灰化容器可选用铂坩埚、石英坩埚和瓷坩埚等，灰分通常选择稀酸进行溶解。试样中的硅酸盐应以氢氟酸处理除去，此外还可通过碳酸钠或氢氧化钠熔融方法除去。

（4）镉（Cd）。氯化镉在温度高于400℃时极易挥发损失，而硝酸镉和硫酸镉在温度达到500℃时仍然稳定。可选用硫酸、硝酸镁等作为灰化助剂，石英坩埚或铂坩埚作为灰化容器，试样灰分用稀酸溶解。不过多数情况下镉的干灰化处理仍有一定的损失，故选用时应加以注意。

（5）锑（Sb）。锑元素试样进行干灰化处理时，若灰化温度为600℃并有氯化铵存在时，锑几乎全部损失，加入氯化钠，则不会造成损失，但易和坩埚发生反应。锑一般不从碱性介质中挥发，进行锑元素分析的有机物质应与足量的氧化镁和一定量的硝酸镁混合，并在石英坩埚容器中进行灰化。

（6）锡（Sn）。锡元素的干灰化法应用的比较少，这是因为除了四氯化锡的挥发损失之外，二氧化锡与坩埚之间也容易因发生反应而造成损失。不过仍有部分生物物质可在450~600℃温度下进行干灰化处理。锡的灰化可选用铂坩埚、瓷釉未破损的瓷坩埚或者石英坩埚作为灰化容器。灰分使用硫酸或盐酸溶解。

（7）铋（Bi）。铋试样可在铂坩埚或瓷坩埚中于450~550℃下进行灰化，通常加入硫酸作为灰化助剂。灰分可用浓盐酸或硝酸浸出。试样中硅酸盐应以氢氟酸和硫酸加热除去。

（8）汞（Hg）。在干灰化过程中，汞元素稳定性很差，极易发生挥发损失，一般不适用干灰化法。

（9）硒（Se）。硒元素很容易在干灰化过程中从试样中损失，部分试样甚至在100℃干燥时便失去硒，一般不适用干灰化法。

4.2.5 注意事项

（1）试样在经高温灰化之前，应先在较低温度下进行干燥并炭化，然后再转移至高温电炉中缓慢升温至预设的灰化温度。

（2）使用高温电炉进行干灰化过程中，应注意及时调整坩埚位置，避免试样受热不均匀。

（3）当使用瓷坩埚作为灰化容器时，应注意检查瓷皿的釉层是否完好，若坩埚表面有蚀痕或脱釉，则会引起待测元素在器壁吸附，并生成难溶的硅酸盐造成损失。

（4）将试样从高温电炉中转移出来时，应先将坩埚置于炉口放置一段时间，使坩埚进行预冷却，防止因温度变化过大导致坩埚破裂。

（5）灼烧完成后的坩埚温度较高，不宜直接放入干燥器中，应先自然冷却至200℃以下再进行转移，防止因热的对流作用导致坩埚内的残灰飞散。

（6）将坩埚从干燥器内取出时，因内部成真空，开盖恢复常压时，应注意使空气缓缓流入，以防残灰飞散。

（7）如加热完成后试样灰化仍不完全，灰分中有炭粒，可取出冷却后加入少量硝酸或水溶解残渣，于电热板上加热处理，干燥后再转移至高温电炉中继续升温直至灰化完全。

（8）润湿或溶解残渣时，应等待坩埚自然冷却至室温后方可进行，不可将溶剂直接滴加到残渣上。

（9）选择添加灰化助剂时，应注意所选用灰化助剂的纯度，避免将新的杂质引入到试样中造成干扰。

4.2.6 应用示例

（1）《食品安全国家标准　食品中多元素的测定》（GB 5009.268—2016）。准确称取1~5g（精确至0.01g）或准确移取10.0~15.0mL试样于坩埚中，置于500~550℃的马弗炉中灰化5~8h，冷却。若灰化不彻底有黑色炭粒，则冷却后滴加少许硝酸湿润，在电热板上干燥后，移入马弗炉中继续灰化成白色灰烬，冷却取

出，加入 10mL 硝酸溶液(硝酸：水=5：95)溶解，并用水定容至 25mL 或 50mL，混匀备用，同时做空白试验。

(2)《干灰化消解-原子荧光光谱法测定有机肥中总砷含量的研究》。称取过孔径为 Φ1.00mm 试验筛的风干样品 1.0g(精确至 0.0001g)于 50mL 瓷坩埚中，用约 2mL 水润湿样品后，加 1.50g 固体硝酸镁，然后在上面均匀覆盖 1.00g 氧化镁。将瓷坩埚置于可调电炉上小火加热蒸干、炭化至无黑烟后，移入 550℃高温炉中灰化 4h，取出放冷。沿坩埚壁缓慢加入 5mL 水湿润灰分，然后再缓慢加入 20.00mL 盐酸溶液(盐酸：水=1：1)溶解灰分，并将溶液移入 100mL 容量瓶中，坩埚用超纯水少量多次洗净，洗液均并入容量瓶中，再用超纯水稀释至刻度并摇匀。

4.3　碱熔法

4.3.1　碱熔法基本原理与优缺点

碱熔法是指将样品与碱性熔剂混合，在高温下熔融分解样品，然后再用热水或合适的酸溶解提取熔块进行分析测试。碱熔法是消解地质矿石样品时最基本、最常用的前处理方法之一。针对不同的待测元素，碱熔法可以选用不同的熔剂，主要的熔剂有 $LiBO_2$、$Li_2B_4O_7$、Na_2CO_3、NaOH、Na_2O_2等。以碳酸钠作为熔融试剂为例，在高温煅烧下碳酸钠会处于熔融、半熔融状态，与样品中的酸性氧化物成分相互作用，可发生如下过程，生成易溶于水的 Na_2MO_x盐。

$$Na_2CO_3 = Na_2O + CO_2\uparrow$$

$$Na_2O + MO_x = Na_2MO_x$$

$$MO_x + Na_2CO_3 = Na_2MO_x + CO_2\uparrow$$

碱熔法的主要优点是熔样速度快，能分解一些难溶于酸的酸性氧化物及硅酸盐、黏土、残渣、矿石，适用于分解一些金属矿物例如锆石、锡石、铬铁矿、黑钨矿、金红石等以及非金属物质如氟、硅的化合物。但碱熔法也存在一定的局限性，首先不适用于汞、硒、镉、铅和锌等高温下易挥发损失的元素；其次，因为该方法引入的盐分较高，后续使用 ICP-OES 或 ICP-MS 仪器测试时基体效应(matrix effect)较大，容易对元素含量的准确测定带来干扰，需要设法进行消除，增大了工作量；此外，后续分析测试需要用耐高盐的雾化器，否则容易损坏仪器设备，这导致了设备成本的提高。

4.3.2　熔融试剂的选择

碱熔法熔融试剂(熔剂)的选择需要综合考虑所测定的元素种类、样品分解难易程度、后续使用的分析仪器等要素。

（1）碳酸钠/碳酸钾。这两种熔剂可用于分解硅酸盐和硫酸盐，如钠长石、重晶石等，单用时熔点分别为853℃（Na_2CO_3）和903℃（K_2CO_3），二者混用时可将熔点降低至712℃。有时为了分解得到某些元素溶解性较好的高氧化态化合物（如硫、砷、铬），采用Na_2CO_3+KNO_3或Na_2CO_3+Na_2O_2作为混合熔剂。如果为了得到溶解性较好的硫代硫酸盐（如锡、锑），则采用Na_2CO_3+S混合溶剂，例如锡石的分解：

$$2SnO_2+2Na_2CO_3+9S \xlongequal{} 2Na_2SnS_3+3SO_2\uparrow+2CO_2\uparrow$$

（2）氢氧化钠/氢氧化钾。这两种熔剂都是低熔点、强碱性的熔剂，其熔点分别为318℃（NaOH）和404℃（KOH），常用于铝土矿、硅酸盐、铝硅酸盐的分解。

（3）过氧化钠。Na_2O_2是兼具强碱性和强氧化性的熔剂，熔点460℃，能分解许多普通碱熔法不能完全分解的物质，如铬铁矿、锡石、独居石、黑钨矿、辉钼矿等。有时为了减缓作用的剧烈程度，会将它与碳酸钠混合使用。需要注意的是，使用Na_2O_2作为熔剂时样品中不能残余有机物存在，否则极易发生爆炸。若样品中存在有机物则需要先行灰化预处理。

（4）硼酸盐。四硼酸钠、四硼酸锂和偏硼酸锂是近年来得到重点开发的熔剂，是X射线荧光法（XRF）分析的专用熔剂，也适用于ICP-OES和ICP-MS分析，熔样温度一般在1000℃以上。需要注意的是，Li在ICP-MS测定中的记忆效应较强，如用ICP-MS测定消解后的样品，需要设法消除干扰。

（5）混合熔剂烧结法。此法也称作混合熔剂半熔法，是在低于熔点的温度下让试样与固体试剂发生反应。与熔融法相比，烧结法所需温度较低，不易损坏坩埚，但所需的加热时间较长。常用的半熔混合剂有：2份MgO+3份Na_2CO_3，1份MgO+2份Na_2CO_3（艾氏卡试剂），1份ZnO+2份Na_2CO_3。

4.3.3 坩埚的选择

碱熔法处理样品过程中试样会处于高温熔融态且熔剂的腐蚀性极强，因此对坩埚的耐碱、耐高温性能提出了较高的要求。实验室常用的坩埚有石墨坩埚、瓷坩埚、石英坩埚、铁坩埚、镍坩埚、锆坩埚、铂坩埚、银坩埚和刚玉坩埚（也叫氧化铝坩埚或高铝坩埚）。

（1）石墨坩埚。理论上讲，用石墨坩埚熔融样品，由坩埚本身引入的样品空白低，熔样似乎应首选石墨坩埚，但在实际工作中，石墨坩埚在高温下容易发生底漏和侧漏，造成坩埚损坏和样品损失，故其应用受到了一定限制。

（2）瓷/石英坩埚。普通的瓷坩埚和石英坩埚在高温碱熔过程中极易被腐蚀损耗，造成坩埚的损坏，故不适用于大多数碱熔方法，但可以用于温度较低、碱性较弱的混合溶剂烧结法（半熔法）。

（3）铁/镍坩埚。铁坩埚和镍坩埚对强碱稳定，常用于碱熔样品，但需要注意的是铁坩埚和镍坩埚不耐酸，在后续的浸提溶解过程中只能采用热水处理，不能用高浓度的酸。另外，镍坩埚熔样温度不宜超过 700℃，否则易发生氧化。

（4）银坩埚。银坩埚适用于 NaOH、过氧化钠以及半熔法熔融样品。银坩埚的使用温度不宜超过 700℃，否则易造成坩埚损毁。银极易与硫作用，故不允许用银坩埚分解或灼烧含硫物质，也不能使用碱性硫化熔剂。

（5）铂坩埚。铂坩埚的使用温度可达 1200℃，适用于碳酸钠、碳酸钾、硼酸锂高温熔融样品，不适用于碱金属氧化物、氢氧化物、硝酸盐、亚硝酸盐、氰化物、氧化钡等熔剂。

（6）刚玉坩埚。若使用含硫的碱性熔剂熔融样品或样品本身含有硫化物较多，则铂坩埚、铁坩埚、镍坩埚、银坩埚均不适用，此时最好选用刚玉坩埚。刚玉坩埚在高温下与多数熔融态碱和高浓度盐酸只发生微小的反应，适用于除强碱 NaOH/KOH 之外的大多数碱熔法，且后续可以直接用酸浸提溶解。需要注意的是若要测定样品中的铝元素含量，则不能选用刚玉坩埚。表 4-5 列出了常用碱性熔剂对应的坩埚适用情况。

表 4-5　常用熔剂所适用的坩埚表（+：适用；-：不适用）

熔剂种类	适用坩埚						
	铂	铁	镍	银	瓷	刚玉	石英
碳酸钠	+	+	+	-	-	+	-
碳酸氢钠	+	+	+	-	-	+	-
碳酸钠-碳酸钾（1：1）	+	+	+	-	-	+	-
碳酸钾-硝酸钾（12：1）	+	+	+	-	-	+	-
碳酸钠-硼酸钠（3：2）	+	-	-	-	+	+	+
碳酸钠-氧化镁（1：1）	+	+	+	-	+	+	+
碳酸钠-氧化锌（2：1）	+	+	+	-	+	+	+
碳酸钾钠-酒石酸钾（4：1）	+	-	-	-	+	+	-
过氧化钠	-	+	+	-	-	+	-
过氧化钠-碳酸钠（5：1）	-	+	+	+	-	+	-
过氧化钠-碳酸钠（2：1）	-	+	+	+	-	+	-
氢氧化钠（钾）	-	+	+	+	-	-	-
氢氧化钠（钾）-硝酸钠（钾）（12：1）	-	+	+	+	-	-	-
碳酸钠-硫黄（1：1）	-	-	-	-	+	+	+
碳酸钠-硫黄（1.5：1）	-	-	-	-	+	+	+
硫代硫酸钠（212℃焙干）	-	-	-	-	+	+	+

4.3.4　熔融温度和时间的选择

碱熔法所选用的熔融温度和时间需要综合考虑试样种类、所用熔剂和坩埚这三种因素。例如，对于钛铁矿的熔融分解，如果选用的是碳酸钠-四硼酸钠(2∶1)作熔剂和铂坩埚，则需要在1020℃熔融15min；如果选用的是过氧化钠作熔剂和刚玉坩埚，则需要在700℃熔融15min。

4.3.5　基体效应的消除

碱熔法在熔样过程中引入了大量的锂/钠/钾盐，在后续的分析中易造成基体效应的干扰，即锂/钠/钾盐会导致仪器背景值升高，会降低待分析元素测定结果的准确度，需要设法加以消除。常用的消除办法为基体匹配法，即加入与熔融样品中等量的熔剂以及后续溶解的酸配制标准溶液加以消除。在分析过程中依次对空白、标准溶液、样品进行测定，仪器软件自动将试剂空白信号扣除，可有效消除熔融试剂对测定元素的影响。

4.3.6　碱熔法在环境金属污染物样品前处理中的应用

碱熔法虽然不适用于环境样品中大多数重金属元素的前处理，但其对于铝、钛、钒、硅、氟等难以用酸完全消解的元素消解较完全，且对于煤炭、矿石样品和大量土壤样品分解效果较好，在环境中得到了广泛应用，而且可以作为稀土元素及锕系放射元素测定的前处理手段。

(1) 土壤沉积物样品。碱熔法适用于分析土壤和沉积物样品中镁、铝、硅等常量元素含量，也适合铍、钡等元素的分析测试，具体步骤详见4.3.7中应用示例(1)。

(2) 固体废物样品。碱熔-离子色谱法用于分析固体废物样品中氟元素含量，具体步骤详见《固体废物　氟的测定　碱熔-离子选择电极法》(HJ 999—2018)。

(3) 煤灰、岩石、矿物样品。对于炉渣、矿石、煤(灰)等类型样品的成分分析，常规的酸消解方法难以消解完全且耗时较长，而碱熔法对该类样品的分解迅速而完全，因此在该类样品成分分析和元素含量测定中得到了广泛应用。在煤质分析中，碱熔法用于煤灰的成分分析，具体步骤详见4.3.7中应用示例(2)；测定煤炭中全硫含量则使用的是艾氏卡试剂(Na_2CO_3+MgO)半熔法，具体步骤详见《煤中全硫的测定方法》(GB/T 214—2007)。

(4) 大气颗粒物样品。大气颗粒物(TSP、PM_{10}、$PM_{2.5}$)中Si、Al、Ca、Mg、K、Fe、Na等元素含量较高，是颗粒物源分析的指示性元素。付爱瑞等建立了碱熔-电感耦合等离子体发射光谱法测定大气颗粒物样品中多种无机元素的分析方

法，样品于镍坩埚中于530~550℃灰化60min后，加入NaOH作为熔剂500℃下融熔10min，热水提取试样并用0.1mol/L HCl冲洗坩埚。与酸溶法相比，该方法解决了大气颗粒物滤膜样品中元素Si溶解不完全等问题，提高了Ti、Ba、Sr、Zr等元素测定的精密度和准确度。

4.3.7 应用示例

（1）《土壤和沉积物11种元素的测定 碱熔-电感耦合等离子体发射光谱法》（HJ 974—2018）。在HJ 974—2018标准中规定了碱熔法为土壤沉积物中锰、钡、钒、锶、钛、钙、镁、铁、铝、钾、硅11种元素的电感耦合等离子体发射光谱法（ICP-AES）测定的前处理手段。该方法使用的坩埚为铂坩埚，以碳酸钠-四硼酸锂-偏硼酸锂作为混合熔剂。具体前处理方式为：在铂金坩埚中加入少量碳酸钠垫底，称取1.0g碳酸钠、0.1g四硼酸锂、0.4g偏硼酸锂混匀制成熔剂，依次加入2/3的熔剂和0.2g（精确至0.1mg）样品，最后放入剩余的熔剂铺于表面。将坩埚置于马弗炉中升温至1000℃，保持30min，停止加热。约5min后用坩埚钳夹取坩埚直立于盛有100mL水的500mL烧杯中，待熔融物出现裂纹，取出坩埚并向坩埚内加水直至没过熔融物。将脱落的熔融物转移至250mL烧杯，取40mL硝酸-盐酸（1∶4）混合溶液多次淋洗壁上的沉淀，将淋洗液全部转移至烧杯中，再用水冲洗坩埚，最后将剩余的硝酸-盐酸混合溶液加入烧杯中，使熔融物全部溶解。将烧杯中溶液全部转移至500mL容量瓶中，加水定容后摇匀待测。

（2）《煤灰成分分析方法》（GB/T 1574—2007）。碱熔法适用于煤灰中钙、铁、镁、铝、硅、钛（以氧化物计）的半微量分析前处理。称取已灰化后的煤样0.1g（准确至0.0002g）于银坩埚中，用几滴乙醇润湿，加2g NaOH，盖上坩埚盖放入马弗炉，1~1.5h内炉温升至650~700℃，熔融15~20min，取出坩埚，用水激冷后擦净外壁放入250mL烧杯中，加入150mL沸水，待反应停止后用少量盐酸溶液和热水交替洗净坩埚和坩埚盖，在不断搅拌下迅速加入20mL盐酸，于电炉上微沸约1min，取下冷至室温，转移至250mL容量瓶，定容至刻度摇匀待测。

（3）岩矿样品中稀土元素含量测定。GB/T 4506.29—2010《硅酸盐岩石化学分析方法第29部分：稀土等22个元素量测定》中规定了采用过氧化钠、石墨坩埚700℃碱熔分解硅酸盐岩石样品，沸水溶解熔融物，提取液用滤纸过滤，用氢氧化钠溶液冲洗烧杯和沉淀，弃去滤液，沉淀用热硝酸溶解，定容至25mL，稀释10倍后进入ICP-MS分析。付玉琴分别使用了酸溶法和碱熔法进行前处理分析10种稀土元素，对两种前处理方法优劣和适用性进行了系统对比。碱熔法使用的是刚玉坩埚，0.20g试样添加1.0g过氧化钠，置于温度为700℃马弗炉内加热烧融20min。从测定结果的准确度来看，酸溶法由于添加混酸试剂少，盐分低、空白低、基体效应低，适用于低稀土含量的沉积物等样品；碱熔法因其对样品的分解更加完全，适用于处理高稀土含量的地矿样品。

4.4 碱消解法

4.4.1 碱消解法基本原理

碱消解法是一种可用来萃取泥土、淤泥、沉淀物和类似废弃材料中可溶的、吸附的和沉淀形成的某化合物中的金属离子的方法。样品在碱性介质中，加入碱性溶液，消解溶出待测元素，用仪器法或手工法测定待测元素的含量。

4.4.2 常用碱试剂(表4-6)

表4-6 常用碱试剂的相关参数

分类	溶质	别名	化学式	分子量	外观	性质	应用
水溶性碱	氢氧化钠	烧碱、火碱、固碱、苛性苏打、苛性钠	$NaOH$	40.00	无色透明晶体	强碱性、强吸湿性、强腐蚀性	可作酸中和剂、配合掩蔽剂、沉淀剂、沉淀掩蔽剂、显色剂、皂化剂、去皮剂、洗涤剂等
	氢氧化钾	苛性钾	KOH	56.11	白色粉末或片状固体	强碱性及腐蚀性、中等毒	可作干燥、电镀、化工原料等
	氢氧化钙	熟石灰、消石灰	$Ca(OH)_2$	74.09	白色粉末状固体	强碱性及腐蚀性、中等毒	水溶液可验证二氧化碳、建材等
	氢氧化钡	无水氢氧化钡	$Ba(OH)_2$	171.35	白色粉末状结晶	强碱性及腐蚀性、高等毒	用于测定空气中的二氧化碳、叶绿素的定量、糖及动植物油的精制、锅炉用水清净剂、杀虫剂、橡胶工业等

续表

分类	溶质	别名	化学式	分子量	外观	性质	应用
水溶性碱	氨水（氨的水溶液）	阿摩尼亚水	$NH_3(aq)$		无色透明液体	易挥发具刺鼻性、弱碱性、弱腐蚀性	用作农业肥料；化学工业中用于制造各种铵盐、有机合成的胺化剂、生产热固性酚醛树脂的催化剂等
	磷酸氢二钾（水溶液）	磷酸二钾	K_2HPO_4	174.18	白色结晶或无定形白色粉末	弱碱性、弱腐蚀性	用于医药、发酵、细菌培养及制取焦磷酸钾等
强碱弱酸盐	碳酸钠	苏打、纯碱、碱灰	Na_2CO_3	105.99	白色结晶性粉末	弱腐蚀性	用于平板玻璃、玻璃制品和陶瓷釉的生产；生活洗涤、酸类中和以及食品加工等
	碳酸氢钠	小苏打、重碳酸钠、酸式碳酸钠	$NaHCO_3$	84.01	白色晶体或不透明单斜晶系细微结晶	无臭、味碱、易溶于水、无毒	用于制药、食品加工、消防器材等

4.4.3　应用示例(表 4-7)

表 4-7　常用碱消解法的标准及文献

序号	执行标准
1	固体废物　六价铬的测定　碱消解/火焰原子吸收分光光度法 HJ 687—2014
2	固体废物　六价铬分析的样品前处理　碱消解法 GB 5085.3—2007 附录 T
3	土壤和沉积物　六价铬的测定　碱溶液提取-火焰原子吸收分光光度法 HJ 1082—2019
4	土壤和沉积物中六价铬的碱消解法 EPA 3060A(文献)
5	固体废物中六价铬分析样品碱消解快速前处理方法

(1)《固体废物　六价铬的测定　碱消解/火焰原子吸收分光光度法》(HJ 687—2014)。

本方法原理为：固体废物样品在碱性介质中，加入氯化镁和磷酸氢二钾-磷酸二氢钾缓冲溶液，消解溶出六价铬，用火焰原子吸收分光光度法测定六价铬的含量。

碱消解步骤：

① 准确称取按照 HJ/T 20、HJ/T 298 的相关规定制备和保存的固体废物样品 2.5000g(精确至 0.0001g)置于 250mL 圆底烧瓶中，加入 50.0mL 碳酸钠/氢氧化钠混合溶液、加 400mg 氯化镁和 50.0mL 磷酸氢二钾-磷酸二氢钾缓冲溶液。

② 放入搅拌子用聚乙烯薄膜封口，置于搅拌加热装置上。常温下搅拌样品 5min 后，开启加热装置，加热搅拌至 90~95℃，消解 60min。

③ 消解完毕，取下圆底烧瓶，冷却至室温。用 0.45μm 的滤膜抽滤，滤液置于 250mL 的烧杯中，用浓硝酸调节溶液的 pH 值至 9.0±0.2。将此溶液转移至 100mL 容量瓶中，用去离子水稀释定容，摇匀，待测。

注 1：调节样品 pH 值时，如果有絮状沉淀产生，需再用 0.45μm 滤膜过滤。

注 2：如果固体废物样品中六价铬含量较高，可适当减少样品称量或对消解液稀释后进行测定。

注 3：消解后的试料，若不能立即分析，在 0~4℃ 下密封保存，保存期 30 天。

(2)《固体废物　六价铬分析的样品前处理　碱消解法》(GB 5085.3—2007)附录 T。

本方法原理为：在规定的温度和时间内，将样品在 Na_2CO_3/NaOH 溶液中进行消解。在碱性提取环境中，Cr(Ⅵ)还原和 Cr(Ⅲ)氧化的可能性都被降到最小。含 Mg^{2+} 的磷酸缓冲溶液的加入也可以抑制氧化作用。

碱消解步骤：

① 通过对试剂空白(一个装有 50mL 消解液的 250mL 容器)的温度监测，调节所有碱消解加热装置的温度设定。使消解液可以保持在 90~95℃ 下加热。

② 将(2.5±0.10)g 混合均匀的野外潮湿样品加入 250mL 消解容器中。需要加标时，将加标物须直接加入该样品中。

③ 用量筒向每一份样品中加入(50±1)mL 消解液，然后加入大约 400mg $MgCl_2$ 和 0.5mL 的 1.0mol/L 磷酸缓冲溶液。将所有样品用表面皿盖上。

④ 用搅拌装置将样品持续搅拌至少 5min(不加热)。

⑤ 将样品加热至 90~95℃，然后在持续搅拌下保持至少 60min。

⑥ 在持续搅拌下将每份样品逐渐冷却至室温。将反应物全部转移至过滤装

置，用试剂水将消解容器冲洗 3 次，洗涤液也转移至过滤装置，用 0. 45μm 滤膜过滤。将滤液和洗涤液转移至 250mL 的烧杯中。

⑦ 在搅拌器的搅拌下，向装有消解液的烧杯中逐滴缓慢加入 5. 0mol/L 的硝酸，调节溶液的 pH 值至 7. 5±0. 5。如果消解液的 pH 超出了需要的范围，必须将其弃去并重新消解。如果有絮状沉淀产生，样品要用 0. 45μm 滤膜过滤。

⑧ 取出搅拌器并清洗，洗涤液收入烧杯中。将样品完全转入 100mL 容量瓶中，用试剂水定容。混合均匀待分析。

(3)《土壤和沉积物　六价铬的测定　碱溶液提取-火焰原子吸收分光光度法》(HJ 1082—2019)。

本方法原理为：用 pH 值不小于 11. 5 的碱性提取液，提取出样品中的六价铬，喷入空气-乙炔火焰，在高温火焰中形成的铬基态原子对铬的特征谱线产生吸收，在一定范围内，其吸光度值与六价铬的质量浓度成正比。在碱性环境(pH ≥11. 5)中，经氯化镁和磷酸氢二钾-磷酸二氢钾缓冲溶液抑制，样品中三价铬的存在对六价铬的测定无干扰。

碱消解步骤：

① 准确称取 5. 0g(精确至 0. 01g)样品置于 250mL 烧杯中，加入 50. 0mL 碱性提取溶液，再加入 400mg 氯化镁和 0. 5mL 磷酸氢二钾-磷酸二氢钾缓冲溶液。

② 放入搅拌子，用聚乙烯薄膜封口，置于搅拌加热装置上。常温下搅拌样品 5min 后，开启加热装置，加热搅拌至 90~95℃，保持 60min。取下烧杯，冷却至室温。

③ 用滤膜抽滤，将滤液置于 250mL 的烧杯中，用硝酸调节溶液的 pH 值至 7. 5±0. 5。将此溶液转移至 100mL 容量瓶中，用水定容至标线，摇匀，待测。

4. 5　分离富集

4. 5. 1　分离富集基本原理

分离富集技术包括分离和富集两个互相关联的化学或物理过程。分离是指将待测元素与同它共存的基体或对测定有干扰的元素分开，以利于准确测定。富集是指通过萃取、蒸馏等技术将分散的待测微量元素集中起来，以利于测定。近年来分离富集技术发展十分迅速，在生产实践和科学研究中起到非常重要的作用，已经形成一门独立的学科分支。

4. 5. 2　分离富集的类型

分离富集方法种类繁多，常用的方法有沉淀分离法、溶剂萃取分离法、离子交换树脂分离法、液膜分离法以及火试金法等。如何判断分离完全的程度，主要体现在两个方面：①干扰组分不干扰测定；②被测组分损失可忽略不计，以有效回收率来表示(分离后的测量值与原始含量比值的百分数)。

4.5.2.1 沉淀分离法

沉淀分离法是根据溶度积原理、利用沉淀反应进行分离的方法。在待分离试液中，加入适当的沉淀剂，在预先设定的条件下，使待测组分从溶液中沉淀出来，或者将干扰物质沉淀，以达到除去干扰的目的。沉淀分离法主要由直接沉淀、共沉淀两种方法组成，根据所用的沉淀剂不同，又可分为无机沉淀剂分离和有机沉淀剂分离。

(1) 直接沉淀法。在常量组分的分离中，可采用两种方式。一是将待测组分与试样中的其他组分分离，再将待测组分沉淀过滤、洗涤、烘干，最后称重，计算其含量，即重量分析法；二是将干扰组分以微溶化合物的形式沉淀出来与待测组分分离。但对于痕量组分，采用前一种方式是不可行的。首先，要达到沉淀的溶度积，需加入大量的沉淀剂，可能引起副反应(如盐效应等)，反而使沉淀的溶解度增大，其次含量太小，以致无法处理(过滤、称重等)。在水质重金属分析中，由于水样中的成分复杂，干扰因素多，而待测物的含量大多处于痕量水平仅可用于常量-痕量组分的分离，常常低于分析方法的检出下限，因此在测定前必须进行水样中待测组分的分离与富集，以排除分析过程中的干扰，提高待测物浓度，满足分析方法检出限的要求。沉淀条件选择的原则是：使相当量的主要干扰组分沉淀完全，而后续测定的痕量组分不会因为共沉淀而损失或共沉淀的损失可忽略不计。

(2) 共沉淀法。共沉淀是指溶液中一种难溶化合物在形成沉淀过程中，将共存的某些痕量组分一起载带沉淀出来的现象。共沉淀现象是一种分离富集微量组分的手段。

目前用于金属离子的分离主要是无机沉淀剂，常用的有氢氧化钠、氯化铵加氢氧化铵、硫化物等。除碱金属和碱土金属外对于大多数金属离子来说都能较容易地生成氢氧化物沉淀，其中各氢氧化物沉淀的溶度积又相差很大，因此可通过分离前的预处理使欲分离的物质转变为离子态，然后控制溶液的酸度，改变溶液中的[OH^-]，使其选择性沉淀，从而达到分离的目的。例如，测定水中含量为1μg/L 的 Pb 时，由于浓度低，直接测定有困难。当将 1000mL 水样调至微酸性，加入 Hg^{2+}，通入 H_2S 气体，使 Hg^{2+} 与 S^{2-} 生成 HgS 沉淀，同时将 Pb 共沉淀下来，然后用 2mL 酸将沉淀物溶解后测定。此时，Pb 的浓度提高了 500 倍，测定就容易实现了。其中 HgS 称为载体，也叫捕集剂。

共沉淀的原理基于表面吸附、形成混晶、异电核胶态物质相互作用等。

① 利用吸附作用的共沉淀分离。该方法常用的无机载体有 $Fe(OH)_3$、$Al(OH)_3$及 H_2S 等。由于它们是表面积大、吸附力强的非晶形胶体沉淀，因此吸附和富集效率高。例如，用分光光度法测定水样中的 Cr^{6+}时，当水样有色度、浑浊、Fe^{3+}浓度低于 200mg/L 时，可在 pH 值为 8~9 条件下，用 $Zn(OH)_2$作共沉淀剂吸附分离干扰物质。

② 利用生成混晶的共沉淀分离。当待分离微量组分及沉淀剂组分生成沉淀时，如具有相似的晶格，就可能生成混晶而共同析出。例如，硫酸铅和硫酸锶的晶形相同，当分离水样中的痕量 Pb^{2+}时，可加入适量 Sr^{2+}和过量可溶性硫酸盐，则生成 $PbSO_4$-$SrSO_4$的混晶，将 Pb^{2+}共沉淀出来。

③ 利用有机共沉淀剂进行共沉淀分离。有机共沉淀剂的选择性较无机沉淀剂高，得到的沉淀也比较纯净，通过灼烧可除去有机沉淀剂，留下待测元素。例如，痕量 Ni 与丁二酮肟生成螯合物，分散在溶液中，若加入丁二酮肟二烷酯（难溶于水）的乙醇溶液，则析出固体的丁二酮肟二酯，便将丁二酮肟镍螯合物共沉淀出来。丁二酮肟二烷酯只起载体作用，称为惰性共沉淀剂。

4.5.2.2　溶剂萃取分离法

同一溶剂中，不同的物质有不同的溶解度，同一物质在不同溶剂中的溶解度也不同。利用样品中各组分在特定溶剂中溶解度的差异，使其完全或部分分离的方法即为溶剂萃取法。常用的无机溶剂有水、稀酸、稀碱，有机溶剂有乙醇、乙醚、氯仿、丙酮、石油醚等。

溶剂提取法可用于提取固体、液体及半流体，根据提取对象的不同分为浸提法和萃取法。

提取是指通过溶解、吸着、挥发等方式将样品中的待测组分分离出来的操作步骤，也常称为萃取。重金属的溶剂萃取分离法常应用在冶金材料、航空航天等领域，由于特殊金属元素金、银、铂等需求量逐年递增以及天然储量减少，使得分离富集技术不断向着痕量和超痕量方向发展。这些贵金属阳离子大多数属软酸类离子，体积大，易变形，贵金属氯配阴离子是软酸与硬碱形成的配合物，相对不稳定，易发生水合、羟合，配合物中的氯能被其他软碱离子或配位基团取代形成新的配合物，为这些特殊贵金属萃取分离奠定了理论基础。常用的萃取剂可分为中性膦类萃取剂、酸性膦酸类萃取剂、胺类萃取剂、螯合萃取剂、中性含氧萃取剂、含硫萃取剂，如表 4-8 所示。

用经典的有机溶剂提取时，要求提取溶剂的极性与分析物的极性相近，即采用相似相溶原理，使分析物能进入溶液而样品中其他物质处于不溶状态。如用挥发分析物的无溶剂提取法，则要求提取时能有效促使分析物挥发出来，而样品基体不被分解或挥发，提取时要避免使用作用强烈的溶剂、强酸强碱、高温及其他剧烈操作。随着萃取技术的不断发展革新，传统萃取由于污染环境、对人体有害、工艺复杂等缺点逐步被固相萃取、超临界流体萃取等新技术取代。

表 4-8　常用萃取剂分类

类型	名称	水中溶解度/(g/L)
中性膦类萃取剂	磷酸三丁酯	0.38
	甲基膦酸异二戊酯	3.39
	三丁基氧化膦	
	三辛基氧化膦	0.09
	丁基膦酸二丁酯	
	二丁基膦酸丁酯	
酸性膦类萃取剂	二(2-乙基己基)磷酸	0.02
	磷酸单烷基酯	0.05
	异辛基磷酸单异辛酯	0.08
胺类萃取剂	仲碳伯胺	0.04
	三异辛胺	
	三烷基胺	0.01
	氯化甲基三烷基铵	0.04
螯合萃取剂	5，8-二乙基-7-羟基-6-十二烷酮肟(α-羟基肟)	0.02
	2-羟基-5-壬基二苯甲酮肟(β-羟基肟)	0.001
	乙醚	
	α-羟基庚醇	1.0
中性含氧萃取剂	甲基异丁基酮	19.1
	二仲辛基乙酰胺	0.01
	二丁基卡必醇(二乙二醇二丁醚)	2.0
含硫萃取剂	二烷基硫醚	
	二烷基亚砜	

4.5.2.3　火试金法

火试金法作为贵金属分析中分离、富集贵金属常用方法已具有悠久历史，是贵金属分析中普遍使用的重要途径。火试金法主要有铅试金、锍试金、锑试金、铋试金等方法。其中铅试金法在灰吹过程中，钌、铱、锇容易损失，所以铅试金法更适用于金、银、铂、钯的分离。锍试金过程的空白值相对较大，稳定性差。

铋试金法因铋及其化合物毒性小，也可以像铅试金的过程进行灰吹脱铋，并且对贵金属捕集率很高，但是铋试金成本较高，目前该方法没有普遍应用。

4.5.2.4　离子交换树脂分离法

离子交换分离就是利用离子交换剂与溶液中的离子发生交换反应进行分离的方法。由于分离效率高、设备与操作简单、树脂与吸附剂可再生和反复利用，且环境污染少，是一种“绿色提取”技术，是分离富集技术的重要分支之一。

常用的离子交换剂的种类很多，主要分为无机离子交换剂和有机离子交换剂两大类。在分析化学中应用较多的是有机离子交换剂，又称离子交换树脂。它具有选择性好、适用性强、应用广泛、多相操作、分离容易等优点，广泛应用于化工生产、环境保护、湿法冶金、原子能工业、食品工业、医药工业、分析化学等许多领域。

（1）有机离子交换树脂。有机离子交换树脂是指具有网状结构的复杂的有机高分子聚合物，网状结构的骨架部分一般很稳定，不溶于酸、碱和一般溶剂。在网的各处都有许多可被交换的活性基团。有机离子交换剂的分类及活性基团如表 4-9所示。

表 4-9　有机离子交换剂的分类及活性基团

类别	分类		功能基团	使用 pH 值范围	交换容量/（mmol/g）
凝胶型树脂	阳离子交换树脂	强酸性阳离子交换树脂	$—SO_3H$	1~14	4~5
		弱酸性阳离子交换树脂	—COOH 或—OH	6~14	≥9
	阴离子交换树脂	强碱性阳离子交换树脂	季铵碱—$N(CH_3)$+OH—	≤12	2.5~4
		弱碱性阳离子交换树脂	伯胺、仲胺或叔胺	≤9	5~9
		螯合(离子交换)树脂	$—CH_2—N(CH_2COOH)_2$	弱酸-弱碱	
		氧化还原(离子交换)树脂	含氧化或还原基团		
大孔径树脂	阳离子交换树脂	强酸性阳离子交换树脂	$-SO_3H$	1~14	4~5
		弱酸性阳离子交换树脂	—COOH 或—OH	6~14	≤9
	阴离子交换树脂	强碱性阳离子交换树脂	季铵碱—$N(CH_3)+OH^-$	0~12	2.5~4
		弱碱性阳离子交换树脂	伯胺、仲胺或叔胺	≤9	5~9
	纤维交换剂	阳离子交换树脂	—COOH 或—SO_3H		
		阴离子交换树脂	季铵碱—$N(CH_3)+$ OH^-或伯胺、仲胺或叔胺		
	萃淋树脂	有机高分子大孔径结构与萃取剂的共聚物型树脂	磷酸三丁酯与苯乙烯-二乙烯苯聚合物		

根据分离对象的要求，选择适当类型和粒度的树脂。如：钢铁中微量铝的测定，可用离子交换法消除铁的干扰。唐索寒的《用于多接收器等离子体质谱铜铁锌同位素测定的离子交换分离方法》介绍了用 AG MP-1 阴离子交换树脂，分别以 7mol/L 盐酸、5mol/L 盐酸、2mol/L 盐酸作为淋洗液，可有效分离铜、铁、锌三种金属元素。

4.5.2.5 滤膜分离法

滤膜分离的主要特点是将萃取和反萃取过程相结合，主要包括选择性渗透、膜相萃取和膜内相反萃取三个过程。该分离方法是一种综合新型方法，具有较高的传质速度和通量，浓缩能力强，特别适用于低浓度溶液的处理。按照构型和操作方法的不同，可分为：乳状型液膜、支撑型液膜、大块型液膜及静电式液膜等。其方法属于非平衡态的动力学传质过程，其逆浓度梯度迁移溶质的特性，特别适用于特殊金属的提取与富集。以 N7301(一种叔胺，分子量为 400 左右)为流动载体，Span80 为表面活性剂，煤油为膜溶剂，EDTA(乙二胺四乙酸)为内相试剂，制成乳状液膜，可用来迁移分离铂(Ⅱ)。其迁移机理为同向迁移，在所筛选的成膜及迁移条件下，96%铂(Ⅱ)迁入内相，并能有效地与铜、锌、镉、铅、镍、铁(Ⅱ)等离子分离。

近年来由于新材料、新技术、新仪器分析方法的迅速发展，涌现出大量的分离富集新方法，如植物分离富集法、微生物分离富集法、修饰电极富集法、流动注射在线法、毛细管电泳法、反相萃取色谱等。例如生物吸附重金属的方法，它是指利用活的或者灭活的微生物细胞及其代谢产物，通过物理静电引力、离子交换以及络合反应来吸附的过程。由于细胞壁含有羧酸酯、羟基、氨基、磷酸基等官能团结构，具备良好吸附。植物体作为新开发出来的金属吸附剂，取洗净的紫苜蓿茎和叶在 90℃烘干一周，研磨，过 100 目筛制得苜蓿颗粒作为试料，从水溶液中回收金元素。当 pH 值为 2 时动态吸附试验表明，铅、铜、锌、铬、镉和镍等常规离子不干扰金的吸附。但这些新技术仍然存在不完善因素以及各自的局限性，实际生产中应用不多。

4.5.3 应用示例

(1)《土壤　8 种有效态元素的测定　二乙烯三胺乙酸浸提-电感耦合等离子体发射光谱法》(HJ 804—2016)。

本方法的方法原理：通过配制二乙烯三胺五乙酸-氯化钙-三乙醇胺缓冲液作为浸提剂(溶液 pH＝7.3±0.2)，土壤中有效态铜、铅、镉和镍等元素被螯合浸提出来，其中二乙烯三胺五乙酸为螯合剂，氯化钙的作用是防止土壤中游离态的碳酸钙溶解，从而避免碳酸钙影响铜、镉等元素的提取；三乙醇胺的作用是使溶

液 pH 值保持在 7.3 左右，抑制碳酸钙溶解。

制备过程：准确称取 10.0g 土壤样品置于 100mL 三角瓶中，加入 20mL 浸提液，盖紧瓶塞在(20±2)℃下，以(180±20)r/min 的振荡频率振荡 2h，将浸提液缓慢倒入离心管中，3000r/min 离心 10min，上清液经定量滤纸重力过滤后使用电感耦合等离子发射光谱仪进行测定分析。

(2)《海洋监测规范　第4部分：海水分析》[GB 17378.4—2007(7.1)]。

由于海水中含有大量氯化钠、氯化镁等盐分，基底较为复杂，这些元素在分析测定中表现出很强的背景吸收，会严重影响分析测定。因此在海洋监测规范(第4部分：海水分析)中，采样络合萃取法消除基体干扰。具体操作步骤为：量取 400mL 过滤酸化水样于 500mL 分液漏斗中，用氨水和硝酸溶液调节 pH 值至 4~5，加入 1mL 乙酸溶液，2mL 吡咯烷二硫代氨基甲酸铵溶液和二乙氨基二硫代甲酸钠混合溶液，20mL 甲基异丁基酮-环己烷混合溶液，振荡 2min，静置分层；将下层水相转入另一个 500mL 分液漏斗中，加入 0.5mL 吡咯烷二硫代氨基甲酸铵溶液和二乙氨基二硫代甲酸钠混合溶液，10mL 甲基异丁基酮-环己烷混合溶液，振荡 2min，静置分层，弃去水相，将第二次萃取液并入第一次萃取的有机相中；加入 10mL 纯水洗涤有机相，加入 0.4mL 硝酸，振荡 1min，继续加入 9.6mL 纯水再振荡 1min，静置分层，将硝酸反萃取液收集于 10mL 聚乙烯瓶中，此萃取液经火焰原子吸收分光光度计分析测定。

4.6　金属元素形态分析前处理技术

环境中重金属元素的生物毒性、迁移转化规律以及在生物体中的积累能力与该元素在环境中存在的物理、化学形态密切相关，例如：Cr(III)是生物体必需的微量元素，而 Cr(VI)却具有高毒性和致癌性；As(III)的毒性远高于 As(V)；游离态铜对水生生物的毒性大于络合态铜，且其络合物越稳定毒性就越低；有机汞的毒性和生物体积累能力比无机汞更高；可溶态金属又比颗粒态金属毒性更高。因此，仅测定的某种元素的总含量往往难以准确表征其污染特性和危害，对重金属元素的赋存形态的分析同样具有重要意义。

做金属元素形态分析，同样需要采用合适的前处理技术，在尽量不改变金属元素原有形态的前提下将不同形态的金属元素提取分离。用于金属元素形态分析的前处理方法可分为单级提取法和多级连续提取法。经典的单级提取法通常指生物可利用萃取法，该方法以 DTPA 等物质作为萃取剂，提取金属中能被生物吸收利用的部分(有效态)，该方法的提取效率较低，但因为其操作简便，仍在现行检测标准中大量使用。多级连续提取法是指利用反应性不断增强的萃取剂对不同物理化学形态重金属的选择性和专一性，逐级提取颗粒物样品中不同有效性的重金属元素的方法。该方法的最大特点是用几种典型的萃取剂替代自然界中数目繁多的化合物，模拟各种可能的、自然的以及人为的环境条件变化，按照由弱到强的原则，连续溶解不同形态的金属污染物。多级连续提取方法有：Tessier 等于 1979 年提出的用于研究河流沉积物重金属污染的五步连续提取法，简称 Tessier 法；欧共体标准测量与检测局于 1985 年提出一种多步连续提取法，简称 BCR 法；Rauret 等于 1999 年基于 BCR 方法改进并成为欧洲新标准的改进 BCR 法。此外，还有许多新兴的提取技术也开始应用于金属元素总量及形态分析的前处理中。

4.6.1 Tessier 法

Tessier 法是一种金属元素形态分析的五步连续提取法，该方法将金属元素分为金属可交换态(可交换态)、碳酸盐结合态(碳酸盐态)、铁锰氧化物结合态(铁/锰态)、有机物和硫化物结合态(有机态)、残渣晶格结合态(残渣态)。就危害性而言，可交换态和碳酸盐结合态易被生物吸收利用，对环境危害较大；铁锰氧化物结合态、有机物和硫化物结合态较稳定，但在外界条件适宜时可释放出来，具有潜在的环境危害性；残渣态则非常稳定，几乎不会进入环境和生物体中。

Tessier 法的典型实验流程如下：准确称取 2.0g 样品，小心装入带盖 100mL 硬质塑料圆底离心管中进行分步提取。

(1) 可交换态：加入 16mL1mol/L 的 $MgCl_2$溶液，pH=7.0、25℃下连续振荡 1h，离心 20min，取出上层清液定容至 25mL 容量瓶待测。去离子水洗涤残余物，离心弃去上层清液。

(2) 碳酸盐结合态：对第 1 步的残渣加 16mL 1mol/L NaAc 溶液，pH = 5.0、(25±1)℃下连续振荡 8h，离心 20min，吸出上层清液，定容至 25mL 容量瓶中，作为待测液。用去离子水洗涤残余物，离心弃去上层清液。

(3) 铁锰氧化物结合态：向上一步的残渣中加 16mL 含有 0.04mol/L $NH_2OH \cdot HCl$ 的 25%HAc 溶液，(96±3)℃恒温断续振荡 4h，离心 20min，取出上层清液，定容至 25mL 容量瓶中，作为待测液。去离子水洗涤残余物，离心弃去上层清液。

(4) 有机物和硫化物结合态：向上一步的残渣加入 3mL 0.01mol/LHNO_3和 5mL 30% H_2O_2，然后用 HNO_3调节至 pH=2，混合物水浴加热到(85±2)℃，在此过程间断振荡 2h，再加入 5mL H_2O_2调节 pH 至 2，将混合物置于(85±2)℃下，加热 2h，并间断振荡，冷却到(25±1)℃，加入 5mL 含有 3.2mol/L NH_4Ac 的 20% HNO_3溶液，稀释到 20mL，连续振荡 30min，离心 20min，取出上层清液，定容至 25mL 容量瓶中，作为待测液。加去离子水洗涤残余物，离心弃去上层清液。

(5) 残渣态：包括石英、黏土矿物等，采用 $HCl+HNO_3+HF+HClO_4$ 消解。残留态消解的步骤与全消解法的步骤(详见 4.1 节)相同。后将溶液转移至 50mL 的容量瓶中定容，作为待测液。试验中采用空白样和标准样控制实验数据质量。

Tessier 法经历了较长时间的研究与测试，发现其存在难以克服的局限性。主要体现在以下几个方面：

① 提取步骤中，有可能导致元素结果偏高。例如由于 Cd 和 Cl 形成的化合物在高浓度氯化物介质中相当稳定，导致其可交换态结果偏高。

② 提取剂缺乏选择性，提取过程中存在重吸附和再分配现象。

③ 实验周期长，流程冗长烦琐，总共需要 120h。

④ 分析结果的可重复性、可比性较差。

4.6.2　BCR 法

BCR 法是由欧共体标准物质局结合各种不同提取方法，提出的一种多步连续提取法。最初的 BCR 法有三步提取 BCR 法和四步提取 BCR 法，这些方法经过 Rauret 等优化改进后(称为改进 BCR 法或修正 BCR 法)，Cr、Cu、Pb 的重现性得到了明显改善，且较原方案能更好地减少基体效应，成为欧洲新标准，并被许多研究者所采用。改进 BCR 法将金属元素分为弱酸提取态(弱酸可溶态)、可还原态、可氧化态、残渣态。该方法采用大量的提取液，与 Tessier 法等相比提取流程更简便(时间缩短至 50h)，分析结果的可重复性和可比性较好，适用于高灵敏度的分析仪器进行后续分析，如火焰原子吸收法(FAAS)、电热原子吸收法(ETAAS)、电感耦合等离子体光谱法(ICP-OES)和电感耦合等离子体质谱法(ICP-MS)。

改进 BCR 法实验步骤参见国标《土壤和沉积物　13 个微量元素　形态顺序提取程序》(GB/T 25282—2010)规定，总结如下：

(1) 弱酸提取态：准确称取 1.00g 过 0.25mm 筛的土壤/沉积物样品于 100mL 离心管内，按 1∶40 固液比加入 0.11mol/L 的醋酸，把管口塞紧密封。然后放到往复振荡机上振荡 16h。离心分离，并收集醋酸提取液于塑料瓶中，待测其中的金属含量。往残渣中添加 20mL 的去离子水后振荡 15min 进行清洗，然后再用 3000r/min 的速度离心 20min。倒掉上清液但不倒掉任何固体残渣。

(2) 可还原态：上述离心后的土壤样仍保留于离心管内，按 1∶40 固液比加入 0.5mol/L 的盐酸羟胺($NH_2OH \cdot HCl$)，用 2mol/L 的 HNO_3 调整 pH 值为 1.5 后进行第二步提取。再放到往复振荡机上振荡 16h，离心分离，并收集第二次提取液于塑料瓶中，待测其中的金属含量。往残渣中添加 20mL 的去离子水后振荡 15min 进行清洗，然后再用 3000r/min 的速度离心 20min。倒掉上清液但不倒掉任何固体残渣。

（3）可氧化态：分离后的土壤样保存于离心管内，先加入 10mL 30% 的 H_2O_2，于 85℃的水浴锅中进行有机质消化；上述消化液将干时，再加 10mL 30% 的过氧化氢继续消化，视样品不同直至加入 H_2O_2时没有冒气泡为止（全消化过程约 2h）。消化完毕后，冷却离心管内的样品，按 1∶50 固液比加入 1mol/L 的醋酸铵（NH_4COOH），用浓硝酸调整 pH 值为 2，并于振荡机上再振荡 16h。完后，离心分离，收集第三步的提取液，待测其中的金属含量。然后把离心管内的样品于 75℃条件下烘干，用玛瑙研钵研磨过 0.149mm（100 目）尼龙筛，混匀后备用。

（4）残渣态：准确称取上述备用样品 0.200～0.500g 于 50mL 聚四氟乙烯坩埚中，用水润湿后加入 10mL 浓盐酸，于通风橱内的电热板上低温加热，使样品初步分解，待蒸发至约剩 3mL 时，取下稍冷，然后加入 5mL 浓硝酸，10mL 浓氢氟酸，3mL 浓高氯酸，加盖后于电热板上中温加热。1h 后，开盖继续加热除硅，为了达到良好的飞硅效果，应经常摇动坩埚。当加热至冒浓厚白烟时，加盖，使黑色有机碳化物分解。待坩埚壁上的黑色有机质消失后，开盖驱赶高氯酸白烟并蒸至内容物呈黏稠状。视消解情况可再加入 3mL 浓硝酸，3mL 浓氢氟酸和 1mL 高氯酸，重复上述消解过程。当白烟再次基本冒尽且坩埚内容物呈黏稠状时，取下稍冷，用水冲洗坩埚盖和内壁，并加入 1mL 浓硝酸溶液温热溶解残渣。然后将溶液转移至 50mL 容量瓶中，冷却后定容至标线摇匀，测定其中的金属含量。

该流程可总结为表 4-10 所示。

表 4-10　改进 BCR 法实验流程

步骤	形态	提取试剂	提取条件
1	弱酸提取态	40mL 0.11mol/L HAc	25℃振荡 16h
2	可还原态	40mL 0.5mol/L 盐酸羟胺	25℃振荡 16h
3	可氧化态	（1）10mL 8.8mol/L H_2O_2，pH=2～3	85℃振荡 1h
		（2）10mL 8.8mol/L H_2O_2，pH=2～3	85℃振荡 1h
		（3）50mL 1.0mol/L NH_4Ac，pH=2	25℃振荡 16h
4	残渣态	$HCl+HNO_3+HF+HClO_4$	消解至澄清透明

4.6.3　其他提取法

在进行金属元素形态分析时，金属提取方法的选取要比重金属总量的测定受到更多限制，要同时考虑元素提取完全程度与保持元素在样品中的原始存在形态，因此提取强度，包括提取试剂的氧化性、酸度、提取温度、压力等与元素形态改变程度存在制约关系。从形态提取完全的角度出发，往往希望增强提取强

度，使该形态的金属能从复杂的样品中被提取，但为了保证提取过程元素形态不发生改变，往往希望能在温和的条件下进行提取。基于此许多新兴的提取技术开始运用于金属总量和形态分析的样品前处理，这些技术能够在相对温和、不改变金属形态的条件下高效提取金属元素，缩短了操作时间，提高了提取率，降低了复杂基体对后续测定的干扰。一些技术还提供了不同赋存形态金属元素的分离提纯手段。

4.6.3.1　超临界流体提取

超临界流体萃取(Supercritical fluid extraction，SFE)是一种利用超临界流体溶解并分离物质的萃取技术，兼有精馏和萃取两种作用，其核心原理是在高于溶剂临界点的压强和温度条件下的传质过程。物质在超临界流体中的溶解度，受压强和温度的影响很大，可以利用升温或降压的方法将超临界流体中所溶解的物质分离析出，达到分离提纯的目的。超临界流体萃取技术中最常用的物质是超临界态的 CO_2。利用超临界态的 CO_2 直接从环境样品中提取金属离子是不可行的，必须加入合适的配体作为衍生剂，将样品中带电的金属物种转化为易溶于超临界 CO_2 的电中性的非极性有机配合物。张国英等用三氟乙酰丙酮作为衍生剂，通过控制萃取条件实现了 Cr(Ⅲ)和 Cr(Ⅵ)的分级提取，在 10MPa、60℃下萃取了 Cr(Ⅵ)；然后升高温度和压强，在 15MPa、100℃下萃取了 Cr(Ⅲ)。

4.6.3.2　微波辅助提取

微波辅助提取(Microwave-assisted extraction，MAE)是一种快速高效、操作简便、节省溶剂的提取方法。由于不同物质吸收微波能力有所差异，可使基体物质的某些区域或萃取体系中的某些组分被选择性加热，从而使被萃取物质从基体或体系中分离，进入到具有较小介电常数、微波吸收能力相对较差的萃取溶剂中。熊文明等采用微波辅助提取-高效液相色谱-电感耦合等离子体质谱法提取并测定了水产品中的甲基汞和乙基汞，5min 内可完成甲基汞和乙基汞的定量分析。

4.6.3.3　加速溶剂提取

加速溶剂萃取(Accelerated solvent extraction，ASE)是一种基于高压条件下，降低溶剂黏度，增加物质溶解度和溶质扩散效率，提高萃取效率的快速萃取固体或半固体样品的前处理方法，已在环境、药物、食品、化工等领域得到广泛应用。章剑扬等以 EDTA 二钠盐及硝酸铵溶液为提取液，采用加速溶剂萃取技术对茶叶中两种价态铬进行提取，经过离子色谱分离后使用 ICP-MS 分析测定，建立了茶叶中 Cr(Ⅲ)和 Cr(Ⅵ)的含量测定方法。

4.6.3.4　超声辅助提取

超声辅助提取(Ultrasonic extraction，USE)也称超声萃取，是基于超声波的特殊物理性质，主要通过高频机械振动波破坏目标萃取物与基体之间的作用力，从而实现物质的提取。该法具有提取时间短、提取温度低、成本低、操作简单等优点。杨华等采用超声提取处理土壤样品，用 ICP-MS 分析样品中 Cu、Zn、Pb、Cd、Ni、Cr 6 种重金属元素形态，并通过试验分析了超声提取时土壤样品粒径、超声提取时间对提取效率的影响。与传统改进 BCR 法相比，超声提取将原有的提取时间由十几小时缩短为几十分钟，效率提高的同时提取条件更易控制，并且方法的精密度、准确度均能满足实际样品分析的技术要求。

4.6.3.5 浊点萃取

浊点萃取(Cloud point extraction，CPE)是基于中性表面活性剂胶束水溶液的溶解性和浊点现象，通过改变实验参数引发相分离，将疏水性物质与亲水性物质分离的方法。它是一种安全、绿色、普适的萃取方法。由于表面活性剂富集相的分散特性，浊点萃取法能达到更快的萃取速度、更高的萃取容量以及更大的富集倍数。浊点萃取法在金属离子的分离与富集过程中，首先使金属离子与配体结合生成疏水性配合物，利用表面活性剂富集相应配合物来实现重金属的分离富集，实现了重金属与复杂基体的分离，降低了基体对重金属检测的干扰。Sun 等建立了浊点萃取分离烟草中 Cr(Ⅲ)与 Cr(Ⅵ)的方法，以 8-羟基喹啉为螯合剂，TritonX-114 为表面活性剂选择性萃取烟草中的 Cr(Ⅲ)，通过石墨炉原子吸收光谱法测定总铬含量及 Cr(Ⅲ)含量，差减得到 Cr(Ⅵ)的含量。

4.6.4 应用示例

(1) 单级提取法。经典的单级提取法相对于 Tessier 法和 BCR 法操作简便，仍在许多环境、农林标准中大量使用。HJ 804—2016 规定了使用 20.0mL 二乙烯三胺五乙酸-氯化钙-三乙醇胺缓冲溶液(0.005mol/L DTPA-0.01mol/L $CaCl_2$-0.1mol/L TEA，pH=7.3±0.2)浸提 10.0g 土壤中铜、铁、锰、锌、镉、钴、镍、铅 8 种金属元素的有效态，其中 DTPA 作为螯合剂提取有效态金属，氯化钙可防止石灰性土壤碳酸钙溶解释放其中包裹的锌、铁，三乙醇胺用于维持 pH 值，加入浸提剂后 160~200r/min 振荡 2h，离心 10min，过滤后用 ICP-AES 方法测定其含量。GB/T 23739—2009 规定了使用 25.00mL DTPA 浸提剂(组分同 HJ 804—2016)提取 5.00g 土壤中有效态铅和镉，原子吸收光谱法测定其含量。农业行业标准 NY/T 890—2004 规定了采用 DTPA 浸提剂(组分同上)提取 pH 值大于 6 的土壤中有效态锌、锰、铁、铜。NY/T 1121.13—2006 中则规定了用 1mol/L 乙酸铵作为浸提剂提取土壤中交换性钙和镁。而林业行业标准分别规定了用乙酸铵溶液浸提森林土壤中交换性钙和镁(LY/T 1245—1999)、钾和钠(LY/T 1246—1999)以及锰(LY/T 1263—1999)。LY/T 1264—1999 则规定了使用对苯二酚-

1mol/L 乙酸铵溶液浸提森林土壤易还原态锰。

（2）Tessier 法。Tessier 法在土壤、沉积物、固体废物、地矿样品的重金属形态分析中得到广泛使用。蓝际荣等利用 Tessier 法分别前处理堆肥前后的电解锰渣，做了重金属的形态分析，发现堆肥过程中 As、Cd 和 Hg 的水溶态和交换态显著减少，而残渣态比例升高，结果表明除 Zn 之外多数重金属堆肥后生物有效性降低，堆肥处理有利于降低电解锰渣重金属污染的风险。

（3）BCR 法。改进 BCR 法已成为各种环境样品金属元素形态分析前处理最常用的方法。陈莉薇等分别使用 Tessier 法和改进 BCR 法对内蒙古获各琦铜矿尾矿样品中的 Cu、Pb 和 Zn 三种重金属的赋存形态进行对比分析，发现改进 BCR 法的回收率可满足重金属形态评价的要求，更适合应用于尾矿重金属赋存形态分析，而 Tessier 法则不能满足分析要求；通过重金属形态分析，发现重金属迁移能力由大到小依次为 Cu、Zn、Pb。

4.7　有效态提取技术

4.7.1　基本介绍

土壤中重金属元素的有效态主要是指土壤中能够被植物实际吸收利用或产生毒害效应的重金属形态，在重金属污染研究中常称为“可提取态”。其含量并非由某一种形态的重金属所决定，而是一种动态平衡的过程。

随着对土壤环境中元素迁移和转化规律的研究不断深入，人们发现重金属土壤污染强度和生物毒性效应不仅与金属总量有关，更取决于其在土壤中不同的形态分布特征，单纯通过土壤重金属总量难以准确评估其生物有效性及环境风险程度。监测和评价重金属有效态含量对了解土壤实际污染状况、预测重金属对生态系统及人类健康影响、土壤污染修复治理等都具有十分重要的作用。

4.7.2　主要类别

重金属的生物有效性是评价环境风险的重要基础，而重金属有效态的提取则是保证评价准确性的前提。针对土壤中有效态元素的提取方法有很多，如化学试剂浸提法、同位素稀释法、快速生物法和解吸法等。其中，同位素稀释法、快速生物法中的试管根法和解吸法等均可以较好地对土壤重金属的生物有效性进行表征，但是受实验室相关技术及设备条件的限制，应用并不广泛。目前，最常用的方法仍是化学试剂浸提法，且多以采用某种单一的提取剂提取的金属作为土壤有效态重金属的参考指标。由于环境样品的复杂性以及不同重金属元素与土壤颗粒之间结合方式的差异，使用不同的浸提剂，测定结果往往会产生较大的偏差。因此，针对不同类型的土壤，选择合适的化学试剂浸提方法是准确评价土壤中重金属生物有效性的关键，也是测定结果具备可比性的前提。

土壤中有效态元素常用的分析方法有比色法、极谱法、原子吸收光谱法、原子荧光法、电感耦合等离子体发射光谱法和电感耦合等离子体质谱法等。早期的研究方向集中在对单元素有效态的提取和分析。随着各种大型仪器的普及，使得一次测定多种元素成为可能，也促进了多元素通用浸提剂的研究。例如通用浸提剂 Mehlich3 和 AB-DTPA 等近年来逐渐发展起来，可以满足酸性、中性、碱性等各类土壤甚至无土栽培基质的多元素测定。

4.7.3 影响因素

土壤中重金属有效态的提取效率主要受到两个方面因素的影响，一是土壤本身条件的影响，包括金属元素种类及分布形态、土壤类型、土壤理化参数等；二是提取条件的影响，包括提取剂类型、提取剂浓度、提取时间、振荡方式等。

4.7.3.1 金属元素种类及分布形态

由于不同的重金属元素间性质各不相同，即使同一种重金属当处于不同形态时也有明显的性质差异，这就决定了不同种类和形态的金属元素在土壤中的吸附能力往往不同，在对不同目标元素有效态进行提取时，提取效率也会随之改变。大量研究已经表明，同一种提取剂对土壤中不同重金属元素的提取效率存在明显不同。甘国娟等的实验证实，DTPA 对 Zn、Pb、Cd、Cu 的提取效率呈现出 Cd(51.64%)>Cu(22.21%)>Pb(20.85%)>Zn(17.99%)的规律，反映了不同种类金属元素在土壤中的吸附能力差异。

4.7.3.2 土壤类型

土壤类型也是影响重金属有效态提取效率的主要因素之一。这是因为不同类型的土壤其矿物组成、颗粒特征等均有一定的差异，从而在很大程度上影响土壤对重金属的吸附。贺建群等研究发现，NH_4OAc 对灰钙土中各重金属提取效率均高于水稻土，而 HCl 对水稻土的提取率又显著高于灰钙土，表明同一提取剂对不同类型土壤重金属的提取效率也有较大差异。此外，细颗粒土壤由于具有较大的比表面积、较高的黏土矿物质和有机物含量，相比于粗颗粒土壤对重金属具有更高的吸附能力。

4.7.3.3 土壤理化参数

(1) 土壤 pH 值。随着土壤 pH 值的变化，重金属元素在土壤溶液中的溶解度也随之改变。通过降低土壤 pH 值，可以使存在于土壤中的部分难溶重金属如强氧化物、铁锰氧化物等开始溶解、释放，土壤中重金属有效态含量增加，从而

达到提高提取效率的目的。

（2）有机质。有机质一方面可以与重金属离子发生配位反应，生成可溶性配合物，从而提高重金属在土壤溶液中的溶解度。另一方面又会对重金属离子产生吸附作用，使重金属离子以可交换态的形式吸附在土壤表面，这些因素都会对提取效率产生影响。

（3）微生物。微生物本身对土壤中重金属具有一定的吸附作用，而且伴随着各种转化反应也会改变土壤中重金属的有效态含量。例如重金属污染土壤中的抗性微生物产生的柠檬酸等物质会与重金属发生螯合作用，从而降低土壤中重金属的有效性。

4.7.3.4　提取剂种类

由于不同种类的提取剂对土壤中重金属的提取机理各不相同，因此在提取效率上往往也表现出一定的差异。荆延德等对长三角地区青紫泥稻菜轮作土壤的研究表明，不同浸提剂对土壤中有效态 Hg 的提取能力表现为 $CaCl_2$>HCl>NH_4OAc>DTPA 的规律。

4.7.3.5　提取剂浓度

在一定的浓度范围内，提取剂对重金属的提取效率随着提取剂浓度的增大而增大，当提取剂浓度增大到一定程度后，提取效率的提升趋于稳定。颜世红等利用 $CaCl_2$ 提取土壤中有效态 Cd 的实验中发现，0.1mol/L 比 0.01mol/L 的 $CaCl_2$ 对酸性水稻土和中偏碱性灰钙土有效态 Cd 的提取效率更高。曾清如等在探索土壤重金属提取 EDTA 溶液最佳浓度中发现，随着 EDTA 浓度（2～50mmol/L）升高，其对土壤中重金属的提取能力有不同程度的增强，但当 EDTA 浓度大于 5mmol/L 时，各元素的溶出量增加不再显著。因此，并非提取剂浓度越高越好，提取剂浓度过高，不但对提高重金属提取效率无益，反而会增加成本，影响测样的准确度。

4.7.3.6　提取时间

提取时间是影响重金属有效态提取效率的重要因素，提取时间过短会导致提取不完全，提取时间过长又容易引入其他杂质干扰。一般来说，提取效率随提取时间的延长而增加，且达到一定程度后不再发生明显变化。农云军等在试验提取时间对土壤中有效态铅、镉的影响时，通过在相同的提取剂、水土比和温度等条件下，分别设定超声提取时间为 5～30min，结果表明土壤有效态铅、镉的提取量随提取时间的延长而升高，当提取至 20min 时，土壤固相吸附固定的铅、镉与液相铅、镉基本达到吸附交换平衡，提取效率趋于稳定。

4.7.3.7　振荡方式

鉴于国内外对重金属有效态提取采用的振荡仪器和振荡方式并不完全相同，

振荡方式对于有效态重金属的提取也可能存在一定影响，吕明超等分别利用行星轮旋转振荡仪、往复式振荡器、回旋振荡培养箱3种设备，设置6种不同振荡方式，对4种典型历史污染农田土壤进行有效态重金属提取。结果表明，回旋振荡下HNO_3提取的4种土壤重金属总摩尔浓度均显著高于往复振荡和行星轮旋转振荡，行星轮旋转振荡下$CaCl_2$提取的重金属总摩尔浓度均高于回旋振荡和往复振荡，HNO_3提取态重金属在剧烈振荡下提取量较多，而$CaCl_2$提取态重金属在温和振荡下提取量较多。

4.7.3.8 提取温度

提取温度对重金属有效态的提取量影响较小，重金属有效态的提取通常选择在室温条件下(20~30℃)进行即可。

4.7.4 常用提取剂

土壤中有效态重金属的提取剂，按照其不同的提取机理如离子交换、溶解(酸溶或碱溶)、络合作用等，主要可以分为稀酸溶液、络合剂、中性盐溶液以及缓冲溶液等几种类型。

4.7.4.1 稀酸溶液

稀酸溶液作为一类常见的土壤中重金属有效态提取剂，因其对重金属具有较强的代换吸附作用，广泛适用于酸性土壤中重金属有效态提取和分析。目前，HNO_3溶液和HCl溶液是2种常用的酸性提取剂，其作用机理主要是通过强酸破坏土壤中基质成分，达到使土壤中重金属元素释放、溶解的目的。由于其主要提取的是土壤组分表面吸附的重金属，因此常被用来测定土壤总可吸附态重金属含量。需要注意的是，稀酸溶液作为重金属提取剂也有明显的不足。这是由于稀酸溶液的pH值往往比较低，导致提取过程中一些非代换吸附态的重金属也容易从土壤中提取出来，对于非酸性土壤中其重金属提取量往往要高于植物有效态，使得其提取的重金属形态并不能代表真正的生物有效性。

4.7.4.2 络合剂

络合剂对重金属具有较强的提取能力，其主要通过与土壤中溶解释放的重金属离子进行络合反应生成络合物的形式，实现对土壤中重金属的提取。络合剂对重金属的作用力很强，它可以把土壤中的碳酸盐结合态和部分有机结合态、铁锰氧化物结合态中的重金属提取出来，且提取过程中不需要对提取液pH值进行严格控制。络合剂常用于碱性土壤中重金属的生物有效性分析，某些情况下也可用于酸性土壤。在使用络合剂提取重金属含量较高的酸性、还原性或污染严重的土壤样品时，应加大络合剂的用量。相关研究表明，EDTA、DTPA等络合剂均具

有良好的提取效果。

4.7.4.3　中性盐溶液

中性盐溶液是一种弱代换剂，其在土壤溶液中解离出来的阳离子可以交换释放靠静电作用弱吸附的重金属，对土壤的结构破坏较小，可用于估计土壤中易解吸态重金属。由于中性盐溶液基本代表自然 pH 值下土壤中重金属的溶解能力，因此其提取结果能较好地反映土壤重金属的生物有效性，是最接近土壤本身状态的提取剂。$CaCl_2$是目前最常用的一种中性盐提取剂，此外还有 $NaNO_3$、$BaCl_2$等。不过，中性盐溶液提取也有一定的局限性，主要因为其提取的通常是水溶态和部分交换态的重金属，这部分重金属含量较小，测定时难度较大。此外，中性盐溶液提取剂本身的各类重金属含量也比较高，导致背景干扰比较大，同样不利于结果的准确测定。

4.7.4.4　缓冲溶液

缓冲溶液由于具有在一定程度上保持 pH 值相对稳定的优势，很大程度上解决了中性盐溶液对土壤 pH 值较为敏感的问题，拓宽了其适用范围。鉴于目前我国土壤体系的酸度变化情况，缓冲试剂（NH_4OAc、$NH_4H_2PO_4$等）也常被作为提取剂来评估土壤重金属的生物有效性。

4.7.5　应用示例

（1）《土壤质量　有效态铅和镉的测定　原子吸收法》（GB/T 23739—2009）。

① DTPA 提取剂（0.005mol/L DTPA-0.1mol/L TEA（三乙醇胺）-0.01mol/L $CaCl_2$）。称取 1.967g DTPA 溶于 14.92g（13.3mL）TEA 和少量水中，再将 1.11g 氯化钙（$CaCl_2$）溶于水中，一并转入 1000mL 容量瓶中，加水至约 950mL，用 6mol/L 盐酸溶液调节 pH 值至 7.30（每升提取剂需加 6mol/L 盐酸溶液约 8.5mL），最后用水定容，贮存于塑料瓶中。

② 提取步骤。称取 5.00g 通过 2mm 孔径筛的风干土壤样品，置于 100mL 具塞锥形瓶中，用移液管加入 25.00mL DTPA 提取剂，在室温［（25±2）℃］下放入水平式往复振荡器上，每分钟往复振荡 180 次，提取 2h。取下，离心或干过滤，最初滤液 5~6mL 弃去，再滤下的滤液上机测定。

（2）《土壤　速效钾和缓效钾含量的测定》（NY/T 889—2004）——速效钾。

① 乙酸铵溶液，$c(CH_3COONH_4)=1.0mol/L$。称取 77.08g 乙酸铵溶于近 1L 水中，用稀乙酸或氨水（1+1）调节 pH 值为 7.0，用水稀释至 1L。该溶液不宜久放。

② 提取步骤。称取通过 1mm 孔径筛的风干土试样 5g（精确至 0.01g）于 200mL 塑料瓶（或 100mL 三角瓶）中，加入 50.0mL1.0mol/L 乙酸铵溶液（土液比为 1∶10），盖紧瓶塞，在 20~25℃下，150~180r/min 振荡 30min，干过滤。滤

液直接在火焰光度计上测定。

参考文献

[1] 蔺凯，刘建利，王舒婷，等．土壤中重金属消解方法的比较[J]．安徽农业科学，2013，41(22)：9259-9260
[2] 潘俊强．浅谈重金属检测中电热板消解的优缺点[J]．河南农业，2013，(3)：24
[3] 罗琦林，倪海燕．浅论微波消解[J]．天津化工，2008，22(2)：58-60
[4] 南京市环境监测中心站．HJ 694—2014 水质汞、砷、硒、铋和锑的测定原子荧光法[S]．北京：中国环境科学出社，2014
[5] 南京市环境监测中心站．HJ 491—2019 土壤和沉积物铜、锌、铅、镍、铬的测定火焰原子吸收分光光度法[S]．北京：中国环境出版社，2019
[6] 石勇，姚智兵，刘国尧，等．样品预处理技术的应用及发展[C]//姜艳萍，王国清主编．2007 中国环境科学学会学术年会优秀论文集(下卷)．北京：中国环境科学出版社，2007
[7] 崔新玲，李杰，王倩，等．环境样品消解问题浅析[J]．化学工程师，2012，26(04)：42-44
[8] 蔡云，王虹，刘晓梅．应用干、湿两法消化食品的比较及应注意的问题[J]．现代医药卫生，2003，19(02)：248-249
[9] 陈新焕，肖家勇，易征璇，等．干灰化法前处理测定茶叶中铅的影响因素[J]．光谱实验室，2012，29(05)：2685-2688
[10] 黄本芬，吕小艇．干灰化消解-原子荧光光谱法测定有机肥中总砷含量的研究[J]．化肥工业，2015，42(01)：18-20+23
[11] 冯春明．土壤中重金属元素分析的前处理技术的现状[J]．科技视界，2015(26)：259-260
[12] 周心如，杨俊佼，柯以侃．化验员读本：上册(第五版)[M]．北京：化学工业出版社，2017
[13] ChoiIHetal. Alkalifusion using sodium carbonate for extraction of vanadium and tungsten for the preparation of synthetic sodium titanate from spent SCR catalyst[J]. Scientific Reports，2019，9(1)：1-8
[14] 付爱瑞，陈庆芝，罗治定，等．碱熔-电感耦合等离子体发射光谱法测定大气颗粒物样品中无机元素[J]．岩矿测试，2011，30(06)：751-755
[15] 煤炭科学研究总院煤炭分析研究室．GB/T 1574—2007 煤灰成分分析方法[S]．北京：中国标准出版社，2007
[16] 国家地质实验测试中心．GB/T 14506.29—2010 硅酸盐岩石化学分析方法[S]．北京：中国标准出版社，2010
[17] 付玉琴．ICP-MS 在地矿高低含量稀土元素测定中的应用[J]．化工设计通讯，2020，46(04)：232-238
[18] Maxwell S L，et al. Rapid fusion method for the determination of Pu，Np，and Amin large soil samples[J]. Journal of Radio Analytical&Nuclear Chemistry，2015，305(2)：1-10
[19] 上海市环境监测中心．HJ 687—2014 固体废物六价铬的测定碱消解/火焰原子吸收分光光

度法[S]. 北京：中国环境科学出版社，2014

[20] 中国环境科学研究院固体废物污染控制技术研究所. 环境标准研究所. GB 5085. 3—2007 危险废物鉴别标准浸出毒性鉴别[S]. 北京：中国环境科学出版社，2007

[21] 上海市环境监测中心. HJ 1082—2019 土壤和沉积物六价铬的测定碱溶液提取-火焰原子吸收分光光度法[S]. 北京：中国环境出版集团，2019

[22] 易敏，欧伏平. 固体废物六价铬分析样品碱消解快速前处理方法[J]. 环境工程，2010，12，28(6)

[23] 冯素萍，鞠莉，沈永，等. 沉积物中重金属形态分析方法研究进展[J]. 化学分析计量，2006(04)：72-74

[24] Tessier A，et al. Sequential extraction procedure for the speciation of particulate trace metals[J]. Analytical Chemistry，1979，51(7)：844-851

[25] Förstner U. Chemical methods for assessing bioavailable metalsin sludges [M]. London：Elsevier，1985

[26] Rauret G，et al. Improvement of the BCR three step sequential extraction procedure prior to the certification of new sediment and soil reference materials[J]. Journal of Environment Monitor，1999，1(1)：57-61

[27] 周梦帆，钱新，李慧明，等. 南京仙林地区大气 PM_ (2.5)中金属化学形态分析及其风险评估[J]. 环境污染与防治，2020，42(06)：767-774

[28] 黄涓，刘昭兵，谢运河，纪雄辉. 土壤中 Cd 形态及生物有效性研究进展[J]. 湖南农业科学，2013(17)：56-61

[29] 王国莉，陈孟君，范红英，等. 四种土壤重金属形态分析方法的对比研究[J]. 浙江农业学报，2015，27(11)：1977—1983

[30] 周朗君，古君平，施文庄，等. 食品中重金属元素形态分析前处理与检测研管理与技术，2015，27(04)：51-53

[31] Sun M，et al. Cloud point extraction combined with graphite furnace atomic absorption spectrometry for speciation of Cr(Ⅲ) in human serum samples. Journal of Pharmaceutical and Bio Medical Analysis，2012，60：14-18

[32] 云南省环境监测中心. HJ 804—2016 土壤 8 种有效态元素的测定二乙烯三胺五乙酸浸提-电感耦合等离子体发射光谱法[S]. 北京：中国环境出版社，2016

[33] 农业部环境保护科研监测所. GB/T 23739—2009 土壤质量有效态铅和镉的测定原子吸收法[S]. 北京：中国标准出版社，2009

[34] 蓝际荣，李佳，杜冬云，等. 锰渣堆肥过程中理化性质及基于 Tessier 法的重金属行为分析[J]. 环境工程学报，2017，11(10)：5637-5643

[35] 陈莉薇，陈海英，武君，等. 利用 Tessier 五步法和改进 BCR 法分析铜尾矿中 Cu、Pb、Zn 赋存形态的对比研究[J]. 安全与环境学报，2020，20(02)：735-740

[36] 陈佳木，吴志华，刘文浩，等. 湖南水口山多金属矿区废石堆重金属污染评价及赋存形态分析[C]. 第九届全国成矿理论与找矿方法学术讨论会论文摘要集，2019

[37] 陈飞霞，魏世强. 土壤中有效态重金属的化学试剂提取法研究进展[J]. 干旱环境监测，

2006，20(03)：153-158
[38] 甘国娟，刘妍，朱晓龙，等.3种提取剂对不同类型土壤重金属的提取效果[J]. 中国农学通报，2013，29(02)：148-153
[39] 贺建群，许嘉琳，杨居荣，等. 土壤中有效态Cd、Cu、Zn、Pb提取剂的选择[J]. 农业环境保护，1994，13(06)：246-251
[40] 杨梦丽，叶明亮，马友华，等. 基于重金属有效态的农田土壤重金属污染评价研究[J]. 环境监测管理与技术，2019，31(01)：10-13+38
[41] 荆延德，何振立，杨肖娥. 稻菜轮作制下土壤有效态汞提取剂和提取条件研究[J]. 水土保持通报，2012，32(04)：185-189
[42] 颜世红，吴春发，胡友彪，等. 典型土壤中有效态镉CaCl2提取条件优化研究[J]. 中国农学通报，2013，29(09)：99-104
[43] 曾清如，廖柏寒，杨仁斌，等.EDTA溶液萃取污染土壤中的重金属及其回收技术[J]. 中国环境科学，2003，23(06)：597-601
[44] 农云军，谢继丹，黄名湖，等. 超声提取-ICP-MS法测定土壤中有效态铅和镉[J]. 质谱学报，2016，37(01)：68-74
[45] 吕明超，宋静，余海波，等. 不同振荡方式对土壤有效态重金属提取的影响[J]. 农业环境科学学报，2014，33(02)：339-344
[46] 农业部环境保护科研监测所.GB/T 23739—2009 土壤质量有效态铅和镉的测定原子吸收法[S]. 北京：中国标准出版社，2009
[47] 全国农业技术推广服务中心，中国农业大学，杭州土壤肥料测试中心.NY/T 889—2004 土壤速效钾和缓效钾含量的测定[S]. 北京：中国农业出版社，2005

第 5 章

环境中其他无机污染物检测的前处理技术

5.1 直接测定

5.1.1 直接测定基本原理

测量方法是人们认识自然界事物的一种手段，根据量值取得方式的不同测量方法可分为直接测量法和间接测量法。例如：要知道某块金属的质量，可以用天平进行测量，而使用天平就是一种测定质量的方法。

环境中其他无机污染物检测的前处理技术主要分为直接测定和间接测定，其中直接测定是指用测量精确程度较高的仪器直接得到测定结果的方法。例如：在使用仪表或传感器进行测量时，测得值直接与标准量进行比较，不需要经过任何运算，直接得到被测量的数值，这种测量方法称为直接测定法。被测定与测定值之间关系可用下式表示：

$$y=x$$

式中 y——被测量的值；

x——直接测得的值。

5.1.2 直接测定与间接测定的区别

5.1.2.1 直接测定法

直接测量是指直接得到而不必通过测量与被测量有函数关系的其他量，得到能被测量值的测量。放到环境检测中，也就是所测指标可以直接使用仪器测定。现实中许多测量采用直接测量，测量结果是由测量仪器的示值直接给出。有时为了减小测量的系统误差，需要补充测量来确定影响量的值，再对测量结果进行修正，这类测量仍属于直接测量。

5.1.2.2 间接测定法

间接测定法是需要通过数学模型的计算得出测定结果。通过被测定结果与某些物理量的函数关系，先测出这些物理量(间接量)，再得出被测定数值的方法。如检定一块压力表，测定结果是被检表示值减去压力计的示值而得。显然，直接测定比较直观，间接测量比较烦琐。一般当被测尺寸用直接测定达不到精度要求时，就不得不采用间接测定。我们在进行化学检测时，要对所测定样品进行一系列的处理，通过转换最终测得一个结果。

5.1.3 提高直接测定的措施

①测量时采用高精度的仪器；②温度校正；③多次测量求平均；④多次测量的相对标准偏差 RSD；⑤在测量同时测定坐标和方位角(距离)计算对比；⑥尽量保证前后测量方式统一。

5.1.4 直接测定不确定度的分类

直接测定就是用测定仪器直接获得的被测定的量值的方法，分为等精度和不等精度。

等精度测定是指参与测定的要素均不发生改变的条件下进行的多次重复测定。等精度测定是一个理想的条件。对等精度测定进行不确定度评定，首先要判定是否存在系统误差和粗大误差，对系统误差设法消除或加以修正，对测定数据进行粗大误差的判别，确定为粗大误差的应予以剔除。不能够消除的系统误差应进行不确定度的评定。

不等精度测量是指在测量过程中，除被测对象不改变，其他的要素发生改变的测量。如仪器、测量方法、测量环境以及检测人员中任何一项发生改变，都可认为是不等精度测量。不等精度测量中不确定度计算涉及权值，即测定的可信赖程度，权值越大可靠程度越高。在其他测量条件相同的情况下，测量次数越多，测量结果越可靠，其权值也越大，故可用测量次数来确定权值。

5.1.5 应用示例

(1)《水质 pH 值的测定电极法》(HJ 1147—2020)。

方法原理：pH 值由测量电池的电动势而得。该电池通常由饱和甘汞电极为参比电极，玻璃电极为指示电极所组成。在 25℃，溶液中每变化 1 个 pH 单位，电位差改变为 59.16mV，据此在仪器上直接以 pH 的读数表示。

测定步骤：

① 仪器校准：使用pH广泛试纸粗测样品的pH值，根据样品的pH值大小选择两种合适的校准用标准缓冲溶液。采用两点校准法，按照仪器说明书选择校准模式，先用中性(或弱酸、弱碱)标准缓冲溶液，再用酸性或者碱性标准缓冲溶液进行校准。②温度补偿：手动温度补偿的仪器，将标准缓冲溶液的温度调节至与样品的实际温度一致，用温度计测量并记录温度。校准时，将酸度计的温度补偿旋钮调至该温度上。带有自动温度补偿功能的仪器，无须将标准缓冲溶液与样品保持同一温度，按照仪器说明书进行操作。③样品测定：用蒸馏水冲洗电极并用滤纸边缘吸去电极表面水分，现场测定时根据使用的仪器取适量样品测定或直接测定；实验室测定时将样品沿杯壁倒入烧杯中，立即将电极浸入样品中，缓慢水平搅拌，避免产生气泡。待读数稳定后记下pH值。具有自动读书功能的仪器可直接读取数据。每个样品测定后用蒸馏水冲洗电极。

注：①现场测定是必须使用带有自动温度补偿功能的仪器；②校准也可以选用多点校准法，按照仪器说明书操作，在测定实际样品时，需采用pH值相近(不得大于3个pH单位)的有证标准样品或标准物质核查；③酸度计1min内读数变化小于0.05个pH单位即可视为读数稳定。

(2)《生活饮用水标准检验方法　感官性状和物理指标　电导率的测定》(GB/T 5750.4—2006)。

方法原理：在电解质的溶液里，离子在电场的作用下，由于离子的移动具有导电作用；在相同温度下测定水样的电导G，它与水样的电阻R呈倒数关系，按式计算：$G=1/R$。在一定条件下，水样的电导随着离子含量的增加而升高，而电阻则降低。因此，电导率γ就是电流通过单位面积A为$1cm^2$距离L为1cm的两铂黑电极的电导能力，按式计算：$\gamma=G\times L/A$。即电导率γ为给定的电导池常数C与水样电阻R_s的比值，按式计算：$\gamma=C\times G_s=C\times 10^6/R_s$，只要测定出水样的$R_s$或水样的$G_s$，$\gamma$即可得出。单位为μS/cm。

测定步骤：

① 将氯化钾标准溶液(0.01000mol/L)注入4支试管。再把水样注入2支试管中。把6支试管同时放入(25±0.1)℃恒温水浴中，加热30min，使管内溶液温度达到25℃。

② 用其中3管氯化钾溶液依次冲洗电导电极和电导池。然后将第4管氯化钾溶液倒入电导池中，插入电导电极测量氯化钾的电导G_{KCl}或电阻R_{KCl}。

③ 用1管水样充分冲洗电极，测量另一管水样的电导G_s或电阻R_s，并记录数据(注：依次测量其他水样。如测定过程中，温度变化<0.2℃，氯化钾标准溶

液电导或电阻就不必再次测定。若为不同批(日)测量，应重做氯化钾溶液电导或电阻的测量)。

5.2 显色反应

5.2.1 显色反应基本原理

显色反应是将试样中待测组分转变成有色化合物的化学反应，一般出现在光度分析中。

因为分光光度法的基本原理是利用朗伯-比尔定律，在待测组分中加入一定的显色剂，根据不同浓度的试样对光信号具有不同的吸光度，对待测组分进行定量测定。在无机分析中，很少直接利用金属水合离子本身的颜色进行光度分析，由于它们的吸光系数值都很小，一般都是选择适当的显色剂，与待测组分发生显色反应。

显色反应既有氧化还原反应，也有配位反应，一般发生的都是配位反应。

5.2.2 显色剂的选择

在显色反应中，要选择适合的显色剂，应满足以下要求：

(1) 显色剂的选择性要好。一种显色剂最好只与被测组分起显色反应，干扰少或干扰容易消除。

(2) 显色剂的灵敏度要高。分光光度法用于微量组分的测定，所以一般选择生成有色化合物吸光度高的显色反应。但灵敏度过高，反应选择性不一定好。所以在选择显色剂时应全面考虑。

(3) 所形成的有色化合物应足够稳定，而且组成恒定，有确定的组成比。对于形成不同配位比的配位反应，必须注意控制实验条件，使生成一定组成的配合物以免引起误差。

(4) 所形成的有色化合物与显色剂之间的颜色差别要大。这样显色时的颜色变化鲜明，而且在这种情况下，试剂空白较小。一般要求有色化合物的最大吸收波长与显色剂最大吸收波长之差在60nm以上。

(5) 显色反应的条件要易于控制。如果要求过于严格难以控制，则会导致测定结果的再现性较差。

(6) 其他因素如显色剂的溶解度、稳定性和价格等。

5.2.3 显色反应的条件控制

显色反应能否满足分光光度法的要求，除了与显色剂的性质有关，控制好显

色反应的条件也十分重要。影响显色完全的条件包括显色剂用量、酸度、显色温度、显色时间及共存离子。

5.2.3.1 显色剂用量

为了使显色反应尽可能进行完全，需加入适当过量的显色剂。但加入时切忌不可过量太多，否则会引起其他副反应，对原本的测定反应不利。显色剂用量对显色反应主要有以下三种情况，见图 5-1。

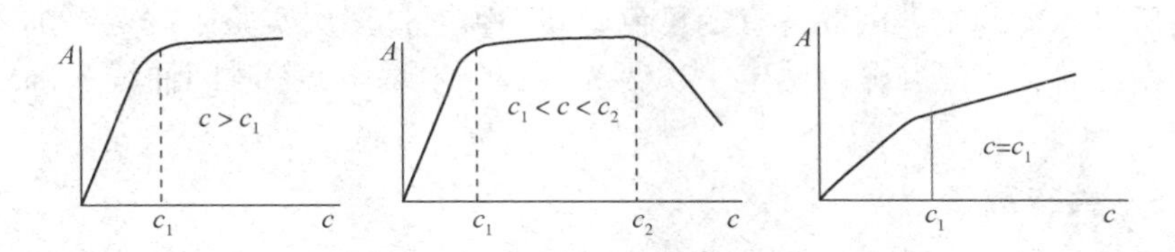

图 5-1 显色剂用量对显色反应的影响结果

（1）第一种情况，曲线中，测定时浓度要大于 c_1；

（2）第二种情况，曲线中当显色剂浓度继续增大时，吸光度反而下降。此时必须严格控制显色剂的用量，测定时浓度 $c_1<c<c_2$；

（3）第三种情况，当显色剂的浓度不断增大时，吸光度不断增大。此时应严格控制显色剂的用量。

在实际工作中，显色剂的适宜用量是通过多次实验求得的。固定待测组分的浓度和其他条件，分别加入不同含量的显色剂，测得其吸光度，以吸光度-显色剂用量绘制曲线，吸光度最大处对应的显色剂的用量即为合适的用量。

5.2.3.2 酸度

溶液酸度对显色反应的影响来源于金属离子、显色剂及有色配合物。

（1）影响被测金属离子的存在状态。大部分高价金属离子都容易水解。当溶液的酸度降低时，可能形成一系列氢氧基或多核氢氧基配合离子，不利于显色反应。

（2）影响显色剂的平衡浓度和颜色。显色剂多为有机弱酸，溶液的酸度影响显色剂的离解，并影响显色反应的完全程度。此外，许多显色剂本身就是酸碱指示剂，溶液的酸度对显色剂本身的颜色也会产生改变。

（3）影响配合物的组成。对于生成逐级配合物的显色反应，酸度不同，配合物的配合比不同，其颜色也会不同。

因此，某一显色反应最适宜的酸度可通过多次实验来确定。固定待测组分及显色剂的浓度，改变溶液的 pH 值，测定其吸光度，绘制吸光度-pH 关系曲线，曲线平坦部分对应的 pH 值为适宜的酸度范围。

5.2.3.3 显色温度

显色反应大多在室温下进行，但有些反应必须具备加热条件。应该注意的是：许多有色化合物在温度较高时容易分解。

5.2.3.4 显色时间

有些显色反应瞬间完成，溶液颜色很快达到稳定状态；有些显色反应虽能迅速完成，但某些配合物的颜色很快开始褪色；有些显色反应进行缓慢，需放置一段时间后显色才稳定。因此适宜的显色时间必须通过多次实验来确定。加入显色剂后开始计时，每隔几分钟测定一次吸光度，绘制吸光度-时间曲线来确定适宜的时间。

5.2.3.5 共存离子

如果共存离子本身有颜色，或者共存离子与显色剂生成有色的配合物，则会使吸光度增加，造成正干扰。

如果共存离子与待测组分或显色剂生成无色配合物，则会降低待测组分或显色剂的浓度，从而影响显色剂与待测组分的反应，引起负干扰。

消除共存离子干扰的一般方法如下：

(1) 尽可能采用选择性高、灵敏度也高的特效试剂；

(2) 控制酸度，使干扰离子不产生显色反应；

(3) 加入掩蔽剂，使干扰离子被络合不发生干扰，而待测离子不与掩蔽剂反应；

(4) 加入氧化剂或还原剂，改变干扰离子的价态以消除干扰；

(5) 选择适当的波长以消除干扰；

(6) 萃取法消除干扰；

(7) 其他能将待测组分与杂质分离的步骤，如离子交换、蒸馏等；

(8) 利用参比溶液消除显色剂和某些有色共存离子干扰；

(9) 利用校正系数从测定结果中扣除干扰离子影响。

5.2.4 显色剂分类

显色剂分为无机显色剂和有机显色剂。

5.2.4.1 无机显色剂

许多无机试剂能与金属离子发生显色反应。例如与氨水反应生成深蓝色的配离子，但多数无机显色剂的灵敏度和选择性都不高。其中性能较好，使用较多的无机显色剂，见表5-1。

表5-1　常用的无机显色剂

显色剂名称	反应类型	滴定元素	酸度	颜色	测定波长/nm
硫氰酸盐	配位	Fe(Ⅲ)	0.1~0.8mol/L 硝酸	红	480
硫氰酸盐	配位	Mo(Ⅵ)	1.5~2mol/L 硫酸	橙	460
硫氰酸盐	配位	W(Ⅴ)	1.5~2mol/L 硫酸	黄	405
硫氰酸盐	配位	Nb(Ⅴ)	3~4mol/L 盐酸	黄	420
钼酸铵	杂多酸	Si	0.15~0.3mol/L 硫酸	蓝	670~820
钼酸铵	杂多酸	P	0.5mol/L 硫酸	蓝	670~830
钼酸铵	杂多酸	V(Ⅴ)	1mol/L 硝酸	黄	420
钼酸铵	杂多酸	W	4~6mol/L 盐酸	蓝	660
氨水	配位	Cu(Ⅱ)	浓氨水	蓝	620
氨水	配位	Co(Ⅲ)	浓氨水	红	500
氨水	配位	Ni	浓氨水	紫	580
过氧化氢	配位	Ti(Ⅳ)	1~2mol/L 硫酸	黄	420
过氧化氢	配位	V(Ⅴ)	0.5~3mol/L 硫酸	红橙	400~450
过氧化氢	配位	Nb	18mol/L 硫酸	黄	365

5.2.4.2　有机显色剂

大多数有机显色剂常与金属生成稳定螯合物，有机显色剂中一般都含有生色团和助色团。有机化合物中的不饱和键基团能发生 $n \to n^*$ 跃迁，吸收200~800nm的紫外光或可见光。这种基团称为广义的生色团。例如偶氮基(—N═N—)、醌基等。

某些有孤对电子的基团，可以影响有机化合物对光的吸收，使颜色加深，这些基团称为助色团。例如氨基($—NH_2$)、羟基(—OH)等，以及卤代基(X—)等，它们能与生色团上的不饱和键相互作用，导致生色团上的共轭体系电子云的流动性增大，分子中 $n \to n^*$ 跃迁的能级差减小，促使试剂对光的最大吸收向长波方向移动。

有机显色剂是一般分析工作中常用的显色剂，具有以下优点：

(1) 颜色鲜明，一般 $\varepsilon>10^4$，灵敏度高；

(2) 稳定，离解常数小；

(3) 选择性高，专属性强；

(4) 可被有机溶剂萃取，广泛应用于萃取光度法。

有机显色剂种类很多，常用的有以下几种：

(1) 邻二氮菲。属于N-N型螯合显色剂，是目前测定微量物质较好的显色剂。显色灵敏度高，可直接测定 Fe^{2+}，也可用还原剂(如盐酸羟氨)将 Fe^{3+} 还原为 Fe^{2+}，在 pH=5~6 条件下，Fe^{2+} 与待测样品作用，生成稳定的红色配合物。

(2) 双硫腙。属于含硫显色剂，能用于测定 Cu^{2+}、Pb^{2+}、Zn^{2+}、Cd^{2+}、Hg^{2+} 等多种重金属离子。采用一致的酸碱度及加入掩蔽剂的办法，可以消除金属离子之间的干扰，提高反应的选择性和反应灵敏度。

(3) 偶氮胂(铀试剂)。属于偶氮类螯合显色剂，可在强酸型溶液中与 Th(Ⅳ)、Zr(Ⅳ)、U(Ⅳ)等生成稳定的有色配合物，也可以在弱酸性溶液中与稀土金属离子生成稳定的有色配合物，用于测定稀土的总量。

5.2.5 应用示例

(1)《水质　铁的测定　邻菲罗啉分光光度法(试行)》(HJ/T 345—2007)。

方法原理：亚铁离子在 pH 为 3~9 的溶液中与邻菲啰啉生成稳定的橙红色络合物，此络合物在避光时可稳定保存半年。测量波长为 510nm，其摩尔吸光系数为 1.1×10^4mol · cm。若用还原剂(如盐酸羟胺)将高铁离子还原，则本法可测高铁离子及总铁含量。

(2)《水质　铅的测定　双硫腙分光光度法》(GB/T 7470—1987)。

方法原理：在 pH 为 8.5~9.5 的氨性柠檬酸盐-氰化物的还原性介质中，铅与双硫腙形成可被氯仿萃取的淡红色的双硫腙铅螯合物，萃取的氯仿混色液，于 510nm 波长下进行光度测量，从而求出铅的含量。

5.3 消解

在测定被污染的环境样品中的无机污染物时，常需要对此样品进行消解处理。消解处理的原理是利用酸体系或碱体系在加热条件下氧化样品中的有机物或还原性物质。消解处理的目的是破坏样品中存在的有机物、溶解颗粒物，将不同价态的待测元素氧化成单一高价态元素或转变成易于分解的无机化合物。

样品消解处理时应注意：

(1) 消解过程中不得使待测组分损失；

(2) 消解过程中不得带入污染物且需最大限度去除样品中的干扰物质；

(3) 消解处理要安全、快速，不给后续分析操作步骤带来困难。

消解分为湿法消解、干法消解和微波消解，在其他无机污染物的检测中，常用湿法消解和干法消解处理样品。根据消解时所使用的设备不同可分为电热板消解法、高压蒸汽灭菌器消解法、碱熔消解法和消化炉消解法。

5.3.1 电热板消解法

5.3.1.1 基本原理

电热板消解属于湿式消解法，湿式消解法原理同“4.1 湿法消解”。电热板消

解常用于水样、土壤样品的前处理。

使用电热板消解处理试样时应注意：

（1）此操作应在通风橱内进行；

（2）常用的氧化剂有硝酸、硝酸-高氯酸等，多为强氧化性酸，故消解加入氧化剂时应缓慢加入防止喷溅；

（3）消解时不可将消解液蒸干。

5.3.1.2　应用示例

《生活垃圾化学特性通用检测方法》(CJ/T 96—2013)。

方法原理：试样经硫酸-高氯酸消解，其中难溶盐和含磷有机物分解形成正磷酸盐进入溶液，在酸性条件下，磷与钒钼酸铵反应生成黄色的三元杂多酸，于波长 420nm 处进行比色测定。磷浓度在一定的范围内服从比尔定律。

操作步骤：①称取试样约 0.5g，于 100mL 锥形瓶中，用少许水湿润试样后，加入 2mL 浓硫酸，1.5mL 高氯酸，摇匀，瓶口盖一小漏斗，置于电热板上加热消解，开始温度不宜过高，至试样冒大量白烟，消解液若仍呈黑色或棕色，则表示高氯酸用量不足，此时可移下锥形瓶稍冷后，滴加高氯酸继续消解，待消解液呈灰白色，再消解约 20min。②取下锥形瓶冷却至室温，将瓶内消解液全部转移到 100mL 容量瓶中，并用蒸馏水反复冲洗小漏斗和瓶壁，加水至标线，静置，待测。

5.3.2　高压蒸汽灭菌器消解

5.3.2.1　基本原理

高压蒸汽灭菌器消解是指取适量样品于具塞磨口比色管或具塞磨口锥形瓶中，加入氧化剂后盖紧瓶塞，用纱布和线绳扎紧瓶塞，放入高压蒸汽灭菌器中，在一定压力和温度条件下消解一段时间，使样品中的有机物或还原性物质被氧化。取出冷却至室温待测(图 5-2)。

图 5-2　高压蒸汽灭菌器

使用高压蒸汽灭菌器消解时需注意：

（1）使用高压蒸汽灭菌器时，应定期检定压力表，并检查橡胶密封圈密封情况，避免因漏气而减压。

（2）高压蒸汽灭菌器使用完毕后需及时排水，以防止设备内部被腐蚀生锈。

（3）在使用高压蒸汽灭菌器时，安全气阀应保持通畅，否则易造成爆炸事故。

5.3.2.2 应用示例

水质总磷的测定、水质总氮的测定、城市污水处理厂污泥总氮的测定等方法均采用高压蒸汽灭菌器进行消解处理。

(1)《水质　总氮的测定　碱性过硫酸钾消解紫外分光光度法》(HJ 636—2012)。

方法原理：在120~124℃下，碱性过硫酸钾溶液使样品中含氮化合物的氮转化为硝酸盐，采用紫外分光光度法于波长220nm和275nm处，分别测定吸光度A_{220}和A_{275}，按公式(5-1)计算校正吸光度A，总氮(以N计)含量与校正吸光度A成正比。

$$A = A_{220} - 2A_{275} \tag{5-1}$$

操作步骤：取适量样品用20g/L氢氧化钠溶液或(1+35)硫酸溶液调节pH至5~9；取10mL上述样品于25mL具塞磨口玻璃比色管中，再加入5.00mL碱性过硫酸钾溶液，塞紧管塞，用纱布和线绳扎紧管塞，以防弹出。将比色管置于高压蒸汽灭菌器中，加热至顶压阀吹气，关阀，继续加热至120℃开始计时，保持温度在120~124℃ 30min。自然冷却、开阀放气，移去外盖，取出比色管冷却至室温，按住管塞将比色管中的液体颠倒混匀2~3次，待测。

(2)《水质　总磷的测定　钼酸铵分光光度法》(GB/T 11893—1989)。

方法原理：在中性条件下用过硫酸钾使试样消解，将所含磷全部氧化为正磷酸盐，在酸性介质种，正磷酸盐与钼酸铵反应，在锑盐存在下生成磷钼杂多酸后，立即被抗坏血酸还原，生成蓝色的络合物。

操作步骤：向试样中加入4mL 50g/L的过硫酸钾溶液，将具塞刻度管的盖塞紧后，用一小块纱布和线将玻璃塞扎紧，放在大烧杯中置于高压蒸汽灭菌器中加热，待压力达到1.1kg/cm^2，相应温度为120℃时，保持30min后停止加热，待压力表读数降至零后，去除放冷，然后用水稀释至标线待测。

5.3.3 碱熔消解

5.3.3.1 基本原理

碱熔消解属于干式分解法，原理同“4.3碱熔法”。

此法多用于固体样品的消解。其操作步骤为：取适量样品于坩埚中，加入强碱后移入马弗炉(图5-3)，马弗炉升温至一定温度，灼烧样品至灰白色，使样品中有机物完全分解。取

图5-3　马弗炉

出坩埚，冷却，取适量酸溶液或水溶液溶解样品灰分，过滤，溶液定容后待测。

使用碱熔消解处理样品时需注意：

(1) 使用马弗炉时需注意高温及接电安全，灼烧样品时不宜将样品放置过于紧密，必须留出足够空间，以便于空气循环。

(2) 此消解方法不适用于测定易挥发物质。

(3) 待消解样品放入马弗炉中消解时，应加盖处理，避免高温灼烧时样品喷溅。

5.3.3.2　应用示例

《固体废物　氟的测定　碱熔-离子选择电极法》(HJ 999—2018)。

方法原理：样品中的氟经氢氧化钠高温熔融后提取，在一定的 pH 值范围和总离子强度下，用氟离子选择电极法测定，溶液中氟离子浓度的对数与电极电位在一定范围浓度内呈线性关系。

操作步骤：称取 0.10~0.25g(精确至 0.1mg)干燥过筛后的样品，置于预先加入适量氢氧化钠垫底的镍坩埚中，将 3g 氢氧化钠均匀盖于样品表面，加盖后放入马弗炉中，按照程序升温进行碱熔消解。消解后，待温度降至室温，将镍坩埚取出，用约 80mL 热水分几次浸取，全部转移至聚乙烯烧杯中。必要时，可用电热板或超声波清洗器辅助溶解。再缓慢加入 5mL 盐酸溶液，冷却后全部转移至 100mL 具塞比色管中，用水稀释至标线，摇匀，静置或用定性滤纸过滤后待测。

5.3.4　消化炉消解

5.3.4.1　基本原理

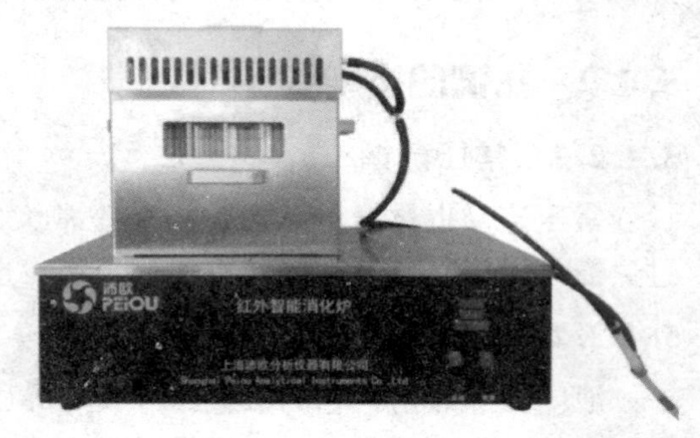

图 5-4　消化炉

消化炉消解一般与定氮仪配套使用。消化炉的种类有很多(图 5-4)，主要分为红外消化炉、石墨消化炉、铝锭消化炉，不同的消化炉在消化时间和消化样品的彻底程度上也是不太相同的。其原理为：将待消化样品加入消化炉中，再加入消化液，通过程序控制消化温度及消化时间以达到消化目的。常用的试剂有：浓硫酸、硫酸钾等。

使用消化炉消解样品时需注意：

(1) 消化炉属于高温加热设备，在使用时需确保接电安全及人身安全。

(2) 消化时不可使用强火，强火会使消解液爆沸溅起，导致消解不完全。

5.3.4.2 应用示例

《土壤质量　全氮的测定　凯氏法》(HJ 717—2014)。

方法原理：土壤中的全氮在硫代硫酸钠、浓硫酸、高氯酸和催化剂的作用下，经氧化还原反应全部转化为铵态氮。消解后的溶液碱化蒸馏出的氨被硼酸吸收，用标准盐酸溶液滴定，根据标准盐酸溶液的用量来计算土壤中全氮的含量。

操作步骤：称取0.2000~1.0000g试样，放入消解瓶中，用少量水湿润，依次加入1~2g(1+9)硫酸铜、硫酸钾催化剂，0.5g硫代硫酸钠还原剂，1mL 50g/L高锰酸钾溶液，最后加入5mL浓硫酸，摇匀，将消解瓶放于消化炉中消解。消解时保持微沸状态，使白烟到达瓶颈1/3处回旋，待消解液和土样全部变成灰白色稍带绿色后，表明消解完全，冷却，待测。注意：消化炉消解完成后，冷却阶段不能关闭水源，否则会有剩余的废气逸出；在消解时如遇气体逸出情况，应加大水源水压；每次消解结束后应清洗消化密封圈外壁以延长使用寿命。

5.4 蒸馏

5.4.1 蒸馏基本原理

蒸馏是一种分离技术，是利用组分之间的沸点不同，通过加热使液体汽化为蒸气后再遇冷凝结为液体从而得到待测组分的过程。与其他分离手段相比它的优点在于不需使用系统组分以外的其他溶剂，因此不会引入新的杂质。

5.4.2 蒸馏的类型

5.4.2.1 常压蒸馏

常压蒸馏也称简单蒸馏，指在正常大气压(一个大气压)下进行的蒸馏，通过蒸馏可以用来分离和提纯有机化合物，也可以用来测定物质的沸点。

5.4.2.2 减压蒸馏

液体的沸点是指它的蒸气压等于外界压力时的温度，因此液体的沸点是随外界压力的变化而变化的，如果借助于真空泵降低系统内压力，就可以降低液体的沸点，这便是减压蒸馏操作的理论依据。减压蒸馏是分离和提纯有机化合物的常用方法之一。

5.4.2.3 分馏

分馏也叫做精馏，是分离几种不同沸点的混合物的一种方法，在一个设备中进行多次部分汽化和部分冷凝，以分离液态混合物，如将石油经过分馏可以分离出汽油、柴油、煤油和重油等多种组分。

5.4.3　蒸馏设备的组成

蒸馏设备的组成如图5-5所示，主要包括以下几个部分。

(1) 加热源。加热源应能使蒸馏瓶均匀受热。可根据具体情况选择不同的温度，以控制蒸馏速率。

(2) 蒸馏烧瓶。蒸馏烧瓶为全玻璃具塞器具，是一种用于液体蒸馏或分馏物质的玻璃容器。蒸馏烧瓶(见图5-6)与圆底烧瓶(见图5-7)较为相似。二者都为圆底，但蒸馏烧瓶瓶颈上有侧管，常与冷凝管配套使用；而圆底烧瓶瓶颈为直管，常用来加热液体。

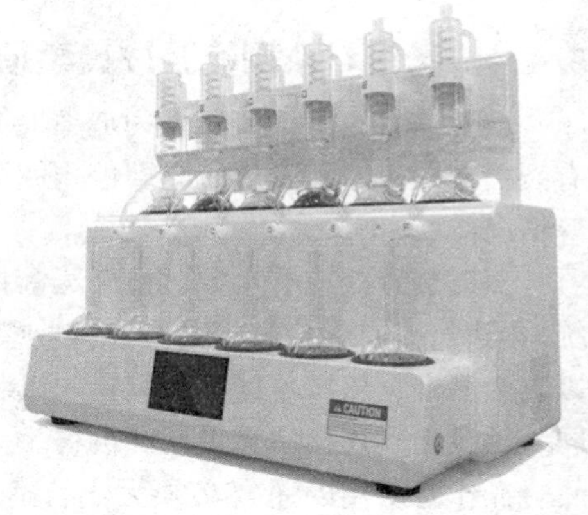

图5-5　全自动蒸馏设备

图5-6　蒸馏烧瓶

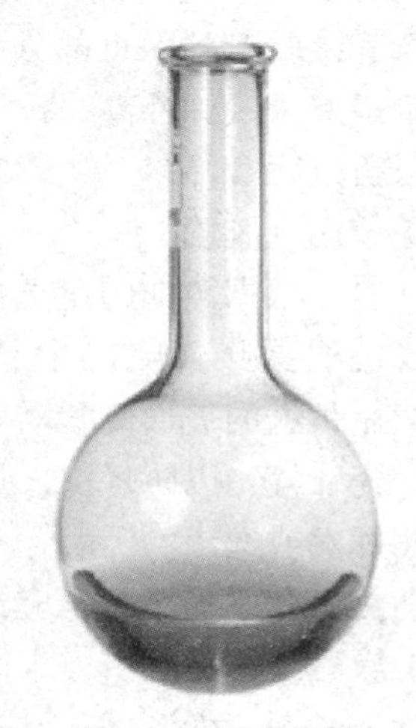
图5-7　圆底烧瓶

(3)冷凝管。冷凝管是利用热交换原理使冷凝性气体冷却凝结为液体的一种玻璃仪器，常由一里一外两条玻璃管组成，较小的玻璃管贯穿较大的玻璃管。外管常在两旁有一下一上的进水和出水口。有直形、球形、蛇形三种，规格以长度(mm)表示。

(4) 馏出液导管。馏出液导管与冷凝管下端连接带有细口，配合接收瓶用来收集馏出液。

(5) 接收瓶。接收瓶没有特定说明，可以依据具体要求进行选择。如：容量瓶、比色管等。

5.4.4 蒸馏基本操作及注意事项

（1）连接。蒸馏装置多为玻璃器皿，易碎。连接前需先检查瓶身和端口是否有裂痕或缺口，若发现应立即停止使用并更换，避免蒸馏过程中出现漏气、炸裂等情况。

蒸馏装置处应有水源，整个蒸馏操作应在通风橱（或具有防护措施和通风系统）内进行。首先应根据冷凝和接收装置高度调节并固定蒸馏烧瓶的位置，然后以它为基准，依次连接其他仪器。组装完成后烧瓶、冷凝管和接收瓶的位置应在同一轴线上。连接后无晃动和偏移。

操作时所用的瓶塞必须大小合适，装配严密，以防止在蒸馏过程中出现漏气、蒸干等现象，而使收集过程受到损失或发生事故。

连接过程应避免铁器和玻璃仪器的直接接触，以防止碰撞破损或摩擦力不够引起的滑落。所用的铁夹必须用防滑防撞材质作为衬垫。铁夹应夹在蒸馏瓶支管以上的位置和冷凝管的中央部分。

连接管最好采用弹性高、抗老化的材质，以免因使用时间过长发生硬化、老化对操作分析过程和结果产生影响（实验过程中，经常使用聚四氟乙烯管作为连接管，避免使用乳胶管）。

（2）加料。根据蒸馏的量选择合适的蒸馏瓶，蒸馏的液体一般不超过蒸馏瓶容积的2/3也不要少于1/3。将待测液体小心移入蒸馏瓶并根据要求加入所需试剂，需注意瓶颈上的玻璃侧管需朝上，避免加液时漏出造成测量误差。加入沸石或玻璃珠、瓷片等，以防暴沸。加料完成后立即盖上瓶塞并连接蒸馏装置，以免造成反应物挥发或逸出。

（3）加热。开始加热前，应再次检查蒸馏设备的连接严密性，确认蒸馏烧瓶外壁清洁干燥后开启冷凝水，水由下至上充满冷凝管后即可开始加热，调节蒸馏速率为每秒1~2滴为宜。整个加热过程不可长时间离开视线，应密切关注蒸馏过程，及时对可能出现的突发情况做出处理。处理异常情况时应注意个人防护措施（护目镜、隔热手套、防护服等）的佩戴。

（4）收集。收集馏出液时，若接收瓶内以吸收液作为接受介质时需要将馏出液导管没入吸收液液面以下，防止被分离物质逸出。收集完毕后，注意先停止加热后再关闭冷凝水，刚结束后的蒸馏瓶瓶身温度较高，可用隔热手套取下冷却或等待冷却后再取下清洗。收集完成后必须在停止加热前移开接收瓶，防止倒吸。

（5）清洗。拆卸下的蒸馏烧瓶一般用试管刷清洗，也可以用超声波清洗，若蒸馏瓶内壁有机物质、油脂等难清洗物质过多，无法常规清洗时可以加入乙醇、丙酮等有机试剂或洗涤剂等。刷洗过后用自来水清洗后再以去离子水润洗两遍。

对于冷凝管和馏出液导管的清洗只需要以去离子水从上至下润洗三至四遍即可。清洗后注意观察馏出液导管内是否有堵塞或沾污情况，若有应更换导管。

5.4.5　应用类型

蒸馏技术在环境检测的应用非常广泛，常用于环境样品的前处理阶段。

5.4.5.1　物质分离

蒸馏最基本的应用就是在不同的反应条件下分离出不同的物质，以便于对这些物质进行准确的测定。如水质总氰化物的测定及土壤和沉积物中挥发酚的测定。

5.4.5.2　去除干扰

检测分析中常有环境样品基质复杂、难以常规分析的情况，部分可以通过蒸馏来消除样品测定时的干扰。

如《水质　氨氮的测定　纳氏试剂分光光度法》（HJ 535—2009）中干扰及消除规定：水样浑浊或有颜色时可用预蒸馏法。在蒸馏刚开始时，氨气蒸出速度较快，加热不能过快否则会造成水样暴沸馏出液温度升高，氨吸收不完全。馏出液流出速率应保持在 10mL/min。

《水质　甲醛的测定　乙酰丙酮分光光度法》（HJ 601—2011）试样的制备中规定：无色、不浑浊的清洁地表水和地下水调至中性后，可直接测定。受污染的地表水、地下水和工业废水需进行蒸馏后再进行测定。预蒸馏时需注意：向试样中加入 15mL 水，防止有机物含量高的水样在蒸至最后时，有机物在硫酸介质中发生碳化现象而影响甲醛的测定。

5.4.5.3　制备去离子水

一般来说实验室用水的要求为蒸馏水或同等纯度的水。

将天然水用蒸馏器蒸馏可制取蒸馏水，其缺点是能耗高，占地广。蒸馏水的杂质主要是二氧化碳和某些低沸物、少量液态水成雾状进入蒸汽中。

测定《生活饮用水标准检验方法　有机物综合指标》（GB/T 5750.7—2006）总有机碳时，所用纯水的总有机碳最高容许含量要求 0.5mg/L 时，可以用加高锰酸钾、重铬酸钾重蒸馏的方法制取。

5.4.5.4　提纯

化学试剂在分析化学中的应用极为广泛，试剂的纯度和其杂质含量有着直接关系。提纯试剂的方法有很多，对于易挥发的液体或固体试剂（如各种常用的无机酸、有机溶剂等），蒸馏是最常用的提纯方法。根据被提纯物质沸点的高低，可选用常压或减压蒸馏法进行提纯。

5.4.6 应用示例

(1)《水质　氰化物的测定　容量法和分光光度法》(HJ 484—2009)。

方法原理：向水样中加入磷酸和乙二胺四乙酸二钠，在 pH<2 的条件下，加热蒸馏，利用金属离子与 EDTA 络合能力比氰离子络合能力强的特点，使络合氰化物离解出氰离子，并以氰化氢形式被蒸馏出，用氢氧化钠溶液吸收。

样品前处理(蒸馏)的操作步骤如下：

按照标准方法要求将蒸馏装置连接，用量筒量取 200mL 样品，移入蒸馏瓶中，加数粒玻璃珠。加入 10mL 乙二胺四乙酸二钠溶液再迅速加入 10mL 磷酸使 pH<2，立即盖好瓶塞，打开冷凝水，打开可调电炉，由低档逐渐升高，馏出液以 2~4mL/min 速度进行加热蒸馏。往接收瓶中加入 10mL 氢氧化钠溶液，作为吸收液。

馏出液导管上端接冷凝管的出口，下端插入接收瓶的吸收液中，检查连接部位，使其严密。蒸馏时，馏出液导管下端要插入吸收液面下，使完全吸收。

当接收瓶内试样体积接近 100mL 时，停止蒸馏，用少量水冲洗馏出液导管，去除接收瓶用水稀释至标线，待测。

注，标准方法特别写明：如在试样制备过程中，蒸馏或吸收装置发生漏气现象，氰化氢挥发，将使氰化物分析产生误差且污染实验室环境，对人体产生危害，所以在蒸馏过程中一定要时刻检查蒸馏装置的严密性并使吸收完全。

(2)《土壤和沉积物挥发酚的测定 4-氨基安替比林分光光度法》(HJ 998—2018)。

(3) 挥发酚定义：指在规定的条件下可以从土壤和沉积物中提取出、能随水蒸气蒸馏出并与 4-氨基安替比林反应生成有色化合物的挥发性酚类化合物，结果以苯酚计。

基本原理：用碱性溶液提取土壤和沉积物中的酚类化合物，提取液在酸性条件下蒸馏，馏出液中的挥发酚在铁氰化钾催化剂存在的碱性溶液中与 4-氨基安替比林反应生成橙红色的吲哚酚安替比林，于波长 510nm 处测量吸光度，在一定浓度范围内，挥发酚含量与吸光度值成正比。

提取后蒸馏步骤：在样品提取液中加入数滴甲基橙指示液，用磷酸调节 pH 至试样显橙红色(pH<4)，再加入 5g 五水硫酸铜，加 25mL 水，加数粒玻璃珠以防暴沸。连接冷凝器，加热蒸馏，蒸馏过程中应调整加热装置功率，控制蒸馏速率不大于 7mL/min，收集 250mL 馏出液，待测。

注：蒸馏过程中，应保持蒸馏设备密封，若发现甲基橙红色褪去，应在蒸馏结束冷却后，再加 1 滴甲基橙指示液，若发现蒸馏后残液不呈酸性，则应重新取样，增加磷酸加入量，进行蒸馏。

使用的蒸馏设备不宜与测定工业废水或生活污水的蒸馏设备混用。每次试验前后，应清洗整套蒸馏设备。

不得用橡胶塞、橡胶管连接蒸馏瓶及冷凝器，以防止对测定产生干扰。

5.5　搅拌

5.5.1　搅拌基本原理

搅拌可以使两种或多种互溶的液体分散，可以使不互溶的液体分散与混合，也可以使气态物质与液态物质混合，或者使固体颗粒物悬浮于液体当中。在化学分析中，搅拌的目的是使反应物混合均匀，加速化学反应，促进传质传热等过程的进行，加快反应速度或者蒸发速度，缩短工作时间。

5.5.2　搅拌的类型

环境分析中，搅拌通常分为玻璃棒搅拌和磁力搅拌。

5.5.2.1　玻璃棒搅拌

玻璃棒是化学分析中最常用的搅拌器具。玻璃棒的物理性质硬度大、熔点高、难溶于水，化学性质不活泼，不与水反应，不与酸(除 HF 外)反应。主要应用于以下两个场景：

(1) 溶解时通过搅拌加快物质的溶解速率，并使其充分溶解；

(2) 蒸发时通过搅拌加快物质蒸发的速率，防止由于局部温度过高，造成液滴飞溅误伤操作人员。

使用玻璃棒搅拌时需要注意：

(1) 用力得当，切勿过力造成玻璃棒或器皿(如烧杯、蒸发皿等)破裂；

(2) 尽量避免碰撞容器壁、容器底，发出响声；

(3) 最好以一个方向搅拌(顺时针、逆时针皆可)；

(4) 同一根玻璃棒搅拌其他溶液时，须用水多次洗净，滤纸擦干，避免造成交叉污染。

5.5.2.2　磁力搅拌

磁力搅拌器(见图 5-8)是由一个微型马达带动一块磁铁旋转，吸引托盘上溶液中的搅拌子，使其转动。搅拌子是用一小段铁丝密封在玻璃管和塑料管中(避免铁丝与溶液起反应)，搅拌子随磁铁转动而转动，搅拌子又带动溶液的转动，从而起到搅拌作用。带有加热装置的磁力搅拌器，可在搅拌的同时进行加热，温度设置范围在 20~300℃。当前智慧型磁力搅拌器已配备数显、定时器、余热指示等功能，越来越符合自动化实验室的需求(见图 5-9)。

图 5-8　磁力搅拌器

图 5-9　智慧型磁力搅拌器

操作磁力搅拌器的步骤如下：

(1) 在使用前首先检查电源是否已经连接，调速旋钮是否已归零，以确保实验安全；

(2) 将盛有溶液的容器放置于台面上的搅拌位置，放入搅拌子，开启电源，电源指示灯即亮；

(3) 打开搅拌开关，指示灯亮，把调速旋钮顺时针方向由慢到快，调至所需速度，由搅拌子带动溶液进行旋转匀和溶液；

(4) 带有加热装置需要升温时，在仪器背面插入温度传感器插头，调节控温旋钮至所需的温度。若无需加热，则把温度调节旋钮调至零位，并拔掉传感器插头；

(5) 加热温度若在 70℃以上，连续加热时间不得超过 2h；

(6) 加热温度若超过 80℃以上，器皿上口应加盖；

(7) 溶液搅匀之后(溶液透明澄清)，先将调速旋钮逆时针方向由快到慢调至为零，如用加热功能则需要将控温旋钮调至为零，再关闭电源开关，最后再将盛有溶液的容器拿下来；

(8) 保持清洁磁力搅拌器及其周围环境卫生。

磁力搅拌多用于离子选择电极法，使用时需要注意：

(1) 插入电极前切勿搅拌溶液，以免在电极表面附着气泡；

(2) 搅拌子要沿器壁缓慢放入容器中；

(3) 搅拌时速度要适中，稳定，不要形成涡流，测定过程中要连续搅拌；

(4) 测定时，应遵循从低浓度向高浓度溶液测量的顺序；

(5) 实验结束后，应及时清洗电极和搅拌子。

5.5.3 应用示例

（1）《水中　氨氮的测定　纳氏试剂分光光度法》（HJ 535—2009）。

操作步骤：在配制显色剂氯化汞-碘化钾-氢氧化钾（$HgCl_2$-KI-KOH）溶液时，称取 15.0g 氢氧化钾，溶于 50mL 蒸馏水中，冷却至室温。称取 5.0g 碘化钾，溶于 10mL 水中，在搅拌状态下，将 2.50g 氯化汞粉末分多次加入碘化钾溶液中，直到溶液呈深黄色或出现淡红色沉淀溶解缓慢时，用玻璃棒充分搅拌混合，加快固体溶解。同时滴加氯化汞饱和溶液，当出现少量朱红色沉淀不再溶解时，停止滴加。最后持续在搅拌的状态下，将冷却的氢氧化钾溶液缓慢加入上述混合溶液中，稀释，储存。

（2）粗盐提纯的实验。

操作步骤：在粗盐提纯的实验中，首先称取粗盐加入水中溶解，然后过滤，不溶物留在滤纸上，液体渗过滤纸。得到的澄清滤液倒入蒸发皿中，将蒸发皿放在铁架台的铁圈上，利用酒精灯加热。同时使用玻璃棒不断搅拌滤液，使液体均匀受热，待到蒸发皿中出现较多量固体时，停止加热，利用蒸发皿的余热使滤液蒸干。

（3）《土壤质量　氟化物的测定　离子选择电极法》（GB/T 22104—2008）。

操作步骤：称取土壤样品于镍坩埚中，加入氢氧化钠放入马弗炉中进行碱熔消解。取出后加酸溶解，冷却后加水至标线，摇匀。制备好的试液测定时，吸取上清液先加入 1~2 滴溴甲酚紫指示剂，以盐酸调节溶液 pH 值至中性，再加入总离子强度缓冲溶液。试液倒入聚乙烯烧杯中，放入搅拌子，置于磁力搅拌器上，插入氟离子选择电极和饱和甘汞电极，测量试液的电位，在搅拌状态下，平衡 3min 后读取电位值。

（4）《土壤　pH 值的测定　电位法》（HJ 962—2018）。

方法原理：以水为浸提剂，水土比为 2.5∶1，将指示电极和参比电极（或 pH 复核电极）浸入土壤悬浊液时，构成一原电池，在一定的温度下，其电动势与悬浊液的 pH 值有关，通过测定原电池的电动势可得到土壤的 pH 值。

操作步骤：称取 10g 土壤样品置于 50mL 的高型烧杯中，加入 25mL 水。容器用封口膜密封后，用磁力搅拌器剧烈搅拌 2min，静置 30min，在 1h 内完成。用加热装置的磁力搅拌器，控制其试样温度为（25±1）℃，与标准缓冲溶液的温度之差不应超过 2℃，将电极插入试样的悬浊液，轻轻摇动试样。读数稳定后，记录 pH 值。

5.6 过滤

5.6.1 过滤基本原理

过滤是在外力作用下，悬浮液中的溶液透过过滤介质，固体颗粒及其他物质

被截留，使固体颗粒及其他物质与液体分离的操作。过滤法是最常用的分离溶液与沉淀的操作方法，当溶液和沉淀的混合物通过过滤器时，沉淀就留在过滤器上，溶液则经过过滤器而流入接收的容器中。

5.6.2 过滤的分类

5.6.2.1 常压过滤

常压过滤是最简便和常用的过滤方法，使用玻璃漏斗和滤纸进行过滤。常压过滤操作过程可总结为“一角”“二低”和“三靠”：“一角”是滤纸的折叠，必须和漏斗的角度相符，使它紧贴漏斗壁，并用水湿润。“二低”是滤纸的边缘须低于漏斗口 5mm 左右，漏斗内液面又要略低于滤纸边缘，以防固体混入滤液。“三靠”是过滤时，盛待过滤液的烧杯嘴和玻璃棒相靠，液体沿玻棒流进过滤器；玻璃棒末端和滤纸三层部分相靠；漏斗下端的管口与用来装盛滤液的烧杯内壁相靠，最终过滤后的清液成细流沿漏斗颈和烧杯内壁流入烧杯中(图 5-10)。

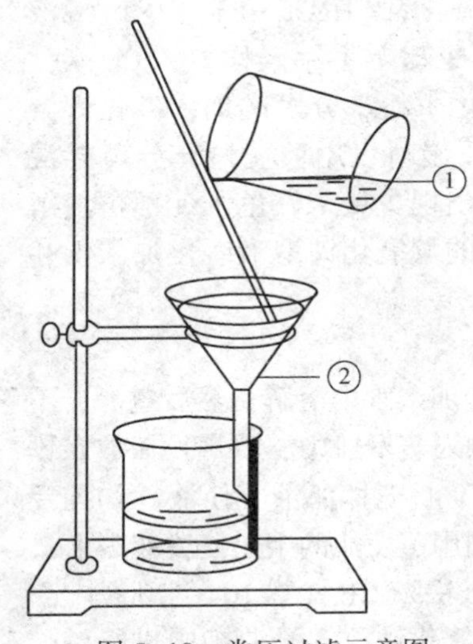

图 5-10 常压过滤示意图

按照滤纸的材质，一般分为定性和定量两种，应根据分析的需求进行选择。定性滤纸的纤维中含硅量较高，灼烧后的灰分重量较大，不宜做重量分析，仅适用于做定性分析，可用于无机沉淀物的过滤、分离以及有机物重结晶的过滤。定量滤纸的纸浆是经过盐酸和氢氟酸浸煮后制成的，纸中铁、铝、硅等含量很低，能够较有效地抵抗化学反应，灼烧后每张纸的灰分重量小于 0.01mg，所以可用作定量分析。

按照滤纸的孔隙大小，可分为快速、中速和慢速三种，一般根据沉淀性质选择滤纸。当沉淀为粗大晶型时选择中速滤纸，细晶或无定性沉淀时选择慢速滤纸，沉淀为胶体状时应用快速滤纸。根据沉淀物的性质选择合适的滤纸，如 $BaSO_4$、$CaC_2O_4 \cdot 2H_2O$ 等细晶形沉淀，应选用慢速滤纸过滤；$Fe_2O_3 \cdot nH_2O$ 为胶状沉淀，应选用快速滤纸过滤；$MgNH_4PO_4$ 等粗晶形沉淀，应选用中速滤纸过滤。

按照滤膜的材质，可分为玻纤滤膜、微孔滤膜、有机滤膜等。玻纤滤纸具有各向同性好、孔径分布均匀、定量偏差小，耐热、阻燃、耐水、纳污量大等特点，一般用于制作框式滤器、折叠滤芯，能有效地对气体、无机溶液、油液等进行过滤，固体废物六价铬浸出用的就是玻纤滤膜过滤。微孔滤膜是利用高分子化

学材料，致孔添加剂经特殊处理后涂抹在支撑层上制作而成，具有孔径均匀、孔隙率高、无介质脱落、质地薄、滤速快和吸附极小的优点，微孔滤膜可用于悬浮物项目的前处理过程。有机滤膜为高分子聚合物在特殊工艺条件下制成的一种耐各种有机溶剂的筛网型精密滤材，它可以在液相、气相中分离、净化、富集微粒、异物、飘尘、气溶胶，产品化学性能稳定且适应范围广，一般用于有机项目的前处理过程。

5.6.2.2　真空抽滤

真空抽滤操作是利用大气压力与所产生的真空之间形成的压差克服滤料层阻力，从而达到固液分离。打开抽气泵的开关，倒入固液混合物，应尽量将要过滤的物质置于漏斗中央，防止其未经过滤直接通过缝隙流下(图 5-11)。

使用时需注意：首先，操作人员在安装仪器的时候一定要检查一下漏斗和抽滤瓶的中间是否紧密，不能漏气；将滤纸放入其中，先往漏斗中滴加蒸馏水或溶剂，使得滤纸与漏斗连接紧密，开启抽气泵检查滤纸与漏斗是否紧密；检查完没有问题后，打开抽气泵，开始抽滤。

在抽滤过程中，当漏斗里的固体层出现裂纹时，应将其压紧，堵塞裂纹，否则将降低抽滤效率。若固体需要洗涤时，可将少量溶剂洒在固体上，静置片刻，再将其抽干。停止抽滤时，应先关闭抽气泵开关。当过滤的溶液具有强酸性、强碱性或强氧化性时要用玻纤滤纸代替普通滤纸或用玻璃砂漏斗代替布氏漏斗。

5.6.2.3　加压过滤

加压过滤是通过不断施加相同的压力，使得过滤部件内部压力高于大气压，此压力与过滤部件外部压力的压差作为过滤推动力的过滤过程。一般用于固废前处理，通过加压过滤得到样品的初始液相(图 5-12)。

图 5-11　真空抽滤装置图

图 5-12　零顶空提取器
(加压过滤)

操作人员应熟悉加压过滤机的工作原理、设备维护保养等，且必须经过培训合格后方能上岗操作，开机前应检查各部件，确保无问题后拧紧，开机操作。

5.6.2.4 热过滤

如果溶液中溶质在冷却后会析出，而我们又不希望这些溶质在过滤过程中析出而留在滤纸上，这时需趁热过滤。热过滤与趁热过滤有一定的区别，趁热过滤是指将温度较高的固液混合物直接使用常规过滤操作进行过滤；热过滤指使用区别于常规过滤的仪器、保持固液混合物温度在一定范围内的过滤过程。

过滤时可把玻璃漏斗放在铜质的热漏斗内，热漏斗夹层内装有热水，以维持溶液的温度。也可在过滤前把玻璃漏斗放在水浴上用蒸气加热，然后使用，此法较简便易行。另外，热过滤时，选用玻璃漏斗的颈部越短越好，以免过滤时溶液在漏斗颈内停留过久，因散热降温析出晶体而发生堵塞。

热过滤应注意加强个人安全防护，穿戴好个人防护用品，对潜在的危险应及早预防。热过滤不宜过滤胶状沉淀和颗粒太小的沉淀，因为胶状沉淀易穿透滤纸，沉淀颗粒太小而易在滤纸上形成一层密实的沉淀，溶液不易透过。

5.6.3 过滤的影响因素

(1) 温度。溶液过滤时，悬浮物温度低黏度大，则过滤速度慢。液体的黏度是温度的指数函数，它随着温度的升高而明显下降，升温是降低黏度最简单且有效的措施，但温度不宜过高。

(2) 操作压强。一般情况下，溶液中含有的杂质多为不可压缩性杂质，操作压强增大，过滤速率也会随之增大，但如果悬浮的固体物质由胶体物质构成，那么随着压强的增加，滤饼内孔隙变小，过滤阻力逐渐增加，过滤速度也会迅速下降，因此压强的影响作用应视情况而定。

(3) 溶液浓度。溶液的浓度越大，滤渣越多，则过滤的速度越慢，可通过稀释溶液来降低溶液浓度，以增加过滤速率。对于连续真空过滤机来说，浓度较大时生成的滤饼较多，及时清理可增加过滤速率。

(4) 过滤介质。过滤介质的孔隙要选择适当，太大会透过沉淀，太小则易被沉淀物堵住，使得过滤难以进行。

综上所述，过滤需要考虑各方面的因素来选用不同的过滤方法，温度可以作为提高过滤速度的方法，但对于一些不能采用提高温度过滤的悬浮体系，则可以通过操作压强来提高过滤速度。

5.6.4 应用示例

(1)《水质　氨氮的测定　纳氏试剂分光光度法》(HJ 535—2009)。

方法原理：水中以游离态的氨或铵离子等形式存在的氨氮与纳氏试剂反应生成淡红棕色络合物，该络合物的吸光度与氨氮含量成正比，在波长 420nm 处测量吸光度，根据吸光度计算样品中的氨氮浓度。

若水样浑浊或有颜色时可用预蒸馏法或絮凝沉淀法处理，其中絮凝沉淀法会用到过滤操作。100mL 样品中加入 1mL 硫酸锌溶液和 0.1~0.2mL 氢氧化钠溶液，调节 pH 值约为 10.5，混匀、放置使之沉淀，倾取上清液分析。必要时，用经水冲洗过的中速滤纸过滤，弃去初滤液 20mL。

氨氮的水样预处理用到的过滤操作就是常压过滤，常压过滤可以有效地进行固液分离，从而达到氨氮絮凝沉淀后取上清液进行分析的目的。

(2)《水质　悬浮物的测定　重量法》(GB 11901—1989)。

方法原理：将水样通过孔径为 0.45μm 的滤膜，截留在滤膜上并于 103~105℃烘干至恒重，通过计算即可得到水中悬浮物的浓度。

用扁咀无齿镊子夹取微孔滤膜放于事先恒重的称量瓶里，移入烘箱中于 103~105℃烘干半小时后取出置于干燥器内冷却至室温，称其重量。反复烘干、冷却、称量，直至两次称量的重量差≤0.2mg。将恒重的微孔滤膜正确地放在滤膜过滤器的滤膜托盘上，加盖配套的漏斗，并用夹子固定好，以蒸馏水湿润滤膜，并不断吸滤。量取充分混合均匀的试样 100mL 抽吸过滤，使水分全部通过滤膜。再以每次 10mL 蒸馏水连续洗涤三次，继续吸滤以除去痕量水分。

悬浮物的分析过程中用到的过滤方式即真空抽滤，真空抽滤可以快速地使水样通过 0.45μm 的微孔滤膜，方便快捷。

(3)《固体废物　浸出毒性浸出方法　硫酸硝酸法》(HJ/T 299—2007)。

方法原理：本方法以硝酸/硫酸混合溶液作为浸提剂，模拟废物在不规范填埋处置、堆存，或经无害化处理后废物的土地利用时，其中的有害组分在酸性降水的影响下，从废物中浸出而进入环境的过程。

挥发性有机物的浸出步骤如下：将样品冷却至 4℃，称取干基质量为 40~50g 的样品，快速转入零顶空提取器。安装好零顶空提取器，缓慢加压以排除顶空。当样品含有初始液相时，将浸出液采集装置与零顶空提取器连接，缓慢升压至不再有滤液流出，收集初始液相，冷藏保存。若样品中干固体百分率小于或等于 9%，所得到的初始液相即为浸出液，直接进行分析；干固体百分率大于总样品量 9%的，继续进行以下浸出步骤，并将所得到的浸出液与初始液相混合后进行分析。根据样品的含水率，按液固比为 10∶1(L/kg) 计算出所需浸提剂的体积，用浸提剂转移装置加入纯水，安装好零顶空提取器，缓慢加压以排除顶空，关闭所有阀门。将零顶空提取器固定在翻转振荡装置上，调节转速为(30±2) r/min，于(23±2)℃下振荡(18±2) h。振荡停止后取下零顶空提取器，检查装置是否漏

气，用收集初始液相的同一个浸出液采集装置收集浸出液，冷藏保存待分析。

除挥发性有机物外的其他物质浸出步骤无须使用零顶空提取器，用压力过滤器和滤膜对样品过滤即可，其他操作同上。

固体废物浸出毒性的浸出过程中用到零顶空提取器和压力过滤器就是通过加压过滤的原理，通过增大操作压强的方式来提高过滤效率。

5.7 离心

5.7.1 离心基本原理

离心技术是根据一组物质的密度和在溶液中的沉降系数、浮力等不同，用不同离心力使其从溶液中分离、浓缩和纯化的方法。主要是通过离心机的高速运转，使离心加速度超过重力加速度的成百上千倍，而使沉降速度增加，以加速溶液中杂质沉淀并除去的一种方法。其原理是利用混合液密度差来分离料液，比较适合于分离含难于沉降过滤的细微粒或絮状物的悬浮液。

离心技术是利用物体高速旋转时产生强大的离心力，使置于旋转体中的悬浮颗粒发生沉降或漂浮，从而使某些颗粒达到浓缩或与其他颗粒分离的目的。离心机转子高速旋转时，当悬浮颗粒密度大于周围介质密度时，颗粒离开轴心方向移动，发生沉降；如果颗粒密度低于周围介质的密度时，则颗粒朝向轴心方向移动而发生漂浮。离心技术是一项重要的纯化技术，广泛应用于生物学、医药、化学等领域。针对不同的样品，选择适当的离心纯化方法，如沉淀离心法、差速离心法、密度梯度离心法、分析超速离心及离心淘洗等。有时需要联合使用不同的方法，以达到进一步分析的目的，例如，可以通过差速离心进行初步纯化，随后使用密度梯度离心对样品进行进一步的纯化和浓缩，得到的高纯度样品可满足大部分仪器检测的需求。

5.7.2 离心的类型

5.7.2.1 密度梯度离心法

所谓密度梯度离心法是将样品加在惰性梯度介质中进行离心沉降或沉降平衡，在一定的离心力下把颗粒分配到梯度中某些特定位置上，形成不同区带的分离方法。

5.7.2.2 差速离心法

大多数都是运用于分离细胞匀浆当中的每一种细胞器，主要的工作原理就是能够通过不相同的物质沉降速率进而产生差异，由于不同的离心速度会产生不同

的离心力，必须选择出合适的离心时间进行分离和收集不同的颗粒。

5.7.2.3　沉淀离心法

当分离悬浊液中的可溶部分和不溶性颗粒时，可使用离心机对样品进行简单、快速的离心分离，以代替耗时的过滤操作，此方法即为沉淀离心法。沉淀离心通常使用固定的转速(即离心力)，离心一定时间以达到分离的目的。沉淀离心中离心机转速、转子半径及离心时间是决定分离效果的主要因素。离心沉淀样品所需时间取决于样品的沉降系数(*S* 值)，沉降系数 *S* 的物理学意义是单位离心力作用下样品的沉降速度。故沉降系数 *S* 越大，颗粒沉降越快，所需时间越短，反之亦然。沉淀离心法是从悬浊液或乳浊液中分离样品最常用的一种方法，主要用于去除溶液中悬浮的杂质，或通过离心沉淀收集悬浮于溶液中的颗粒物质。

5.7.3　离心在环境其他无机污染物样品中的应用

离心技术广泛应用于生物学、医学、化工、环境保护等领域。利用离心机对样品进行分离、纯化和提取的技术称为离心分离技术。常用的离心技术包括：沉淀离心、差速离心、密度梯度离心、分析超速离心、离心淘洗、连续流离心等。

其中，环境保护领域常见的离心技术应用主要为：

(1) 离心过滤，借助离心作用从浆料中排除液体，浆料被引入一快速旋转的网篮中，固体留在多孔的网上，液体则受离心作用从滤饼中挤出，或利用旋转器中的离心力使轻重物质分开，重物质以稠泥浆的形式通过喷嘴流走。

(2) 离心沉降，悬浮固体在离心力作用下移向或离开旋转中心，这样就可聚集在一个区域内而被移出，可以使颗粒的沉淀时间从几小时减至几分钟。常用设备为离心沉降器。

(3) 离心捕集，用于从煤烟、空气流中分离出 0.1~1000μm 的小颗粒物质，是治理空气污染的有效手段之一。

5.7.4　离心的操作步骤

5.7.4.1　仪器设备选择

离心机是实施离心技术的装置。离心机的种类很多，按照使用目的，可分为两类，即制备型离心机和分析型离心机。前者主要用于分离生物材料，每次分离样品的容量比较大，后者则主要用于研究纯品大分子物质，包括某些颗粒体如核蛋白体等物质的性质，每次分析的样品容量很小，根据待测物质在离心场中的行为(可用离心机中的光学系统连续地监测)，能推断其纯度、形状和分子量等性质。两类离心机由于用途不同，故其主要结构也有差异。通常所使用的离心机根

图 5-13　实验室中常用普通离心机

据转子转速大小的不同可分为普通离心机、高速离心机和超速离心机三类。化学分析实验室中主要使用普通离心机(图 5-13)。

5.7.4.2　离心样品的准备

根据标准要求，制备好需要离心分离的样品，装入离心管中，并且用天平平衡重量(重量平衡)，盖上离心管盖子并旋紧。

5.7.4.3　离心

把平衡好的离心管对称地放入离心陀中(位置平衡)，盖上离心陀的盖子，注意有无旋紧。根据标准需求，设定合适的时间及转速开始离心。

5.7.4.4　离心完成

完成离心时，要等待离心机自动停止，不允许用手或其他物件迫使离心机停转，待转头完全静止后，才能打开舱门，尽快取出离心管，先观察离心管是否完全，以及沉淀的位置，尽速把上清倒出，小心不要把沉淀弄混浊。

5.7.4.5　操作注意事项

(1) 离心机应始终处于水平位置，外接电源系统的电压要匹配并要求有良好的接地线。

(2) 开机前应检查机腔有无异物掉入。

(3) 样品应预先平衡使用离心机微量离心时，离心套管与样品应同时平衡。

(4) 挥发性或腐蚀性液体离心时，应使用带盖的离心管，并确保液体不外漏以免侵蚀机腔或造成事故。

(5) 每次操作完毕，应做好使用情况记录，应定期对机器各项性能进行检修。

(6) 离心过程中若发现异常现象，应立即关闭电源，报请有关技术人员检修。

(7) 定期清洁机腔。

(8) 使用离心机时遵守左右手分开原则，只以右手操作仪器。

(9) 使用冷冻离心机时，除注意以上各项外，还应注意擦拭机腔的动作要轻柔，以免损坏机腔。

5.7.5　应用示例

(1)《森林土壤阳离子交换量的测定》(LY/T 1243—1999)。

本方法原理为：用 1mol/L 乙酸铵溶液反复处理土壤，使土壤成为 NH_4^+ 饱和土。用乙醇洗去多余的乙酸铵后，用水将土壤洗入凯氏瓶中，加固体氧化镁蒸馏。蒸馏出的氨用硼酸吸收，然后用盐酸标准溶液滴定，具体测法如下：

用离心作为前处理方法去测定森林土壤中的阳离子，称取通过 2mm 筛孔的风干样 2.0g，放入 100mL 的离心管中，沿离管壁加入少量 1mol/L 乙酸铵溶液，用橡皮头玻璃棒搅拌土样，使其成为均匀的泥浆状态。再加入乙酸铵溶液至总体积约 60mL，并充分搅拌均匀，然后用乙酸铵溶液洗净橡皮头玻璃棒，溶液收入于离心管内，将装有样品的离心管成对的放在天平的两边托盘上，用乙酸铵溶液使之质量平衡，将平衡好的离心管旋紧离心管盖子后对称地放入离心机中，离心 3~5min，转速 3000~4000r/min，测定交换性盐基时，每次离心后的清液收集在 250mL 容量瓶中，如此用 1mol/L 乙酸铵溶液处理 5 次，直到最后浸出液中无钙离子反应为止。最后用 1mol/L 乙酸铵溶液定容，用于测定交换性盐基，往载土的离心管中加入少量工业用乙醇，用橡皮头玻璃棒搅拌土样，使其成为泥浆状态，再加乙醇约 60mL，用橡皮头玻璃棒充分搅匀，以便洗去土粒表面多余的乙酸铵，切不可有小土团存在。然后将离心管成对放在粗天平的两盘上，用乙醇溶液使之质量平衡，并对称放入离心机中，离心 3~5min，转速 3000~4000r/min，弃去乙醇溶液。如此反复用离心处理 3~4 次。

(2)《水质　叶绿素 a 的测定　分光光度法》(HJ 897—2017)。

本方法原理为：将一定量的样品用滤膜过滤截留藻类，研磨破碎藻类细胞，用丙酮溶液提取叶绿素，离心分离后分别于 750nm、664nm、647nm 和 630nm 波长处测定提取液吸光度，根据公式计算水中叶绿素 a 的浓度，其具体做法如下：

将样品滤膜放置于研磨装置中，加入 3~4mL 丙酮溶液，研磨至糊状。补加 3~4mL 丙酮溶液，继续研磨，并重复 1~2 次，保证充分研磨 5min 以上。将完全破碎后的细胞提取液转移至玻璃刻度离心管中，用丙酮溶液冲洗研钵及研磨杵，一并转入离心管中，定容至 10mL(注：叶绿素对光及酸性物质敏感，实验室光线应尽量微弱，能进行分析操作即可，所有器皿不能用酸浸泡或洗涤)，将离心管中的研磨提取液充分振荡混匀后，用铝箔包好，放置于 4℃ 避光浸泡提取 2h 以上，不超过 24h。在浸泡过程中要颠倒摇匀 2~3 次，将离心管成对放入离心机，以相对离心力 1000*g*(转速 3000~4000r/min)离心 10min。然后用针式滤器过滤上清液得到叶绿素 a 的丙酮提取液(试样)待测。

(3)《土壤　有机碳的测定　重铬酸钾-分光光度法》(HJ 615—2011)。

本方法原理为：在加热条件下，土壤样品中的有机碳被过量的重铬酸钾-硫酸溶液氧化，重铬酸钾中的六价格被还原为三价铬，其含量与样品中的有机碳含量成正比，于585nm波长处测定吸光度，根据三价铬的含量计算有机碳含量。其具体测法如下：

将制备好的试液静置1h，取约80mL上清液至离心管中以2000r/min，离心分离10min，取上清供测定。离心法也可以作为测定土壤有机碳的前处理方法，可以对样品进行简单、快速的离心分离，以代替耗时的静置和过滤工作。

5.8 沉淀

5.8.1 沉淀基本原理

沉淀是利用沉淀反应，将待测组分转化为难溶物，以沉淀形式从溶液中分离出来的现象。沉淀法是重量分析法中最常用的一种分析方法。当沉淀从溶液中析出时，溶液中的某些原本可溶的组分被沉淀剂沉淀下来，共同存在于沉淀物中的现象即为共沉淀现象。在沉淀分离、质量测定和材料制备中所得到的沉淀往往不是绝对纯净的，这对于分离和测定来说是不利的。但有时为了得到某些离子，可利用共沉淀进行分离富集，变不利为有利。共沉淀分离法就是加入某种离子同沉淀剂生成沉淀作为载体，将痕量组分定量沉淀下来，然后将沉淀分离，以达到分离和富集目的的一种分离方法。

5.8.2 沉淀剂的分类

向液相中加入某种试剂能产生沉淀，那么这种试剂就叫做沉淀剂。

(1) 用作沉淀剂的无机盐类叫无机沉淀剂。在氢氧化物沉淀中，常用的沉淀剂有NaOH、氨水等，它们控制OH^-浓度以控制氢氧化物沉淀，如NaOH可使两性物与非两性物分离，氨性缓冲溶液(pH：8~9)使高价金属离子(如Fe、Al等)与大多数一二价金属离子分离。

在硫化物沉淀分离中，沉淀剂是H_2S、硫代乙酰胺等，控制溶液酸度就可控制不同硫化物沉淀。

(2) 有机沉淀剂与金属离子通常形成螯合物沉淀或缔合物沉淀。生成螯合物的沉淀剂含有酸性基团，H^+可以被金属离子置换而形成盐，还含有N、O或S原子的碱性基团，这些原子具有未被共用的电子对，可以与金属离子形成配位键，结果生成杂环螯合物。

生成缔合物的沉淀剂在水溶液中能电离出大体积的离子，这种离子与被测离子结合成溶解度很小的缔合物而沉淀。

5.8.3　沉淀的影响因素

（1）同离子效应的影响。水中加入含有共同离子的电解质时，可使沉淀物的溶解度显著降低，即沉淀反应的同离子效应。在水的沉淀处理中，利用同离子效应适当加大沉淀剂的用量，加快沉淀处理，使沉淀完全，可以取得明显效果。

（2）盐效应的影响。当水中难溶盐存在时，加入强电解质使饱和的难溶盐变成不饱和溶液，反而使沉淀物的溶解度增加，这个现象称为盐效应。因此在沉淀处理时，要注意避免强电解质的盐类加入，影响沉淀效果。

（3）酸效应的影响。水的酸度对沉淀物溶解度有一定影响，这是沉淀反应的酸效应。但该影响对于不同的沉淀物有所不同，如对强酸盐沉淀影响就不大，而在沉淀弱酸盐时酸度的影响明显。因此，要使弱酸盐类沉淀，一般尽可能在较低的酸度下进行。

（4）配位效应的影响。当溶液中存在能与沉淀的构晶离子形成配合物的配位剂时，沉淀平衡朝溶解成构晶离子的方向移动，沉淀溶解难度增大，称为配位效应。

例如：用 HCl 沉淀 Ag^+时，若 HCl 过量太多，会形成 $AgCl_2$等配离子，导致溶液中游离的 Ag^+浓度降低，促使 AgCl 溶解度增加，使沉淀部分溶解。

（5）水温的影响。大多数沉淀物质的溶解反应是吸热反应，溶解度随着温度的升高而增大。因此，沉淀处理过程要注意水温的变化。

5.8.4　应用示例

沉淀广泛应用于工业中水的处理和化学分析中，它是沉淀重量法和沉淀滴定法的基础。沉淀反应也是常用的分离方法，可分离待测组分，也可将其他共存的干扰组分沉淀除去。

5.8.4.1　样品保存固定

《水质　硫化物的测定　亚甲基蓝分光光度法》(GB/T 16489—1996)：

方法原理为：由于硫离子很容易被氧化，硫化氢易从水样中逸出。因此采样时应防止曝气，并加适量的氢氧化钠溶液和乙酸锌-乙酸钠溶液，使水样呈碱性并形成硫化锌沉淀，硫化物含量较高时应酌情多加直至沉淀完全从而达到现场固定的目的。

5.8.4.2　沉淀分离重量法

《土壤　水溶性和酸溶性硫酸盐测定　重量法》(HJ 635—2012)：

方法原理为：用去离子水或稀盐酸提取土壤中的硫酸盐，提取液经慢速定量滤纸过滤后，加入氯化钡溶液，提取液中的硫酸根离子转化为硫酸钡沉淀。沉淀经过滤、烘干、恒重，根据硫酸钡沉淀的质量计算土壤中水溶性和酸溶性硫酸盐的含量。

利用沉淀反应将被测组分以难溶化合物的形式沉淀下来，然后将沉淀过滤，洗涤，并经烘干或灼烧后使之转化为一定的物质，最后称重计算出被测组分的含量。沉淀法是重量分析法中的主要方法，应用也最为广泛。

满足沉淀分离重量法的条件：沉淀的溶解度要小，以保证被测组分能沉淀完全。沉淀要纯净，不应带入沉淀剂和其他杂质。沉淀易于过滤和洗涤，以便于操作和提高沉淀的纯度。沉淀易于转化为称量形式。

5.8.4.3 沉淀滴定法

《水质　氯化物的测定　硝酸银滴定法》(GB 11896—1989)

方法原理为：在中性至弱碱性范围内(pH=6.5~10.5)，以铬酸钾为指示剂，用硝酸银滴定氯化物时，由于氯化银的溶解度小于铬酸银的溶解度，氯离子首先被完全沉淀出来后，然后铬酸盐以铬酸银的形式被沉淀，产生砖红色，指示滴定终点到达。该沉淀滴定的反应如下：

$$Ag^{+}+Cl^{-}\longrightarrow AgCl\downarrow$$

$$2Ag^{+}+CrO_4^{2-}\longrightarrow Ag_2CrO_4\downarrow\text{(砖红色)}$$

沉淀滴定法是以沉淀反应为基础的一种滴定分析方法。生成沉淀的反应很多，但符合容量分析条件的却很少，实际上应用最多的是银量法，即利用 Ag^{+} 与卤素离子的反应来测定 Cl^{-}、Br^{-}、I^{-} 和 SCN^{-}。沉淀滴定法必须满足的条件：反应速度快且有适当指示剂指示终点。

5.9 酸化-吹气-吸收

5.9.1 酸化-吹气-吸收基本原理

酸化-吹气-吸收利用氮气不活泼的特性来起到隔绝氧气的作用，如果加强它周围的空气流动，提高其温度，就可以有效达到防止氧化的目的。同时采用对底部进行加温，而顶部用氮气或空气进行吹扫的方法，通过氮气的快速流动可以打破液体上空的气液平衡，使液体挥发浓缩速度加快、迅速挥发，以装有吸收液的吸收瓶与吹出管进行连接，挥发出的气体直接进入吸收液中，通过测定吸收液中气体物质的含量从而测定样品中待测物质的含量。

5.9.2 酸化-吹气-吸收的类型

在理化分析中，酸化-吹气-吸收的前处理方式普遍用于硫化物的测定。在智能仪器未开发之前，各实验室采用三通反应瓶、水浴锅、分液漏斗自行搭

建(见图 5-14)。由于自行搭建的装置会存在漏气、温度控制不均匀导致数据偏离的情况，因此智能酸化-吹气仪开始被各实验室大量采用(见图 5-15)。它有以下比较突出的特点：

（1）加热器使样品被快速加热至蒸发温度，同时气体经气针吹至溶液表面，促使溶液快速蒸发和样品浓缩；

（2）气针在气腔的位置可被改变，使之适用不同的试管；

（3）气腔高度可以调节，样品浓缩时随时可观察到被浓缩样品的液面位置；

（4）每条吹扫针均可独立控制，可以单独进行吹扫，单独进行流量调节，不浪费气体；

（5）在浓缩有毒溶剂时，整个系统可置于通风柜中；

（6）内置超温保护装置，自动故障检测及报警功能。

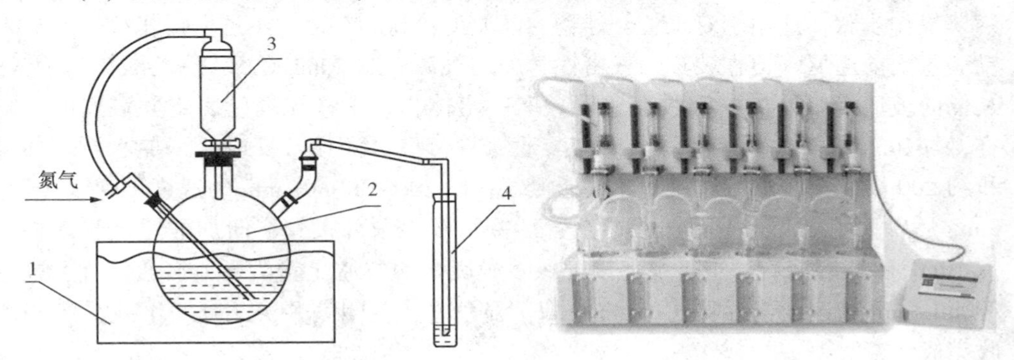

图 5-14　带水浴加热的酸化-吹气-吸收装置

1—水浴；2—反应瓶；
3—加酸分液漏斗；4—吸收管

图 5-15　智能酸化-吹气仪

5.9.3　酸化-吹气-吸收的注意事项

（1）连通氮气吹气时，需要注意吹气速度和吹气时间的改变均会影响测定结果。

（2）酸化-吹气-吸收完成后，必要时可通过标准溶液的加标回收实验进行检验。

（3）酸的影响：在酸化步骤，考虑到盐酸作为还原性酸，其氧化性物质含量较少不会对硫化氢的产生造成影响，因此最终选用盐酸作为酸化剂。

（4）加热温度的影响：有标准和文献提出不同的温度要求，在实验中，如果是做实际上土壤样品，其加标回收率会随温度升高而增加，若是样品复杂，当反应温度过低时硫离子很难在短时间内释放完全，会导致测定效率降低。水浴低于40℃时，回收率仅在60%左右。

(5) 反应时间的影响：整个酸化-吹气-吸收的反应时间需要控制。时间过短反应不完全。时间过长，样品加标回收率无明显增高，反而增加反应时长的成本。

5.9.4 应用示例

(1)《水中　硫化物的测定　亚甲基蓝分光光度法》(GB/T 16489—1996)。

方法原理：样品经酸化，硫化物转化成硫化氢，用氮气将硫化氢吹出，转移到盛有乙酸锌-乙酸钠溶液的吸收显色管中，与 *N*,*N*-二甲基对苯二胺和硫酸铁铵反应生成蓝色的络合物亚甲基蓝，在 665nm 波长处测定。

操作步骤：适用于对于含悬浮物、浑浊度较高、有色、不透明的水样。在启动装置之前通氮气检查装置的气密性，关闭气源。取 20mL 乙酸锌-乙酸钠溶液，从侧向玻璃接口处加入吸收显色管。取一定体积、采样现场已固定并混匀的水样，加 5mL 抗氧化剂溶液。取出加酸通氮管，将水样移入反应瓶，加水至总体积约 200mL。重装加酸通氮管，接通氮气，以 200~300mL/min 的速度预吹气 2~3min 后，关闭气源。关闭加酸通氮管活塞，取出顶部接管，向加酸通氮管内加入 10mL 磷酸溶液后，重接顶部接管。缓慢旋开加酸通氮管活塞，接通氮气，以 300mL/min 的速度连续吹气 30min。取下显色管，关闭气源，此时酸化-吹气-吸收完成。

(2)《土壤和沉积物　硫化物的测定　亚甲基蓝分光光度法》(HJ 833—2017)。

方法原理：土壤和沉积物中的硫化物经酸化生成硫化氢气体后，通过加热吹气或蒸馏装置将硫化氢吹出，用氢氧化钠溶液吸收，生成的硫离子在高铁离子存在下的酸性溶液中与 *N*,*N*-二甲基对苯二胺反应生成亚甲基蓝，于 665nm 波长处测量其吸光度，硫化物含量与吸光度值成正比。

操作步骤：称取 20g 土壤样品，精确到 0.01g，转移至 500mL 反应瓶中，加入 100mL 水，再加入 5.0mL 抗氧化剂溶液，轻轻摇动。量取 10mL 氢氧化钠溶液于 100mL 比色管中作为吸收液，导气管下端插入吸收液液面下，以保证完全吸收。连接好酸化-吹气-吸收装置，将水浴温度升至 100℃后，开启氮气，调整氮气流量至 300mL/min，通氮气 5min，以除去反应体系中的氧气。关闭分液漏斗活塞，向分液漏斗中加入 20mL 盐酸溶液，打开活塞将酸缓慢注入反应瓶中，将反应瓶放入水浴中，维持氮气流量不变。30min 后，停止加热，调节氮气流量 600mL/min 吹气 5min 后关闭氮气。用少量水冲洗导气管，并入吸收液中，待测。

5.10　加热蒸发

5.10.1　加热蒸发基本原理

加热蒸发是指通过依靠热源将热能传递给较冷物体而使物质变热从而达到物质由液态转化为气态的相变过程。

5.10.2　加热蒸发的类型

影响加热蒸发速度的因素主要有温度、湿度、液体的表面积、液体表面积上方的空气流动的速度等。

（1）温度：温度越高，蒸发越快。由于在任何温度下，分子都在不断地运动，液体中会有一些速度较快的分子能够飞出液面脱离束缚而成为汽分子，所以液体在任何温度下都能蒸发。液体的温度升高，分子的平均动能增大，速度增大，从液面飞出去的分子数量就会增多，所以液体的温度越高，蒸发得就越快。

（2）液面表面积大小：如果液体表面面积增大，处于液体表面附近的分子数目增加，因而在相同的时间里，从液面飞出的分子数量就增多，所以液面面积越大，蒸发速度越快。

（3）液体表面上方空气流动的速度：当飞入空气里的汽分子和空气分子或其他汽分子发生碰撞时，有可能被碰回到液体中来。如果液面上方空气流动速度快，通风好，分子重新返回液体的机会越小，蒸发就越快。

目前普遍采用的是改变温度的方式来提高蒸发的速度，即加热蒸发。加热蒸发一般分为直接加热蒸发和间接加热蒸发两类。

5.10.2.1　直接加热蒸发

直接加热蒸发指的是将热能直接作用于物料，如电流加热、烟道气加热等。但是直接加热容易使被加热物料受热不均匀或温度难以控制。

5.10.2.2　间接加热蒸发

间接加热蒸发指的是将直接能源的热能加于某一中间载热体，由中间载体通过热传导或热辐射方式传递给物料，如蒸汽加热、热水加热、矿物油加热、沙浴加热等。若溶剂为有机溶剂，则不可用明火加热，要选用水浴、油浴或电加热器加热，并且应在通风橱中进行(图 5-16~图 5-18)。

图 5-16　恒温油水浴锅

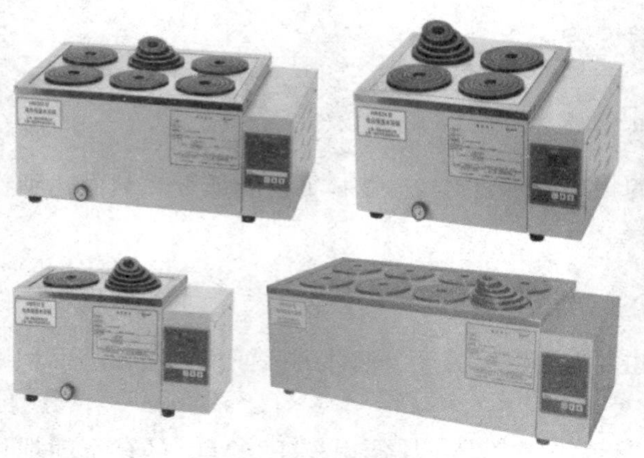

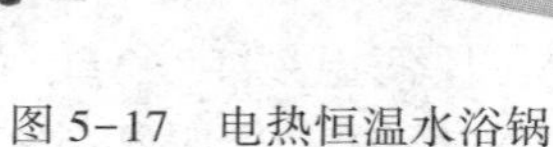

图 5-17　电热恒温水浴锅

图 5-18　程控箱式电炉

5.10.3　应用示例

《水质　总 α 放射性的测定　厚源法》(HJ 898—2017)。

方法原理：将待测样品蒸发浓缩，转化成硫酸盐后蒸发至干，然后置于马弗炉内灼烧得到固体残渣。准确称取不少于“最小取样量”的残渣于测量盘内均匀铺平，置于低本底 α、β 测量仪上测量总 α 的计数率，以计算样品中总 α 的放射性活度浓度。其中加热蒸发的具体步骤如下：

量取估算体积的待测样品于烧杯中，置于可调温电热板上缓慢加热，电热板温度控制在 80℃左右，使样品在微沸条件下蒸发浓缩。为防止样品在微沸过程中溅出，烧杯中样品体积不得超过烧杯容量的一半，若样品体积较大，可以分次陆续加入。全部样品浓缩至 50mL 左右，放置冷却。将浓缩后的样品全部转移到蒸发皿中，用少量 80℃以上的热去离子水洗涤烧杯，防止盐类结晶附着在杯壁，然后将洗液一并倒入蒸发皿中。对于硬度很小(如以碳酸钙计的硬度小于 30mg/L)的样品，应尽可能地量取实际可能采集到的最大样品体积来蒸发浓缩，如果确实无法获得实际需要的样品量，也可在样品中加入略大于 0.13mg 的硫酸钙，然后经蒸发、浓缩、硫酸盐化、灼烧等过程后制成待测样品源。

硫酸盐化：沿器壁向蒸发皿中缓慢加入 1mL 的硫酸，为防止溅出，把蒸发皿放在红外箱或红外灯或水浴锅上加热，直至硫酸冒烟，再把蒸发皿放到可调温电热板上(温度低于 350℃)，继续加热至烟雾散尽。

灼烧：将装有残渣的蒸发皿放入马弗炉内，在 350℃下灼烧 1h 后取出，放入干燥器内冷却，冷却后准确称量，根据和蒸发皿的差重求得灼烧后残渣的总质量。

注：使用电热板时需注意加热过程中，温度一直升高超过设定值，表示控温失效，应直接关闭电源。持续使用工作温度应小于 240℃，瞬时不超过 300℃，且禁止空烧。

5.11　干燥

5.11.1　干燥基本原理

干燥是指在化学工业中，借助热能使物料中的水分或溶剂汽化，并由惰性气体带走所产生的蒸气的过程。

5.11.2　干燥的类型

干燥可分为自然干燥和人工干燥两种。自然干燥实际上是一种最为简单易行的对流干燥方法。该方法通常是将准备好的物品放置在空气流通的场所，进行自然通风干燥。干燥时间的长短，以现场的温度、湿度和通风情况决定。该方法不需要额外准备设备，过程操作简便，成本低，且不易造成对样品的成分损失，缺点是干燥时间较长，不适用于对时效要求高的项目。人工干燥主要有鼓风干燥、真空干燥、冷冻干燥、微波干燥和红外线干燥等方法。人工干燥是指在干燥的过程中加入了人为的控制干预。主要是利用一定的干燥设备，按照人类的需求设置适宜的温度，对样品进行干燥，相比较自然干燥，人工干燥的最大优点是不受气候的限制，干燥时间短，干燥效率显著提高，样品不受污染。随着时代的发展、科技的进步、人类的需求，近年来，人工干燥成为主流方式。

5.11.2.1　鼓风干燥

鼓风干燥通过循环风机吹出热风，保证箱内温度平衡，是一种常用的仪器设备，主要用来干燥样品，也可以为实验分析提供所需的温度环境。常见设备的主要有电热鼓风干燥箱。

电热鼓风干燥箱又名“烘箱”（见图 5-19），普通干燥箱的最高使用温度一般在 200℃；超高温干燥箱的最高使用温度一般在 400~600℃，所以可以快速地将物料表面挥发出来的挥发性物质分子通过空气交换带走，从而达到快速干燥物料的目的。

图 5-19　电热鼓风干燥箱

电热鼓风干燥箱的操作步骤：

(1) 将需要干燥处理的样品放入电热鼓风干燥箱内，关好箱门；

（2）打开电源开关，此时显示屏上有数字显示，进行温度设定，当所需加热温度与设定温度相同时，不需要重新设定，反之则需要重新设定；设定结束后，各项数据长期保存，此时干燥箱进入升温状态，物品进入干燥过程；

（3）干燥结束后，如不马上取出物品，应先旋转风门调节旋转将风门关上，再将电源开关关掉；

（4）注意事项：电热鼓风干燥箱应放置在具有良好通风条件的室内，并安装在平稳水平处，且周围环境需要保持干燥，并做好防潮和防湿，防止箱体腐蚀；由于干燥箱未配备防爆装置，不得放入易燃易爆物进行干燥；箱内物品不得放置过挤，必须留有空间，以利于热空气循环；在加热和恒温的过程中必须将鼓风机开启，否则影响工作室温度的均匀性，并且可能损坏加热元件；干燥箱底部（散热板）上不可放任何物品，以免影响热风循环；使用干燥箱时，必须知道干燥箱的最高承受温度，设定温度不能超过最高使用温度。

5.11.2.2　真空干燥

真空干燥又名“解析干燥”，是一种将物料置于真空负压条件下，使水的沸点降低，水在一个大气压下的沸点是100℃，在真空负压条件下可使水的沸点降到80℃、60℃、40℃开始蒸发，并通过适当加热达到负压状态下的沸点或者通过降温使得物料凝固后通过熔点来干燥物料的干燥方式。常见的有真空干燥箱（见图5-20）、连续真空干燥设备等。

5.11.2.3　冷冻干燥

冷冻干燥是利用冰晶升华的原理，在高度真空的环境下，已冻结物料的水分未经过冰的融化，直接从冰固体升华为蒸汽，升华生成的水蒸气借冷凝器除去。升华过程中所需的气化热量，一般由热辐射供给。冷冻干燥后的物料能保持原来的化学组成和物理性质，这种方式可以减少因为干燥过程带来的成分损失，但冷冻干燥机（见图5-21）投入费用较高，目前并未广泛使用。

5.11.2.4　微波干燥

微波干燥是一种利用电磁波作为加热源，被干燥物料本身为发热体的一种内部加热的方式。当湿物料处于振荡周期极短的微波高频电场内，其内部的水分子会发生极化并沿着微波电场的方向整齐排列，而后迅速随高频交变电场方向的交互变化而转动，并产生剧烈的碰撞和摩擦（每秒钟可达上亿次），结果一部分微波能转化为分子运动能，并以热量的形式表现出来，使水的温度升高而离开物料，从而使物料得到干燥。微波干燥具有干燥速率大、节能、生产效率高、干燥均匀、清洁生产、易实现自动化控制和提高产品质量等优点。其微波设备操作简便、可连续作业、配套设施少、占地少，便于自动化生产和企业管理，已逐步应

用于实验室分析(图 5-22)。

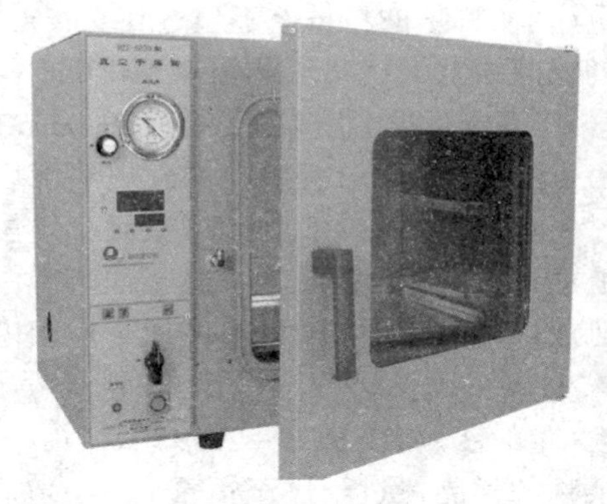

图 5-20　真空干燥箱

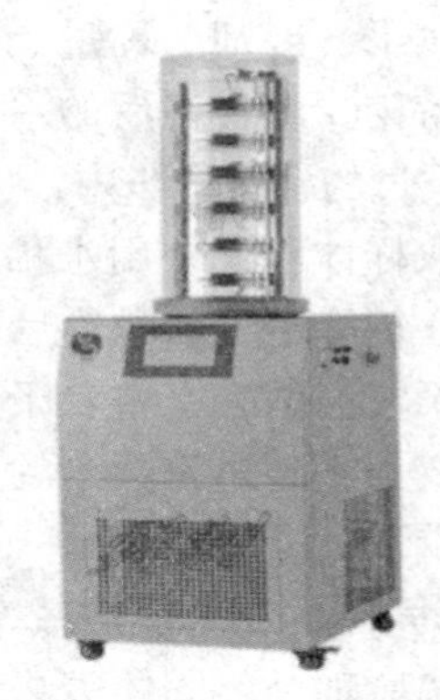

图 5-21　冷冻干燥机

5.11.2.5　红外线干燥

红外线干燥又称“辐射干燥”，是一种利用红外线辐射使干燥物料中的水分气化的干燥方法。由于湿物料及水分等，在远红外区有很宽的吸收带，对此区域波长为 5.6~1000μm 的远红外线有很强的吸收作用，所以本方法具有干燥速度快、质量好和能量利用率高等优点，但红外线容易被水蒸气吸收而受到损失。常见的设备为红外线干燥箱(见图 5-23)。

图 5-22　微波真空干燥箱

图 5-23　红外线干燥箱

5.11.3　应用示例

(1)《水质　全盐量的测定　重量法》(HJ/T 51—1999)。

本方法原理为：全盐量是指可通过孔径 0.45μm 的滤膜或滤器，并在(105±2)℃的条件下烘干至恒重的残渣重量。其中经过过滤后的样品使其干燥的具体步骤如下：

将洗净的蒸发皿，放于(105±2)℃烘箱中烘2h取出，放于燥器内冷却后称量。反复烘干、冷却、称量，直至恒重(两次称量的重量差不超过0.5mg)，放入干燥器中备用。将过滤后的水样弃去初滤液约10~15mL，再量取100.0mL滤液于干净并恒重过的瓷蒸发皿内，放于蒸气浴上蒸干(如全盐量浓度大于2000mg/L，可适量减少取样体积，并用水稀释至100.0mL)。蒸干过程中，如发现蒸干后的残渣有颜色，待瓷蒸发皿稍冷后，滴加过氧化氢溶液(1+1，V/V)数滴，慢慢旋转瓷蒸发皿至气泡消失，再置于蒸气浴上蒸干，反复处理数次，直至残渣变白或颜色稳定不变为止，再将蒸干的瓷蒸发皿放入(105±2)℃的电热鼓风干燥箱内，直至达到恒重。

(2)《固体废物　热灼减率的测定　重量法》(HJ 1024—2019)。

本方法原理为：固体废物焚烧残余物的样品经过干燥至恒重后，并在(600±25)℃的条件下灼烧3h至恒重。根据干燥固体废物焚烧残余物样品灼烧前后的质量计算热灼减率，以质量分数表示。其具体操作步骤如下：

首先剔除样品中混有的金属、石块等不能焚毁的异物，将样品破碎、研磨至全部通过孔径1mm的实验筛，将其混匀，称取不少于20g的试样平铺于事先在(600±25)℃下灼烧至恒重的瓷坩埚中，半盖坩埚盖，将瓷坩埚置于电热鼓风干燥箱中，在(110±5)℃的条件下干燥2h，取出后移入干燥器冷却至室温，称重。重复上述步骤进行检查性烘干，每次加热30min，直至恒重，记录试样与坩埚的质量m(精确至0.01g)；再将装有试样的坩埚盖好后放入马弗炉中，温度升至(600±25)℃灼烧时长为3h，停止加热后，稍冷，用坩埚钳将坩埚取出置于干燥器中，冷却至室温并称重。重复上述步骤进行检查性灼烧，每次灼烧时长为30min，直至恒重，记录灼烧后试样与坩埚的质量m_2(精确至0.01g)。

注：干燥器是具有磨口盖的一种密闭厚壁玻璃器皿，实验室分析中常用于保存称量皿、试剂、样品等，磨口边缘需要薄涂一层凡士林，并且干燥器的底部需要放置干燥剂，并保证干燥器的密封性。实验分析中最常用的干燥剂为变色硅胶。变色硅胶对空气中的水蒸气有极强的吸附作用，同时又能通过所含氯化钴结晶水数量变化而显示不同的颜色，即由吸湿前的蓝色随吸湿量的增加逐渐转变成浅红色，能够直观指示出环境的相对湿度。当变色硅胶变为浅红色时，需对其进行更换。变色硅胶可通过热脱附方式将水分除去，如放入电热鼓风干燥箱中干燥达到再生重复利用的效果，操作简便，性价比高，目前被实验室广泛应用。

5.12 灼烧

5.12.1 灼烧基本原理

在测定被污染的环境样品中的某些无机污染物时，无机元素会与有机质结

合，形成难溶、难离解的化合物，使无机元素失去原有的特性，而不能被检测到。灼烧前处理可以将样品中的有机物脱水、炭化、分解后灼烧灰化以得到无机成分的残渣后进行检测。经灼烧处理后的样品通常为白色或浅灰色。

灼烧处理常常需要与干燥、加热蒸发等前处理搭配起来对样品进行前处理。

5.12.2　灼烧的主要设备及处理条件

在灼烧实验中常用的加热设备有电炉、电加热套、管式炉和马弗炉等。灼烧温度根据样品检测需求的不同而作不同的设定。灼烧的温度一般有350℃、600℃和800℃等。

5.12.3　灼烧前处理的注意事项

在使用灼烧法对样品进行前处理时需注意：①使用马弗炉时需注意高温及接电安全，灼烧样品时不宜将样品放置过于拥挤，必须留出足够空间，以便于空气循环；②待处理样品放入马弗炉中时，应加盖处理，避免高温灼烧时样品喷溅导致的损失；③灼烧时一定要缓慢升温，以避免大量的二氧化碳骤然放出，使试样损失；④灼烧后的样品能吸收空气中的水和二氧化碳，应注意干燥器及天平内的硅胶是否失效，如失效及时更换，并且称重应迅速。

5.12.4　应用示例

(1)《固体废物　热灼减率的测定　重量法》(HJ 1024—2019)。

方法原理：固体废物焚烧残余物样品经干燥至恒重后，于(600±25)℃灼烧3h至恒重，根据干燥固体废物焚烧残余物样品灼烧前后的质量计算热灼减率，以质量分数表示。

仪器设备：电热干燥箱、马弗炉、分析天平、瓷坩埚、干燥器、坩埚钳。

操作步骤：称取不少于20g的制备好的试样平铺于事先在(600±25)℃下灼烧至恒重的瓷坩埚中，半盖坩埚盖，将瓷坩埚置于电热干燥箱中，于(110±5)℃下干燥2h，取出后移入干燥器冷却至室温，称重。重复上述步骤进行检查性烘干，每次加热30min，直至恒重(恒重要求为连续两次称重之差不大于0.02g)，记录试样与坩埚的质量(精确至0.01g)。

将装有试样的坩埚盖好后放入马弗炉中，温度升至(600±25)℃灼烧3h，停止加热后，稍冷，用坩埚钳将坩埚取出置于干燥器中，冷却至室温，称重。重复上述步骤进行检查性灼烧，每次灼烧30分钟，直至恒重(恒重要求为连续两次称重之差不大于0.02g)，记录灼烧后试样和坩埚的质量(精确至0.01g)。

（2）《生活垃圾采样和分析方法》（CJ/T 313—2009）。

可燃物：生活垃圾经800~850℃高温燃烧、灰化冷却后所减少的重量。

灰分：生活垃圾经800~850℃高温燃烧、灰化冷却后的残留物。

仪器设备：天平、电热鼓风恒温干燥箱、马弗炉、坩埚、坩埚钳、耐热石棉网、干燥器等。

操作步骤：准确称取（5±0.1）g（精确至0.0001g）制备好的垃圾样品，放入已在（815±5）℃的条件下烘干至恒重的坩埚中。将坩埚放在马弗炉中，在30min内将炉温缓慢升到300℃，保持30min；再将炉温升温到（815±10）℃，在此温度下灼烧3h。停止灼烧，待炉内温度降到300℃左右时，将坩埚取出放在石棉网上，盖上盖，在空气中冷却5min，然后将坩埚放入干燥器，冷却至室温即可称重。重复灼烧20min，冷却至室温后称重，直至两次称重相差小于0.0005g。

（3）《工作场所空气中粉尘测定　第4部分：游离二氧化硅含量》（GBZ/T 192.4—2007）。

方法原理：粉尘中的硅酸盐及金属氧化物能溶于加热到245~250℃的焦磷酸中，游离二氧化硅几乎不溶而实现分离，然后称量分离出的游离二氧化硅，计算其在粉尘中的百分含量。

仪器设备：恒温干燥箱、干燥器、分析天平、锥形瓶、可调电炉、马弗炉、瓷坩埚或铂坩埚、坩埚钳、玛瑙研钵、慢速定量滤纸、温度计。

操作步骤：将采集后的粉尘样品放在（105±3）℃的烘箱内干燥2h，稍冷，贮于干燥器中备用。如粉尘粒子较大，需用玛瑙研钵研磨至手捻有滑感为止。

准确称取0.1000~0.2000g粉尘样品于25mL锥形瓶中，加入15mL焦磷酸摇动，使样品全部被湿润，将锥形瓶放在可调电炉上，迅速加热到245~250℃，同时用带有温度计的玻璃棒不断搅拌，保持15min。若粉尘样品含有煤、其他碳素及有机物，应放在瓷坩埚中，在800~900℃下灰化30min以上，使碳及有机物完全灰化。取出冷却后，将残渣用焦磷酸洗入锥形瓶中。若含有硫化矿物应加数毫克结晶硝酸铵于锥形瓶中。再按照上述步骤加焦磷酸加热处理。

取下锥形瓶，在室温下冷却至40~50℃，加50~80℃的蒸馏水约至40~50mL，一边加蒸馏水一边搅拌均匀。将锥形瓶中内容物小心转移入烧杯，并用热蒸馏水冲洗温度计、玻璃棒和锥形瓶，洗液倒入烧杯中，加蒸馏水约至150~200mL。取慢速定量滤纸折叠成漏斗状，放于漏斗中并用蒸馏水湿润。将烧杯放在电炉上煮沸内容物，稍静置，待混悬物略沉降，趁热过滤，滤液不超过滤纸的2/3处。过滤后，用0.1mol/L盐酸溶液洗涤烧杯，移入漏斗中，并将滤纸的沉渣冲洗3~5次，再用热蒸馏水洗至无酸性反应为止（用pH试纸试验）。

将有沉渣的滤纸折叠数次，放入已称至恒量的瓷坩埚中，在电炉上干燥、

炭化(炭化时坩埚需要加盖并留一小缝)。然后放入马弗炉内，在800~900℃灰化30min，取出，室温下稍冷后，放入干燥器内冷却1h，在分析天平上称至恒重。

5.13 浸出

在对生活、生产和其他活动中产生的污染环境的固体物质进行浸出毒性鉴别时常需要对固体污染物进行浸出前处理。浸出的原理是指用某种化学溶剂将固体废物中的被测可溶性组分溶解后，被测物质从固相进入液相的过程。浸出又可以称作浸取、溶出、湿法分解。浸出过程中用到的化学溶剂称作浸提剂，针对后续被测组分不同需选择不同的浸提剂。

根据浸提剂的不同可将浸出分为酸浸出、碱浸出、纯水浸出等。环境检测中常用到的浸提剂一般为酸浸出和纯水浸出。根据浸出过程的压力可将浸出分为常压浸出和加压浸出。根据浸出过程反应的特点可将浸出分为氧化浸出和还原浸出。根据浸出流程可将浸出分为间歇浸出、连续浸出和多段浸出。在环境检测中根据浸出方式的不同可将浸出分为水平振荡浸出和翻转振荡浸出。

采用浸出对固体样品进行前处理时，因所选用的浸提剂对被测组分有选择性，故可以很好地将被测组分从固相中分离出来。此前处理方法适合处理基质较复杂的固体样品。但浸出前处理一般存在浸出温度难控制、浸出过程耗时长、所用浸提剂量大且一般具有腐蚀性等缺点。

在使用浸出方法对固体样品进行前处理时需注意：①此前处理方法一般不适用于含有非水溶性液体的固体样品；②浸出所得待测液需按后续分析项目要求进行保存；③固体样品浸出过程中可能产生气体，如不及时释放浸出瓶中压力，可能造成浸出瓶爆炸；④浸出结束后需对浸出液进行过滤，过滤前需用浸提剂提前淋洗过滤滤膜；⑤浸出瓶的材质要求为不能与被测组分发生反应或吸附被测组分；⑥由于固体样品基质一般较复杂，故在取样前应对样品进行均质化处理，以确保取样的均匀。

5.13.1 水平振荡法

5.13.1.1 基本原理

水平振荡法浸出一般多用于测定固体污染物在受到地表水或地下水浸沥时，固体污染物中的无机污染物的浸出毒性。水平振荡法所用浸提剂一般为纯水，其原理为：以纯水为浸提剂，模拟固体污染物在特定场合中受到地表水或地下水的浸沥，其中的有害组分浸出而进入环境的过程。所得浸出液经过滤装置过滤后待测。

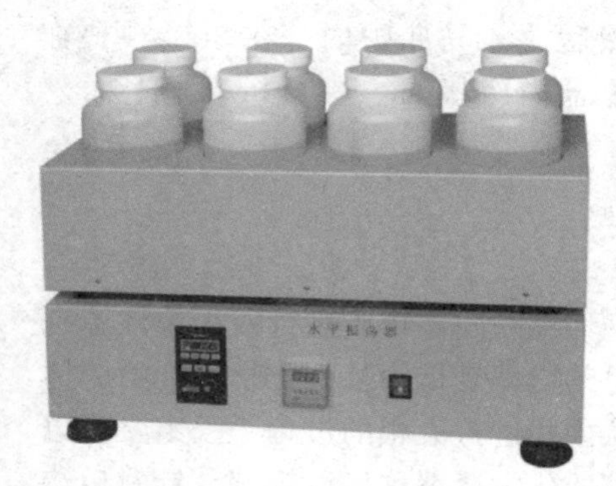

图 5-24　水平振荡器

5.13.1.2　仪器设备

水平振荡法所需仪器设备包含：可调频率和振荡时间的往复式水平振荡器（图 5-24）、电子天平、过滤装置（由过滤器和滤膜组成）、浸出提取瓶。

5.13.1.3　应用示例

（1）《固体废物　浸出毒性浸出方法　水平振荡法》（HJ 557—2010）。

本标准适用于评估在受到地表水或地下水浸沥时，固体废物或其他固体物质中的无机污染物（氰化物、硫化物等不稳定污染物除外）的浸出风险。不适用于含有非水溶性液体的固废样品。

固废样品进行浸出前处理前应对该样品进行含水率的测定。浸出操作步骤：①样品中含有初始液相时，应用压力过滤器和滤膜对样品进行过滤。干固体百分率≤9%的，所得初始液相即为浸出液，可直接进行后续组分分析；干固体百分率>9%的，将固废样品滤渣按步骤②浸出，初始液相与全部浸出液均匀混合后进行后续组分分析。②称取干基重 100g 的固废样品，置于 2L 浸出提取瓶中，根据样品的含水率，按液固比 10∶1 的比例加入浸提剂，盖紧浸出提取瓶瓶盖后，将浸提瓶垂直固定在水平振荡器上，调节振荡频率为（110±10）次/min，振幅为 40mm，在室温下振荡 8h 后取下浸提瓶，静置 16h。如在振荡过程中有气体产生，应定时取下浸提瓶，在通风橱中打开浸提瓶释放压力。③振荡结束后，在过滤装置上将浸出液过滤后，待测。

（2）《土壤和沉积物　挥发酚的测定　4-氨基安替比林分光光度法》（HJ 998—2018）。

基本原理：用碱性溶液提取土壤和沉积物中的酚类化合物，提取液在酸性条件下蒸馏，馏出液中的挥发酚在铁氰化钾催化剂存在的碱性溶液中与 4-氨基安替比林反应生成橙红色的吲哚酚安替比林，于波长 510nm 处测量吸光度，在一定浓度范围内，挥发酚含量与吸光度值成正比。

提取操作步骤：将采集样品后的 30mL 样品瓶恢复至室温称重并记录（精确至 0.1g），样品瓶采样前后重量之差为样品的采样量（m）。

将样品瓶内所有样品取出置于广口聚乙烯瓶中，并用 10mL 氢氧化钠溶液清洗样品瓶，将清洗液倒入聚乙烯瓶中，再重复清洗 2 次，随后加入 260mL 氢氧化钠溶液，拧紧螺旋盖，水平振荡 10min，或用清洗式超声波仪超声 10min。若采用冲击式超声波仪，聚乙烯瓶不可加盖，超声 10min。样品振荡或超声后，静置

5min，取 250mL 上清液移入 500mL 全玻璃蒸馏器中，待蒸馏。

样品提取液若不能及时蒸馏，应置于聚乙烯瓶中，4℃以下冷藏、密闭保存，保存时间为 14d。

5.13.2　翻转振荡法

5.13.2.1　基本原理

在环境检测中，翻转振荡法浸出常用的浸提剂多为混合酸液。在测定氰化物和挥发性有机物时常用纯水作浸提剂。其基本原理为：以混合酸或纯水为浸提剂，模拟固体废物在某固定场合下，其中的有害组分在浸提剂作用下从固体废物中浸出而进入环境的过程。

5.13.2.2　仪器设备

翻转振荡法所需仪器设备包含：可调频率和振荡时间的翻转式振荡器(图 5-25)、浸出瓶(零顶空提取器、2L 浸出瓶)、电子天平、过滤装置(零顶空提取器、过滤器和滤膜)(图 5-26)、pH 计、ZHE 浸出液采集装置和 ZHE 浸提剂转移装置。

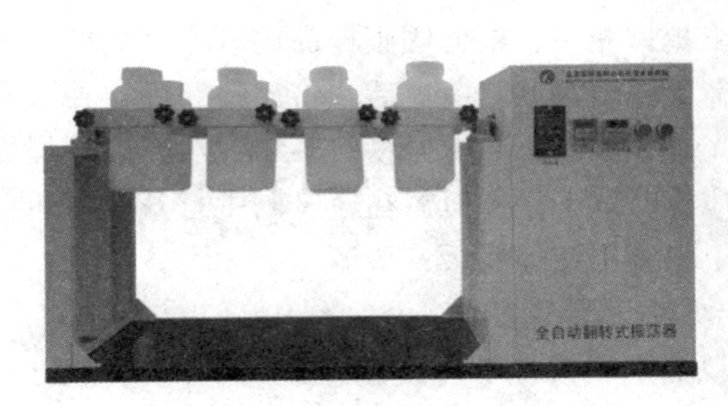

图 5-25　翻转振荡器

图 5-26　零顶空提取器

5.13.2.3　应用示例

(1)《固体废物　浸出毒性浸出方法　硫酸硝酸法》(HJ/T 299—2007)。

基本原理：以硝酸/硫酸混合溶液为浸提剂(测定氰化物和挥发性有机物时以纯水为浸提剂)，模拟固废样品在不规范填埋处置、堆存或经无害化处理后，固体废物在土地利用时，其中的有害组分在酸性降水的影响下从固体废物中浸出而进入环境的过程。

固废样品进行浸出前处理前应对该样品进行含水率的测定。样品颗粒应可以通过 9.5mm 孔径的筛，对于粒径大的颗粒可通过破碎、切割或研磨降低粒径。

测定样品中的挥发性有机物时，为避免过筛时造成待测组分的损失，应使用刻度尺测量粒径，样品和降低粒径所用工具应进行冷却，并尽量避免将样品直接暴露于空气中。

测定挥发性有机物时浸出的操作步骤：将样品冷却至4℃，称取干基重40~50g的固废样品，快速转移至ZHE装置，安装好ZHE装置，缓慢加压以排除顶空。样品含有初始液相时，将浸出液采集装置与ZHE装置连接，缓慢升压至不再有液体流出，收集初始液相，冷藏保存待测。如果样品干固体百分率≤9%，所得初始液相即为浸出液，可直接进行后续相应项目分析，如果样品干固体百分率>9%，则需继续进行浸出，将所得浸出液与初始液相均匀混合后，待测。根据样品含水率，按液固比10∶1的比例，用ZHE浸提剂转移装置加入相应的浸提剂，安装好ZHE装置，缓慢加压以排除顶空。关闭阀门。将ZHE装置固定于翻转振荡器上，调节转速为(30±2)r/min，在(23±2)℃下振荡(18±2)h后，取下ZHE装置，检查是否漏气，收集浸出液，冷藏保存待测。

测定除挥发性有机物外的其他物质时的浸出步骤：样品中含有初始液相时，应用压力过滤器和滤膜对样品进行过滤。干固体百分率≤9%的，所得初始液相即为浸出液，可直接进行后续组分分析。干固体百分率>9%的，将固废样品滤渣按下述步骤浸出，初始液相与全部浸出液均匀混合后进行后续组分分析。称取150~200g的固废样品，置于2L浸出提取瓶中，根据固废样品的含水率，按液固比10∶1的比例加入相应浸提剂，盖紧浸出提取瓶瓶盖后，将浸提瓶固定在翻转振荡器上，调节转速为(30±2)r/min，在(23±2)℃下振荡(18±2)h后，取下浸提瓶。如在振荡过程中有气体产生，应定时取下浸提瓶，在通风橱中打开浸提瓶释放压力。振荡结束后，在过滤装置上将浸出液过滤后，待测。

(2)《固体废物　浸出毒性浸出方法　醋酸缓冲溶液法》(HJ/T 300—2007)。

基本原理：以醋酸缓冲溶液为浸提剂，模拟工业废物在进入卫生填埋场后，其中的有害组分在填埋场渗滤液的作用下，从废物中浸出的过程。

此方法测定含水率和样品破碎步骤与《固体废物　浸出毒性浸出方法　硫酸硝酸法》(HJ/T 299—2007)相同。

在浸出前需根据pH值判定所使用浸提剂，确定所使用浸提剂的操作步骤：取5.0g样品至500mL烧杯或锥形瓶中，加入96.5mL试剂水，盖上表面皿，用磁力搅拌器猛烈搅拌5min，测定pH，如果pH<5.0，用浸提剂1#(浸提剂1#：加5.7mL冰醋酸至500mL试剂水中，加64.3mL1mol/L氢氧化钠，稀释至1L。配制后溶液的pH值应为4.93±0.05)；如果pH>5.0，加3.5mL 1mol/L盐酸，盖上表面皿，加热至50℃，并在此温度下保持10min。将溶液冷却至室温，测定pH，如果pH<5.0，用浸提剂1#；如果pH>5.0，用浸提剂2#(浸提剂2#：用试剂水稀

释 17.25mL 的冰醋酸至 1L。配制后溶液的 pH 值应为 2.64±0.05)。对于挥发性物质的浸出只用浸提剂 1#。

浸出步骤中浸出比例为液固比 20∶1，其余步骤与《固体废物　浸出毒性浸出方法　硫酸硝酸法》(HJ/T 299—2007)基本一致。

5.14　超声提取

超声波是指频率高于可听声频率范围的声波，是一种频率超过 17kHz 的声波。超声提取(也称为超声萃取)是应用超声技术提取被分析物质的化学成分的分离要求。由于具有提取温度低、提取率高、提取时间短的特点，对天然产物和生物活性成分的提取尤具优势，已经广泛用于环境、食品、中草药、农业、药物、工业原材料等样品中化学成分的提取。

5.14.1　超声提取的原理

超声提取是利用超声波具有的机械效应、空化效应和热效应，通过增大介质分子的运动速度、增大介质的穿透力以提取样品的化学成分。超声作用于液-液、液-固两相、多相表面体系以及膜界面体系会产生一系列的物理、化学作用，同时在微环境内产生各种附加效应。

5.14.1.1　机械效应

超声波在介质中的传播可以使介质质点在其传播间内发生振动，从而强化介质的扩散、传播，这就是超声波的机械效应。超声波在传播过程中会产生一种辐射压强，会对样品产生很强的破坏作用；同时，它还可以给予介质和悬浮体以不同的加速度，且介质分子的运动速度远大于悬浮体分子的运动速度，进而在两者间产生摩擦。

5.14.1.2　空化效应

通常情况下，介质内部会溶有少量微气泡，这些气泡在超声波的作用下产生振动，当声压达到一定值时，气泡由于定向扩散作用增大，进而形成共振腔，这就是超声波的空化效应。超声波在液体介质中产生空化效应，不断产生无数内部压力达上千个大气压的微气穴，并不断“微爆”产生微观上的强冲击波，作用在固-液或液-液分子上，使介质中的空气被“轰击”逸出，并促使介质细胞破裂和变形加速介质分子中的物质逸出。

波动(包括超源与波源的振动)在连续介质中传播时，在其波阵面上将引起介质质点的运动，波源在介质中达到的每一点都将引起相邻质点的振动而成为新的波源。这种波源引起的波动使其传播路径上的每一个质点都将获得加速度和动能。介质质点在超声波作用下，将会以每秒钟数万次的高频振荡和每秒大于100m的巨大速度和动能作用于溶液分子内，使溶液分子被迅速激活。

5.14.1.3 热效应

超声波在介质中的传播过程是一个能量的传播和扩散过程，即超声波在介质的传播过程中，其声能不断被介质的质点吸收，介质将所吸收的能量全部或大部分转变成热能，从而使得介质本身温度升高，加快样品中有效成分的溶解。由于这种内部温度的升高是瞬间的，因此，可以保证被提取成分的活性不变。

5.14.2 超声提取的优点

与常规的萃取技术相比，超声提取技术具有高效快速并且价廉的特点。

与索氏提取相比，超声提取具有以下四点优势：①成穴作用，可以增强反应系统的极性，提高萃取效率，可以达到或超过索氏提取的效率；②允许添加共萃取剂，可以进一步增大溶剂的极性；③适用范围广，可以适用不耐热的被测成分的萃取；④具有较快的操作时间，通常仅需24~40min。

与超临界流体萃取(SFE)比较，超声提取具有的优势为：①仪器设备简单，具有较低的成本；②可用萃取剂较多，可提取多种不同极性的化合物而，SFE主要以CO_2作为萃取剂，仅适合非极性物质的萃取。

与微波辅助萃取比较，超声提取具有的优势：①特定情况下拥有比微波辅助更快的萃取速度；②酸消解中，超声提取比常规微波辅助萃取更具安全性。

超声提取的适应范围广，不会受到目标成分的极性、分子量大小的限制。另外，提取液杂质少，待测成分易于分离、纯化。

5.14.3 超声波清洗仪的注意事项

实验室常用的超声提取设备为超声波清洗仪。超声波清洗机由清洗槽、发生器和换能器三部分组成。利用超声波在液体中的空化和加速度作用使污物层被分散、乳化、剥离。可用于器皿的清洗(如比色管、进样管、蒸馏瓶和沾污器皿等)，溶剂的脱气(液相色谱和离子色谱所用溶剂使用前需脱气，否则会影响检测效果，严重时会损坏色谱柱)，加速物质溶解(如配置碱性过硫酸钾等常温下难以溶解的物质，可以借助超声波振荡并升高温度来加速溶解)，有机物提取(如提取滤膜采集物、油烟滤筒的超声浸提等)，萃取时乳化现象的破乳(阴离子表面活性剂等其他萃取实验)。

在使用时，要注意超声波清洗仪的电源必须要有良好的接地装置，要及时更换槽内用水，并且严禁槽内无水加热和空开；若清洗剂为有机易燃或酸碱等腐蚀性液体，应放置在玻璃杯中超声使用，同时要防止玻璃杯倾倒清洗剂流入清洗槽。

5.14.4　应用示例

（1）《土壤和沉积物　挥发酚的测定　4-氨基安替比林分光光度法》（HJ 998—2018）。

方法原理：用碱性溶液提取土壤和沉积物中的酚类化合物，提取液在酸性条件下蒸馏，馏出液中的挥发分在铁氰化钾催化剂存在的碱性溶液中与4-氨基安替比林反应生成橙红色的吲哚酚安替比林，于波长510nm处测量吸光度，在一定范围内，挥发酚含量与吸光度值成正比。具体操作步骤如下：

试样的提取：将采集后的30mL样品瓶恢复至室温称重并记录（精确至0.1g），样品瓶采样前后重量之差为样品的采集量（m）。将样品瓶内所有样品取出置于广口聚乙烯瓶中，并用10mL氢氧化钠溶液清洗样品瓶，将清洗液倒入聚乙烯瓶中，再重复清洗两次，随后加入260mL氢氧化钠溶液，拧紧螺旋盖，水平振荡10min。样品振荡或超声后，静置5min，取250mL上清液移入500mL全玻璃整流器中，待蒸馏。

（2）《固定污染源废气　油烟和油雾的测定　红外分光光度法》（HJ 1077—2019）。

方法原理：固定污染源废气中的油烟和油雾经滤筒吸附后，用四氯乙烯超声萃取，萃取液用红外分光光度法测定，油烟和油雾含量由波数分别为$2930cm^{-1}$（CH_2基团中C—H键的伸缩振动）、$2960cm^{-1}$（CH_3基团中C—H键的伸缩振动）和$3030cm^{-1}$（芳香环中C—H键的伸缩振动）谱带处的吸光度A_{2930}、A_{2960}和A_{3030}进行计算。

具体操作步骤：在采样后的套筒中加入四氯乙烯溶剂12mL，旋紧套筒盖，将套筒置于超声波清洗器，超声清洗10min，萃取液转移至上述25mL比色管，再加入6mL四氯乙烯超声清洗5min，将萃取液转移至上述25mL比色管，用少许四氯乙烯清洗滤筒及聚四氟乙烯套筒两次，清洗液一并转移至上述25mL比色管，加入四氯乙烯至刻度标线，密封待测。

5.15　液液萃取

液液萃取基本原理、理论基础、基本操作、影响因素同“3.1 液液萃取”。

（1）《水质　阴离子表面活性剂的测定　亚甲蓝分光光度法》（GB 7494—87）。

方法原理：阳离子染料亚甲蓝与阴离子表面活性剂作用，生成蓝色的盐类，统称亚甲蓝活性物质（MBAS）。该生成物可被氯仿萃取，其色度与浓度成正比，用分光光度计在波长652nm处测量氯仿层的吸光度。

具体操作步骤：将所取试样移至分液漏斗，以酚酞为指示剂，逐滴加入

1mol/L 氢氧化钠溶液至水溶液呈桃红色，再滴加 0.5mol/L 硫酸到桃红色刚好消失；加入 25mL 亚甲蓝溶液，摇匀后再移入 10mL 氯仿，激烈振摇 30s，注意放气。过分的摇动会发生乳化，加入少量异丙醇可消除乳化现象。加相同体积的异丙醇至所有的标准中，再慢慢旋转分液漏斗，使滞留在内壁上的氯仿液珠降落，静置分层；将氯仿层放入预先盛有 50mL 洗涤液的第二个分液漏斗，用数滴氯仿淋洗第一个分液漏斗的放液管，重复萃取三次，每次用 10mL 氯仿。合并所有氯仿至第二个分液漏斗中，激烈摇动 30s，静置分层。将氯仿层通过玻璃棉或脱脂棉，放入 50mL 容量瓶中，再用氯仿萃取洗涤液两次(每次用量 5mL)，此氯仿层也并入容量瓶中，加氯仿到标线。

(2)《水质　石油类的测定　紫外分光光度法》(HJ 970—2018)。

方法原理：在 pH≤2 的条件下，样品中的油类物质被正己烷萃取，萃取液经无水硫酸钠脱水，再经硅酸镁吸附除去动植物油类等极性物质后，于 225nm 波长处测定吸光度，石油类含量与吸光度值符合朗伯-比尔定律。

具体操作步骤：

萃取：将样品全部转移至 1000mL 分液漏斗中，量取 25.0mL 正己烷洗涤采样瓶后，全部转移至分液漏斗中。充分振摇 2min，期间经常开启旋塞排气，静置分层后，将下层水相全部转移至 100mL 量筒中，测量样品体积并记录。若乳化程度较严重，可向除去水相后的萃取液中加入 1~4 滴无水乙醇破乳，若效果仍不理想，可将其转移至玻璃离心管中，2000r/min 离心 3min；

脱水：将上层萃取液转移至已加入 3g 无水硫酸钠的锥形瓶中，盖紧瓶塞，振摇数次，静置。若无水硫酸钠全部结块，需补加无水硫酸钠直至不再结块；

吸附：继续向萃取液中加入 3g 硅酸镁，置于振荡器上，以 180~220r/min 的速度振荡 20min，静置沉淀。在玻璃漏斗底部垫上少量玻璃棉，过滤，待测。

5.16　离子交换

5.16.1　离子交换基本原理

借助于固体离子交换剂中的离子与溶液中的离子进行交换，以达到提取或分离溶液中某些离子的目的。

5.16.2　离子交换剂的类别

离子交换剂分为无机质类离子交换剂和有机质类离子交换剂。

无机离子交换剂无机质类又可分为天然的，如：海绿砂；人造的，如：合成沸石。

有机离子交换剂主要是指以离子交换树脂为代表的一类高分子化合物，其中以离子交换树脂的研究最为成熟，其应用也最为广泛。离子交换树脂是一类带有功能基团的不溶性高分子化合物，其结构由高分子骨架、离子交换基团等部分所组成。离子交换树脂可通过对被交换物质的离子交换和吸附，达到物质的分离、置换、提纯、浓缩、富集等效果。

5.16.3　离子交换树脂的分类

离子交换树脂是具有网状结构的复杂的有机高分子聚合物，网状结构的骨架部分一般很稳定，不溶于酸、碱和一般溶剂。在网的各处都有许多可被交换的活性基团。

离子交换树脂主要按照骨架结构、孔结构及功能基团三种方式进行分类，具体分类如下：

① 按骨架结构离子交换树脂可分为苯乙烯系、丙烯酸系、酚醛系和环氧系等。

② 按孔结构离子交换树脂可分为大孔、凝胶和均孔三大系列。

③ 按功能基团离子交换树脂可分为强酸阳离子交换树脂(如磺酸基)、强碱阴离子交换树脂(季胺基团)、弱酸阳离子交换树脂(羧酸基、苯氧基)、弱碱阴离子交换树脂(伯、仲、叔氨基)、两性树脂、螯合树脂和氧化还原树脂等。

5.16.4　离子交换树脂的命名

离子交换树脂凡分类属酸性的，应在基本名称前加“阳”字；分类属碱性的，在基本名称前加“阴”字。

离子交换树脂的基本命名模式，见表5–2。

表5–2　离子交换树脂的基本命名模式

字符组1	字符组2	字符组3	字符组4
↓ D	↓ 官能团分类	↓ 骨架分类	↓ 顺序号

字符组1：离子交换树脂的型态分凝胶型和大孔型两种。凡具有物理孔结构的称大孔型树脂，在全名称前加“D”以示区别。

字符组2：以数字代表树脂官能团的分类，官能团的分类和代号见表5–3。

字符组3：以数字代表骨架的分类，骨架的分类和代号见表5–4。

字符组4：顺序号，用以区别基团、交联剂等的差异。交联度“×”号连接阿拉伯数字表示。如遇到二次聚合或交联度不清楚时，可采用近似值表达或不予表达。

表 5-3 官能团分类所用代号

数字代号	分类名称		数字代号	分类名称	
	名称	官能团		名称	官能团
0	强酸	磺酸基等	4	螯合	胺酸基等
1	弱酸	羧酸基、磷酸基等	5	两性	强碱-弱酸 弱碱-弱酸
2	强碱	季氨基等	6	氧化还原	硫醇基、对苯二酚基等
3	弱碱	伯、仲叔氨基等			

表 5-4 骨架分类所用代号

数字代号	骨架名称	数字代号	骨架名称
0	苯乙烯系	4	乙烯吡啶系
1	丙烯酸系	5	脲醛系
2	酚醛系	6	氯乙烯系
3	环氧系		

示例：D001×7，表示大孔型强酸性苯乙烯系阳离子交换树脂，其交联度为 7。

201×7，表示强碱性苯乙烯系阴离子交换树脂，其交联度为 7。

5. 16. 5 离子交换树脂的优缺点

优点：分离效率高；适用于带相反电荷的离子之间的分离，还可用于带相同电荷或性质相近的离子之间的分离；离子交换树脂最重要而可贵的性质，是离子交换反应的可逆性，树脂在应用失效后，可用酸、碱或其他再生剂进行再生，恢复其交换能力，使离子交换树脂能够长期反复地使用。

缺点：操作较麻烦，周期长，一般只用它解决某些比较复杂的分离问题。

5. 16. 6 应用示例

5. 16. 6. 1 分离富集

离子交换分离就是利用离子交换剂与溶液中的离子之间所发生的交换反应进行分离的方法，是一种固-液分离法。

无论是工农业生产用水、日常生活用水，还是科研实验用水，对水质都有一定的要求。在天然水或者自来水中含有各种各样的无机和有机杂质，常见的无机杂质有 Mg^{2+}、Ca^{2+}、Na^{+}、Cl^{-}离子及某些气体。常见的处理方法有蒸馏法、电渗析法和离子交换法。

《分析实验室用水规格和试验方法》(GB/T 6682—2008)中提出，三级水可用

蒸馏或离子交换等方法制取。其中阳离子交换树脂中的 H^+ 离子可以电离进入溶液并与溶液中的 Na^+、Mg^{2+}、Ca^{2+} 离子等进行交换。阴离子树脂中的 OH^- 离子可以电离进入溶液并与溶液中 SO_4^{2-}、Cl^- 离子等进行交换，最后通过中和反应达到分离净化的目的。

离子交换树脂富集技术也普遍应用在痕量离子分析中。

离子交换富集是一种从大量母体物质中搜集欲测定的痕量元素至一较小体积，从而提高其含量至测定下限的操作方式。采用离子交换技术可将痕量元素从较大体积的溶液中交换到离子交换小柱上，再用少量淋洗液洗脱，采用这种方法可以有效地富集痕量元素。

5.16.6.2　干扰去除

《水质　硝酸盐氮的测定　紫外分光光度法(试行)》(HJ/T 346—2007)用于地表水、地下水中硝酸盐氮的测定，因试样中溶解的有机物、表面活性剂、亚硝酸盐氮、六价铬、溴化物、碳酸氢盐和碳酸盐等干扰测定，需进行适当的预处理。方法中采用絮凝共沉淀和大孔中性吸附树脂进行处理，以排除水样中大部分常见有机物、浊度和 Fe^{3+}、Cr(Ⅵ)对测定的干扰。使用的离子交换树脂型号为：CAD-40 或 XAD-2 型大孔径中性树脂。

吸附柱的制备：新的大孔径中性树脂先用 200mL 水分两次洗涤，用甲醇浸泡过夜，弃去甲醇，再用 40mL 甲醇分两次洗涤，然后用新鲜去离子水洗到柱中流出液滴落于烧杯中无乳白色为止。树脂装入柱中时，树脂间绝不允许存在气泡。

量取 200mL 水样置于锥形瓶或烧杯中，加入 2mL 硫酸锌溶液，在搅拌下滴加氢氧化钠溶液，调至 pH 为 7。或将 200mL 水样调至 pH 为 7 后，加 4mL 氢氧化铝悬浮液。待絮凝胶团下沉后，或经离心分离，吸取 100mL 上清液分两次洗涤吸附树脂柱，以每秒 1~2 滴的流速流出，各个样品间流速保持一致，弃去。再继续使水样上清液通过柱子，收集 50mL 于比色管中，备测定用。

使用后的树脂用 150mL 水分三次洗涤，备用。树脂吸附容量较大，可处理 50~100 个地表水水样，应视有机物含量而异。使用多次后，可用未接触过橡胶制品的新鲜去离子水作参比，在 220nm 和 275nm 波长处检验，测得吸光度应接近零。超过仪器允许误差时，需以甲醇再生。

5.16.6.3　洗脱再生

离子交换完毕后，用洗涤液流经交换柱，除去残留在交换柱中的试液和被交换下来的各种离子。树脂柱经洗涤后，先用适当的洗脱剂将吸附在柱上的离子洗脱下来。然后把树脂柱加入洗脱剂，洗脱下来的离子流经树脂柱下端未被交换的区域时又发生交换。开始时，流出液中被交换的离子浓度为零，随着洗脱剂的加入，被交换的离子浓度越来越大，直至使流出液中被交换的离子浓度达到最大(这一过程也可作为再生过程，洗脱完毕，树脂恢复到交换前的状态，用蒸馏水洗涤即可)。将离子从树脂上洗脱下来后，树脂柱需要用酸或碱进行再生，恢复到交换前的状态。

5.17　燃烧

5.17.1　基本原理及注意事项

燃烧法是将待测物质在充满氧气的条件下进行燃烧，充分燃烧后将燃烧产物收集，再采用适宜的分析方法来检测定量。常用于碳、硫等元素或卤素的测定。

使用燃烧法的注意事项：

(1) 仪器装置连接紧密，无漏气现象。确保前处理过程中无样品损失。

(2) 燃烧温度必须严格控制，否则会造成燃烧不完全使测定值偏小。

(3) 采用燃烧法进行样品分析，燃烧管(炉)温度基本维持在800℃以上，需注意高温防护。

5.17.2　应用示例

5.17.2.1　燃烧-氧化法

对于碳元素的测定可以通过燃烧氧化的方式，燃烧氧化后的气体产物用特定检测器检测分析，常见仪器有元素分析仪(图5-27)、总有机碳分析仪(图5-28)等。

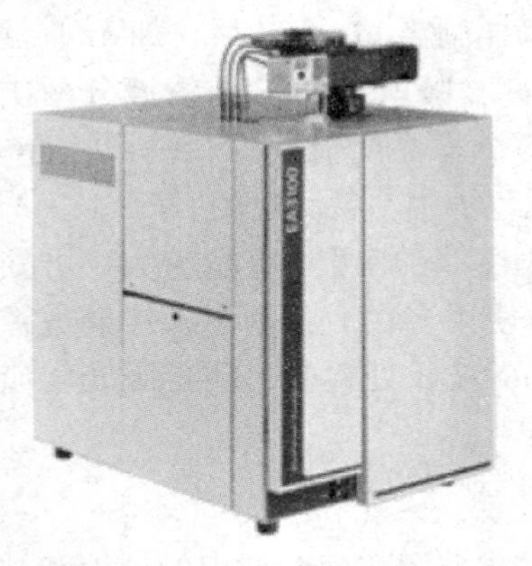

图5-27　元素分析仪

图5-28　总有机碳分析仪

《水质　总有机碳的测定　燃烧氧化-非分散红外吸收法》(HJ 501—2009)方法原理：

（1）差减法测定总有机碳。将试样连同净化气体分别导入高温燃烧管和低温反应管中，经高温燃烧管的试样被高温催化氧化，其中的有机碳和无机碳均转化为二氧化碳，经低温反应管的试样被酸化后，其中的无机碳分解成二氧化碳，两种反应管中生成的二氧化碳分别被导入非分散红外检测器。在特定波长下，一定质量浓度范围内二氧化碳的红外线吸收强度与其质量浓度成正比，由此可对试样总碳（TC）和无机碳（IC）进行定量测定。

总碳与无机碳的差值，即为总有机碳。

（2）直接法测定总有机碳。试样经酸化曝气，其中的无机碳转化为二氧化碳被去除，再将试样注入高温燃烧管中，可直接测定总有机碳。由于酸化曝气会损失可吹扫有机碳（POC），故测得总有机碳值为不可吹扫有机碳（NPOC）。

操作步骤：按照 TOC 分析仪说明书设置条件参数，进行调试，调试完成后开始分析样品。

注：每次试验前应检测无二氧化碳水的 TOC 含量，测定值应不超过 0.5mg/L。

5.17.2.2　燃烧-碘量法

对于固体物质中硫元素的测定多采用燃烧-碘量法，通过高温燃烧将固体含硫物质转化成二氧化硫气体，以特定吸收液吸收并以容量法定量（图 5-29）。

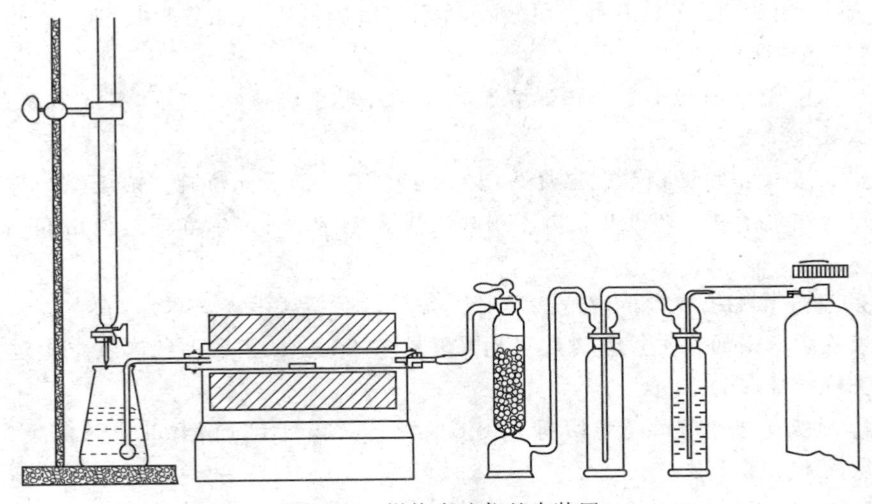

图 5-29　燃烧定硫仪基本装置

《森林土壤　全硫的测定》（LY/T 1255—1999）。

方法原理：土样在 1250℃ 的管式高温电炉通入空气进行燃烧，使样品中的有机硫或硫酸盐中的硫转化成二氧化硫逸出，以稀盐酸溶液吸收形成亚硫酸，用标准碘酸钾溶液滴定，终点是生成的碘分子(I_2)与指示剂淀粉形成蓝色吸附物质，从而计算得全硫含量(g/kg)。方法适用于0.05~50g/kg的全硫含量测定。

操作步骤：将有硅碳棒的高温管式电炉预先升温到1250℃左右，在吸收瓶中加入80mL盐酸-甘薯淀粉吸收液，用吸气法(可用抽气管或真空泵抽气)调节气流速度，使空气顺序通过盛有50g/L硫酸铜溶液(用于除去空气中可能存在的硫化氢)、50g/L高锰酸钾溶液(用于除去还原性气体)以及浓硫酸的三个洗气瓶，然后进入燃烧管，再进入盐酸-甘薯淀粉吸收液的底部，最后进入抽气真空泵。用碘酸钾(KIO_3)标准溶液滴定吸收液，使之从无色变为浅蓝色(2~3min不褪色)。

打开燃烧管的进气端，将盛有0.5~1.5g(精确至0.0001g)通过0.149mm筛孔的土壤样品(样品质量视土壤含硫量而定)的燃烧舟，用耐高温的不锈钢钩送入燃烧管的最热处，迅速把燃烧管与其进气端重新接紧。此时，样品中的含硫化合物经燃烧而释放出二氧化硫气体，随流动的空气进入吸收液，立即不断地用碘酸钾标准溶液滴定(用刻度0.05mL的10mL滴定管)，使吸收液始终保持浅蓝色(绝不可使溶液变为无色)，在2~3min不褪色即达终点，记下碘酸钾标准液的用量(mL)。每测定一个样品，一般只需5~6min。

再打开燃烧管的进气端，用不锈钢钩取出测定过的燃烧舟，并将另一装有土样的燃烧舟送入燃烧管中，继续进行下一个样品的测定，而不需要换吸收液(如果吸收瓶中的吸收液太多时，可转动活塞，适当抽走一部分吸收液，并补加盐酸-甘薯淀粉吸收液)。

注：1. 要随时检查整个仪器装置有无漏气现象。通空气时，气流不能太快，否则二氧化硫吸收不完全。

2. 测定过程中必须控制温度为(1250±50)℃。低于此值时，则燃烧分解不完全，影响测定结果，超过此值时，则硅碳棒易烧坏。燃烧不宜连续使用6h以上，否则易损坏。

3. 燃烧管要经常保持清洁，同时燃烧管的位置要固定不变，不能随意转动仪器装置中所用的橡皮管和橡皮塞均需预先在250g/L氢氧化钠溶液中煮过，借以除去可能混入的硫。

4. 通空气流的目的是帮助高温氧化燃烧，以有利于分解样品中的硫酸盐类，若通氧气则效果更佳。

5. 为了促使样品中全硫更好地分解，可加入助熔剂。助熔剂以无水钒酸为好，用量0.1g，也可用0.25g锡粉。

6. 吸收装置中的圆形玻璃漏斗口上应包有耐酸的尼龙布，以便使冒出的气泡细小均匀，使二氧化硫吸收完全。

7. 经试验证明，方法所得全硫结果只相当于实际含量的95%左右，其原因

是某些硫酸盐(如硫酸钡)在短时间内不能分解完全，故必须乘以经验校正常数。

5.17.2.3　吸附–燃烧法

《水质　可吸附有机卤素(AOX)的测定　离子色谱法》(HJ/T 83—2001)。

方法原理：用活性炭吸附水中的有机卤素化合物，然后将吸附上有机物的活性炭放入高温炉中燃烧、分解、转化为卤化氢(氟、氯和溴的氢化物)，经碱性水溶液吸收，用离子色谱法分离测定(图 5-30)。

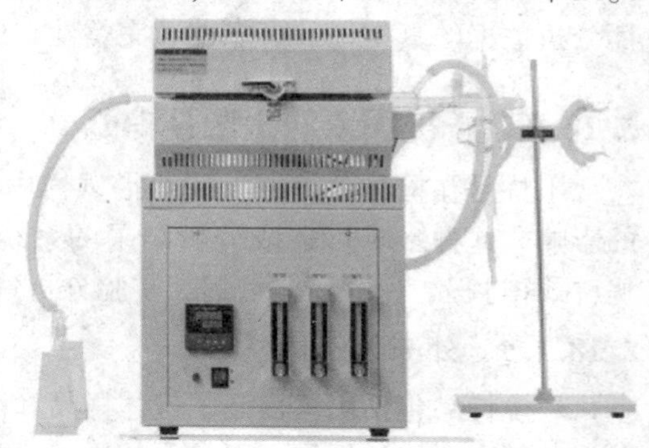

图 5-30　可吸附卤素仪

操作步骤：

吸附：填装活性炭吸附柱，连接吸附装置，根据样品中有机物的含量取 25~200mL 经过预处理的水样，每 100mL 水样中加入 5mL 硝酸钠贮备液。此时水样的 pH 值应小于 2。否则加硝酸调节。然后将水样移入吸附装置的样品管中，加盖密封，调节氮气压力，使水样以 2~3mL/min 的速度流过吸附柱。然后加 20mL 硝酸钠洗涤液以 2~3mL/min 的流速洗涤吸附柱。

燃烧：预先给燃烧炉升温，并保持在(950±10)℃。

调节氧气压力和流量计，使向燃烧管内套管吹氧的速度为 120~150mL/min。向外管吹氧的速度为 40~60mL/min。

连接内装 3.00mL 硼砂吸收液的气泡式吸收管于燃烧管出口端，用石棉布包裹连接处，防止结露。

打开燃烧管样品入口的硅胶塞，用平顶针头将活性炭吸附柱内吸附了样品的湿活性炭全部移入氧化铝舟中，加塞。

将氧化铝舟推入燃烧管预热区(炉口处)。停留 2min，然后慢慢将氧化铝舟推入高温区，3min 后将其拉出到样品入口。继续吹氧 4~5min。

测量：从燃烧系统上一并取下吸收管和连接管，用吸耳球从吸收管出口端轻轻吹气(注意勿将吸收液从管中吹出)反复冲洗，使吸收管入口端和连接管中的雾滴进入吸收管中。

用离子色谱测量吸收管中的 Cl^-、F^- 和 Br^- 的含量。

5.18　干扰消除

环境监测作为环境保护的基础，是一项技术性的工作，为环境管理提供重要的依据。监测工作需要对大量的数据进行分析处理，检测分析成为监测工作的主

要组成部分。如何消除检测分析中的干扰，提高分析结果的精密度和准确度，保证分析数据的真实性、可靠性及完整性，成为工作中的重点。

5.18.1 干扰因素的来源及消除

干扰是在检测分析中，一般指试样中的组分对被分析物质(或元素)测量值的影响。这种影响可造成分析结果的系统误差。常见的干扰来源有：外来物干扰(采样过程、保存运输过程、实验分析过程、沾污)和样品基质干扰。

5.18.1.1 外来物干扰

环境样品包括固体样品、气体样品和液体样品，对于各类样品的采集、运输和保存都有严格的规定。所采集的样品要具有代表性，作为环境样品检测的重要环节，任何环节中的疏漏和过失都会给检测结果的准确性带来影响。

采集水样时，采样器材的材质应具有较好的化学稳定性，在样品采集、样品贮存期内不会与水样发生物理化学反应，从而引起水样组分浓度的变化。采样器具可选用聚乙烯、不锈钢、聚四氟乙烯等材质，样品容器可根据相关标准选用硬质玻璃、聚乙烯等材质。选择不当会造成干扰，如《水质　总磷的测定　钼酸铵分光光度法》(GB/T 11893—1989)中说明：采集含磷量较少的水样，不应用塑料瓶采样，因磷酸盐易吸附在塑料瓶壁上；而石油类样品的采集只能使用玻璃瓶。

样品采集后应尽快送实验室分析，并根据监测项目所采用分析方法的要求确定样品的保存方法，必要时，采样人员应在现场加入保存剂进行固定，确保样品在规定的保存期限内分析测试，见表5-5。

表5-5　水质检测部分项目的采样和保存要求

项目	采样容器	采集或保存方法	保存期限	标准方法
pH值	P		2h	HJ 1147—2020
总磷	P或G	H_2SO_4，pH≤1	24h	GB 11893—1989
总氮	P或G	H_2SO_4，pH：1~2	7d	HJ 636—2012
氨氮	P或G	H_2SO_4，pH≤2冷藏	7d	HJ 535—2009
化学需氧量	G	H_2SO_4，pH≤2冷藏	5d	HJ 828—2017
石油类、动植物油	G	HCl，pH≤2冷藏	3d	HJ 637—2018
挥发酚	G	H_3PO_4，pH≈4 $CuSO_4$冷藏	24h	HJ 503—2009
硫化物	P或G	乙酸锌-乙酸钠，NaOH，避光	7d	GB/T 16489—1996
六价铬	G	NaOH，pH≈8	24h	GB 7467—1987
氰化物	P或G	NaOH，pH>12冷藏	24h	HJ 484—2009

注：P为聚乙烯瓶等材质塑料容器，G为硬质玻璃容器。冷藏温度范围为：0~5℃。

采集气体样品过程中待测物质容易受到环境因素的干扰。进气管路的温度随环境温度的变化而变化，也随采样亭内外的温差而变化。如果采样亭设计不合理会使进气管路过长，过长的进气管路在高温季节很容易使空气中的水蒸气冷凝在管壁上，从而吸附气体样品，使测定结果偏低。另外，进气管路除附着雾滴外，也会附着尘埃，使进气管内壁的光滑度降低，吸附性增加，导致采样效率偏低，使测定结果偏低。因此，采样管应选择内壁光滑的不锈钢管、玻璃管、聚四氟乙烯管等，为防止空气中的湿气在采样管中产生凝结，可对采样总管进行加热保温处理，另外还要定期对采样总管和支管等进行清洁等质量保证措施，尽量减少对测定结果的影响。

实验室分析阶段可能带来的干扰主要有以下几点。

（1）玻璃器皿及耗材的洁净程度。实验室经常使用的玻璃器皿如：容量瓶、移液管、比色管和烧杯等的清洁程度对于检测分析有很大影响。玻璃器皿的洁净程度直接影响空白值的大小和准确度的高低。在《环境空气　二氧化硫的测定甲醛吸收-副玫瑰苯胺分光光度法》（HJ 482—2009）中规定：样品测定使用过的比色管和比色皿应及时用盐酸-乙醇清洗液（由三份盐酸和一份95%乙醇混合配制而成）浸洗，否则红色难以洗净；六价铬能使紫红色络合物褪色，产生负干扰，故应避免用硫酸-铬酸洗液洗涤玻璃器皿。若已用硫酸-铬酸洗液洗涤过，则需用盐酸溶液（1+1）浸洗，再用水充分洗涤。

除玻璃器皿外，滤膜、滤筒等耗材的处理也应按照要求进行，例如：《固定污染源废气　油烟和油雾的测定　红外分光光度法》（HJ 1077—2019）中新购置金属滤筒或采集高浓度油烟（油雾）的滤筒，需用溶剂或洗涤剂洗涤。当用洗涤剂洗涤时，需用纯水将洗涤剂冲洗干净，并烘干。除用溶剂或洗涤剂外，还可将滤筒在400℃下灼烧1h，去除油污染。处理后的滤筒测定值低于方法检出限后方可使用。

（2）试剂配制。试剂主要分为优级纯、分析纯和化学纯三个纯度，应按照标准要求进行选用，以免造成干扰，此外化学试剂在贮存、运输过程中会受到温度、光照、空气和水分等外在因素的影响，容易发生潮解、变色、聚合、氧化、挥发、升华和分解等物理化学变化，使其失效而无法使用。因此试剂配制后可以对其进行验收，确保满足实验条件要求后使用。

对于方法标准中有特别要求的试剂更应严格进行验收，如：《水质　石油类和动植物油的测定　红外分光光度法》（HJ 637—2018）中规定四氯乙烯的验收要求为：以干燥4cm空石英比色皿为参比，在2800~3100cm^{-1}使用4cm石英比色皿测定四氯乙烯，在波数2930cm^{-1}、2960cm^{-1}和3030cm^{-1}处吸光度应分别不超过0.34、0.07和0。

以及《水质　挥发酚的测定 4-氨基安替比林分光光度法》(HJ 503—2009)中规定：因 4-氨基安替比林的质量直接影响空白试验的吸光度值和测定结果的精密度。必要时，可按下述步骤进行提纯。将 100mL 配制好的 4-氨基安替比林溶液置于干燥烧杯中，加入 10g 硅镁型吸附剂(弗罗里硅土，60~100 目，600℃烘制 4h)，用玻璃棒充分搅拌，静置片刻，将溶液在中速定量滤纸上过滤，收集滤液，置于棕色试剂瓶内，于 4℃下保存。

(3) 项目之间的干扰。实验室环境较为封闭，空气流通性较差。分析项目繁多，各个检测项目之间容易造成干扰。如氨水的使用，氨水作为一种缓冲溶液，可以调节并稳定待测样品的 pH 值。用于水质硬度、挥发酚等项目的测定。因其极易挥发且易溶于水的性质会对氨类、氮类的测定造成交叉污染，产生正干扰，使测定结果偏大。可以通过合理的实验室区域及项目划分的方式消除干扰。

(4) 沾污。所谓沾污是指对象中存在的在该测试条件下引起响应的杂质。实验室检测分析中的沾污主要来源于实验人员的不规范操作。人的汗液中的钾、钙、钠、氯离子达常量水平，手接触样品，就可能导致空白值升高。

5.18.1.2　样品基质干扰

化学分析中，基质指的是样品中被分析物以外的组分。基质常常对分析物的分析过程有显著的干扰，并影响分析结果的准确性。消除样品中基质干扰的方法主要有以下几点。

(1) 加入特定的试剂。样品测定中的干扰物质在相关方法标准中明确指出消除方式，可以通过加入特定的试剂去除，见表 5-6。

表 5-6　干扰物质及消除方式

干扰物质	消除方式	干扰物质	消除方式
氮氧化物	加入适量氨磺酸钠溶液	六价铬离子、三价铬离子	加入 1~2mL 5%盐酸羟胺溶液
余氯	加入硫代硫酸钠	钙镁离子	加入酒石酸钾钠

(2)控制溶液酸度。化学分析大多为分光光度法，当样品中的共存离子过多，会导致溶液的酸碱度发生变化，而 pH 值是影响显色反应的主要因素。溶液酸度过高会降低配合物的稳定性，特别是对弱酸型有机显色剂。当溶液酸度增大时，将影响显色剂的平衡浓度，显色反应程度不完全。生成的有色物质的稳定性也随之降低。因此显色时必须将酸度控制在某一适当的范围内。

适宜的溶液酸度可以通过实验来确定。方法是配制相同浓度但不同酸度的标准溶液，加入显色剂待显色稳定后测定吸光度，绘制吸光度-酸度的曲线，从曲线中确定适宜的溶液酸度。

(3) 氧化还原反应。当样品中有机质含量超过一定的浓度时，会对检测结果

带来影响，常用的去除有机质干扰的方式有高锰酸钾氧化法和过氧化氢氧化法。

高锰酸钾氧化法主要用在《水质　六价铬的测定　二苯碳酰二肼分光光度法》(GB/T 7467—1987)中。当样品经锌盐沉淀分离法前处理后仍含有机物干扰测定时，可用酸性高锰酸钾氧化法破坏有机物后再测定，主要过程为：取一定试样在酸性条件下加入高锰酸钾溶液，若紫红色褪去则应添加高锰酸钾溶液保持紫红色，加热煮沸至一定体积后冷却过滤，以尿素和亚硝酸钠反应剩余高锰酸钾至紫红色刚好褪去，待测。

过氧化氢氧化法同样应用于有机物的去除。《土壤检测　第14部分：土壤有效硫的测定》(NY/T 1121. 14—2006)中以提取液提取土壤中的有效硫，浸出液中的少数有机质用过氧化氢消除。以硫酸钡比浊法测定。《水质　全盐量的测定　重量法》(HJ/T 51—1999)中当蒸干残渣有色，待蒸发稍冷后，滴加过氧化氢溶液数滴，慢慢旋转蒸发皿至气泡消失，再置于蒸气浴上蒸干，反复处理几次，直至残渣变白或颜色稳定不变为止。

(4) 选择合适的分离方法。分离方法包括萃取、蒸馏、离子交换。

《水质　挥发酚的测定　4-氨基安替比林分光光度法》(HJ 503—2009)中对于甲醛、亚硫酸盐等有机或无机还原性物质的消除采用萃取法，取适量样品于分液漏斗中，加硫酸溶液使呈酸性，分次加入50mL、30mL、30mL乙醚以萃取酚，合并乙醚层于另一分液漏斗，分次加入4mL、3mL、3mL氢氧化钠溶液进行反萃取，使酚类转入氢氧化钠溶液中。合并碱萃取液，移入烧杯中，置水浴上加温，以除去残余乙醚，然后用水将碱萃取液稀释到原分取样品的体积。

苯胺类可与4-氨基安替比林发生显色反应而干扰酚的测定，一般在酸性($pH<0.5$)条件下，可以通过预蒸馏分离。预蒸馏步骤如下：取250mL样品移入500mL全玻璃蒸馏器中，加25mL水，加数粒玻璃珠以防暴沸，再加数滴甲基橙指示液，若试样未显橙红色，则需继续补加磷酸溶液。连接冷凝器，加热蒸馏，收集馏出液250mL至容量瓶中。蒸馏过程中，若发现甲基橙红色褪去，应在蒸馏结束后，放冷，再加1滴甲基橙指示液。若发现蒸馏后残液不呈酸性，则应重新取样，增加磷酸溶液加入量，进行蒸馏。

《水质　硝酸盐氮的测定　紫外分光光度法(试行)》(HJ/T 346—2007)测定地表水、地下水硝酸盐氮时，溶解的有机物、表面活性剂、亚硝酸盐氮、六价铬、溴化物、碳酸氢盐和碳酸盐等干扰测定，采用离子交换法消除干扰。以絮凝共沉淀和大孔中性吸附树脂进行处理，从而排除水样中大部分常见有机物、浊度和Fe^{3+}、Cr^{6+}对测定的干扰。

5.18.2　实验室间质量控制

实验室间质量控制的目的是将分析测试结果的误差控制在允许范围内，提高数据的准确性。

实验室检测分析常用的质量控制技术有空白实验、平行样实验、加标回收实验、校准曲线和质量控制图等。其中能够反应干扰因素的是空白实验和加标回收实验。

（1）空白实验。指对不含待测物质的样品，用与实验室样品同样的操作步骤进行的试验。对应的样品称为空白样品，简称空白。空白值的大小和它的分散程度，影响测试结果的精密度和检出限。影响空白值的干扰因素有纯水质量、试剂纯度、器皿的清洁程度、仪器的灵敏度和操作人员的水平等。

（2）样品加标实验。在测定样品时，于同一样品加入一定量的标准物质进行测定，将测定结果扣除样品的测定值，计算回收率。加标回收分析在一定程度上能反映测试结果的准确度。

样品加标实验是一种被广泛使用的测试方法，这种方法尤其适用于检验样品中是否存在干扰物质。将一定量已知浓度的标准溶液加入待测样品中，测定加入前后样品的浓度。加入标准溶液后的浓度将比加入前的高，其增加的量应等于加入的标准溶液中所含的待测物质的量，若样品中存在干扰物质，则浓度的增加值将小于或大于理论值。另外，可以根据加标回收率判断是否存在干扰及干扰的程度。

参 考 文 献

[1] 巫绪涛，胡时胜，孟益平．混凝土动态力学量的应变计直接测量法[J]. 实验力学，2004，19(3)：319-323

[2] 天津市生态环境监测中心．HJ 1147—2020 水质 pH 值的测定　电极法[S]. 2021

[3] 中国疾病预防控制中心环境与健康相关产品安全所．GB/T 5750. 4—2006 生活饮用水标准检验方法　感官性状和物理指标[S]. 北京：中国标准出版社，2006

[4] 周心如，杨俊佼，柯以侃等主编．化验员读本：上册(第 5 版)[M]. 北京：化学工业出版社，2016

[5] 国家环境保护总局．GB 7470—87 水质　铅的测定　双硫腙分光光度法[S]. 北京：中国环境科学出版社，1987

[6] 国家环境保护总局．HJ/T 345—2007 水质　铁的测定　邻菲罗啉分光光度法(试行)[S]. 北京：中国环境科学出版社，2007

[7] 上海环境卫生工程设计科学研究院有限公司，天津市市容环境工程设计研究院．CJ/T 96—2013 生活垃圾化学特性通用检测方法[S]. 北京：中国标准出版社，2013

[8] 大连市环境监测中心．HJ 636—2012 水质　总氮的测定　碱性过硫酸钾消解紫外分光光度法．北京：中国环境科学出版社，2012

[9] 北京市环保监测中心和上海市环境监测中心．GB/T 11893—1989 水质　总磷的测定　钼酸铵分光光度法[S].

[10] 天津市生态环境监测中心．HJ 999—2018，固体废物　氟的测定　碱熔-离子选择电极法[S]．北京：中国环境出版集团，2019

[11] 天津市环境监测中心．HJ 717—2014，土壤质量　全氮的测定　凯氏法．北京：中国环境出版社，2015

[12] 周心如，杨俊佼，柯以侃编著．化验员读本：上册．化学分析(5 版)[M]．北京：化学工业出版社，2016

[13] 沈阳市环境监测监测中心．HJ 535—2009 水质　氨氮的测定　纳氏试剂分光光度法[S]．北京：中国环境科学出版社，2010

[14] 中国船舶重工集团公司七一八研究所．HJ 601—2011 水质　甲醛的测定　乙酰丙酮分光光度法[S]．北京：中国环境科学出版社，2011

[15] 中国疾病预防控制中心环境于健康相关产品安全所．GB/T 5750. 7—2006 生活饮用水标准检验方法　有机物综合指标[S]．北京：中国标准出版社，2007

[16] 沈阳市环境监测监测中心．HJ 484—2009 水质　氰化物的测定　容量法和分光光度法[S]．北京：中国环境科学出版社，2009

[17] 大连市环境监测中心．HJ 998—2018 土壤和沉积物挥发酚的测定 4-氨基安替比林分光光度法[S]．北京：中国环境科学出版社，2019

[18] 环境保护部．HJ 535—2009 水中　氨氮的测定　纳氏试剂分光光度法[S]．北京：中国环境科学出版社，2009

[19] 中国国家标准化管理委员会．GB/T 22104—2008，土壤质量　氟化物的测定　离子选择电极法[S]．北京：中国标准出版社，2008

[20] 生态环境部．HJ 962—2018，土壤 pH 值的测定　电位法[S]．北京：中国环境出版社，2018

[21] 合肥通用机械研究所，天津大学，四川大学．GB/T 4774—2013，分离机械　名词术语．[S]．北京：中国环境出版社，2014

[22] 周心如，杨俊佼，柯以侃编著．化验员读本　化学分析(第 5 版)[M]．北京：化学工业出版社，2017

[23] 赵爱成，刘俊渤，尹成日主编．普通化学实验(第 3 版)[M]．北京：中国农业出版社，2015

[24] 烟台市环境监测中心站．GB 11901—1989 水质　悬浮物的测定　重量法[S]

[25] 中国环境科学研究院固体废物污染控制技术研究所．HJ/T 299—2007 固体废物　浸出毒性浸出方法　硫酸硝酸法[S]．北京：中国环境科学出版社，2007

[26] 刘春海，李跃辉，杨永华．离心技术在中药研究中的应用[J]．中成药，2004(01)

[27] 李万杰，胡康棣．实验室常用离心技术与应用[J]．生物学通报，2015(04)

[28] 中国林业科学院林业研究所森林土壤研究室．LY/T 1243—1999 森林土壤　阳离子交换量的测定[S]．1999

[29] 大连市环境监测中心．HJ 615—2011 土壤有机碳的测定　重铬酸钾氧化-分光光度法[S]．北京：中国环境科学出版社，2011

[30] 辽宁省环境监测实验中心．HJ 897—2017 水质　叶绿素 a 的测定　分光光度法[S]．北

京：中国环境科学社，2018

[31] 国家环境保护局，国家技术监督局 . GB/T 16489—1996 水质　硫化物的测定　亚甲基蓝分光光度法[S]. 北京：中国环境科学出版社，1996

[32] 环境保护部 . HJ 833—2017 土壤和沉积物　硫化物的测定　亚甲基蓝分光光度法[S]. 北京：中国环境科学出版社，2017

[33] 沉淀处理的效果受哪些因素影响？[J]. 工业水处理，2012：86-86

[34] 霍留拴，娄建新 . 重量分析法测定影响沉淀完全的因素[J]. 科技与生活，2012：116-116

[35] 中国石油化工总公司环境监测总站 . GB/T 16489—1996 水质　硫化物的测定　亚甲基蓝分光光度法[S]. 北京：中国环境出版社，1996

[36] 鞍山市环境监测中心 . HJ 635—2012 土壤　水溶性和酸溶性硫酸盐测定　重量法[S]. 北京：中国环境科学出版社，2012

[37] 水电部水质试验研究中心 . GB 11896—1989 水质　氯化物的测定　硝酸银滴定法[S]. 北京：中国环境出版社，1989

[38] 魏红，吴秋业 . 化学实验一[M]. 北京：人民教育出版社，2005

[39] 江苏省核与辐射安全监督管理局 . HJ 898—2017 水质　总 α 放射性的测定　厚源法[S]. 北京：中国环境出版社，2018

[40] 张长海 . 陶瓷生产工艺知识问答[M]. 北京：化学工业出版社，2008

[41] 农业部环境保护科研监测所，保定市环保监测站 . HJ/T 51—1999 水质　全盐量的测定　重量法[S]. 1999

[42] 哈尔滨市环境监测中心站 . HJ 1024—2019 固体废物　热灼减率的测定　重量法[S]. 北京：中国环境出版社，2019

[43] 北京市环境卫生设计科学研究院 . CJ/T 313—2009 生活垃圾采样和分析方法[S]. 北京：中国标准出版社，2009

[44] 华中科技大学同济医学院公共卫生学院，中国疾病预防控制中心职业卫生与中毒控制所，东风汽车公司职业病防治研究所，湖北省疾病预防控制中心 . GBZ/T 192. 4—2007 工作场所空气中粉尘测定　第 4 部分：游离二氧化硅含量[S]

[45] 中国环境科学研究院固体废物污染控制技术研究所 . HJ/T 300—2007 固体废物　浸出毒性浸出方法　醋酸缓冲溶液法[S]. 北京：中国环境科学出版社，2007

[46] 中国环境科学研究院固体废物污染控制技术研究所 . HJ 557—2010 固体废物　浸出毒性浸出方法　水平振荡法[S]. 北京：中国环境科学出版社，2010

[47] 中国环境科学研究院固体废物污染控制技术研究所，环境标准研究所 . GB 5085. 3—2007 危险废物鉴别标准　浸出毒性鉴别[S]. 北京：中国环境科学出版社，2007

[48] Yang L，Zhang L M. Chemical structural and chain conformational characterization of some bioactive polysaccharides isolated from natural sources[J]. Carbohydrate Polymers，2009，76(3)：349-361

[49] 生态环境部 . HJ 998—2018 土壤和沉积物　挥发酚的测定　4-氨基安替比林分光光度法[S]. 北京：中国环境出版社，2018

[50] 生态环境部. HJ 1077—2019 固定污染源废气　油烟和油雾的测定　红外分光光度法[S]. 北京：中国环境出版社，2019
[51] 陈宏. 微流控芯片液-液萃取和多相层流技术的研究[D]. 杭州：浙江大学，2005
[52] 国家环境保护局规划标准处. GB 7494—87 水质　阴离子表面活性剂的测定　亚甲蓝分光光度法[S]. 北京：中国环境出版社，1987
[53] 生态环境部. HJ 970—2018 水质　石油类的测定　紫外分光光度法[S]. 北京：中国环境出版社，2018
[54] 江苏苏青水处理工程集团公司. GB/T 1631—2008 离子交换树脂命名系统和基本规范[S]. 北京：中国标准出版社，2008
[55] 何罡，赵青平，管秀明，郑英杰. 离子交换树脂在工业催化中的应用[J]. 辽宁化工，2019：70-73
[56] 宋荣娜，贺桃. 离子交换树脂在分析分离中的应用[J]. 化工管理，2015：183
[57] 国家环境保护总局. HJ/T 346—2007 水质　硝酸盐氮的测定　紫外分光光度法(试行)[S]. 北京：中国标准出版社，2007
[58] 国药集团化学试剂有限公司. GB/T 6682—2008 分析实验室用水规格和试验方法[S]. 北京：中国标准出版社，2008
[59] 苌江. 化学分析测试中的低浓度干扰的消除[J]. 商情，2013：112
[60] 李莉. 浅谈化学分析中的干扰[J]. 河北陶瓷，1999：26-27+29
[61] 杨威. 影响实验室检测结果准确性的因素分析[J]. 环境与发展，2014：182-184
[62] 胥全敏，钟志京，何小波，等. 浅析环境空气样品采集的影响因素[J]. 化学研究与应用，2010：129-130
[63] 北京市环保监测中心. GB/T 11893—1989 水质　总磷的测定　钼酸铵分光光度法[S]. 北京：中国环境出版社，1989
[64] 广东省环境监测中心. HJ 637—2018 水质　石油类和动植物油类的测定　红外分光光度法[S]. 北京：中国环境出版社，2018
[65] 中国环境监测总站. HJ 828—2017 水质　化学需氧量的测定　重铬酸盐法[S]. 北京：中国环境出版社，2017
[66] 大连市环境监测中心. HJ 503—2009 水质　挥发酚的测定　4-氨基安替比林分光光度法[S]. 北京：中国环境科学出版社，2009
[67] 北京市环保监测中心. GB/T 7467—1987 水质　六价铬的测定　二苯碳酰二肼分光光度法[S]. 北京：中国标准出版社，1987
[68] 沈阳市环境监测中心站. HJ 482—2009 环境空气　二氧化硫的测定　甲醛吸收-副玫瑰苯胺分光光度法[S]. 北京：中国环境科学出版社，2009
[69] 辽宁省大连生态环境监测中心. HJ 1077—2019 固定污染源废气　油烟和油雾的测定　红外分光光度法[S]. 北京：中国环境科学出版社，2009
[70] [全国农业技术推广服务中心. NY/T 1121. 14—2006 土壤检测　第14部分：土壤有效硫的测定[S]. 北京：中国农业出版社，2006
[71] 中国环境监测总站. HJ 91. 1—2019 污水监测技术规范[S]. 北京：中国环境出版

社，2019

[72] 大连市环境检测中心 . HJ 501—2009 水质　总有机碳的测定　燃烧氧化-非分散红外吸收法[S]. 北京：中国环境科学出版社，2009

[73] 沈阳市环境监测中心 . HJ/T 83—2001 水质　可吸附有机卤素(AOX)的测定　离子色谱法[S]. 北京：中国环境科学出版社，2001

[74] 中国林业科学研究院林业研究所森林土壤研究所 . LY/T 1255—1999 森林土壤　全硫的测定[S]. 北京：中国环境科学出版社，1999

第 6 章

环境中微生物检测的前处理技术

微生物是指肉眼难以看清，需要借助光学显微镜或电子显微镜才能观察到的一切微小生物的总称，包括细菌、病毒、真菌和少数藻类等。具有体小面大、适应性强、易变异、分布广和种类多等特点。在我们周围的环境中存在着种类繁多并且数量庞大的微生物。土壤、江河湖海、尘埃、空气、各种物体的表面以及人和动物体的口腔、呼吸道、消化道中都存在各种微生物。自然界中只要存在适宜微生物生存的物质和环境条件，微生物就可以生长并繁殖。由于微生物具有高效的生物化学转化能力以及快速的繁殖速度，因此在微生物检测的过程中只有严格控制其生长环境，才能获得准确的检测结果。

6.1　清洗

6.1.1　器皿的清洗

常见的器皿清洗方法有两种：一是机械清洗方法，即用刷、铲、刮等方式清洗；二是化学清洗方法，即通过选择合适的清洗剂去除器皿上的污垢，具体的清洗方法要依据污垢附着表面的状况及污垢的性质决定。对于微生物实验室带菌的玻璃器皿，洗涤之前还要根据情况进行消毒或灭菌处理。

6.1.1.1　新器皿的洗涤

(1) 新购的玻璃器皿由于含有游离碱，因此不宜直接使用，应用2%的盐酸溶液或铬酸洗液浸泡一夜；用自来水冲洗干净后，再用蒸馏水冲洗2~3次沥干。也可用肥皂水煮30~60min，用自来水洗净后再用蒸馏水冲洗2~3次，烘干备用。

(2) 新购的橡胶塞含有大量滑石粉，因此需先用自来水洗净，再用2%的氢氧化钠溶液加热煮沸10~20min，去除硅胶上的蛋白质，再用5%的盐酸浸泡30min后洗净晾干备用。

(3) 新购的玻片(载玻片和盖玻片)，可在肥皂水或2%的盐酸-乙醇溶液中浸泡 1h 后取出，自来水洗净，蒸馏水冲洗，软布擦干置于干净盒内备用。

（4）新购的移液管、导管，可先在 5%盐酸溶液中浸泡 1h，然后用自来水冲洗 2~3 次，最后用蒸馏水冲洗 2~3 次，烘干备用。

6.1.1.2 使用后器皿的洗涤

（1）常用的玻璃器皿(锥形瓶、三角瓶、烧杯、试管、培养皿等)：用洗衣粉或去污粉配制成洗涤剂，再用毛刷蘸取洗涤剂来刷洗玻璃器皿，以洗去灰尘、油污、无机盐等物质，然后用自来水冲洗至水滴不挂壁或者没有油斑为止，最后用蒸馏水冲洗 2~3 次，烘干备用；

（2）含油脂的玻璃器皿：需先经过高压蒸汽灭菌，趁热倒出污物，在 100℃干燥箱内烘烤 0.5h 后放入 5%的氢氧化钠溶液中煮沸去脂，再进行常规洗涤。

（3）含有琼脂培养基的玻璃器皿：先用小刀、镊子或玻璃棒将器皿中的琼脂培养基刮下。如果琼脂培养基已经干燥，可将器皿放在少量水中煮沸，使琼脂熔化后趁热倒出，最后用水洗涤，并用刷子蘸取洗涤剂擦洗内壁，最后用清水冲洗干净。

（4）带有香柏油的载玻片或盖玻片：用皱纹纸擦拭后在肥皂水中煮沸 5~20min，稍冷后趁热用软布或脱脂棉擦拭，冲洗后在稀洗涤剂中浸泡 0.5~2h，再次冲洗。晾干后浸入滴有少量盐酸的 95%乙醇中保存备用。

（5）使用过后的移液管、导管、吸管：自来水洗去残液后，再放在洗涤剂(洗衣粉水)中浸泡 1h，再用自来水冲洗至管内壁无残渣，最后用蒸馏水冲洗 2~3 次，晾干后备用。

（6）带菌玻璃器皿：先通过高压蒸汽灭菌锅灭菌，趁热倒出培养基，再用洗涤剂清洗 1~2 次后，洗净烘干备用。

（7）检查过活菌的载玻片或盖玻片：需放入 2%来苏尔或 0.25%新洁尔灭消毒液中浸泡 24h，再用自来水冲洗，浸入滴有少量盐酸的 95%乙醇中保存备用，临用时取出。清洁的玻片应表面光滑无杂物，水滴在玻片上能均匀扩散而不成水珠。

6.1.1.3 器皿的干燥

（1）晾干。并非急用的、要求一般干燥的器皿，可在纯水涮洗后，在无尘处倒置晾干水分。可用安有斜木钉的架子和带有透气孔的玻璃柜放置器皿。

（2）烘干。若急需使用，可将洗净的器皿控去水分，放在电烘箱中烘干，烘箱温度为 105~120℃烘 1h 左右；也可放在红外灯干燥箱中烘干。称量用的称量瓶等烘干后要放在干燥器中冷却和保存；带实心玻璃塞的厚壁器皿烘干时要注意慢慢升温并且温度不可过高，以免烘裂；量器不可放于烘箱中烘干。硬质试管可用酒精灯烘干，要从底部烘起，保证试管口向下，以免水珠倒流把试管炸裂，烘

到无水珠时，把试管口向上赶净水汽。

(3) 热(冷)风吹干。对于急用但是又不适合放入烘箱的器皿可用吹干的办法。通常用少量乙醇、丙酮(或最后再用乙醚)倒入已控去水分的器皿中摇洗、控净溶剂(溶剂要回收)，然后用电吹风吹。开始用冷风吹 1~2min，当大部分溶剂挥发后吹入热风至完全干燥；再用冷风吹残余的蒸汽，使其不再冷凝在器皿内。此法要求通风好，防止中毒；不可接触明火，以防有机溶剂爆炸。

6.1.1.4　器皿的保存

微生物实验室所用的器皿，大多数要进行消毒以及灭菌。灭菌后的器皿尽量放置在缓冲间、无菌操作间或者可以辟出一块区域，表明是灭菌器皿存放处，最长不要超过两周。另外，对于消毒灭菌后的器皿要分类别进行存放，方便取用。

6.1.2　注意事项

(1) 新购置的洗涤剂，可能含有抑制或促进细菌生长的化学物质，会影响洗涤质量，在使用前需进行洗涤效果检查；

(2) 玻璃器皿投入洗涤剂前，应尽量干燥，避免稀释洗涤剂；

(3) 对于进行过微生物实验的器皿，尤其是培养致病菌的器皿，一般都应先高压灭菌再进行洗涤；

(4) 使用过的器皿应立即洗涤，放置时间太久会增加洗涤难度；

(5) 任何一种洗涤方法，都不能对玻璃器皿有损伤，不能使用有腐蚀作用的洗涤剂。

6.2　微生物消毒灭菌

消毒是指杀死大多数微生物但不一定能杀死细菌芽孢的措施。灭菌是指采用强烈的理化因素使任何物体内外部的一切微生物永远丧失其生长繁殖能力的措施。消毒和灭菌常用的方法有化学试剂灭菌、射线灭菌、干热灭菌、湿热灭菌和过滤除菌等。可根据不同的需求，采用不同的方法，如培养基灭菌一般采用湿热灭菌，空气则采用过滤除菌。

消毒和灭菌的彻底程度受灭菌时间与灭菌剂强度的制约。微生物对灭菌剂的抵抗力取决于原始存在的群体密度、菌种或环境赋予菌种的抵抗力。灭菌是获得纯培养的必要条件，也是食品工业和医药领域中必需的技术。

微生物实验室是进行微生物研究的场所，对环境要求很高。严格的消毒灭菌不仅为实验研究的顺利进行提供了保障，同时也为实验室工作人员提供了一个清洁良好的工作环境。使用最多的消毒灭菌方法就是物理方法和化学方法。

6.2.1 物理消毒灭菌法

物理消毒灭菌法是利用物理因素作用于病原微生物将之杀灭或清除的方法。物理因素按其在消毒灭菌中的作用可分为五类：

(1) 具有良好灭菌作用的，如热力、微波、红外线、电离辐射等，它们杀灭微生物的能力很强，可达灭菌要求；

(2) 具有一定消毒作用的，如紫外线、超声波等，可杀灭绝大部分微生物；

(3) 具有自然净化作用的，如寒冷、冰冻、干燥等，它们杀灭微生物的能力有限；

(4) 具有除菌作用的，如机械清除、通风与过滤除菌等，可将微生物从传染媒介物上去掉；

(5) 具有辅助作用的，如真空、磁力、压力等，虽对微生物无伤害作用，但能为杀灭、抑制或清除微生物创造有利条件。

最常用的是热消毒灭菌法和紫外线消毒法。

6.2.1.1 热消毒灭菌法

热消毒灭菌是指用加热的方法使微生物体内蛋白质凝固，酶失活，致使微生物死亡。热消毒灭菌法具有简便、经济、效果可靠等优点。已广泛用于卫生防疫、医院消毒、环境保护、食品、制药工业及废弃物处理等，可分为干热灭菌和湿热灭菌两类。

(1) 干热灭菌法。干热灭菌法是指在干燥环境(如火焰或干热空气)下进行灭菌的技术。一般有火焰灭菌法和干热空气灭菌法。该法适用于耐高温的玻璃和金属制品以及不允许湿热气体穿透的油脂(如油性软膏机制、注射用油等)和耐高温的粉末化学药品的灭菌，不适合橡胶、塑料及大部分药品的灭菌。

在干热状态下，由于热穿透力较差，微生物的耐热性较强，必须长时间受高温的作用才能达到灭菌的目的。因此，干热空气灭菌法采用的温度一般比湿热灭菌法高。

干热灭菌主要分为以下几种方法：

① 焚烧法。焚烧法是一种最简单、迅速、彻底的灭菌方法。主要用于有传染性的废弃物处理，如接触传染源的敷料、衣物、食物、疫源地垃圾等。操作时应注意：

a. 注意安全，远离易燃易爆物品。不可在火焰未熄灭时离开或添加乙醇，不能在木板或木架上燃烧。

b. 贵重器械及锐利刀剪禁用燃烧法灭菌。

c. 不得将引燃物置于灭菌的容器中。

② 烧灼法(也称作灼烧法)。烧灼灭菌是利用酒精灯或煤气灯火焰杀灭微生物的一种方法。一般适用于微生物实验室小件耐热物品的灭菌，如白金耳、接种棒、剪刀、镊子和试管等。操作时应注意：

a. 将器材放在操作者与火焰相隔的彼方，并逐渐靠近火焰，防止污染物突然进入火焰而发生爆炸，以致污染周围环境。

b. 燃烧过程不得添加乙醇，以免引起火焰上窜而灼伤操作者。

c. 锐利刀剪不宜用灼烧法灭菌。

③ 干烤法。干烤法用电热、电磁辐射线等依靠空气传导加热物体，因而加热过程较慢。干烤主要用于耐高热物品消毒或灭菌，如玻璃器材、金属器械、油脂、粉剂等。一般情况下，加热至160℃保持2h、170℃保持1h或180℃保持30min均可达到灭菌效果。操作时应注意：

a. 灭菌前先将物品清洗干净，玻璃器皿需要干燥。

b. 物品包装不超过10cm×10cm×20cm；放置物品时，不得与烤箱底部和四壁接触；物品的量不超过烤箱的2/3。

c. 灭菌过程中不要开干烤灭菌器，以防玻璃类器皿骤冷碎裂。

d. 有机物灭菌时，温度不超过170℃，以防碳化。

e. 橡胶制品和纤维织物不适用干烤法。

f. 易燃、易爆、易挥发及含有腐蚀性的物品禁止放入干烤灭菌器。

g. 干烤灭菌器工作时，禁止触摸箱门以及观察窗，以免烫伤。

h. 不得将手或物件随意插入进风或出风口。

i. 干烤灭菌器出现故障，务必请专业人员进行维修。

④ 红外线消毒。红外线消毒的原理是利用高温灭活微生物。120℃以上的温度可直接让细菌细胞内的蛋白质发生病变导致细菌死亡，进而达到消毒的作用。在实际应用中，应注意待消毒物品的摆放，避免相互遮蔽；同批待消毒物品的色泽选择较相近为宜，以保证消毒效果。该法主要用于餐茶具和一般耐热物品的消毒，操作时应了解：

a. 有些红外线消毒柜内装有转动物品架或多维装置红外灯管，以保证物品受热均匀。

b. 125℃保持15min便可杀灭大肠杆菌、金黄色葡萄球等细菌繁殖体和肝炎、流感病毒。

⑤ 微波消毒。微波为一种电磁波，在高频交流电场中，物品内的极性分子发生极化进行高速运动，并频繁改变方向，相互摩擦，使温度迅速升高而达到杀菌目的。常用于消毒的频率为915MHz与2450MHz。一般含水的物质对微波有明显的吸收作用，升温迅速，消毒效果好；并且微波消毒菌谱广，可杀灭各种微生

物，例如：微波照射5min之内可完全灭活乙型肝炎病毒、艾滋病病毒和其他病毒，微波照射5~15min可将金属及其他物体表面上细菌芽孢全部杀灭。操作时应注意：

a. 当被消毒物品不含水分(尤其是金属制品)时应用湿巾包裹，水分含量为15%最为适宜，必要时可浸没水中进行消毒。

b. 微波可引起物体内部分子摩擦产热，所以物品内部温度往往高于表面。因此，在有机制品消毒时，应控制照射剂量，防止过热导致样品炭化。

c. 微波对人体有一定危害性，其热效应可损伤眼睛晶状体，长时间照射还可致神经功能紊乱，使用时可设置不透微波的金属屏障或戴特制防护眼镜等。

d. 若微波炉内散发异味，应用软布蘸洗涤剂擦拭干净，除去异味。用湿布包裹物品或在微波炉内放一杯水可提高消毒效果。

微波消毒的优点：加热速度快，里外可同时加热，达到消毒的温度相对较低、不污染环境、不留残毒等。

(2) 湿热灭菌法。湿热灭菌法是指用饱和水蒸气、沸水或流通蒸汽进行灭菌的方法，由于蒸汽潜热大，穿透力强，容易使蛋白质变性或凝固，所以该法的灭菌效率比干热灭菌法高，是药物制剂生产过程中最常用的灭菌方法。湿热灭菌法可分为：煮沸消毒法、巴氏消毒法、高压蒸汽灭菌法、流通蒸汽消毒法和间歇蒸汽灭菌法。

① 煮沸消毒法。将水煮沸至100℃，保持5~10min可杀灭繁殖体，保持1~3h可杀灭部分芽孢。在水中加入碳酸氢钠至1%~2%浓度时，水的沸点可达105℃，能增强杀菌作用，还可去污防锈。此法适用于不怕潮湿耐高温的搪瓷、金属、玻璃、橡胶类物品。操作时应注意：

a. 煮沸消毒的器械必须完全泡在水中，不可露出水面，锅底要放纱布以防止震动。

b. 煮沸时盖好锅盖，保持沸点，灭菌时间从煮沸之后算起，中途加入其他物品应重新计时。

c. 玻璃器皿可先放入冷水中，逐渐加热至沸，以防破裂。

d. 丝线及橡胶类制品在煮沸后加入保持10~15min，以免加速其变质老化。

e. 煮沸器械时，必须将器械上的油污擦净；器械的咬合部位应张开，使之能与沸水接触。

f. 锐利器械最好不要用煮沸法消毒，以免变钝。

g. 放入总物品应不超过容量的3/4；消毒对象之间保留一定空隙，便于水的对流，以确保消毒效果。

h. 水沸后开始计时，若中途加入物品，应从再次水沸后重新计时。海拔每

增高300m，消毒时间延长2min。

i. 对可造成交叉污染的物品，必须单独进行消毒。

② 流通蒸汽消毒。流通蒸汽消毒法是指在常压条件下，采用100℃流通蒸气加热杀灭微生物的方法，灭菌时间通常为30~60min。该法不能保证杀灭所有细菌芽孢和霉菌孢子，适用于不耐高热的制剂和橡胶制物品、金属制物品、纤维制物品的消毒。。操作时应注意：

a. 流通蒸汽消毒时，消毒物品包装不宜过大、过紧，吸水物品不要浸湿后放入。

b. 消毒时间应从水沸腾后有蒸汽冒出时算起，维持消毒30min。

③ 间歇灭菌法。间歇灭菌主要用于某些畏热培养基的灭菌，其具体方法：根据被灭菌物品的耐热程度将其置于间歇灭菌器内，加热至80~100℃，维持30~60min，此时物品上的细菌繁殖体可被杀灭。此后放入恒温箱，在37℃左右维持18~20h。然后，重复上述处理三次，使细菌芽孢复苏为繁殖体而被杀灭，全过程可将物品上污染的细菌全部杀灭。操作时应注意：

a. 使用间歇法或持续法灭菌时必须在灭菌锅里外都达到100℃后开始计算灭菌时间，此时锅顶上应有大量蒸汽冒出。

b. 间歇法灭菌后必须迅速降温，然后室温放置24h，再二次加热。如果降温慢，往往使未杀死的杂菌大量滋长，导致灭菌物变质，特别是固体曲料包装过大时，靠近中心部分更易发生这种情况。

c. 从使用效果看，分装试管、三角瓶或其他容器的培养基，因其体积小、透热快以间歇法灭菌为主。固体曲料，因其包装较大、透热慢，用间歇法容易滋生杂菌变质并且水分蒸发过多，曲料变得不新鲜，影响培养效果，因此使用一次持续灭菌法较好。

d. 为利于蒸汽穿透灭菌物，锅内或蒸笼上堆放物品不宜过满过挤，应留有空隙。固体曲料大量灭菌时，每袋以1.5~2.0kg为宜，料袋在锅内用篦子分层隔开，不能堆压在一起。

④ 巴氏消毒法。巴氏消毒法是以较低温度杀灭液体中的病原菌，而液体中不耐热物质不受损失的一种消毒方法。主要用于血清、疫苗、牛奶消毒。消毒时将其加热至56~65℃，持续30~60min，可杀灭细菌繁殖体。但在处理牛奶过程中发现此温度不足以杀灭牛结核分枝杆菌后改为62.8~65.6℃，持续30min。在工业生产中，灭菌条件也可变为71.7℃，持续15min。操作时应注意：

a. 消毒时间应从水温达到要求的温度后开始计算。

b. 一次消毒物品不宜太多，一般应少于加热容器水容量的3/4。

c. 消毒物品应全部浸没于水中。

d. 开始消毒后不应再加入新的消毒物品。

⑤ 高压蒸汽灭菌法。高压蒸汽灭菌法是用高温加高压灭菌，不仅可杀死一般的细菌、真菌等微生物，对芽孢、孢子也有杀灭效果，是最可靠、应用最普遍的物理灭菌法。主要用于能耐120℃左右高温的物品，如培养基、金属器械、玻璃、搪瓷、敷料、橡胶及一些药物的灭菌。

高压蒸汽灭菌法是现在用于杀灭包括芽孢在内的所有微生物的最常用手段，它主要可以分为预真空压力蒸汽灭菌器（图6-1）和下排式压力蒸汽灭菌器（图6-2）两大类。

图6-1 预真空压力蒸汽灭菌器

图6-2 高压蒸汽灭菌器

压力蒸汽灭菌器是普遍应用的灭菌设备，压力升至103.4kPa（$1.05kg/cm^2$），温度达121.3℃，维持15~30min，可达到灭菌目的。操作时应注意：

a. 灭菌包不宜过大过紧（体积不应大于30cm×30cm×30cm），灭菌器内物品的放置总量不应超过灭菌器柜室容积的85%。各包之间留有空隙，以便于蒸汽流通、渗入包裹中央，排气时蒸汽迅速排出，保持物品干燥。

b. 布类物品放在金属、搪瓷类物品之上。

c. 被灭菌物品待干燥后才能取出备用。

d. 灭菌锅密闭前，应将冷空气充分排空。

e. 随时观察压力及温度情况。

f. 注意安全操作，每次灭菌前，应检查灭菌器是否处于良好的工作状态。

g. 灭菌完毕后减压不要过猛，压力表回归“0”位后才可打开盖或门。

h. 定期检查灭菌效果。

监测高压蒸汽灭菌效果，有以下三种方法：

第一种是工艺监测，又称程序监测。根据安装在灭菌器上的量器(压力表、温度表、计时表)、图表、指示针、报警器等，指示灭菌设备工作正常与否。此法能迅速指出灭菌器的故障，但不能确定待灭菌物品是否达到灭菌要求。此法作为常规监测方法，每次灭菌均应进行(图6-3、图6-4)。

图6-3　安全阀

图6-4　压力表

第二种是化学指示监测。利用化学指示剂在一定的温度和作用时间的条件下会变色或变形的特点，来判断是否达到灭菌所需的参数。常用的有自制测温管(灭菌时，当湿度高于药物的熔点，管内的晶体熔化；受冷凝固后与未熔化晶体依旧有区别。此法只能指示温度，无法指示受热持续时间是否已达标，因此是最低标准，主要用于各物品包装的中心情况的监测)和3M压力灭菌指示胶带(可用于物品包装表面情况和包装中心情况的监测，还可代替别针、夹子或带子使用)。

第三种是生物指示剂监测。利用耐热的非致病性细菌芽孢作指示菌，以测定热力灭菌的效果。菌种使用嗜热脂肪杆菌，本菌芽孢对热具有较强的抗力，其热死亡时间与病原微生物中抗力最强的肉毒杆菌芽孢相似。常用的生物指示剂有芽孢悬液、芽孢菌片以及菌片与培养基混装的指示管。检测时应使用标准试验包，上层和中层的中央各放置一个，下层的前、中、后各放置一个。灭菌后，取出生物指示剂，接种于溴甲酚紫葡萄糖蛋白胨水培养基中，于55～60℃温箱中培养2～7天。若培养后颜色未变，表明芽孢已被杀灭，达到灭菌要求；若变为黄色混浊状态，表明芽孢未被杀灭，灭菌失败。

6.2.1.2　紫外线消毒法

紫外线属低能量电磁波，是一种不可见光，杀菌波长范围为200～270nm，杀菌中心波长为253.7nm。紫外线具有强大的杀菌能力，可杀灭各种微生物。直接照射可引起细菌细胞内蛋白与酶变性，使核酸中的胸啮啶形成二聚体，致使其死亡。但是有些微生物对紫外线具有抗性，其中以真菌孢子为最强，细菌芽孢次之，繁殖体为最敏感。但也有少数例外，如藤黄八叠球菌对紫外线的抗性比枯草杆菌芽孢还强。紫外线穿透力极弱，遇到障碍物，照射强度可明显减弱，当空气中含尘粒 800~900 个/cm^3时，只能透过 70%~80%，空气中水分组成（包括有机质和无机盐）以及含量也可影响其穿透力，紫外线在水中的穿透力随水层厚度增加而降低；紫外线的照射强度与照射距离平方呈反比，因而照射距离越大，照射强度越弱。

紫外线消毒时，应注意消毒环境的温度，适宜于 20~40℃，可发挥其最佳杀菌作用；紫外线灯管应定期清洁，防止尘埃沉积；并注意个人防护，避免紫外线直接照射。

消毒方法：①空气消毒：每 10m^2安装一个 30W 的紫外线灯管，有效距离 2m，照射时间不少于 30min。②物品表面消毒：有效距离为 25~60cm，照射时间不少于 30min。③液体消毒：水内照射或水外照射，水层厚度<2cm。使用紫外线消毒时应注意：

a. 紫外线辐射能量低，穿透力差，消毒时应将物品摊开或挂起，并根据有效消毒时间翻动物品，使物品能够全面接受紫外线照射。

b. 保持紫外线灯管清洁，每 2 周用乙醇棉球擦拭灯管表面 1 次，以减少对紫外线穿透力的影响。

c. 紫外线照射时人应离开或用布单遮盖人体的暴露部分，以防眼睛和皮肤受损。

d. 消毒室环境应清洁、干燥，调节温度为 20~40℃，相对湿度为 40%~60%。

e. 定期检测紫外线的强度并监测灭菌效果，当照射强度小于 70μW/cm^2或使用时间≥1000h，应更换灯管。

f. 消毒时间必须从灯亮后 5~7min 开始计时，若关灯后需再次开灯，应停 4~6min 再开，消毒后通风换气。

6.2.2 化学消毒灭菌法

化学消毒灭菌法是利用化学药物渗透到微生物体内，破坏微生物细胞膜结构，改变其通透性，使微生物裂解死亡；或使菌体蛋白凝固，酶蛋白失去活性，而导致微生物代谢障碍，以此来杀灭病原微生物。化学消毒灭菌法使用广泛，凡是不适用于热力消毒灭菌和不怕潮湿的物品都可以选用此种方法。

(1) 化学消毒剂的种类。

① 灭菌剂：可杀灭一切微生物，包括细菌芽孢，使物品达到灭菌要求的制剂。如戊二醛、环氧乙烷等。

② 高效消毒剂：可杀灭一切细菌繁殖体，对细菌芽孢有显著杀灭作用的制剂。如过氧化氢、过氧乙酸、部分含氯消毒剂等。

③ 中效消毒剂：仅可杀灭分枝杆菌、细菌繁殖体、真菌、病毒等微生物，达到消毒要求的制剂。如醇类(乙醇最适宜杀菌的浓度是70%~75%)、碘类、部分含氯消毒剂等。

④ 低效消毒剂：仅可杀灭细菌繁殖体和亲脂病毒，达到消毒要求的制剂。如酚类、胍类、季铵盐类消毒剂等。

(2) 常用化学消毒剂。

① 2%戊二醛：浸泡精密仪器如纤维内镜，使用前加入0.5%亚硝酸钠水溶液，可防锈。

② 环氧乙烷：常用于医疗器械、书本、棉橡胶制品及一次性使用的医疗用品等的消毒。

③ 含氯消毒剂：用0.2%的消毒剂浸泡被乙肝病毒、结核杆菌污染的物品；可用于擦拭桌椅、墙壁、地面。

④ 过氧化氢：用于冲洗外科伤口、漱口。

⑤ 0.01%~0.1%氯己定：又名洗必泰，用于冲洗膀胱等伤口黏膜创面。

⑥ 苯扎溴铵：属于阳离子表面活性剂，可用于手、皮肤、黏膜、环境及物品消毒，常采用浸泡、擦拭、喷洒等方式。

(3) 化学消毒剂的使用原则。

a. 合理使用，可采用物理方法消毒灭菌的，尽量不使用化学消毒灭菌法。

b. 根据物品的性能和各种微生物的特性选择合适的消毒剂。

c. 严格掌握消毒剂的有效浓度、消毒时间及使用方法。

d. 消毒剂要定期更换、定期检测，调整浓度，易挥发的进行密封处理。

e. 待消毒物品必须先洗净、擦干。

f. 消毒剂中不能放入纱布、棉花等物，以防降低消毒效力。

g. 消毒后的物品使用前必须先用无菌生理盐水冲净，以免消毒剂刺激人体组织。

h. 熟悉掌握消毒剂的毒副作用，工作人员做好防护。

(4) 化学消毒剂的常用方法。

① 浸泡法：注意浸泡前要打开物品的轴节或套盖，管腔内要灌满消毒液。不放置纱布、棉花等，以免降低消毒效力。

② 喷雾法：用于空气、地面、墙壁和物品表面的消毒。

③ 擦拭法：用于物品表面或皮肤、黏膜的消毒。

④ 熏蒸法：常用于空气和不耐湿、不耐高温物品的消毒。

6.2.3 应用示例

(1)《城市污水处理厂污泥检验方法》(CJ/T 221—2005)(14)大肠菌群培养过程中平板分离实验采用烧灼法对接种环进行灭菌。

图 6-5 接种环烧灼法进行消毒灭菌

操作步骤：点燃酒精灯置于超净工作台中，将接种环放于酒精灯火焰处灼烧至变红，待冷却后挑取可疑样品接种于伊红美兰平板上，接完之后继续上述操作继续灼烧灭菌，每接一次就要灼烧灭菌一次，如图 6-5 所示。

(2)《水质 粪大肠菌群的测定 多管发酵法》(HJ 347.2—2018)中初发酵实验过程所需的实验器皿及培养基灭菌采用高压蒸汽灭菌法。

操作步骤：按照标准需求配制相应浓度的乳糖蛋白胨培养基，将培养基分装于含有倒置小玻璃管的试管中，接通灭菌锅电源打开灭菌锅，将包扎好的灭菌物品放入灭菌器内，各物品之间留有间隙，依次堆放在灭菌筐内，有利于蒸汽穿透，提高灭菌效果。贴上 3M 压力灭菌指示胶带，盖上盖子，设置灭菌温度 115℃，时间 20min，打开运行开关，设备开始自动加水。当控制版面上“加热”灯亮，即灭菌开始。加热开始后，应立即打开放下气阀(适当开大，不必完全打开)，排除桶内冷空气。观察排气口，直到没有较急蒸汽排出(温度达到 90℃左右)，然后收小排气阀门，使下放气阀微微打开，有利于提高灭菌效率。前期排气的操作需专人看管。

灭菌保温时间到达以后，应关闭电源，打开放气阀排放压力蒸汽，实现泄压。桶内的压力全部泄放完毕后，等待开盖。取出灭菌物品后，切断电源、水源，关闭水源阀门。操作时注意事项及日常维护：

①设备使用完毕后需及时排水，以防止设备内部腐蚀生锈。

②水位传感器需半年维护一次，清理传感器上的水垢，确保传感器的灵敏度。

③ 应定期擦拭清洁仪器并更换密封圈。

6.3 培养基的选择与配制

培养基，是指供给微生物、植物、动物(或组织)生长繁殖的，由不同营养物质组合配制而成的营养基质。一般都含有碳水化合物、含氮物质、无机盐(包

括微量元素)、维生素和水等几大类物质。培养基既是提供细胞营养和促使细胞增殖的基础物质，也是细胞生长和繁殖的生存环境。

培养基种类很多，根据配制原料的来源可分为自然培养基、合成培养基、半合成培养基；根据物理状态可分为固体培养基、液体培养基、半固体培养基；根据培养功能可分为基础培养基、选择培养基、加富培养基、鉴别培养基等；根据使用范围可分为细菌培养基、放线菌培养基、酵母菌培养基、真菌培养基等。

培养基配成后一般需测试并调节 pH，还须进行灭菌，通常有高温灭菌和过滤灭菌。培养基由于富含营养物质，易被污染或变质，配好后不宜久置，最好现配现用。

6.3.1　培养基的组成

(1) 碳源。碳源是组成培养基的主要成分之一。常用的碳源有糖类、油脂、有机酸和低碳醇。在特殊情况下(如碳源贫乏时)，蛋白质水解产物或氨基酸等也可被某些菌种作为碳源使用。

葡萄糖是碳源中最易利用的可以加速微生物生长的糖，常作为培养基的一种主要成分。但是过多的葡萄糖会过分加速菌体的呼吸，以致培养基中的溶解氧不能满足需要，使一些中间代谢物不能完全氧化而积累在菌体或培养基中，如丙酮酸、乳酸、乙酸等。它们可以导致培养基 pH 值下降，影响某些酶的活性，从而抑制微生物的生长和产物的合成。

(2) 氮源。氮源主要用于构成菌体细胞物质(氨基酸、蛋白质、核酸等)和含氮代谢物。常用的氮源可分为两大类：有机氮源和无机氮源。

① 有机氮源。常用的有机氮源有玉米浆、玉米蛋白粉、蛋白胨、酵母粉和酒糟等。它们在微生物分泌的蛋白酶作用下，水解成氨基酸，被菌体吸收后再进一步分解代谢。

有机氮源除含有丰富的蛋白质、多肽和游离氨基酸外，往往还含有少量的糖类、脂肪、无机盐、维生素及某些生长因子，因而微生物在含有机氮源的培养基中常表现出生长旺盛、菌丝浓度增长迅速的特点。大多数发酵工业都借助于有机氮源，来获得所需氨基酸。玉米浆是一种很容易被微生物利用的良好氮源，因为它含有丰富的氨基酸(丙氨酸、赖氨酸、谷氨酸、缬氨酸、苯丙氨酸等)、还原糖、磷、微量元素和生长素。玉米浆是玉米淀粉生产中的副产物，其中固体物含量在50%左右，还含有较多的有机酸，如乳酸等，所以玉米浆的 pH 值在 4 左右。

② 无机氮源。常用的无机氮源有铵盐，硝酸盐和氨水等。微生物对它们的吸收利用一般比有机氮源快，所以也称之为迅速利用的氮源。但无机氮源的迅速利用常会引起培养基 pH 值的变化。

氨水在发酵中除可以调节 pH 值外，也是一种容易被利用的氮源，在许多抗生素的生产中得到普遍使用。氨水因碱性较强，因此使用时要在不断搅拌下，少量多次地加入，防止局部过碱。

(3) 无机盐。微生物在生长繁殖和生产过程中，需要某些无机盐和微量元素如磷、镁、硫、钾、钠、铁、氯、锰、锌、钙等，以作为其生理活性物质的组成或生理活性作用的调节物，这些物质一般在低浓度时对微生物生长和产物合成有促进作用，在高浓度时常表现出明显的抑制作用。

在培养基中，镁、磷、钾、硫、钙和氯等常以盐的形式(如硫酸镁、磷酸二氢钾、磷酸氢二钾、碳酸钙、氯化钾等)加入，而钴、铜、铁、锰、锌、钼等微量元素缺少了对微生物生长固然不利，但因其需要量很少，除了合成培养基外，一般在复合培养基中不再另外单独加入。

① 磷。是核酸和蛋白质的必要成分，在代谢途径的调节方面，磷起着很重要的作用。适量的磷有利于糖代谢的进行，促进微生物的生长；过量的磷会抑制培养基中许多产物的合成。

② 镁。除了组成某些细胞的叶绿素外，并不参与任何细胞物质的组成。但它处于离子状态时，是许多重要酶(如己糖磷酸化酶、柠檬酸脱氢酶、羧化酶等)的激活剂，不但影响基质的氧化，还影响蛋白质的合成。镁常以硫酸镁的形式加入培养基中。

③ 氯。氯离子一般不作为微生物的营养物质，但对一些嗜盐菌来讲是必须的。在一些产生含氯代谢物的发酵培养基中，除了从其他天然原料和水中带入的氯离子外，还需加入约 0.1%氯化钾以补充氯离子。

④ 钠、钾、钙。钠、钾、钙等离子虽不参与细胞的组成，但仍是微生物发酵培养基的必要成分。钠、钾离子与维持细胞渗透压有关，故在培养基中常加入少量钠盐、钾盐，但用量不能过高，否则会影响微生物生长。钙离子能控制细胞透性，并且作为某些辅酶的必要组分参与微生物细胞代谢。

6.3.2 培养基的种类及应用

微生物种类不同，需要的营养物质不同，同一种微生物，培养或研究目的不同，配制的培养基也不同。

(1) 根据培养基的成分分类。

① 天然培养基。天然培养基是指一类利用动、植物或微生物体包括用其提取物制成的培养基，这是一类营养成分既复杂又丰富、难以说出其确切化学组成的培养基。例如牛肉膏蛋白胨培养基。

天然培养基的优点是营养丰富、种类多样、配制方便、价格低廉；缺点是化

学成分不清楚、不稳定。因此，这类培养基只适用于一般实验室中的菌种培养、发酵工业中生产菌种的培养和某些发酵产物的生产等。

常见的天然培养基成分有：麦芽汁、肉浸汁、鱼粉、麸皮、玉米粉、花生饼粉、玉米浆及马铃薯等。实验室中常用牛肉膏、蛋白胨及酵母膏等作为天然培养基。

② 合成培养基。合成培养基又称组合培养基或综合培养基，是一类按微生物的营养要求精确设计并用多种高纯化学试剂配制成的培养基。例如高氏一号培养基、察氏培养基等。

合成培养基的优点是成分精确、重演性高；缺点是价格较贵，配制麻烦，且微生物生长一般。因此，合成培养基通常用于营养、代谢、生理、生化、遗传、育种、菌种鉴定或生物测定等对定量要求较高的研究工作中。

③ 半合成培养基。半合成培养基又称半组合培养基，指一类主要以化学试剂配制，同时还加有某种或某些天然成分的培养基。例如培养真菌的马铃薯蔗糖培养基等。含有未经特殊处理的琼脂的合成培养基，实质上都是一种半合成培养基。

半合成培养基特点是配制方便，成本低，微生物生长良好。发酵生产和实验室中常使用半合成培养基。

（2）根据培养基的物理状态分类。

① 液体培养基。呈液体状态的培养基为液体培养基，广泛用于微生物学实验和生产中。在实验室中主要用于微生物的生理、代谢研究以及菌体的获取；在发酵生产中常采用液体培养基。

② 固体培养基。呈固体状态的培养基都称为固体培养基。固体培养基有加入凝固剂后制成的；有直接用天然固体状物质制成的，如培养真菌用的麸皮、大米、玉米粉和马铃薯块培养基；还有在营养基质上覆上滤纸或滤膜等制成的，如用于分离纤维素分解菌的滤纸条培养基。

常用的固体培养基是在液体培养基中加入凝固剂（约 2% 的琼脂或 5%～12% 的明胶），加热至 100℃，然后再冷却并凝固的培养基。常用的凝固剂有琼脂、明胶和硅胶等。其中，琼脂是最优良的凝固剂。凝固剂有以下几种特点：a. 不被微生物利用分解，微生物生长温度范围为固体；b. 凝固点温度不高，一般在 45～55℃；c. 无毒，经高温蒸汽灭菌不会破坏；d. 透明及粘着力强；e. 凝胶强度和韧度适中。

固体培养基在科学研究和生产实践中具有很多用途，例如用于菌种分离、鉴定、菌落计数、检测杂菌、育种、菌种保藏、抗生素等生物活性物质的效价测定及真菌孢子的获取等方面。在食用菌栽培和发酵工业中也常使用固体培养基。

③ 半固体培养基。半固体培养基是指在液体培养基中加入少量凝固剂(如0.2%~0.5%的琼脂)而制成的半固体状态的培养基。半固体培养基有许多特殊的用途，如可以通过穿刺培养观察细菌的运动能力，进行厌氧菌的培养及菌种保藏等。

④ 脱水培养基。脱水培养基又称脱水商品培养基或预制干燥培养基，指含有除水以外的一切成分的商品培养基，使用时只要加入适量水分并加以灭菌即可，是一类既有精确成分又有使用方便等优点的现代化培养基。

(3) 根据培养基的功能分类。

① 基本培养基。基本培养基含有细菌生长繁殖所需的基本营养物质，可供大多数细菌生长。在牛肉浸液中加入适量的蛋白胨、氯化钠、磷酸盐，调节pH至7.2~7.6，经灭菌处理后，即为基础液体培养基；若再加入0.3%~0.5%的琼脂，则为基础半固体培养基；加入1%~2%的琼脂，则为基础固体培养基。

牛肉膏蛋白胨培养基就是最常用的基础培养基，它可作为一些特殊培养基的基本成分，再根据某种微生物的特殊要求，在基础培养基中添加所需营养物质。

② 选择性培养基。选择性培养基是一类根据某种微生物的特殊营养要求或其对某些物理、化学因素的抗性而设计的培养基，具有使混合菌样中的劣势菌变成优势菌的功能，广泛用于菌种筛选等领域。

混合菌样中数量很少的某种微生物，若直接采用平板划线或稀释法进行分离，往往因为数量少而无法获得。

选择性培养的方法主要有两种：

一是利用待分离的微生物对某种营养物的特殊需求而设计的，如：以纤维素为唯一碳源的培养基可用于分离纤维素分解菌；用石蜡油来富集分解石油的微生物；用较浓的糖液来富集酵母菌等。

二是利用待分离的微生物对某些物理和化学因素具有抗性而设计的，如分离放线菌时，在培养基中加入数滴10%的苯酚，可以抑制霉菌和细菌的生长；在分离酵母菌和霉菌的培养基中，添加青霉素、四环素和链霉素等抗生素可以抑制细菌和放线菌的生长；结晶紫可以抑制革兰氏阳性菌，培养基中加入结晶紫后，能选择性地培养革兰氏阴性菌；7.5%的NaCl可以抑制大多数细菌，但不抑制葡萄球菌，从而选择培养葡萄球菌；德巴利酵母属中的许多种酵母菌和酱油中的酵母菌能耐18%~20%浓度的食盐，而其他酵母菌只能耐受3%~11%浓度的食盐，所以，在培养基中加入15%~20%浓度的食盐，即构成耐食盐酵母菌的选择性培养基。

③ 鉴别培养基。鉴别培养基是一类在成分中加有能与目的菌的无色代谢产物发生显色反应的指示剂，从而达到只需用肉眼辨别颜色就能方便地从近似菌落中找到目的菌菌落的培养基。最常见的鉴别培养基是伊红美蓝乳糖培养基，即EMB培养基。

EMB 培养基中的伊红和美蓝两种苯胺染料可抑制革兰氏阳性菌和一些难培养的革兰氏阴性菌。在低酸度下，这两种染料会结合并形成沉淀，起着产酸指示剂的作用。因此，试样中多种肠道细菌会在 EMB 培养基平板上产生易于用肉眼识别的多种特征性菌落，尤其是大肠杆菌，因其能强烈分解乳糖而产生大量混合酸，菌体表面带 H^+，故可染上酸性染料伊红，又因伊红与美蓝结合，故使菌落染上深紫色，且从菌落表面的反射光中还可看到绿色金属闪光，其他几种产酸力弱的肠道菌的菌落也有相应的棕色。

属于鉴别培养基的还有：明胶培养基可以检查微生物能否液化明胶；醋酸铅培养基可用来检查微生物能否产生 H_2S 气体等。

选择性培养基与鉴别培养基的功能往往结合在同一种培养基中。例如上述 EMB 培养基既有鉴别不同肠道菌的作用，又有抑制革兰氏阳性菌而选择性培养革兰氏阴性菌的作用。

④ 加富培养基。加富培养基也称营养培养基，即在培养基中加入有利于某种微生物生长繁殖所需的营养物质，使这类微生物的增殖速度比其他微生物快，从而使这类微生物能够在混有多种微生物的情况下占优势地位的培养基。

加富培养基类似选择培养基，两者区别在于，加富培养基是用来增加所要分离的微生物的数量，使其形成生长优势，从而分离到该种微生物；选择培养基则一般是抑制不需要的微生物的生长，使所需要的微生物增殖，从而达到分离所需微生物的目的。

（4）按照培养微生物的种类分类。包括细菌培养基、放线菌培养基、酵母菌培养基和霉菌培养基等。

① 常用的细菌培养基有营养肉汤和营养琼脂培养基。

② 常用的放线菌培养基为高氏 1 号培养基。

③ 常用的酵母菌培养基有马铃薯蔗糖培养基和麦芽汁培养基。

④ 常用的霉菌培养基有马铃薯蔗糖培养基、豆芽汁蔗糖(或葡萄糖，葡萄糖比较昂贵)琼脂培养基和察氏培养基等。

6.3.3　培养基制备的基本方法和注意事项

6.3.3.1　培养基配制

培养基配制的一般方法按以下步骤进行：

① 称量：按照培养基配方，正确称取各种原料于搪瓷杯或烧杯中。

② 溶化：在搪瓷杯中加入所需水量(根据实验需要加入蒸馏水或自来水)，用玻璃棒搅匀，加热溶解。

③ 调 pH 值(也可以在加琼脂后进行)，若 pH 值不符合培养基配方要求，可

用10%HCl或10%NaOH进行调节。

④ 加琼脂溶化，在琼脂溶化过程中，需不断搅拌，并控制火力防止培养基溢出或烧焦，待完全溶化后，补足所失水分。通常时间短不必补水。

⑤ 分装：根据不同的需要在漏斗架上进行分装，一般制斜面的装置为管高的1/5，特别注意不要使培养基沾污在管(瓶)口上以免浸湿棉塞，引起污染。

⑥ 包扎成捆、挂上标签。培养基分装好后，塞上棉塞，用防水纸包扎成捆，挂上所配培养基名称的标签。

⑦ 灭菌备用。灭菌后如需制成斜面的，应在下磅后取出，摆成斜面。培养基经灭菌后，必须放在37℃恒温培养箱中培养24h，确定无菌生长后方可使用。

在配制培养基时应注意以下几点：

① 培养基的制备记录。每次制备培养基均应有记录，包括培养基名称、配方及其来源、各种成分的牌号、最终pH值、消毒的温度和时间、制备的日期和制备者等。记录应复制一份，原记录保存备查，复制记录随制好的培养基一同存放，以防发生混乱。

② 培养基成分的称取。培养基的各种成分必须精确称取并要注意防止错乱，最好一次完成，不要中断。可将配方置于旁侧，每称完一种成分即在配方上面做出记号，并将所需称取的药品一次取齐，置于左侧，每种称取完毕后，即移放于右侧。完全称取完毕后，还应进行一次检查。

③ 培养基各成分的混合和溶化。指示剂应在调节好pH值后再加入，煮溶后要补加足水分；不能把培养基煮焦，焦化的无法正常使用。

④ 培养基pH值的校正。灭菌后pH值会下降0.1~0.2，在做培养基校正pH值时，应比实际值高0.1~0.2；pH值调整后，还应将培养基煮沸。

⑤ 培养基的过滤澄清：液体培养基可用滤纸过滤法，琼脂培养基可用中间夹有薄层吸水棉的双层纱布过滤。

⑥ 培养基的分装：斜面分装1/5管；半固体培养基分装1/3管；高层斜面分装1/4~1/3管；平板分装13~15mL。

⑦ 培养基灭菌时应注意：

a. 含糖类或明胶的培养基：113℃灭菌15min或115℃灭菌10min。

b. 无糖培养基：121℃灭菌15~20min。

c. 血液、体液和抗生素等以无菌操作技术抽取后再加入到冷却至50℃左右的培养基中。

d. 琼脂斜面培养基应在灭菌后冷却至55~60℃时取出，再摆制成适当斜面。

⑧ 培养基的质量判断。

a. 如发现破裂、水分浸入、色泽异常、棉塞被培养基沾染等，均应挑出

弃去。

b. 将全部培养基放入(36±1)℃恒温箱培养过夜，如发现有菌生长，即弃去。

c. 用有关的标准菌株接种1~2管或瓶培养基，培养24~48h，如无菌生长或生长不好。应追查原因并重复接种一次，如结果仍同前，则该批培养基即应弃去，不能使用。

⑨ 培养基的保存：

a. 基础培养基不能超过两周；

b. 生化试验培养基不宜超过一周；

c. 选择性或鉴别性培养最好当天使用，倾注的平板培养基不宜超过3天。

6.3.4　应用示例

(1)《水质粪大肠菌群的测定滤膜法》(HJ 347.1—2018)。

MFC培养基：

胰陈10g；

蛋白胨5g；

酵母浸膏3g；

氯化钠5g；

乳糖12.5g；

胆盐三号1.5g；

1%苯胺蓝水溶液10mL；

1%玫瑰红酸溶液(溶于8.0g/L氢氧化钠液中)10mL。

将上述培养基中的成分(除苯胺蓝和玫瑰红酸外)溶解于1000mL水中，调节pH值至7.4，分装于三角烧瓶内，于115℃高压蒸汽灭菌20min，储存于冷暗处备用。临用前，按上述配方比例，用灭菌吸管分别加入已煮沸灭菌的1%苯胺蓝水溶液1mL及1%玫瑰红酸溶液(溶于8.0g/L氢氧化钠液中)1mL，混合均匀。若培养物中杂菌不多，可不加玫瑰红酸。加热溶解前，加入1.2%~1.5%琼脂可制成固体培养基。也可选用市售成品培养基。配制好的培养基避光、干燥保存，必要时在(5±3)℃冰箱中保存，分装到平皿中的培养基可保存2~4周。配制好的培养基不能进行多次融化操作，以少量勤配为宜。当培养基颜色变化或脱水明显时应废弃不用。

(2)《水质细菌总数的测定平皿计数法》(HJ 1000—2018)。

营养琼脂培养基：

蛋白胨10g；

牛肉膏3g；

氯化钠 5g；

琼脂 15~20g。

将上述成分或含有上述成分的市售成品溶解于 1000mL 水中，调节 pH 值至 7.4~7.6，分装于玻璃容器中，经 121℃高压蒸汽灭菌 20min，储存于冷暗处备用。避光、干燥保存，必要时在(5±3)℃冰箱中保存，不得超过 1 个月。配制好的营养琼脂培养基不能进行多次融化操作，以少量勤配为宜。当培养基颜色变化或脱水明显时应废弃不用。

(3)《城市污水处理厂污泥检验方法》(CJ/T 221—2005)(14)。

乳糖蛋白胨培养基：

蛋白胨 10g；

牛肉浸膏 3g；

乳糖 5g；

氯化钠 5g；

1.6%溴甲酚紫乙醇溶液 1mL。

将蛋白胨、牛肉浸膏、乳糖、氯化钠加热溶解于 1000mL 水中，调节 pH 值至 7.2~7.4，再加入 1.6%溴甲酚紫乙醇溶液 1mL，充分混匀，分装于含有倒置小玻璃管的试管中，115℃高压蒸汽灭菌 20min，储存于冷暗处备用。也可选用市售成品培养基。

三倍乳糖蛋白胨培养基：称取三倍的乳糖蛋白胨培养基成分的量，溶于 1000mL 水中，配成三倍乳糖蛋白胨培养基，配制方法同上。

(4)《水质粪大肠菌群的测定多管发酵法》(HJ 347.2—2018)。

EC 培养基：

胰胨 20g；

乳糖 5g；

胆盐三号 1.5g；

磷酸氢二钾 4g；

磷酸二氢钾 1.5g；

氯化钠 5g。

将上述成分或含有上述成分的市售成品加热溶解于 1000mL 水中，然后分装于有玻璃倒管的试管中，115℃高压蒸汽灭菌 20min，灭菌后 pH 值应在 6.9 左右。

注：配制好的培养基避光、干燥保存，必要时在(5±3)℃冰箱中保存，通常瓶装及试管，装培养基不超过 3~6 个月。配制好的培养基要避免杂菌侵入和水分蒸发，当培养基颜色变化，或体积变化明显时废弃不用。

无菌水：取适量实验用水，经 121℃高压蒸汽灭菌 20min，备用。

6.4　样品稀释

6.4.1　稀释的概念

稀释是指对现有溶液加入更多溶剂而使其浓度减小的过程。稀释后溶液的浓度减小，但溶质的总量保持不变。例如：将2mol的氯化钠溶解在2L的蒸馏水中，氯化钠溶液的摩尔浓度为1mol/L，若再向溶液中加入2L的蒸馏水，此时氯化钠溶液的摩尔浓度变为0.5mol/L，但是溶液中氯化钠的总量仍然为2mol。在微生物实验中，稀释可以使得每个微生物个体在物理上充分分离，以便在平板培养时可以得到由单个微生物个体生长而来的菌落(否则一个菌落就不只是代表一个细胞)。

6.4.2　稀释过程

6.4.2.1　稀释方法

梯度稀释法即将待测的样品制成均匀的系列浓度梯度稀释液(如10^{-1}，10^{-2}，10^{-3}，10^{-4}…)，再取各个稀释度、同等量的稀释液接种到平板中，使其均匀分布于平板中的培养基内。倒置恒温箱培养后，由单个细胞生长繁殖形成菌落，统计繁殖形成的菌落数目，即可计算出样品中的含菌数。用这种方法计算出的含菌数是培养基上长出来的菌落数，故又称为活菌计数。因为稀释的时候并不确定有没有稀释过度，所以要用不同浓度的稀释液分别做实验进行探究，最后取琼脂平板上出现单个菌落时的浓度进行计数，经过计算，得出菌液含菌量。

分离不同的微生物需要不同的稀释浓度，原因在于原材料中不同微生物本身的密度(个/g)也会不同，密度较大的需要更高的稀释度才能达到分离的目的；同时，不同微生物的生长速度不同，生长较快的微生物需要更高的稀释度，以免菌落面积扩大太快造成菌落之间粘连。

6.4.2.2　稀释具体操作

(1) 以无菌操作取样25g(或25mL)，放于225mL灭菌生理盐水或者其他稀释液的灭菌玻璃瓶内(瓶内预先放有适当数量的玻璃珠)或灭菌乳钵内，经充分振摇或研磨制成1∶10的均匀稀释液(固体检样在加进稀释液后，最好置于灭菌均质器中以8000~10000r/min的速度处理1~2min，制成1∶10的均匀稀释液)；

(2) 用1mL灭菌吸管准确吸取1mL的混匀的1∶10的稀释液，然后沿管壁慢慢接种到含有9mL生理盐水或者其他稀释液的试管内，盖上试管塞后充分振荡混匀，制成1∶100的稀释液(在进行连续稀释时，应将吸管内液体沿管壁流进，切勿使吸管尖端伸入稀释液内，以免吸管外部沾附的检液溶解其中，造成实验失败)；为减少稀释误差，标准《中华人民共和国进出口商品检验行业标准　出口食品菌落计数》(SN 0168—92)采用的方法为取 10mL 稀释液，注入 90mL 缓冲液中；

(3) 不断重复该操作，以 10 倍递增稀释液，按需要配制 1∶1000、1∶10000 稀释液(图 6-6)；

(4) 为减少样品稀释误差，在连续递增稀释时(原液在前稀释液在后)，每一稀释液都应充分振摇，使其混合均匀，同时每一稀释度应更换 1 支 1mL 灭菌吸管；

(5) 不要在稀释剂中吹洗吸管。

注：样液稀释必须加以足够的振摇，确保液体混匀，使形成的菌落能以 10 倍递增或递减。

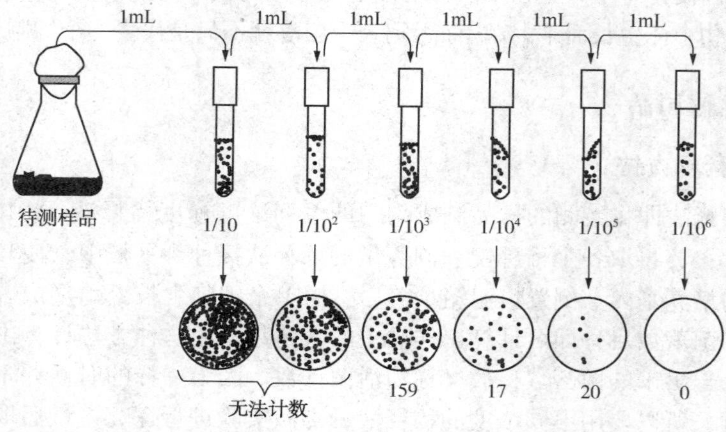

图 6-6　稀释操作示意图

6.4.3　活菌计数

(1) 视待测菌悬液浓度，加入无菌水进行适当的稀释(斜面一般稀释到 10^{-2})，以每小格的菌数可数为度。

(2) 取洁净的血球计数板一块，在计数区上盖上一块盖玻片。

(3) 将菌悬液摇匀，用滴管吸取少许，从计数板中间平台两侧的沟槽内沿盖玻片的下边缘滴入一小滴(不宜过多)，让菌悬液利用液体的表面张力充满计数区，勿使气泡产生，并用吸水纸吸去沟槽中流出的多余菌悬液。也可以将菌悬液直接滴加在计数区上(不要使计数区两边平台沾上菌悬液，以免加盖盖玻片后，造成计数区深度的升高)，然后加盖盖玻片(切勿产生气泡)。

(4) 静置片刻，将计数板置于载物台上夹稳，先在低倍镜下找到计数区后，再转换高倍镜观察并计数(若所观察细胞的折射率与水的折射率相近，在观察时应减弱光照的强度)。

(5) 若计数区是由 16 个大方格组成，按照对角线方位，数左上、左下、右

上、右下的 4 个大方格(即 100 小格)的菌数。如果是 25 个大方格组成的计数区，除了数上述位置的 4 个大方格外，还需数中央 1 个大方格的菌数(即 80 个小格)。如菌体位于大方格的双线上，计数时则数上线不数下线，数左线不数右线，以减少计数误差。

(6) 每个样品重复计数 2~3 次(每次得出的数值不宜相差过大，否则应重新进行操作)，求出每一个小格中细胞平均数(N)，按照计算公式得出每 mL(g)菌悬液所含细胞数量。

(7) 测定完毕后，取下盖玻片，用实验用水将计数板冲洗干净，防止用硬物洗刷或抹擦，以免损坏网格刻度。洗净自然晾干后，置于盒内保存。

6.4.4　常用稀释剂

大多数微生物适合生长的 pH 值范围为 7.2~7.4，但不同种类的微生物具有不同要求的 pH 值，并且同一种类的微生物在不同生长时期的最适 pH 值也不同。原代培养微生物对 pH 值的要求较为严苛，传代培养微生物对 pH 值的要求较为宽松。通常，微生物对偏酸环境的耐受性要强于偏碱环境。培养过程中，严格控制培养液的 pH 值，有利于微生物的生长。微生物生长越旺盛，代谢则越活跃，pH 值的改变就越迅速。但是，微生物代谢物的滞留会使培养液变酸变黄，不利于微生物的生长。因此，我们通常会在培养液中加入一定量的缓冲液，以保持培养液的 pH 值稳定在一个相对的范围内，同时可以作为微生物检验和实验中取样后做一系列稀释的稀释剂使用。下面将介绍几种微生物实验中常用的稀释剂。

6.4.4.1　平衡盐溶液

平衡盐溶液(Balanced Salt Solution，BSS)与细胞生长状态下的 pH 值、渗透压等环境状态一致，具有维持渗透压、控制酸碱平衡、供给微生物生存代谢所必需的能量和无机盐成分等作用，可满足微生物生存并维持一定的代谢的基本需要，细胞在平衡盐溶液中可生存几个小时，并且该稀释剂配制简单，成本较低，成为微生物稀释中的常用稀释剂。

6.4.4.2　磷酸盐缓冲液

磷酸盐缓冲液(PBS)是由磷酸一氢盐和磷酸二氢盐的混合溶液组成的，其中磷酸一氢盐呈现碱性，磷酸二氢盐呈现酸性。当微生物分泌酸性物质时会与磷酸一氢盐反应生成磷酸二氢盐；而当微生物分泌碱性物质时则与磷酸二氢盐反应生成磷酸一氢盐。如此，整个体系的 pH 值维持在一个较稳定的范围内。该缓冲液缓冲能力强，成本低，常用于食品行业检验标准。

6.4.4.3　0.85%生理盐水

0.85%生理盐水能保持细胞内外的渗透压一致，可以避免微生物的细胞壁被破

坏而影响微生物的生长和繁殖过程，使细胞维持正常生理学平衡，避免了在操作过程中微生物失水或吸水过多导致死亡。0.85%生理盐水对于较多种类的微生物渗透压的维持具有一定作用，特别是对于那些活跃度较差的微生物的检出。但0.85%生理盐水也不是任何情况下都适用的，对于盐分较高的样品，则不适合采用生理盐水，此种条件下使用蒸馏水更合适。磷酸盐缓冲稀释液是出口食品行业检验标准检测菌落总数时所推荐的，在国家标准中却没有明确指出，只是一般性推荐生理盐水。由于磷酸盐缓冲稀释液配制较为复杂，所以正常情况下的样品检测一般使用0.85%生理盐水。

6.4.4.4 无菌水

无菌水通常是指灭菌后的蒸馏水。霉菌以及酵母检验的稀释液，用的就是蒸馏水。当待检测样品的本身存有较高的盐分时会选用蒸馏水作为稀释液。

6.4.4.5 蛋白胨

蛋白胨是动植物蛋白经酶水解后的多肽混合物、胨、肽及氨基酸等复杂的混合物，拥有较强的吸湿性，易溶于水，属于两性电解质，具有一定缓冲作用。有研究者在做实验时候用蛋白胨水代替磷酸盐或者生理盐水稀释，目的是为了让样品中的菌种在稀释过程中保持活性，免于死亡，但是稀释时间一定要控制在15min之内。

6.4.5 应用示例

6.4.5.1 固体样品(表6-1)

表6-1 固体样品应用示例

检测方法	类型	检测项目	步骤
《城市污水处理厂污泥检验方法》(CJ/T 221—2005)(13)	污泥和生活垃圾	细菌总数	(1)称取污泥样品1g放于装有9mL灭菌生理盐水的试管内，充分摇匀(若污泥样品颗粒较大，可将试管置于振荡器上振荡1min)，制成1∶10均匀菌液；(2)将试管内10mL的1∶10菌液倒入装有90mL生理盐水的三角瓶中，摇匀，制成1∶100均匀菌液；(3)用10mL灭菌移液管吸取10mL的1∶100的均匀菌液，注入装有90mL生理盐水的三角瓶，摇匀，制成1∶1000均匀菌液。另取一支10mL移液管，按照上述操作步骤，依次制10倍稀释菌液，如此每递增稀释一次，即换用一支10mL灭菌移液管。根据对污泥样品含菌量的估计，选择2个至3个适宜浓度的稀释菌液用墩平板培养。

续表

检测方法	类型	检测项目	步骤
《城市污水处理厂污泥检验方法》(CJ/T 221—2005)(14)	污泥和生活垃圾	总大肠菌群	(1)称取污泥样品 1g，放于装有 9mL 灭菌生理盐水的试管内，充分摇匀，若污泥样品颗粒较大，可将试管置于振荡器上振荡 1min，制成 1 : 10 均匀菌液，将试管内配制好的 1 : 10 菌液倒入装有 90mL 生理盐水的三角瓶中摇匀，制成 1 : 100 均匀菌液；(2)用 10mL 灭菌移液管吸取 10mL 的 1 : 100 的菌液，注入装有 90mL 生理盐水的三角瓶，摇匀，制成 1 : 1000 均匀菌液，另取一支 10mL 移液管，按照上述操作步骤，依次配制 10 倍稀释菌液，如此每递增一次，即换用一支 10mL 灭菌移液管。
《粪便无害化卫生要求》(GB 7959—2012)	污泥和生活垃圾	粪大肠菌群	将样品置于无菌瓷盘内，充分混匀称取 10g 样品，放入带有玻璃珠的无菌锥形瓶内，加入 90mL 生理盐水(8.5g/L)，混摇 3~5min，制成混悬液。

6.4.5.2　公共用品用具(表 6-2)

表 6-2　公共用品用具应用示例

检测方法	类型	检测项目	步骤
《公共场所卫生检验方法　第四部分：公共用品用具微生物》(GB/T 18204.4—2013)	公共用品用具	细菌总数	样品的稀释：将放有采样后棉拭子的试管充分振摇，此液为 1 : 10 的样品匀液。用 1mL 无菌吸管或微量移液器吸取 1 : 10 样品匀液 1mL，沿管壁缓慢注于盛有 9mL 生理盐水稀释液的无菌试管中(注意吸管或吸头尖端不要触及稀释液面)，振摇试管或换用 1 支无菌吸管反复吹打使其混合均匀，制成 1 : 100 的样品匀液。按同法制备 10 倍系列稀释样品匀液，每递增稀释 1 次，换用 1 次 1mL 无菌吸管或吸头。
《公共场所卫生检验方法　第四部分：公共用品用具微生物》(GB/T 18204.4—2013)	公共用品用具	真菌总数	样品的稀释：将盛有棉拭子的盐水管在手心用力振荡 80 次，再用带橡皮乳头的 1mL 灭菌吸管反复吹吸 50 次，使真菌孢子充分散开，制成 1 : 10 稀释液。

6.4.5.3 液体样品(表6-3)

表6-3 液体样品应用示例

检测方法	类型	检测项目	步骤
《水质 总大肠菌群、粪大肠菌群和大肠埃希氏菌的测定 酶底物法》(HJ 1001—2018)	水和废水	总大肠、粪大肠、大肠埃希氏菌	根据样品污染程度确定接种量，避免接种样品培养后97孔定量盘出现全部阳性或全部阴性。接种量小于100mL时，应稀释样品后接种，接种量为10mL时，取10mL样品加入盛有90mL无菌水的三角瓶中混匀制成1∶10的稀释样品，其他接种量的稀释样品依次类推。对于未知样品，可选用多个接种量进行检测。
《水质 粪大肠菌群的测定 滤膜法》(HJ 347.1—2018)	水和废水	粪大肠滤膜法	根据样品的种类判断接种量，最小过滤体积为10mL，如接种量小于10mL时应逐级稀释。先估计出适合在滤膜上计数所使用的体积，然后再取这个体积的1/10和10倍，分别过滤。理想的样品接种量是滤膜上生长的粪大肠菌群菌落数为20~60个，总菌落数不得超过200个。当最小过滤体积为10mL，滤膜上菌落密度仍过大时，则应对样品进行稀释。1∶10稀释的方法为：吸取10mL样品，注入盛有90mL无菌水的三角烧瓶中，混匀，制成1∶10稀释样品。
《水质 细菌总数的测定 平皿计数法》(HJ 1000—2018)	水和废水	细菌总数	将样品用力振摇20~25次，使可能存在的细菌凝团分散。根据样品污染程度确定稀释倍数。以无菌操作方式吸取10mL充分混匀的样品，注入盛有90mL无菌水的三角烧瓶中，混匀成1∶10稀释样品。吸取1∶10的稀释样品10mL注入盛有90mL无菌水的三角烧瓶中，混匀成1∶100稀释样品。按同法依次稀释成1∶1000、1∶10000稀释样品。每个样品至少应稀释3个适宜浓度。注：吸取不同浓度的稀释液时，每次必须更换移液管。

6.5 接种

6.5.1 概念

在灭菌条件下，利用接种工具(针、环)将微生物接到适于生长繁殖的人工培养基上或活的生物体内的过程即为接种。接种是科学研究及环境中微生物检测前处理技术中的一项最基本的操作技术。不论是微生物的分离、培养、纯化或鉴定还是微生物的形态观察和生理研究都必须进行接种过程。接种的关键步骤就是要进行严格的无菌操作，如若因操作不规范造成污染，则会导致实验结果不可

靠，进而影响下一步工作的进行。

6.5.2　接种工具和方法

6.5.2.1　接种工具

实验室中使用最多的接种工具为接种针和接种环。由于接种具有不同的方法和要求，接种针的尖端部分经常被做成不同的形状，如刀形、耙形等；而对于液体接种，我们经常将滴管和吸管作为接种工具；若要均匀涂布固体培养基表面的菌液，则需要用到涂布棒。

6.5.2.2　接种方法

（1）划线接种。该方法是实验室中最常使用的接种方法，即在固体培养基表面做来回的直线形的移动，便可达到接种的作用。划线接种分为斜面接种法和平板划线法两种方法。常用的接种工具有接种针和接种环等，是斜面接种和平板划线中的常用方法。

斜面接种法主要用来接种纯菌，使其增值后用来鉴定、保存菌种或者观察细菌的某些培养特征。斜面接种方法如图 6-7 所示，将菌种斜面培养基(简称菌种管)与待接种的新鲜斜面培养基(简称接种管)放在左手的拇指、食指、中指以及无名指之间，放置顺序为菌种管在前，接种管在后，斜面向上管口对齐，保证试管呈 0°~45°角，要能清楚地看到两个试管的斜面(切勿持成水平，以防试管底部凝集水浸湿培养基表面)。右手在酒精灯火焰旁连续转动两管棉塞，使其松动，便于接种时将其取出。右手置于接种环柄处，将接种环垂直放在酒精灯火焰上灼烧，要保证镍铬丝部分(环和丝)和手柄部分的金属杆都必须被火焰灼烧过一遍，防止灭菌不彻底。用右手的小指和手掌之间以及无名指和小指之间拔出试管棉塞，并使试管口从酒精灯火焰上通过，以除掉可能沾污的微生物，棉塞应始终夹在手中，若不小心掉落则应更换新的无菌棉塞。将灼烧灭菌的接种环插入菌种管内，先接触无菌苔生长的培养基，待冷却后再从斜面上刮取少许菌苔取出(接种环切勿通过酒精灯火焰，应在火焰旁迅速插入接种管)，在接种管中由下至上做 S 形划线。接种完毕后，接种环应通过酒精灯火焰抽出管口，并迅速塞上棉塞。再次灼烧接种环后，将其放回原处，并塞紧棉塞。最后，贴好标签做好标记后再放回试管架，即可进行培养。在进行接种时，切记不要使接种针(环)碰到管壁；也不要划破培养基，但也不能在试管空间划，一定要接触到斜面表面上划线接种。

平板划线是指把混杂在一起的微生物或者同一微生物全体中的不同细胞用接种环接种在平板培养基表面，通过分区划线稀释得到较多独立分布的单个细胞，经培养以后生长繁殖成单独的菌落，我们通常把这种繁殖成的单菌落当作待分离微生物的纯种。

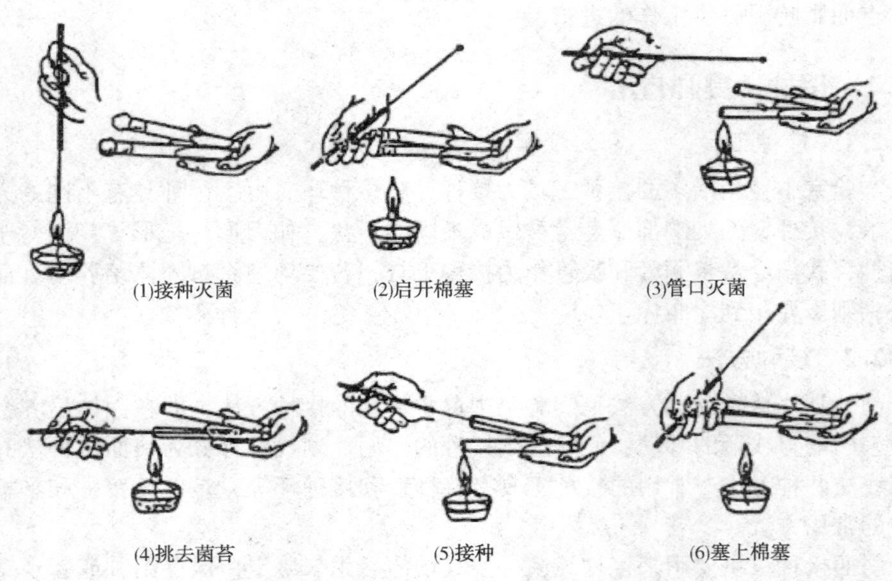

图 6-7　斜面接种的无菌操作图

（2）三点接种。三点接种即将少量的微生物接种在平板表面上，使其成为等边三角形的三点，让它各自独立形成菌落后，进行形态的观察以及研究，除三点外，也存在一点或多点进行接种的。三点接种经常被用来研究霉菌形态。

（3）穿刺接种。该方法包括垂直和水平两种方法，如图 6-8 所示。穿刺接种多用来保存菌种、研究微生物的动力以及厌氧培养，同时也可用作观察细菌的部分生化反应。操作方法和注意事项与斜面接种法基本相同，但使用的接种工具必须是笔直的接种针而非接种环。它的做法是：用灭菌接种针从菌种管中蘸取少量的菌种，沿培养基中心（半固体或一般琼脂高层）向管底（但不能完全刺到管底）做直线穿刺，接种针应沿原路退出（注意勿使接种针在培养基内左右移动，以使穿刺线整齐，便于观察生长结果）。若某细菌具有鞭毛而能运动，则在穿刺线周围能够生长。

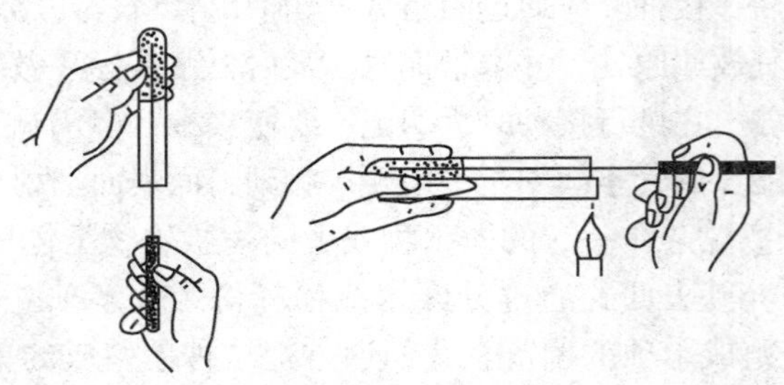

图 6-8　穿刺接种的方法

（4）浇混接种。该法是将待接种的微生物事先放入培养皿中，然后再倒入冷却至 45℃左右的固体培养基中，迅速轻轻摇匀，从而达到菌液稀释的目的。待平板冷却凝固以后，将其置于适宜的温度下进行培养，就可长出单个的微生物菌落。

（5）涂布接种。涂布接种是一种微生物学实验中常用的接种方法，不仅可以用来计算活菌数，还可以利用其在平板表面生长形成菌苔的特点用于检测化学因素对微生物的抑杀效应，与浇混接种略有不同，涂布接种是先倒好平板，使其凝固，再将菌液倒入平板上，迅速用涂布棒在表面做来回左右的涂布，使菌液分布均匀，进而长出单个微生物的菌落，达到分离的目的。

若将含菌材料加入较烫的培养基中再倒平板，会造成某些热敏感菌的死亡；若是采用稀释倒平板法，则会使得一些被固定在琼脂中间的好氧菌因缺乏氧气而无法生长。因此，涂布平板法被认为是生物学研究中最常用的纯种分离方法。

（6）液体接种。从固体培养基中将菌洗掉，倒入液体培养基中，或者从液体培养物中，用移液管将菌液接至液体培养基中，或从液体培养物中将菌液移至固体培养基中，都可称之为液体接种。液体培养基一般在培养 18～24h 后观察生长特征（如：发育程度、混浊度、沉淀或气味等）。该接种方法多用于增菌液进行增菌培养，也可用纯培养菌接种液体培养基进行生化试验，其操作方法与斜面接种法基本相同，现将不同点介绍如下：

由斜面培养物接种至液体培养基：用接种环从斜面上蘸取少许菌苔，接至液体培养基时应在管内靠近液面试管壁上将菌苔轻轻研磨并轻轻振荡，或者将接种环在液体内振摇几次即可。接种霉菌菌种时，若接种环不易挑起培养物时，我们可以选择接种钩或者接种铲进行。

由液体培养物接种液体培养基时，可以使用接种环或者接种针蘸取少许液体移至新液体培养基即可。也可以根据需要选用适宜的接种工具，如：吸管、滴管或注射器等。

接种液体培养物时要特别注意切勿使菌液溅在工作台或者其他器皿上，以免造成交叉污染。若不小心沾污，可使用酒精棉球灼烧灭菌后，再用消毒液擦净。凡是吸过菌液的吸管或者滴管，应立即放入盛有消毒液的容器中。

（7）注射接种。注射接种就是利用注射的方法将待接种的微生物转接至活的生物体内，如人或者其他动物。常见的疫苗预防接种，就是用的注射接种的方法，来预防某些疾病的发生。

（8）活体接种。该法是专门用于培养病毒或者其他病原微生物的一种办法，因为病毒必须接种于活的生物体内才可以生长并繁殖。所用的活体可以是整个动物，也可以是某个离体的活组织，例如猴肾或者发育的鸡胚，接种的方式为注射

或者拌料喂养。

(9) 富集培养法。富集培养法即人为创造特定的条件使得我们所需的微生物生长，在这样的条件下，我们所需要的微生物能有效地与其他微生物进行竞争，并且在生长能力方面远远超过其他微生物。如果要分离一些专性寄生菌，就必须把样品接种到相应敏感宿主细胞群体中，使其大量生长。通过多次重复移种便可达到纯的寄生菌。

(10) 厌氧法。为了分离某些厌氧菌，在实验室中会利用装有原培养基的试管作为培养容器，将其置于沸水水浴中加热数分钟，以便除去培养基中存在的溶解氧。然后快速冷却，并进行接种。接种后，于培养基中加入无菌石蜡，使培养基与空气隔绝。另一种方法是，在接种后，利用 N_2 或 CO_2 取代培养基中的气体，然后在酒精灯火焰上把试管口密封。为了更有效地分离某些厌氧菌，可以把所分离的样品接种于培养基上，之后再把培养皿置于完全密封的厌氧培养装置中。

6.5.3 应用示例

(1)《生活饮用水标准检验方法微生物指标》(GB/T 5750.12—2006)。例如通过平皿计数法测定生活饮用水中的菌落总数。它的接种步骤为：以无菌操作方法用灭菌吸管吸取 1mL 充分混匀的水样，注入灭菌平皿中，倾注约 15mL 已融化并冷却到 45℃左右的营养琼脂培养基，并立即旋摇平皿，使水样与培养基充分混匀。每次检验时应做一平行接种，同时另用一个平皿只倾注营养琼脂培养基作为空白对照。待冷却凝固后，翻转平皿，使底面向上，置于(36±1)℃培养箱内培养 48h，进行菌落计数，即为水样 1mL 中的菌落总数。

(2)《城市污水处理厂污泥检验方法》(CJ/T 221—2005)。例如通过多管发酵法测定城市污泥中的大肠菌群。它的原理是根据总大肠菌群应具有的生物特性，如革兰氏阴性无芽孢杆菌，在 37℃培养 24h 后能发酵乳糖并产酸产气，能在选择培养基上产生典型菌落，利用这一特性，根据发酵过程中阳性管的数量，通过查 MPN 生物统计表，可检测大肠菌群的数量。它的接种步骤为：于各备有 5mL 三倍浓缩乳糖蛋白胨培养液的 5 个试管中(内有倒管)各加入 10mL 水样，于各装有 10mL 乳糖蛋白胨培养液的 5 个试管中(内有倒管)各加入 1mL 已稀释污泥样品，于各装有 10mL 乳糖蛋白胨培养液的 5 个试管中(内有倒管)各加入 1∶10 稀释污泥样品 1mL，共计 15 支管三个稀释度。

6.6 培养

微生物培养，是指借助人工配制的培养基和人为创造的培养条件(如培养温度等)，使某些(种)微生物快速生长繁殖。微生物的生长，除了受本身的遗传特

性决定外，还受到许多外界因素的影响，如营养物浓度、温度、水分、氧气、pH 值等。微生物的种类不同，培养的方式和条件也不尽相同。

6.6.1　影响微生物生长的因素

（1）营养物浓度。微生物的生长率与营养物的浓度有关：$\mu=\mu_{max}\cdot C/(K+C)$，营养物浓度与生长率的关系曲线是典型的双曲线。

K 值是微生物生长基本的特性常数。它的数值很小，表明微生物所需要的营养浓度非常低，所以在自然界中，它们分布广，数量多。然而营养太低时，微生物生长就会遇到困难，甚至还会死亡。这是因为除了生长需要能量以外，微生物还需要能量来维持它的生存。这种能量称为维持能。另一方面，随着营养物浓度的增加，生长率愈接近最大值。

（2）温度。在一定的温度范围内，温度对微生物生长的影响具体表现有以下几种：①影响酶活性，微生物生长过程中所发生的一系列化学反应绝大多数是在特定酶催化下完成的，每种酶都有最适的酶促反应温度，温度变化影响酶促反应速率，最终影响细胞物质合成；②影响细胞质膜的流动性，温度高流动性大，有利于物质的运输，温度低流动性降低，不利于物质运输，因此温度变化影响营养物质的吸收与代谢产物的分泌；③影响物质的溶解度，物质只有溶于水才能被机体吸收或分泌，除气体物质以外，温度上升物质的溶解度增加，温度降低物质的溶解度降低，最终影响微生物的生长。

每种微生物都有 3 个基本温度：最低生长温度、最适生长温度和最高生长温度。在生长温度三基点内，微生物都能生长，但生长速率不一样。微生物只有处于最适生长温度时，生长速度才最快，代时最短。超过最低生长温度，微生物不会生长，温度太低，甚至会死亡。超过最高生长温度，微生物也要停止生长，温度过高，也会死亡。一般情况下，每种微生物的生长温度三基点是恒定的，但也常受其他环境条件的影响。

① 微生物培养的温度。一般选择其最适温度为该类微生物的培养温度，例如：细菌可在有氧条件下，37℃中放 18~24h 生长；厌氧菌则需在无氧环境中放 2~3d 后生长；个别细菌如结核菌要培养 1 个月之久。控制培养温度即可筛选其培养微生物的种类。这样我们就能理解为什么在开展总大肠菌群监测时，我们采用的是 37℃培养温度；而开展粪大肠菌群监测时，采用的是 44.5℃培养温度。总大肠菌群中的细菌除生活在肠道中外，在自然环境中的水与土壤中也经常存在，但在自然环境中生活的大肠菌群培养的最合适温度为 25℃左右，但在 37℃培养仍可生长，若将培养温度升高至 44.5℃，则不再生长；而直接来自粪便的大肠菌群细菌，习惯于 37℃左右生长，若将培养温度升高至 44.5℃仍可继续生长。

因此，可用提高培养温度方法将自然环境中的大肠菌群与粪便中的大肠菌群区分。在37℃培养生长的大肠菌群，包括在粪便内生长的大肠菌群称为“总大肠菌群”；在44.5℃仍能生长的大肠菌群，称为“粪大肠菌群”（又称耐热大肠菌群），粪大肠菌群在卫生学上更具有重要的意义。

② 微生物的保藏温度。当环境温度低于微生物的最适生长温度时，微生物的生长繁殖停止，当微生物的原生质结构并未破坏时，不会很快造成死亡并能在较长时间内保持活力，当温度提高时，可以恢复正常的生命活动，低温保藏菌种就是利用这个原理。开展微生物监测时，规定从取样到检验不宜超过2h，否则应使用10℃以下的冷藏设备保存样品，且不得超过6h。一些细菌、酵母菌和霉菌的琼脂斜面菌种通常可以长时间地保藏在4℃的冰箱中。

（3）水分。水分是微生物进行生长的必要条件。芽孢、孢子萌发，首先需要水分。微生物是不能脱离水而生存的。但是微生物只能在水溶液中生长，而不能生活在纯水中。各种微生物在不能生长发育的水分活性范围内，均具有狭小的适当的水分活性区域。

（4）氧气。按照微生物对氧气的需要情况，可将它们分为以下五个类型（表6-4）。

表6-4　微生物与氧的关系

微生物类型	最适生长的 O_2 体积分数	微生物类型	最适生长的 O_2 体积分数
好氧微生物	等于或大于20%	兼性需氧微生物	有氧或无氧
微好氧微生物	2%～10%	专性厌氧微生物	不需要氧、有氧时死亡
耐氧微生物	2%以下		

① 好氧微生物：这类微生物需要氧气供呼吸之用。没有氧气，便不能生长，但是高浓度的氧气对好氧微生物也是有毒的。很多好氧微生物不能在氧气浓度大于大气中氧气浓度的条件下生长。绝大多数微生物都属于这个类型。

② 兼性需氧微生物：这类微生物在有氧气存在和无氧气存在情况下，都能生长，只是所进行的代谢途径不同。在无氧气存在的条件下，它进行发酵作用，例如酵母菌的无氧乙醇发酵。

③ 微好氧微生物：这类微生物是需要氧气的，但只在0.2个大气压下生长最好。这可能是由于它们含有在强氧化条件下失活的酶，因而只有在低压下作用。

④ 耐氧微生物：这类微生物在生长过程中，不需要氧气，但也不怕氧气存在，不会被氧气灭杀。

⑤ 专性厌氧微生物：这类微生物在生长过程中，不需要分子氧。分子氧存在对它们生长产生毒害，不是被抑制，就是被灭杀。

（5）pH。微生物生长过程中机体内发生的绝大多数的反应是酶促反应，而酶促反应都有一个最适 pH 范围，在此范围内只要条件适合，酶促反应速率最高，微生物速率最大，因此微生物也有一个最适生长的 pH 范围。此外微生物生长还有一个最低与最高的 pH 范围，低于或高出这个范围，微生物的生长就被抑制。不同种类的微生物生长的最适、最低与最高的 pH 范围也不同(表 6-5)。

表 6-5 微生物与 pH 的关系

微生物	最低 pH	最适 pH	最高 pH
细菌	3~5	6.5~7.5	8~10
酵母菌	2~3	4.5~5.5	7~8
霉菌	1~3	4.5~5.5	7~8

pH 通过影响细胞质膜的透性、膜结构的稳定性和物质的溶解性或电离性来影响营养物质的吸收，从而影响微生物的生长速率。质子是一种唯一不带电子的阳离子，它在溶液里能迅速地与水结合成水合氢离子。在偏碱性条件下，OH^- 占优势，水合氢离子和 OH^- 对营养物质的溶解度和离解状态以及细胞表面电荷平衡和细胞的胶体性质等方面均会产生重大影响；在酸性条件下 H^+ 可以与营养物质结合，并能从可交换的结合物或细胞表面置换出某些阳离子，从而影响细胞结构的稳定性；同时由于 pH 值较低，CO_2 溶解度降低，某些金属离子如 Mn^{2+}、Ca^{2+} 等溶解度增加，从而对机体产生不利的作用。

6.6.2 培养箱

培养箱有多种类型，它的作用在于为微生物的生长提供一个适宜的环境。生化培养箱只能控制温度，可作为一般细菌的平板培养；霉菌培养箱可以控制温度和湿度，可作为霉菌的培养；CO_2 培养箱适用于厌氧微生物的培养。

培养箱主要用于实验室微生物的培养，为微生物的生长提供一个适宜的环境。培养箱有以下几种：

（1）普通培养箱：是指温度可控，主要用于培养微生物、植物和动物细胞的箱体装置，有的具有制冷和加热的双向调温系统，是生物、农业、医药、环保等科研部门的基本实验设备，广泛应用于恒温培养、恒温反应等试验。培养箱的特点主要有：箱体采用聚氨酯等泡沫塑料作为隔热材料，对外源冷、热都有较好的隔绝能力；内腔多采用不锈钢制作，有较强的抗腐蚀能力；具有加热、制冷以及自动温控装置，能灵敏地调节箱内温度(图 6-9)。

（2）生化培养箱：生化培养箱具有制冷和加热双向调温系统，温度可控，是生物、遗传工程、医学、卫生防疫、环境保护、农林畜牧等行业的科研机构、大

专院校、生产单位或部门实验室的重要试验设备，广泛应用于低温恒温试验、培养试验、环境试验等。生化培养箱控制器电路由温度传感器、电压比较器和控制执行电路组成(图 6-10)。

图 6-9　普通培养箱

图 6-10　生化培养箱

(3) 恒温恒湿培养箱：恒温恒湿培养箱是具备恒温、恒湿功能的高精度实验室设备，是生物工程、卫生防疫、化工、制药、饮料、食品、农业、水产、畜牧等科研部门、大专院校的理想之选，广泛应用于药物、纺织、食品加工等无菌试验、稳定性检查以及工业产品的原料性能、产品包装、产品寿命等测试，以及霉菌、组织细胞、微生物、抗生物的培养及其他用途的恒温恒湿试验。可以作为生化培养箱使用(图 6-11)。

(4) 厌氧培养箱：厌氧培养箱亦称厌氧工作站或厌氧手套箱。厌氧培养箱是一种在无氧环境条件下进行细菌培养及操作的专用装置。它能提供严格的厌氧环境、恒定的温度并具有一个系统化、科学化的工作区域，适用于厌氧微生物的培养(图 6-12)。

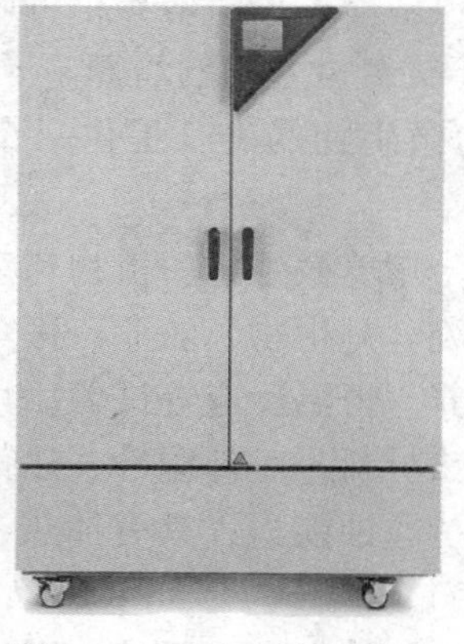
图 6-11　恒温恒湿培养箱

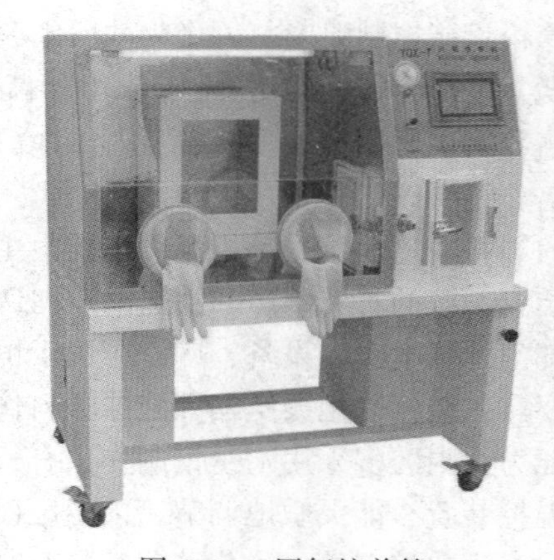
图 6-12　厌氧培养箱

6.6.3　培养方法

（1）根据培养时是否需要氧气，可分为好氧培养和厌氧培养两大类。

① 好氧培养：也称“好气培养”。就是说这种微生物在培养时，需要有氧气加入，否则就不能生长良好。在实验室中，斜面培养是通过棉花塞从外界获得无菌的空气。三角烧瓶液体培养多数是通过摇床振荡，使外界的空气源源不断地进入瓶中。

② 厌氧培养：也称“厌气培养”。这类微生物在培养时，不需要氧气参加。在厌氧微生物的培养过程中，最重要的一点就是要除去培养基中的氧气。一般可采用下列几种方法：a. 降低培养基中的氧化还原电位：常将还原剂如谷胱甘肽、硫基醋酸盐等，加入培养基中；或将一些动物的组织如牛心、羊脑加入培养基中，也可适合厌氧菌的生长。b. 化合去氧：可用焦性没食子酸吸收氧气；用磷吸收氧气；用好氧菌与厌氧混合培养吸收氧气；用植物组织如发芽的种子吸收氧气；用氢气与氧化合的方法除氧。c. 隔绝阻氧：深层液体培养；用石蜡油封存；半固体穿刺培养。d. 替代驱氧：用二氧化碳驱代氧气；用氮气驱代氧气；用真空驱代氧气；用氢气驱代氧气；用混合气体驱代氧气。

（2）根据培养基的物理状态，可分为固体培养和液体培养两大类。

① 固体培养：是将菌种接至疏松而富有营养的固体培养基中，在合适的条件下进行微生物培养的方法。

② 液体培养：在实验中，通过液体培养可以使微生物迅速繁殖，获得大量的培养物，在一定条件下，还是微生物选择性增菌的有效方法。

6.6.4　应用示例

（1）《水质细菌总数的测定平皿计数法》（HJ 1000—2018）。以无菌操作方式用 1mL 灭菌的移液管吸取充分混匀的样品或稀释样品 1mL，注入灭菌平皿中，倾注 15～20mL 冷却到 44～47℃的营养琼脂培养基，并立即旋摇平皿，使样品或稀释样品与培养基充分混匀。每个样品或稀释样品倾注 2 个平皿。

培养：待平皿内的营养琼脂培养基冷却凝固后，翻转平皿，使底面向上（避免因表面水分凝结而影响细菌均匀生长），在（36±1）℃条件下，恒温培养箱内培养（48±2）h 后观察结果（图 6-13）。

（2）《水质粪大肠菌群的测定多管发酵法》（HJ 347.2—2018）。初发酵试验：取 10mL 样品接种于 5 根 5mL 三倍乳糖蛋白胨培养基中，取 1mL 样品接种于 5 根 10mL 单倍乳糖蛋白胨培养基中，取 0.1mL 样品接种于 5 根 10mL 单倍乳糖蛋白胨培养基中在（37±0.5）℃下培养（24±2）h（图 6-14）。

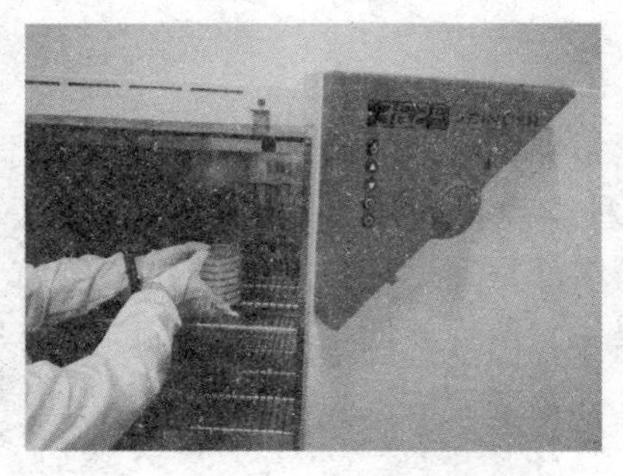

图 6-13　细菌总数进培养箱培养

图 6-14　粪大肠菌群进培养箱培养

发酵试管颜色变黄为产酸，小玻璃倒管内有气泡为产气。产酸和产气的试管表明试验阳性。如在倒管内产气不明显，可轻拍试管，有小气泡升起的为阳性(图 6-15)。

复发酵试验：轻微振荡在初发酵试验中显示为阳性或疑似阳性(只产酸未产气)的试管，用经火焰灼烧灭菌并冷却后的接种环将培养物分别转接到装有 EC 培养基的试管中。在(44.5±0.5)℃下培养(24±2)h。转接后所有试管必须在 30min 内放进恒温培养箱或水浴锅中。培养后立即观察，倒管中产气证实为粪大肠菌群阳性(图 6-16)。

图 6-15　粪大肠菌群初发酵试管产酸产气现象

图 6-16　粪大肠菌群复发酵试管产气现象

参 考 文 献

[1] 周德庆. 微生物学教程(第二版)[M]. 北京：高等教育出版社，2010

[2] 袁洽劻. 常用消毒与灭菌方法[J]. 中国消毒学杂志，2010，27(2)：234-237

[3] 封延武. 化学消毒灭菌法[J]. 畜牧兽医科技信息，2020，8：72

[4] 辽宁省环境监测实验中心. HJ 347.2—2018 水质　粪大肠菌群的测定　多管发酵法[S].

北京：中国环境出版集团，2018

[5] 辽宁省环境监测实验中心．HJ 347.2—2018 水质　粪大肠菌群的测定　滤膜法[S]．北京：中国环境出版社，2018

[6] 辽宁省环境监测实验中心．HJ 1000—2018 水质　细菌总数的测定　平皿计数法[S]．北京：中国环境出版社，2018

[7] 青岛市城市排水监测站．CJ/T 221—2005 城市污水处理厂污泥检验方法[S]．北京：中国标准出版社，2006

[8] 中国疾病预防控制中心环境与健康相关产品安全所．GB 7959—2012 粪便无害化卫生要求[S]．北京：中国标准出版社，2013

[9] 江苏省疾病预防控制中心．GB/T 18204.4—2013 公共场所卫生检验方法　第四部分：公共用品用具微生物[S]．北京：中国标准出版社，2014

[10] 上海市环境检测中心．HJ 1001—2018 水质　总大肠菌群、粪大肠菌群和大肠埃希氏菌的测定　酶底物法[S]．北京：中国环境出版社，2019

[11] 黄亚东，时小艳主编．微生物实验技术[M]．北京：中国轻工业出版社，2013

[12] 中国疾病预防控制中心环境与健康相关产品安全所．GB/T 5750.12—2006 生活饮用水标准检验方法微生物指标[S]．北京：中国标准出版社，2007.

[13] 第二届微生物学名词审定委员会主编．微生物学名词(第二版)[M]．北京：科学出版社，2012

[14] 国家环境保护总局．水和废水监测分析方法：第四版．增补版[M]．北京：中国环境出版社，2017

[15] 浙江省环境监测中心主编．环境监测人员基础知识基本技能培训教材[M]．北京：中国环境出版社，2016

第7章

环境样品前处理新技术及发展趋势

7.1 基质固相分散萃取

7.1.1 基质固相分散萃取概述

基质固相分散(Matrix Solid-phase Dispersion，MSPD)是由Barker于1989年提出的一种高效快速的样品前处理技术。MSPD技术是将固相萃取材料如C_{18}键合硅胶与样品一起放入研钵中研磨，得到半干状态的混合物，并将其作为填料装入柱中压实，然后用不同的洗脱剂淋洗柱子，将各种待测物洗脱下来，将洗脱液收集进行浓缩或进一步净化；也可以将净化用的填料放入柱底部，使萃取和净化一步完成。MSPD的优点有：①简化了传统前处理过程中样品匀化、组织细胞裂解、提取、净化等过程，不需要进行组织匀浆、沉淀、离心、pH值调节和样品转移等操作步骤，避免了样品损失；②大大增加了样品萃取的表面积，提高了分析速度；③最大程度地利用了吸附剂的吸附容量，减少了试剂用量，并且解决了传统SPE柱高压和吸附剂流失问题。目前，基质固相分散萃取技术在食品、动植物组织和环境样品的农药残留分析中已得到广泛应用。

7.1.2 基质固相分散萃取基本原理

在基质固相分散萃取中，C_{18}聚合物充当分散剂的作用，破坏并分散细胞膜磷脂、组织液成分、细胞内成分和胆固醇等。同时样品组织与固体材料研磨的过程中，有机相与硅胶固相萃取材料表面相互键合，利用剪切力作用将组织分散，样品组分溶解和分散在固体支持物表面，大大增加了萃取样品的表面积，样品组分会按照各自的极性分布在有机相物质表面，进而被有机溶剂提取。

7.1.3 基质固相分散萃取操作步骤

基质固相分散萃取可分为三步：①将样品与分散剂混合研磨；②将均化后的

混合物粉末转移到注射器针筒中，压实；③使用真空泵控制流速，用溶剂/混合溶剂洗脱目标化合物。该过程如图 7-1 所示。

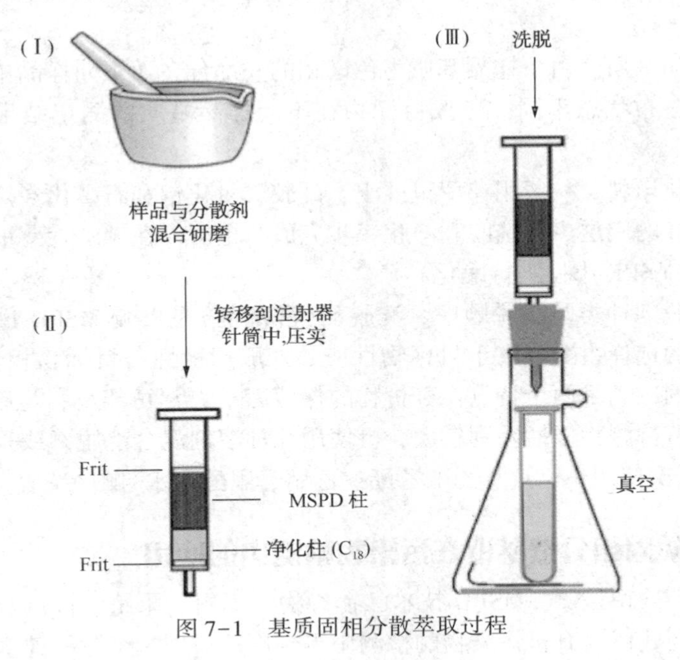

图 7-1　基质固相分散萃取过程

7.1.4　基质固相分散萃取的影响因素

（1）分散剂种类。分散剂（也称为固相载体）不仅能作为研磨填料将样品磨碎、分散，还可将待测目标物吸附在分散剂表面。研究表明分散剂的孔径大小对 MSPD 无明显影响，而粒径大小对 MSPD 影响较大。分散剂粒径过小（3～20μm）时，目标物不易洗脱；粒径过大，会使吸附剂总的吸附能力减弱，净化效果变差。因此，多数情况下选用 40～100μm 的粒径较为合适。分散剂上键合的固定相的种类和性质也对 MSPD 有较大影响，含氰基、氨基的固定相（CN-silica、NH_2-silica 等）极性大，常被用作正相分散剂，用于极性较大的有机化合物的萃取；而 C_8、C_{18}、Ph-silica 等非极性或弱极性的固定相则被用作反相分散剂，适合萃取中等极性到非极性的有机化合物。Fernandez 等比较了硅胶基分散剂（C_8、C_{18}、CN-silica、NH_2-silica、Ph-silica）吸附果蔬中氨基甲酸酯类农药的效果，结果表明以 C_8 作为固定相萃取效率最高。目前最常用的是 C_8、C_{18}、氰基、氨基、苯基键合硅胶类分散剂，此外还有氧化铝、活性炭纤维、硅藻土、砂子、石墨化炭黑、聚合树脂、多壁碳纳米管和分子印迹聚合物等。

（2）样品与分散剂的比例。样品与分散剂的比例对 MSPD 过程影响较小，但不同类型的分散剂所需的量差别较大。对于砂子、弗罗里硅土、硅藻土等密度大的分散剂需要的量多一些。以 C_{18} 键合硅胶为例，样品与分散剂的比例为 1：5 左右为宜。

(3) 样品基质。由于样品基质为色谱相的一部分，而不同样品中油脂、蛋白质含量及其分布状态不同，导致目标物在不同样品基质的测定结果及回收率也不同。

(4) 净化填料。一般用弗罗里硅土、硅胶、氧化铝和石墨化炭黑等作为净化填料，置于柱的底层，使洗脱和净化一步完成。也可以在 MSPD 萃取后，将洗脱液用商业化的 SPE 小柱进行净化。

(5) 洗脱剂种类及洗脱顺序。洗脱剂(淋洗剂)是影响 MSPD 过程的重要因素。洗脱剂的选择主要取决于目标物性质，一般用极性与目标物相似的洗脱剂。理想的洗脱剂应满足两个特点：分析物的保留因子 K 尽可能小；与后续的检测方法相适应。若待测物极性差别较大，可使用几种溶剂混合洗脱，或采用极性由小到大(例如依次使用正已烷、乙酸乙酯、乙腈、甲醇、水)顺序洗脱。

7.1.5　基质固相分散萃取在污染物检测中的应用

(1) 农药残留检测。MSPD 技术已在谷物、饲料、果蔬、肉制品、动植物组织器官的农药残留及有机污染物的检测中得到广泛应用。李蓉等建立了一种基质固相分散萃取-气相色谱-串联质谱法同时测定蔬菜中 195 种农药残留的检测方法，采用 C_{18} 基质固相分散萃取对蔬菜样品进行净化，方法快速简便、试剂消耗量小，且与其他前处理手段相比能有效去除复杂基质，大大减少了基质杂峰对测定的干扰。马丽莎等建立了一种基质固相分散萃取-气相色谱法检测水产品中 7 种多氯联苯残留的方法，该方法使用正已烷-二氯甲烷(体积比 9：1)进行提取，弗罗里硅土分散固相萃取、净化，结果准确可靠，重复性好，回收率达到 84.7%~112%，相对标准偏差 0.79%~8.88%，可满足实验室对水产品中 7 种多氯联苯快速分析的需要。

(2) 土壤和固体废物中有机污染物检测。近年来，MSPD 技术开始越来越多地应用于土壤、污泥等环境样品的前处理中，其优势在于操作简便、处理时间短、富集效果好、溶剂用量小、可同步进行提取和净化。成昊等建立了基质固相分散萃取-分散液相微萃取-气相色谱质谱法测定土壤中 3 种拟除虫菊酯农药(胺菊酯、氯菊酯、溴氰菊酯)的分析方法，该方法采用 HC-C_{18} 键合硅胶粉末为分散剂，用球磨代替手工研磨，适合于土壤中痕量拟除虫菊酯类农药的分析。赵昕等研究建立了基质固相分散萃取提取并净化，高效液相色谱-串联质谱法测定污泥中 6 种雌激素(雌三醇、雌二醇、炔雌醇、雌酮、己烯雌酚、双酚 A)的分析方

法，将 0.3g 样品与 1.5g 弗罗里硅土进行基质固相分散萃取，装柱后用 6mL 甲醇溶液洗脱，再以 HC-C_{18}作为净化剂采用分散固相的方法净化，提取液氮吹浓缩至 0.6mL 后上机分析，该方法简便快速、灵敏可靠，适用于污泥中痕量雌激素的同时分析测定。严朝朝等建立了一种基质固相分散萃取-气相色谱法测定土壤中 8 种有机氯农药含量的方法，在对固相分散剂种类及其用量、洗脱溶剂以及土壤样品与分散剂的质量比等实验条件优化后，确定最优条件为以弗罗里硅土作为分散剂，正己烷-丙酮(体积比 1∶1)为洗脱溶剂，土壤样品与分散剂的质量比为 1∶3，在此条件下 8 种有机氯农药的加标回收率为 60.3%~94.3%，相对标准偏差为 6.83%~8.95%。

7.2　QuEChERS 前处理技术

7.2.1　QuEChERS 法概述

QuEChERS(Quick，Easy，Cheap，Effective，Rugged，Safe)法是由美国 Anastassiades 教授等人于 2003 年开发的一种样品前处理技术，通过粉碎、提取、盐析、净化等步骤，达到快速提取待测组分并同时除去多余水分及其他杂质的目的。针对一些对酸碱敏感的农药如灭菌丹、克菌丹等该方法引入了乙酸缓冲盐提取体系，并于 2007 年成为美国官方标准分析方法(AOAC2007.01)。此后，欧盟也于 2008 年发布了基于 QuEChERS 的分析标准 EN15662，该标准采用弱酸性的柠檬酸缓冲盐提取体系。

QuEChERS 法具有以下优势：①可分析的有机物范围广，包括极性、非极性的农药、抗生素类物质均能利用此技术得到较高的回收率；②分析速度快，能在 30min 内完成多个样品的前处理；③溶剂使用量少，不使用含氯有机溶剂，污染小；④操作简便，装置简单，易上手。由于 QuEChERS 法快速、简单、便宜、高效、可靠、安全，被广泛应用于食品和环境样品中农药、兽药、非法添加物和生物毒素检测的前处理中。

7.2.2　QuEChERS 法基本原理

QuEChERS 法的基本原理是将样品均质后，通过有机溶剂提取待测物，加入盐析剂盐析分层，利用净化剂(PSA 或其他吸附剂填料)与基质中的杂质(有机酸、脂肪酸、碳水化合物等)相互作用吸附杂质，通过离心方式去除，从而达到净化目的。

7.2.3　QuEChERS 法操作步骤

QuEChERS 法主要包括以下几个步骤：

（1）样品粉碎：待测样品的粉碎和均质处理，可以减小样品粒度，使之更有利于待测组分的提取，并使待测组分在样品中的分布更均匀。

（2）待测组分提取：称取一定量样品，使用有机溶剂提取样品中的待测组分，并通过盐析的方式使待测组分富集在上层有机溶剂中。

（3）待测样品的净化：取一定量的上层浸提液转移至离心管中，进行基质固相分散萃取，加入净化剂（吸附填料，如 PSA 等）和干燥剂（无水硫酸镁）快速去除待测样品基质中的脂肪酸、色素、糖类等各种杂质以及残余水分。图 7-2 列出了三种典型的 QuEChERS 法前处理流程。

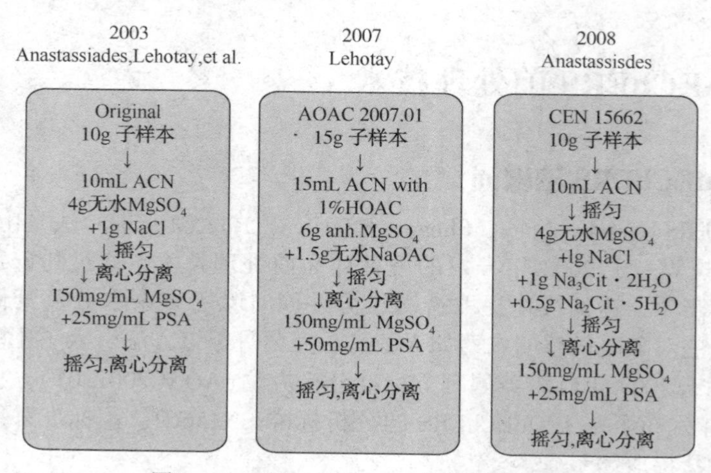

图 7-2　三种 QuEChERS 法前处理流程

QuEChERS 法在用于测定土壤中的有机化合物时，在上述步骤基础上还需要加水重构基质条件，采用超声等辅助提取方式，提高对目标化合物的回收率。此外，需要改进净化材料以消除复杂基质的干扰。

7.2.4　QuEChERS 法的影响因素

（1）提取溶剂。乙腈是 QuEChERS 法最常用的提取溶剂，因为乙腈适宜提取的化合物极性范围较宽，且萃出物中杂质（如脂类物质）含量较低，并且与色谱分析尤其是 HPLC 及液质联用的兼容性较强。但是，乙腈对弱极性物质的提取效果较差；并且挥发性较弱，使得样品浓缩过程所需时间较长。丙酮是另外一种较常用的提取溶剂。与乙腈相比，丙酮的挥发性更强，大大缩短了样品浓缩所需的时间，但在盐析的过程中，丙酮与水的分层效果比乙腈差，导致待测组分的回收率较低。乙酸乙酯在水中溶解度较小，无须添加其他非极性溶剂即可达到较好的萃取效果。但是，乙酸乙酯适用于提取弱极性的物质，对于某些极性较强的有机

污染物提取效果不好，且容易提取出大量弱极性杂质，增加后续净化的难度。对于一些极性较大的有机物，则可以考虑使用甲醇/水提取。

在某些对 pH 敏感的有机物（如四环素）的提取过程中，可以通过添加少量甲酸或乙酸来调节溶液的 pH 值，以提高目标化合物的回收率。

（2）盐析剂与缓冲剂。QuEChERS 法常用的盐析剂是硫酸镁和氯化钠。$MgSO_4$是促进液液分配最佳的无机盐，且可以增大极性组分的回收率，但在使用过程中可能导致提取液中极性杂质含量增加；添加 NaCl 可以调节极性、减少极性杂质的干扰，但同时也会导致液液分配效果变差。因此，在实际应用时常将 $MgSO_4$和 NaCl 混合使用。在进行农药多组分残留提取时，选取 $MgSO_4$和 NaCl 质量比为 4∶1 作为盐析剂的盐析效果最佳，但在兽药残留和真菌毒素等其他物质提取时，该比例并不一定是最佳比例。对于一些对 pH 敏感的有机物，需要加入柠檬酸三钠（Na_3Citr）、柠檬酸氢二钠（Na_2HCitr）或醋酸-醋酸钠作为缓冲体系。

（3）净化剂及干燥剂。常用的净化剂有 *N*-丙基乙二胺（primary secondary amine，PSA）、十八烷基键合硅胶（C_{18}）和石墨化炭黑（graphitized carbon black，GCB）等。PSA 能有效去除提取液中的脂肪酸、碳水化合物和酚类等杂质；GCB 能去除色素和固醇等杂质的干扰；中性氧化铝和 C_{18}具有良好的去除长链脂类化合物、甾醇以及其他非极性杂质的能力。在选择净化剂时，应根据样品基质选择合适的净化剂，同时应尽量避免净化剂吸附待测组分。有时为了达到更好的净化效果，降低仪器基线噪声，提升目标物的灵敏度，常将多种净化剂混合使用。无水硫酸镁则是 QuEChERS 法常用的干燥剂，用以去除样品提取液中的水分。

7.2.5　QuEChERS 法在环境污染物检测中的应用

（1）QuEChERS 法在农药残留检测中的应用。2007 年，QuEChERS 法成为美国分析化学家协会（Association of Official Analytical Chemists，AOAC）标准方法（AOAC2007.01）。同年，中国农业大学潘灿平等开发了中国第一个基于 QuEChERS 法的农药残留的检测方法，并形成了农业部标准《蔬菜水果中 51 种农药多残留的测定 气相色谱-质谱法》（NY/T 1380—2007）。王连珠等比较了未加缓冲剂和醋酸铵缓冲体系提取蔬菜中 66 种有机磷农药的方法，并研究了 PSA+C_{18}吸附剂对 66 种有机磷农药的适用性，评估了五种蔬菜基质在液相色谱-串联质谱分析中的基体效应，结果表明加入缓冲盐能有效提高部分磷农药化合物测定的回收率和稳定性，青花菜的基体效应最为明显，二溴磷因易被 PSA 和 C_{18}吸附不适用 QuEChERS 法。

（2）QuEChERS 法在生物毒素检测中的应用。近年来生物毒素对农产品的污染越来越受到人们的关注。Frenich 等使用 QuEChERS 法提取鸡蛋中的 10 种真菌毒素，所用提取溶剂为甲醇-水(体积比4：1)，盐析剂为$MgSO_4$-NaCl(质量比4：1)，最后使用C_{18}键合硅胶净化提取液；该方法中10种真菌毒素的回收率为70%~110%，RSD<25%。

(3) QuEChERS法在PPCPs、兽药残留、非法添加物检测中的应用。QuEChERS法前处理在药品及个人护理品(PPCPs)、兽药残留及非法添加物(例如激素类)的快速筛查测定中得到了广泛应用。李晴等以乙腈为提取剂，无水$MgSO_4$为脱水剂，C_{18}和PSA为净化剂，四级杆飞行时间串联质谱为检测手段，建立了一种快速筛查鱼肉中四环素类、磺胺类、喹诺酮类、激素类等59种药物的方法。何晓明等建立了以QuEChERS为前处理技术，结合高效液相色谱-串联质谱(HPLC-MS/MS)检测双壳类水产品中40种药物及个人护理品的检测方法，样品经乙腈提取，PSA和C_{18}净化，采用基质匹配标准溶液曲线法定量，该方法样品前处理简单，分析速度快，有机试剂用量少，准确度和灵敏度高。徐圆等采用QuEChERS-LC-MS/MS法建立了稻田土壤及水稻中残留的4种抗生素的检测方法，样品经5%甲酸-乙腈提取，结果表明4种目标抗生素在0.10~100μg/L浓度范围内具有良好的线性关系，样品回收率范围为67.7%~103.5%。陈磊等建立了一种基于QuEChERS前处理技术结合超高效液相色谱-串联质谱(UPLC-MS/MS)快速测定土壤中19种氟喹诺酮类抗生素残留的分析方法，5.0g土壤样品添加200μg/kg基质匹配同位素内标后，经20mL 0.1mol/L的EDTA-McIlvaine缓冲液和乙腈混合溶剂(体积比1：1)提取，基质分散固相萃取(150mg无水$MgSO_4$、15mg PSA、15mg C_{18})净化，该方法操作简单快速，准确度较高。

7.3 免疫亲和层析技术

7.3.1 免疫亲和层析概述

在食品、农产品的残留检测中，残留组分的含量往往很小，而复杂基质造成的本底干扰(基体效应)却较大，检测方法需要较高灵敏度和准确性，因此需要在样品前处理过程中采用合适的净化手段。传统的样品净化技术通常缺乏选择性，且容易造成污染和损失。免疫亲和层析(也称作免疫亲和色谱，Immuno-affinity Chromatography，IAC)技术提供了一种高效、高选择性的样品净化方法。由于抗体与抗原作用具有高度专一性，通过IAC柱净化能够有效去除绝大部分杂质，进而从复杂基质中提纯并富集极低浓度的目标化合物。自从Van等在1987年将IAC技术首次应用于猪肉中氯霉素的测定以来，该技术越来越多地被应用于食品、生物样品中兽药残留和真菌毒素的检测分析中。

7.3.2　免疫亲和层析基本原理

免疫亲和层析是一种利用色谱法和抗原、抗体间特异性可逆结合（该过程遵循 Scatchard 方程），从复杂的待测样品中提取目标化合物的 SPE 技术。其主要原理是将抗体与惰性微珠共价结合，然后装柱，样品溶液过免疫亲和柱时，目标化合物（抗原）会被抗体特异性结合而保留于亲和柱上，非目标化合物的各种杂质则沿柱流下被去除。最后用适当的洗脱液将抗原洗脱下来，即可得到纯化后的目标化合物。

7.3.3　免疫亲和层析操作步骤

图 7-3 展示了 IAC 技术的一般步骤流程，可描述如下：

（1）免疫吸附剂的制备（偶联），即抗体与载体相结合；

（2）装柱；

（3）上样，抗原（待测物）与抗体相结合；

（4）杂质淋洗；

（5）待测物洗脱；

（6）免疫亲和柱再生与保存。

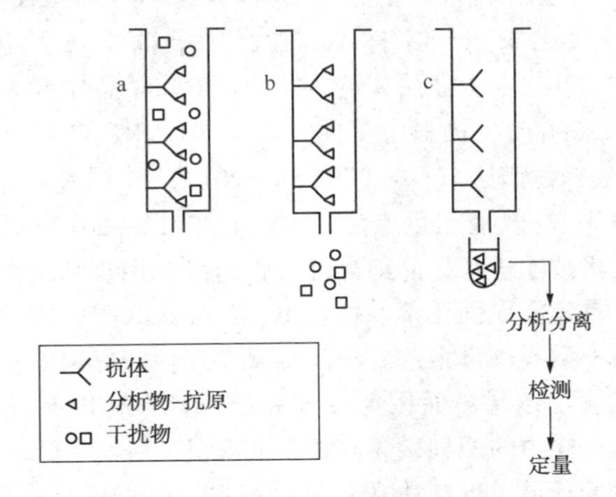

图 7-3　免疫亲和层析的工作流程图

7.3.4　免疫亲和层析的影响因素

（1）柱容量。免疫亲和层析也是一种色谱过程，因此和其他色谱方法一样受到柱容量的影响。因 IAC 具有高效且特异性的保留能力，能在较小的柱容量或柱床体积下完成净化过程，因此常用的柱床体积仅为 1mL，这样可以减少非特异性吸附并节省昂贵的柱材和抗体。

（2）基质（载体）。选择合适的基质对于抗体的偶联、抗原抗体相互作用及杂质的去除十分重要。理想的基质具有如下特点：①不溶于水但高度亲水；②理化性质稳定的惰性物质，非特异性吸附少；③具有相当量的化学基团可供活化；④机械性能好，为均一的珠状颗粒；⑤通透性好，为多孔网状结构，生物大分子能自由通过；⑥能抵抗微生物和醇的作用。溴化氰活化的琼脂糖凝胶微球（商品名 Sepharose）是最经典的亲和层析柱的柱材，含糖浓度为 2%、4%、6%时分别称 2B、4B、6B。因 4B 的结构比 6B 疏松而吸附容量大于 2B，所以 4B 的应用最广。

7.3.5 免疫亲和层析在污染物检测中的应用

（1）生物毒素的检测。许多生物毒素尤其是真菌毒素（mycotoxin）的毒性很高，像黄曲霉毒素（AF）、赭曲霉毒素（OT）、玉米赤霉烯酮（ZEA）等具有致癌、致畸、致突变作用，对人类健康和生态环境造成极大威胁。免疫亲和层析能确保生物毒素与样品基质有效分离，降低方法检出限，缩短检测时间，减少溶剂用量，是理想的生物毒素纯化富集前处理方法，目前已应用于多个国家和地方标准中，例如：《食品安全国家标准　食品中黄曲霉毒素 M 族的测定》（GB 5009.24—2016）；此外还有《食品安全国家标准　食品中黄曲霉毒素 B 族和 G 族的测定》（GB 5009.22—2016）、《食品安全国家标准　食品中赭曲霉毒素 A 的测定》（GB 5009.96—2016）、《饲料中黄曲霉毒素 B1、B2、G1、G2 的测定　免疫亲和柱净化-高效液相色谱法》（GB/T 30955—2014）、《饲料中玉米赤霉烯酮的测定　免疫亲和柱净化-高效液相色谱法》（GB/T 28716—2012）等检测标准中均规定使用免疫亲和层析技术进行样品前处理。肖付刚等用自制的微囊藻毒素免疫亲和层析柱为净化工具建立了固相萃取柱富集、免疫亲和层析柱净化、液质联用法检测蓝藻样品中两种微囊藻毒素的方法。结果发现：若只用固相萃取柱富集会残留大量杂质，干扰测定结果；而用免疫亲和层析柱净化能有效去除藻样中的杂质，进而准确测定藻样中的两种微囊藻毒素的含量。

（2）兽药残留的检测。IAC 法在食品、饲料、生物样品中氯霉素、磺胺类、群勃龙、克仑特罗等兽药和非法添加剂残留的检测中得到了充分运用。章雪明等建立了一种基于免疫亲和层析样品前处理方法结合高效液相色谱法检测氟喹诺酮类药物的分析方法。该方法通过将抗恩诺沙星单克隆抗体与溴化氰活化的琼脂糖 4B 偶联作为免疫吸附剂来提取胎牛血清中 5 种氟喹诺酮类药物，并用高效液相色谱仪配备荧光检测器检测，实验表明该方法具有高的吸附容量、选择性、萃取效率和稳定性。

7.4　液相微萃取

7.4.1　液相微萃取概述

液相微萃取(Liquid-phase Microextraction，LPME)，也称液-液微萃取，是集样品采集、萃取、富集等过程于一体的一种新型微型样品前处理技术，是利用物质在互不相溶的两相中分配比不同，采用微滴溶剂置于被搅拌或流动的溶液中，从而实现溶质的微萃取而达到分离富集的目的。该技术最早是在 1996 年由 Jeannot 和 Cantwell 同时开创的。与传统萃取技术相比，该技术具有操作简单快捷、富集因子高、选择性强、节约溶剂、环境友好、成本低廉、生物相容性好、可与多种分析仪器联用等优点，已被广泛应用于食品分析、药物分析、环境分析等领域中。根据萃取时涉及的相数，液相微萃取可分为两相微萃取和三相微萃取；根据萃取的模式不同，液相微萃取可分为单液滴微萃取(SDME)、中空纤维膜液相微萃取(HF-LPME)和分散液液微萃取(DLLME)。图 7-4 展示了多种 LPME 方法。除图中所列方法之外近年来还有一些新型液相微萃取技术如电膜萃取(EME)和低共熔溶剂分散液液萃取(DES-DLLME)等。

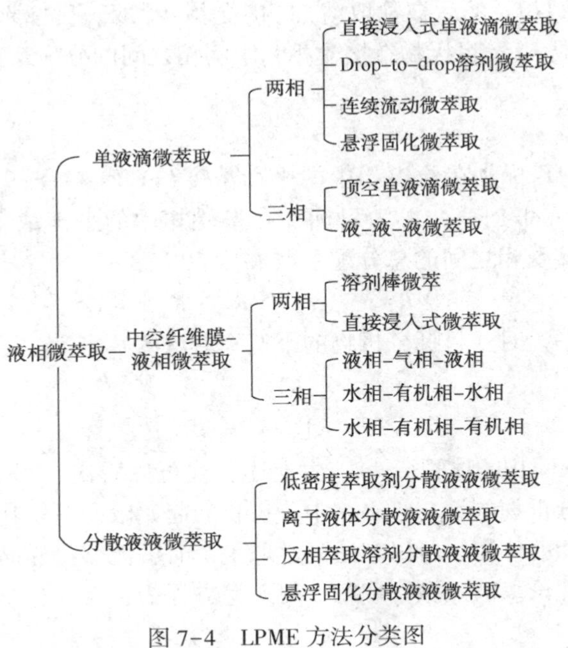

图 7-4　LPME 方法分类图

7.4.2 液相微萃取基本原理

（1）平衡萃取理论。液相微萃取是基于相平衡原理的一项技术，在萃取过程中目标物的浓度变化会引起目标物在给出相和接受相间迁移，最终达到萃取平衡。

① 两相体系。待测物 A 在给出相和接受相两相之间分配，其分配系数 K 为萃取达到平衡时目标物在接受相中的浓度 $c_{a,eq}$(mol/L)和在给出相中的浓度 $c_{d,eq}$(mol/L)的比值。

$$K=c_{a,eq}/c_{d,eq}$$

对于静态 LPME 体系，当达到萃取平衡时，目标物在接受相中的浓度计算公式如下：

$$c_{a,eq}=K\cdot c_{d,eq}=K\cdot c_{d,初始}/(1+KV_a/V_d)$$

式中，$c_{d,初始}$为目标物在给出相中的起始浓度(mol/L)；V_a为接受相体积(m^3)；V_d为给出相的体积(m^3)。可见，分配系数越大，对目标物微萃取的进行越有利。

② 三相体系。

在三相液相微萃取体系中，目标分析物 A 先从待测样品溶液(给出相)中萃取(或挥发)至中间相，然后被萃取溶剂(接受相)萃取。目标物在中间相和给出相之间的分配系数 K_{id} 及目标物在接受相和中间相之间的分配系数 K_{ai} 分别为：

$$K_{id}=c_{i,eq}/c_{d,eq}$$

$$K_{ai}=c_{a,eq}/c_{i,eq}$$

式中，$c_{d,eq}$为目标物在给出相中的平衡浓度(mol/L)；$c_{i,eq}$为目标物在中间相中的平衡浓度(mol/L)；$c_{a,eq}$为目标物在接受相中的平衡浓度(mol/L)。则目标物在给出相和接受相之间的总分配系数 K 为：

$$K=c_{a,eq}/c_{d,eq}=K_{id}\cdot K_{ai}$$

故达到萃取平衡时，目标分析物的平衡萃取浓度 $c_{a,eq}$ 为：

$$c_{a,eq}=\frac{KV_d c_{d,初始}}{KV_a+K_{id}V_i+V_d}$$

式中，V_i为中间相的体积(m^3)。由上述公式可以看出，当达到萃取平衡时，接受相中的目标分析物的量与给出相中分析物的起始浓度呈正比。由于接受相的体积远小于给出相的体积，所以在达到萃取平衡时，能够将样品有效富集。

（2）动力学理论。液液微萃取的一般速率方程为：

$$\frac{dc_a}{dt}=\frac{A_i}{V_a}\beta_0(Kc_d-c_a)$$

式中，c_a为萃取时间 t 时接受相中分析物的浓度(mol/L)；c_d为萃取时间 t 时给出相中分析物的浓度(mol/L)；A_i为萃取时间 t 时接受相和给出相的接触面积(cm^2)；β_0为萃取时间为 t 时目标分析物的总传质系数；K 为两相间的分配系数。

由于给出相的体积很大，在萃取过程中，物质的浓度变化不大，即目标物在接触面时的瞬时浓度与在给出相本体中的浓度近似相等，假如给出相的体积 V_d和接受相体积 V_a不变，则有：

$$c_d=(c_{d,初始}V_d-c_aV_a)/V_d$$

将其代入速率方程并积分，得到 c_a与 t 的关系式：

$$c_a=c_{a,eq}(1-e^{-kt})$$

式中 k 为表观传质速率常数，其计算式为：

$$k=A_i\beta_0\left(\frac{K}{V_d}+\frac{1}{V_a}\right)$$

由此可见，影响萃取过程中传质速率常数的因素有：两相间的接触面积、两相间的总传质系数、给出相和接受相的体积及目标分析物在两相间的分配系数。

7.4.3　液相微萃取的影响因素

(1) 溶剂。根据相似相溶原理，溶剂的性质必须与分析物的性质相匹配，才能保证溶剂对分析物有较强的萃取富集能力。另外还需要满足以下几点：除顶空液相微萃取外，溶剂与样品溶液(一般是水溶液)不能混溶；在进行后续分析时，溶剂必须易于与分析物分离；尽可能选取毒性小、对环境危害小的溶剂。

(2) 液滴大小。液滴大小对后续分析的灵敏度影响很大。一般来说，液滴体积越大，待测物萃取后结果的响应值越大，有利于提高方法的灵敏度，但液滴太大时会难以悬挂，而且由于分析物进入液滴是扩散过程，液滴体积越大，萃取速率越小，达到平衡所需的时间也就越长。

(3) 搅拌速率。为促使样品均一化，尽快达到分配平衡，缩短萃取平衡时间，通常在萃取过程中要对样品进行搅拌。在不搅拌和搅拌不足的情况下，分析物在液相扩散速度较慢，而且在水相与有机液滴之间存在扩散层，分析物需通过该扩散层进入有机相。有效的搅拌可加快分析物的扩散速度并减小扩散层的厚度，从而大大缩短了达到平衡的时间，提高了萃取效率，但如果搅拌速率过快，则有可能破坏萃取液滴的稳定性，增大有机溶剂在样品溶液中的溶解。

(4) 萃取时间。由于 LPME 是一个基于待测物在样品与有机溶剂或受体之间分配平衡的过程，所以分析物在萃取平衡时的萃取量将达到最大。对于分配系数较小的分析物，需要较长的时间才能达到平衡，此时可以选择较短的非平衡状态下的时间进行萃取。在这种情况下，为保证得到良好的重现性数据，操作过程中应必须严格控制萃取时间。另外，萃取时间也会对有机液滴大小产生影响。虽然有机溶剂在水中溶解度较小，但随着萃取时间的增加，体积本就不大的有机液滴就会出现较为明显的损失。为校正这种变化，常在萃取溶剂中加入内标物。

(5) 温度。温度对萃取过程有双重影响。一方面，温度升高，分子热运动加剧，分析物的扩散系数增大，扩散速度随之增大，同时加强了对流过程，有利于缩短平衡时间，对于顶空液相微萃取升温还能加快分析物由水相到顶空相的传质速率。另一方面，升温会使分析物在有机相中的分配系数减小，导致其在溶剂中的萃取量减少。所以，萃取量和萃取效率随温度的变化是两种趋势共同作用的结果，实验中应寻找最佳的工作温度。

(6) 离子强度与 pH。在萃取体系中加入一定量的电解质如氯化钠等可增加基体溶液的离子强度，增大分配系数，减少待测物在基体中的溶解度，进而增加萃取效率。但在液相微萃取的实验中，有时离子强度的增大会限制一些分析物的萃取，造成这种现象的原因可能是盐的存在改变了萃取膜的物理特性，从而改变了分析物在有机液滴中的扩散速率。而调整样品溶液 pH 值，可以改变一些对酸碱敏感的待测物在溶液中的电离平衡，使其更多地转变为易于萃取的中性分子。在实际操作中，加入适当的缓冲剂可增加测量的重现性。

7.4.4 常用的液相微萃取方法

(1) 单液滴液相微萃取。单液滴液相微萃取(SDME)是最早提出的液相微萃取模式，该方法是以微升数量级的液滴作为萃取剂，根据目标物在微量进样器尖端的萃取微滴和液体样品之间的分配系数不同对目标分子进行萃取。根据萃取剂与待测液体接触状态可分为：直接单滴微萃取(DI-SD-ME)和顶空单滴微萃取(HS-SDME)。

(2) 中空纤维膜液相微萃取。在中空纤维膜液相微萃取(HF-LPME)中，目标分析物通过固定在中空纤维孔中的有机溶剂薄膜进行提取，进入中空纤维腔中的受体溶液中。常见的中空纤维膜主要有聚丙烯膜、聚偏氟乙烯膜、聚四氟乙烯膜和聚氯乙烯膜等。HF-LPME 按其萃取模式可分为两相与三相两种，两相体系适合中性分析物的提取，三相体系一般用于酸性和碱性分析物的提取。

(3) 电膜萃取。电膜萃取(EME)的传质是通过电动迁移而不是扩散实现的。EME 的电极位于样品和受体溶液中，并且耦合到外部电源。一般来说，当提取碱性分析物时，阴极位于受体溶液中，反之阳极在溶液中可提取酸性分析物。EME 的优势在于可以通过外部电场进行选择性调节并且具有更快的传质速度。

(4) 分散液液微萃取。分散液液微萃取(DLLME)是在样品溶液中加入微量

萃取剂和一定体积分散剂，混合液轻轻振荡后即形成一个水-分散剂-萃取剂的乳浊液体系，再经离心分层后分离。与传统的液相微萃取方法相比，分散剂的加入提高了有机萃取剂在水相中的分散性和水相与萃取剂的接触面积，从而实现目标物在样品溶液和萃取剂之间快速转移。

（5）悬浮固化有机液滴液相微萃取。悬浮固化有机液滴液相微萃取（SFO-LPME）集样品采集、萃取、浓缩功能于一体，操作简单、成本低、富集倍率高，是一种环境友好型样品前处理新技术。该技术通常选用密度比水小，熔点接近于室温的溶剂如一元醇、十六烷等作为萃取剂，与样品溶液混合后放入密闭容器置于冰浴中，使萃取剂凝固，然后再取出使其在室温下缓慢融化后分析。

7.4.5　液相微萃取在环境污染物检测中的应用

（1）环境样品中有机污染物检测。液相微萃取技术已被广泛使用于环境样品中有机污染物的检测分析中。Li 等首次采用柱清洗和连续流动单液滴微萃取开发了一种测定环境水样中 16 种多环芳烃的新方法，该方法一步完成了纯化、提取和富集，降低了大多数有机干扰物对目标分析物测定的影响，大大简化了操作过程，缩短了整个预处理时间，克服了传统单液滴微萃取悬浮提取时间长、不稳定等缺点。

（2）农药残留、兽药残留、真菌毒素检测。液相微萃取及其联用技术近年来一直是食品、农产品中农药、兽药残留及真菌毒素检测领域的研究热点。周小清等建立了中空纤维膜三相液液微萃取结合高效液相色谱-紫外法对猪尿及牛奶中的盐酸克仑特罗进行了残留检测，方法检出限为 0.5μg/L，回收率分别为 87.0%~102.4%和 80.2%~94.4%。该方法富集效率高、操作简单，适用于复杂基质中的残留检测。韩艺烨等利用酸辅助分散液液微萃取结合 LC-MS-MS 对果汁中 8 种真菌毒素进行了测定，该方法灵敏度高，重现性好，适用于多种水果中真菌毒素的测定。

（3）司法毒物鉴定。在司法毒物鉴定中，待分析的试样具有微量、组成复杂、样品基质多样化等特性，因此在进行分析前需对检材进行提纯、浓缩、富集等前处理操作，且要求处理方法高效、快捷、富集倍数高、除杂效果好。刘缙等将分散液液微萃取（DLLME）-气相色谱-质谱法（GC-MS）加以改进，并对尿液中的甲基苯丙胺、3，4-亚甲基二氧基苯丙胺（MDMA）和氯胺酮 3 种毒品进行检测分析。该方法以异丙醇作分散剂，四氯化碳作萃取剂，通过添加 *N*-丙基乙二胺（PSA）的方法，达到除去尿液中脂肪酸等杂质的目的，提高了净化效果。

7.5 凝胶渗透色谱

7.5.1 凝胶渗透色谱概述

凝胶渗透色谱(Gel Permeation Chromatography, GPC)，也称分子筛凝胶色谱，是于1964年首次提出的一种样品前处理技术，属于尺寸排阻色谱(SEC)的一种。该技术是以具有分子筛性质的多孔凝胶(苯乙烯-二苯乙烯共聚物等)作为固定相，基于尺寸排阻的分离机理，分离分子量不同的物质。与其他前处理技术相比，GPC具有以下优势：淋洗剂的极性对分离效果作用较小，色谱柱与化合物本身不发生任何化学反应，可重复使用，自动化和标准化程度高，方法重现性好，尤其在去除大分子干扰物和复杂基质方面具有明显的优势，因此GPC在基质复杂的样品前处理中得到了广泛应用。但GPC也存在有机溶剂用量较大、对小分子杂质去除能力较弱等缺点。

7.5.2 凝胶渗透色谱原理

GPC技术使用的色谱柱填料是多孔凝胶，是一种表面惰性物质，含有一定尺寸范围的孔穴(主要是微孔)。当含有不同大小分子的样本溶液经过凝胶渗透色谱柱时，各种分子在柱内发生两种运动：垂直向下移动和无规则扩散。大分子由于直径过大，不能进入凝胶的孔内，只能分布于凝胶颗粒之间，在溶剂洗脱时会沿着颗粒间隙流下，率先被洗脱出来，而小分子可以自由扩散进入凝胶颗粒的孔中，且可以从一个颗粒出来后再进入另一个颗粒中，如此循环往复小分子物质移动速度远小于大分子物质，最后才被洗脱出来，这种现象叫分子筛效应。因此，GPC法在处理实际样品中，各种分子会按照分子大小顺序洗脱，大分子的油脂、色素、蛋白质、淀粉和生物碱等先被洗脱下来，而分子量较小的待测污染物后被洗脱出来，从而达到分离纯化的目的。

7.5.3 凝胶渗透色谱仪

凝胶渗透色谱净化过程可通过商品化的半自动或全自动的凝胶渗透色谱仪(凝胶色谱净化系统)来实现，这种仪器自动化程度较高，操作较为简便，用户设定程序后即可自动运行，实现过柱净化、废液收集、目标物收集和流路清洗等功能。其主要构成有：输液系统、采样系统、收集系统、分离系统、检测系统和控制系统等。溶剂在输液泵推动下将进样阀中的样品带入凝胶柱中分离，收集器根据检测器的信号收集各个组分。常用的凝胶柱有玻璃和不锈钢凝胶柱。

7.5.4　凝胶渗透色谱使用的溶剂

目前 GPC 法所使用的常见溶剂系统有以下几种：①乙酸乙酯-环己烷(体积比 1∶1)：适用于各种类型样品及多种类型有机污染物的检测，毒性较低，是目前首推的溶剂体系。②二氯甲烷：适用于土壤沉积物和水体样品中测定半挥发性有机物(SVOCs)、多环芳烃(PAHs)和有机氯农药的净化。③二氯甲烷-正己烷(体积比 1∶1)：用于净化各种富含油脂样品，可用于检测有机磷农药、除草剂、有机氯农药等。④二氯甲烷-环己烷(体积比 1∶1)：适用于高油脂样品和谷物、蔬果类样品，可检测有机氯农药、有机磷农药等。

7.5.5　凝胶渗透色谱在环境污染物检测中的应用

(1) 土壤沉积物和固体废物中半挥发性有机物的检测。凝胶渗透色谱法已成为土壤、沉积物和固体废物中半挥发性有机物(SVOCs)检测中的标准净化方法。《固体废物　半挥发性有机物的测定　气相色谱-质谱法》(HJ 951—2018)和《土壤和沉积物　半挥发性有机物的测定　气相色谱-质谱法》(HJ 834—2017)标准中都规定了 GPC 法作为 SVOCs 的净化方法。与硅酸镁柱等具有选择性的净化方法不同，由于 GPC 法分离主要受分子量影响，而溶剂和待测物极性的影响不大，可实现全组分 SVOCs 分析。

(2) 农药残留检测。GPC 法净化适用于食品、生物组织、土壤、固体废物等多种样品的有机磷、有机氯农药残留检测。姚翠翠等利用 GPC 法净化，气相色谱-串联质谱法同时测定动物脂肪中 164 种农药，该方法检出限在 0.01mg/kg 以下的有 121 种物质，150 种物质的回收率在 70%~120%之间。付衍宽等建立了加速溶剂萃取-凝胶渗透色谱法净化-气相色谱-串联质谱法测定土壤中的 7 种农药(五氯硝基苯、多效唑、腐霉利、甲霜灵、醚菊酯、啶虫脒和咪鲜胺)残留量的分析方法，7 种农药的回收率为 88.9%~104%，测定值的相对标准偏差(n=6)均小于 4.0%。

(3) 新型有机污染物(POPs)的检测。GPC 法近年开始应用于新型有机污染物(POPs)的检测。马启明等建立了凝胶渗透色谱法净化技术结合同位素稀释的超高效液相色谱-串联质谱法测定奶粉中的 4-壬基酚的检测方法，该方法样品以乙酸乙酯和环己烷超声提取后，上清液用 GPC 净化，旋转蒸发浓缩，同位素内标校正。4-壬基酚在 1.0~100μg/L 浓度范围内呈较好线性，在 2.0μg/kg、10.0μg/kg、20.0μg/kg 三个加标浓度下回收率为 87.3%~96.6%，相对标准偏差为 1.58%~3.35%。

7.6　分子印迹技术

7.6.1　分子印迹概述

分子印迹(Molecular Imprinting Technology，MIT)，也叫分子模板技术，属于

超分子化学的范畴，是以一特定目标分子(印迹分子、烙印分子)为模板和交联剂条件下，对功能单体进行聚合，制备对模板分子具有特异选择性聚合物的过程。分子印迹技术被形象比喻为“分子钥匙-人工锁”，制备的分子印迹聚合物(MIPs)具有多孔结构，与目标物分子在形状、大小、官能团和空间排列上互补，能够实现高度特异性、选择性识别并结合目标物。同时，MIPs 还具有易于制备、热稳定性好、机械强度高和使用寿命长等特点。

7.6.2 分子印迹基本原理

分子印迹技术仿照了抗体的形成机制，在模板分子周围形成一个高度交联的刚性高分子，去除模板分子后在聚合物的网络结构中留下了与模板分子在空间结构、尺寸大小、结合位点互补的立体孔穴，这些空穴可以与目标物分子重新特异性结合，从而对目标物展现出高度专一性识别的特性。

7.6.3 分子印迹聚合物的特点

理想的分子印迹聚合物(MIPs)应具备以下特性：①MIPs 应具有一定的刚性，以保证聚合物在脱去模板分子后，空穴仍能保持原来的形状和大小。②MIPs空间构型应具有一定的柔性，便于使底物与空穴的结合能迅速达到平衡。③MIPs 具有一定的机械强度和热稳定性，使其能够达到高效液相色谱中固定相的机械强度并能够在较高温度下使用。④MIPs 上应具有可接近性的印迹位点。

与其他具有特异性识别和结合功能的生物大分子系统(如：酶与底物、抗原与抗体、受体与激素)相比，MIPs 的优势在于：①MIPs 的印迹位点是人工合成的，对环境变化具有很强的物理和化学抗性；②MIPs 的功能基团很容易被修饰从而提高它的亲和性；③MIPs 可以多次使用，且不用担心亲和力丧失的问题；④MIPs 对恶劣环境(如溶剂、离子、热、酸碱的破坏)具有很强的抵抗力；⑤制备 MIPs 不需要免疫动物，高效便捷且耗时较短。

7.6.4 分子印迹聚合物的制备流程

MIPs 制备过程分为以下几步：①功能单体与模板分子在适当溶剂中通过共价或者非共价作用预聚合形成功能单体-模板分子复合物；②加入交联剂，在引发剂作用下发生聚合反应，从而获得高度交联的聚合物；③最后通过一定方法脱除模板分子，聚合物材料上留下与模板分子形状、大小、官能团和空间排列上互补的三维孔穴结构和结合位点。图 7-5 展示了分子印迹聚合物的一般制备流程。

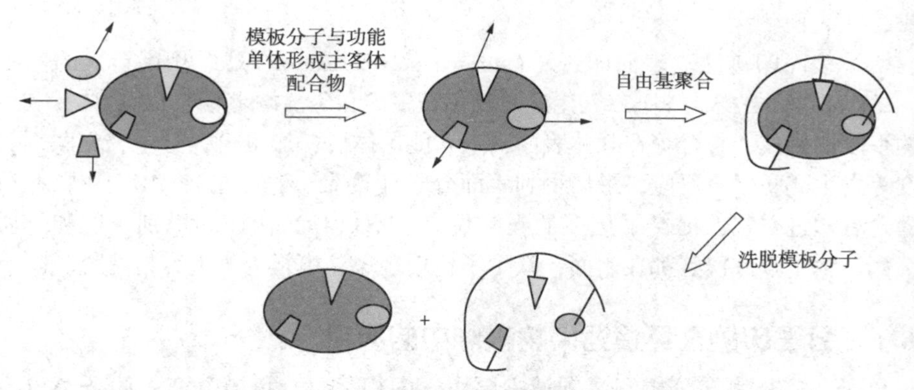

图 7-5　分子印迹聚合物(MIPs)制备示意图

7.6.5　分子印迹聚合物的制备方法

目前，分子印迹聚合物的常用方法可归纳为六种：本体聚合法、沉淀聚合法、悬浮聚合法、分散聚合法、乳液聚合法和表面印迹法。此外，还可将制备 MIPs 的方法主要分为三类：共价法、非共价法、共价与非共价杂化法。

(1) 本体聚合法。本体聚合(bulk polymerization)是制备 MIPs 最早的方法，具体操作过程是将模板、功能单体、交联剂和引发剂等按照一定比例混合于非极性溶剂中，在光照或加热条件下进行聚合反应制得棒状或块状的固体聚合物。该方法制备条件容易控制、操作过程相对简单，但印迹材料中识别位点包埋过深，难以用有机溶剂洗脱模板分子。同时，残留的模板分子会在使用过程中发生缓慢脱吸，导致使用过程中引起假阳性结果。

(2) 沉淀聚合法。沉淀聚合(precipitation polymerization)制备过程和本体聚合相似，但是使用了大量的成孔剂。将模板分子、功能单体、交联剂和引发剂溶解在溶剂中，生成的 MIPs 不溶于该体系中而析出形成沉淀，然后通过离心或过滤分离，洗涤除去模板分子。通过沉淀聚合得到的 MIPs 相比本体聚合法有更为均一的识别位点、较高的表面体积比和吸附性能。

(3) 悬浮聚合法。悬浮聚合法(suspension polymerization)的制备方法简便，制备周期短。此法是将模板分子、功能单体、致孔剂和交联剂溶于溶剂中，加入分散剂形成均匀的混合溶液，加入引发剂在搅拌条件下经升温或光照引发进行聚合，得到高度交联的微球型分子印迹聚合物，最后利用物理或化学方法除去模板分子。

(4) 乳液聚合法。乳液聚合(emulsion polymerization)是先用有机溶剂溶解模板分子、功能单体和交联剂，然后在水中搅拌该溶液使之乳化，再加入引发剂发生交联聚合反应。这种方法制备的分子印迹聚合物尺寸在纳米级别，且粒子粒径均一，比表面积大。

（5）表面印迹法。表面印迹法(surface polymerization)是近几年新兴的一种方法，是以适当的纳米材料(二氧化硅、氧化石墨烯和磁性纳米颗粒)为载体，利用合适的手段如接枝、螯合等在载体表面引入功能单体后，加入模板分子、交联剂和引发剂等发生交联聚合反应，最后得到表面分子印迹聚合物。这种 MIPs 在颗粒载体表面含有印迹空穴，提供了更多的吸附位点，不仅具有快速的识别速度和传质速率，而且由于印迹位点都在表面，减少了包埋现象，模板分子更容易洗脱。

7.6.6 分子印迹在环境污染物检测中的应用

分子印迹技术在分析测试领域主要用于固相萃取、色谱分离、膜分离以及仿生传感器的制备。其中基于分子印迹技术的固相萃取已成为环境污染物前处理的研究热点。

（1）真菌毒素的检测。MIPs 用于固相萃取填料的制备可结合常规 SPE 和 IAC 的优点，用于食品样品中真菌毒素前处理可有效预浓缩目标组分，减少仪器分析信号干扰等问题，进而提升分析方法的精密度和准确性。Appell 等以吡啶甲酸为虚拟模板，结合 HPLC-UV 检测玉米中的镰孢菌酸(FA)，优化了色谱柱上装载、洗涤和回收 FA 的溶剂，并考察了从功能单体甲基丙烯酸(MAA)和甲基丙烯酸二甲氨基乙酯(DMAEMA)制备的 MIPs 吸附性能。该方法的 LOD 为 0.5μg/g，加标回收率 83.9%~92.1%，可实现复杂样品中 FA 的定量低水平分析。

（2）药品和个人护理产品(PPCPs)的检测。分子印迹技术在复杂基质中痕量 PPCPs 检测中得到了应用。夏环等报道了以诺氟沙星为模板分子，采用沉淀聚合法，合成了对氟喹诺酮类抗生素特异性识别的 MIPs，用其作为固相萃取柱填料，建立了分子印迹固相萃取-高效液相色谱检测蜂蜜中三种氟喹诺酮类抗生素残留的方法，此方法的检出限为 9~12μg/kg，加标回收率为 96.5%~104.1%。

7.7 样品前处理技术的发展趋势

7.7.1 样品前处理向自动化方向发展

传统的样品前处理技术大多采用人工或人工辅助的半自动操作。近年样品前处理技术的国产化和自动化发展迅速。仪器自动化不仅可以使检测速度更快，前处理通量更高，有效节省人工，且检测数据重现性更好。目前国内已有不少厂商开发出多种样品前处理仪器，例如：上海屹尧的全自动固相萃取仪、北京莱伯泰科的凝胶色谱净化系统、北京吉天的快速溶剂萃取仪、深圳超磁的全自动石墨消解仪等。

7.7.2　样品前处理向集成化方向发展

为了适应基质复杂样品的前处理，多任务的样品前处理仪器随之而生，这类仪器也称综合样品前处理平台，可以将几种前处理技术集成在一起，用来完成多项样品前处理操作。例如北京莱伯泰科将凝胶色谱、全自动固相萃取和自动浓缩装置组合在一起的前处理工作站，适合食品、生物样品的多项前处理的连续自动操作，在前处理过程中，凝胶色谱先除去样品基体物质中的生物大分子，固相萃取进一步将目标组分从小分子混合物中分离、富集出来，自动浓缩可以完成进一步富集。

7.7.3　样品前处理向绿色化方向发展

传统的液液萃取等样品前处理技术需要消耗大量的有机溶剂，既污染环境，又危害分析者的身体健康。因此近年来绿色、环境友好的样品前处理技术发展迅速，如固相萃取、固相微萃取、超临界流体萃取、基质固相分散萃取、液相微萃取等，这些技术的共同特点是消耗的有机溶剂量较少。

7.7.4　样品前处理向微型化方向发展

样品前处理仪器的小型化、微型化满足了用户对其便携性的需求。现场检测、移动实验室等应用场景的出现对整个分析体系提出了小型化、微型化的需求。目前已有在微流控芯片上进行溶剂萃取、固相萃取、膜分离等多种样品前处理操作的研究报道。

7.7.5　样品前处理向在线联用方向发展

样品前处理的自动化为前处理仪器-分析仪器在线联用奠定了基础。目前已有固定的联用分析方法，配备有成套专门仪器，例如吹扫捕集装置、静态顶空进样器与气相色谱仪、气相色谱-质谱仪的联用等。还有一些仪器已经开发出在线联用技术，例如：固相(微)萃取-液相色谱、在线超滤(或渗析)净化-离子色谱在线联用技术等。

7.7.6　样品前处理向高通量方向发展

随着技术的不断革新，样品前处理仪器装置呈现出多通道、高通量的发展趋势，实现了对大批量样品的高效前处理。

参 考 文 献

[1] 闵光．基质固相分散萃取在农药残留检测技术中的应用[J]．现代农业科技，2010(09)：

169-171
[2] 孙福生，朱存英，李毓．环境分析化学[M]．北京：化学工业出版社，2011
[3] Fernandez M，Pico Y，Manes J. Determination of carbamate resi-dues in fruits and vegetables by matrix solid - phase dispersion and liquid chromatography - mass spectrometry [J]. J. Chromatogr. A，2000(871)：43-56
[4] 李蓉，卢俊文，杨芳，等．基质固相分散萃取-气相色谱-串联质谱法同时测定蔬菜中 195 种农药残留[J]．食品科学，2014，35(24)：301-307
[5] 马丽莎，朱新平，郑光明，等．基质固相分散萃取-气相色谱法检测水产品中 7 种多氯联苯残留[J]．中国兽药杂志，2011，45(06)：22-25+52
[6] 成昊，张丽君，张磊，等．基质固相分散萃取-分散液相微萃取-气相色谱质谱法测定土壤中拟除虫菊酯类农药[J]．分析化学，2015，43(01)：137-140
[7] 赵昕，张占恩，张磊，等．基质固相分散萃取/高效液相色谱-串联质谱法测定污泥中的 6 种雌激素[J]．分析测试学报，2015，34(01)：56-61
[8] 严朝朝，魏文婉，伍佳慧，等．基质固相分散萃取——气相色谱法测定土壤中有机氯农药含量[J]．化工环保，2021，41(02)：235-240
[9] 刘远晓，关二旗，卞科，等．QuEChERS 法在食品有机污染物检测中的研究进展[J]．食品科学，2017，38(19)：294-300
[10] 王淼，王艳，吴艳云，等．QuEChERS 方法在水产品药物残留检测中的应用研究进展[J]．现代农业科技，2017(17)：257-259
[11] 农业部．NY/T 1380—2007 蔬菜水果中 51 种农药多残留的测定　气相色谱-质谱法[S]．北京：中国标准出版社，2007
[12] 王连珠，周昱，陈泳，等．QuEChERS 样品前处理-液相色谱-串联质谱法测定蔬菜中 66 种有机磷农药残留量方法评估[J]．色谱，2012，30(02)：146-153
[13] Frenich A G，Romero-Gonzúlez R，Gómez-Pérez M L，et al. Multi-mycotoxin analysis in eggs using a QuEChERS-based extraction procedure and ultra-high-pressure liquid chromatography-coupled to triple quadrupole mass spectrometry [J]. Journal of Chromatography A，2011，1218(28)：4349-4356
[14] 李晴，罗辉泰，黄晓兰，等．四级杆飞行时间串联质谱高通量筛查鱼肉中的药物残留[J]．分析化学，2014，42(010)：1478-1485
[15] 何晓明，余鹏飞，杨鲁琼，等．QuEChERS-超高效液相色谱-串联质谱法同时测定双壳类水产品中 40 种药物及个人护理品的残留量[J]．环境化学，2021，40(05)：1575-1582
[16] 徐圆，徐宇峰，曹赵云，等．QuEChERS-液相色谱-串联质谱法测定稻田中土壤及水稻中抗生素的残留量[J/OL]．环境工程学报，2021
[17] 陈磊，吴赟琦，赵志勇，等．QuEChERS/超高效液相色谱-串联质谱法快速测定土壤中 19 种氟喹诺酮类抗生素残留[J]．分析测试学报，2019，38(02)：194-200
[18] 肖付刚，赵晓联，汤坚，等．免疫亲和层析及其在真菌毒素检测中应用[J]．粮食与油脂，2007(08)：40-43
[19] 王迪，杨曙明．兽药残留检测有效净化技术——免疫亲和层析[J]．中国畜牧兽医，

2006(03)：45-48

[20] 章雪明，方强，苑华宁，等．免疫亲和层析结合高效液相色谱法检测氟喹诺酮类药物[J]．食品安全质量检测学报，2017，8(09)：3627-3632

[21] 廖颖．新型液相微萃取技术及其在环境污染物检测中的应用研究[D]．华中师范大学，2007

[22] 李贺贺，何菲，段佳文，等．液相微萃取技术在食品分析中的应用[J]．中国食品学报，2021，21(08)：400-408

[23] Li Yue，et al. Purification and enrichment of polycyclic aromatic hydrocarbons in environmental water samples by column clean - up coupled with continuous flow single drop microextraction [J]．Journal of Chromatography A，2018

[24] 韩艺烨，邓年，谢建军，等．酸辅助分散液液微萃取-高效液相色谱-串联质谱法测定果汁中多种真菌毒素[J]．分析化学，2019，47(03)：455-462

[25] 刘缙，蔡红新，钱斌，等．分散液液微萃取预处理-气相色谱-质谱法快速测定人尿中 3 种毒品方法改进[J]．理化检验(化学分册)，2019，55(12)：1442-1447

[26] 周小清，冯寅洁，汪静静．中空纤维膜三相液相微萃取法测定猪尿及牛奶中的盐酸克伦特罗[J]．食品工业科技，2020，41(01)：219-223

[27] 周相娟，李伟，许华，等．凝胶渗透色谱技术及其在食品安全检测方面的应用[J]．现代仪器，2009，15(01)：1-4

[28] 河南省环境监测中心．HJ 834—2017 土壤和沉积物　半挥发性有机物的测定　气相色谱-质谱法[S]．北京：中国环境出版社．2017

[29] 河南省环境监测中心．HJ 951—2018　固体废物　半挥发性有机物的测定　气相色谱-质谱法[S]．北京：中国环境出版社，2018

[30] 姚翠翠，石志红，曹彦忠，等．凝胶渗透色谱-气相色谱串联质谱法测定动物脂肪中 164 种农药残留[J]．分析试验室，2010，29(02)：84-92.

[31] 付衍宽，孙志洪．加速溶剂萃取-凝胶渗透色谱法净化-气相色谱-串联质谱法测定土壤中常见的 7 种农药残留量[J]．理化检验(化学分册)，2021，57(08)：688-692

[32] 马启明，梁小敏．凝胶渗透色谱法净化-同位素稀释-超高效液相色谱-串联质谱法测定奶粉中 4-壬基酚[J]．食品安全质量检测学报，2021，12(12)：4770-4774

[33] 陈孝建，王静，余永新，等．分子印迹技术在分析检测领域的应用[J]．食品安全质量检测学报，2014，5(05)：1459-1467

[34] 徐武，付含，陈贵堂．分子印迹技术用于食品中真菌毒素样品前处理的研究进展[J]．生物加工过程，2020，18(04)：417-424

[35] Michael Appell，et al. Determination of fusaric acid in maize using molecularly imprinted SPE clean - up[J]．Journal of Separation Science，2014，37(3)：281-286

[36] 夏环，王妍，荆涛，等．分子印迹固相萃取-高效液相色谱法测定蜂蜜中三种氟喹诺酮类抗生素残留[J]．分析科学学报，2012，28(03)：297-302

[37] 王郅媛，孙立桐．样品前处理仪器在环境和食品检测领域的应用和发展趋势[J]．分析仪器，2019(06)：13-17

第8章 样品前处理过程中的质量控制方法

8.1 标准物质与标准样品的使用

实验室质量控制技术是指将分析结果的误差控制在允许限度内所采取的控制措施，作为实验室内质量控制技术的一项重要手段，标准物质和标准样品在日常分析检测过程中的应用非常广泛。实验室可以定期使用有证标准物质或标准样品进行结果核查，通过判断标准物质的检验结果与证书结果是否符合，从而保证监测数据的可靠性和可比性。

8.1.1 标准物质与标准样品的定义

标准物质和标准样品的研制程序、内在质量要求和发挥的作用基本相同。但在我国，依据质量技术监督管理体系的特点和量值溯源及标准化工作的要求，标准物质和标准样品生产分别由不同的管理机构进行分类、分级管理，所以国家标准物质、国家标准样品在制备和使用上有一定的区别。

8.1.1.1 标准物质

根据《中华人民共和国计量法实施细则》《标准物质管理办法》中对于标准物质的定义：标准物质是指用于统一量值的标准物质，包括化学成分分析标准物质、物理特性与物理化学特性测量标准物质和工程技术特性测量标准物质。

《标准物质管理办法》明确了标准物质的定级条件，将标准物质分为一级标准物质和二级标准物质，分别以 GBW 和 GBW(E)进行编码。

8.1.1.2 标准样品

根据《中华人民共和国标准化法实施条例》《国家标准样品项目管理程序》《国家标准样品管理办法》《有证标准样品的使用》《标准样品常用术语和定义》等法律法规，标准样品是指具有足够均匀的一种或多种化学的、物理的、生物学的、工程技术的或感官的等性能特征，经过技术鉴定并附有说明有关性能数据证书的一批样品。

标准样品由全国标准品技术委员会组织和审查，由国家技术监督局标准司批准，国家技术监督局发布，以 GSB 代号进行编码。

8.1.2　标准物质与标准样品在样品前处理过程中的应用

虽然标准物质与标准样品二者管理单位不同、编号不同，但是标准物质和标准样品的制备过程、对其质量的要求和发挥的作用基本相同，大多数情况下，标准物质和标准样品实际是可以相互代替相互补充的。

在环境样品前处理过程中的质量控制可以采用标准物质或标准样品。以标准样品为例，可以用标准样品定量分析的结果与已知的含量相比较来评价定量分析结果的准确度。标准样品的已知含量作为真值，标准样品的定量分析结果为测量值，由此计算出的绝对误差或相对误差可以用来评价定量分析结果的准确度。如果二者之间差异过大，应当由实验室查找原因进行复测。若复测结果仍不合格，需要对检测过程进行检查，查到原因后立即纠正，必要时复测同批样品。

8.1.2.1　在环境检测质量控制中的使用

在环境检测实验室质量控制中使用具有计量溯源性、可靠标准值的环境标准样品可以更好地保证评价的公正性与科学性。使用环境标准样品进行质量控制，既可以考核从事检测人员的个人能力，例如持证上岗，也可以验证实验室的检测能力状况，例如实验室质控考核。目前，环境标准样品已经广泛应用于实验室认可、计量认证以及有关监督评审等工作中。

8.1.2.2　在量值溯源中的使用

环境标准样品常用于为待测物质或者材料赋值。当所用的环境监测分析仪器已通过校准且质量保证与质量控制措施较为充分时，使用环境标准样品的特性值为待测物质或材料进行赋值，可建立测定结果的计量溯源性。

标准物质作为计量传递时，在实验室分析中可用于仪器校准、分析方法准确度评定；在环境样品前处理过程中，标准物质可用于实际样品或实际样品加标使用，也常用做标准曲线配制。

8.1.2.3　在测量方法/程序确认中的使用

作为特性量值已知的物质，标准物质可用于研究和评价测量对应成分或特性的方法，从而判断该方法的准确度和重复性，并通过验证和改进测量方法的准确度，评价检测方法在特定场合的适应性，促进校准方法和测试技术的发展。

8.1.3　标准物质与标准样品的使用注意事项

8.1.3.1　管理体系要求

在使用标准物质/标准样品前应根据管理体系要求建立适合的工作体系，评估使用相关标准物质/标准样品的类型、范围、数量等因素。包括文件化的体系建立，控制材料采购、验收、证书确认、配制、验证、储存、运输等环节；设置专人负责管理，确保完整性与准确性；并按照物质特性制定相应作业指导书。

8.1.3.2 贮存与运输

影响标准物质稳定性的因素有光、温度、湿度等物理因素，溶解、分解、化合等化学因素和细菌作用等生物因素。

通常情况下，标准物质/标准样品都会带有标准物质证书/样品说明书，证书/说明书中规定了该标准物质贮存的环境条件和有效期限。标准物质/标准样品要严格按照证书上规定的方法贮存和使用，才能保证标准物质的可靠性。在贮存和运输过程中，使用者应对标准物质贮存的物理环境条件进行监测和控制，并进行记录。

对于过期的标准物质，实验室应当及时处理或者视具体情况经验证后降级使用。

开封后或稀释后的标准物质，其有效期可参考 GB/T 27404《实验室质量控制规范食品理化检测》，或根据相关质控数据确定其合理的使用期限。在实际工作中，实验室应当严格按照标准物质的储存条件储存，监督标准物质的使用和变化情况，避免使用过程中杂质的引入，注意搜集相关信息积累数据，合理确定开封后或稀释后的标准物质有效期。

8.1.3.3 使用过程管理

在使用标准物质/标准样品时，过程需要严格管理。每个程序都需进行质量控制，否则无法确保标准物质/标准样品最后的质量，应使每项流程都处于受控的状态下，从而达到闭环管理，保证可追溯性。部分标准物质/标准样品使用前应当按照作业指导书或其他相关标准要求配制，如水质类标准样品通常要求按照一定比例稀释后分析；部分有效态指标分析则根据不同提取方法定值，因此需要按照相应方法进行提取后分析，配制过程中均应保留相应配制记录。

8.1.3.4 期间核查

《检测和校准实验室能力认可准则在化学检测领域的应用说明》(CNAS-CL01-A002)中给出：需要时，标准物质在使用期间应按计划进行期间核查，核查内容包括标签、证书或其他证明文件的信息，必要和可行时可通过适当的检测手段，以确保该标准物质满足检测方法的要求。

使用者在管理标准物质/标准样品的过程中，要对其进行期间核查。不同的标准物质/标准样品应选择不同的核查方法。

对于密封的国家一级或二级标准物质，因其研制过程严谨且经过严格的审

查，所发布的特性值均按照一级或二级技术规范确定，均匀性、稳定性具有相当的可靠性。只要按照标准物质证书上规定的方法和条件保存，期间核查只需检查是否在有效期内，贮存环境是否满足要求以及标准物质的状况。

对于已经开封使用的有证标准物质，应严格按照证书的要求保存和使用，缩短期间核查的时间，还应注意是否玷污和变质。对于一般标准物质或标准样品的期间核查，可用更高级别的标准物质或用新配制的溶液对原溶液进行比对，或使用经过溯源符合要求的计量仪器进行重新验证。

对于接近有效期但未开封或超过有效期时间较短的标准物质，按以下方式核查：与已知浓度的标准样品或被核查标准物质不同来源(不同批次)已知标准值的有证标准物质做比对验证试验，结果合格后在短时间内将其使用完毕。

以上期间核查如有不符合情况发生，必须及时采取纠正措施，保证标准物质/标准样品的有效性。期间核查需要保存相应核查记录，内容涵盖期间核查依据、期间核查方法以及期间核查结果。

在《检测和校准实验室标准物质/标准样品验收和期间核查指南》(CNAS-GL035)中对标准物质的验收和期间核查的具体操作进行了明确说明，检测实验室可参考此文件对标准物质进行验收和核查。

8.2　空白测试

8.2.1　空白测试的定义

空白测试又称为空白试验，是指对不含待测物质的样品用与实际样品相同的操作步骤(包括器具、试剂和操作分析方法)进行的试验，试验所得结果称为空白值。

8.2.2　空白测试的意义

空白测试可以消除或减少由试剂、试验用水或器皿带入的杂质所造成的系统误差。在痕量分析中，待测组分的测量值和空白值有可能处于相同数量级，空白值的大小和离散程度对方法的检出限和测量结果具有很大影响。空白值可以反映测试仪器的噪声、试剂中的杂质、环境及操作过程中的沾污等因素对样品测定产生的综合影响，直接关系到测定最终结果的准确性。空白值低，数据离散程度小，分析结果的精度随之提高，表明分析方法和分析人员的测试水平较高。当空白值偏高时，应全面检查试验用水、试剂、量器和容器的沾污情况、测量仪器的性能及试验环境的状态等，以便尽可能地降低空白值。

影响空白值的因素包括：实验用水、试剂纯度、实验器皿的洁净程度、实验室内部交叉污染情况、仪器设备状况和分析人员的检测技术和操作水平等。

8.2.3 空白测试的分类

8.2.3.1 全程序空白

全程序空白是以纯水代替实际样品，置于与待测物质相同的容器(材质、大小相同)中按照与实际样品一致的程序测定。采集方式为运输到采样现场，暴露于采样环境下，装入与采集实际样品材质相同的采样瓶中，保存、运输以及所有分析步骤同实际样品程序一致。测定全程序空白的目的是保证样品分析结果的准确性，判断采样过程、样品保存、样品运输、前处理以及分析全过程是否存在污染和干扰。

8.2.3.2 实验室空白

实验室空白是用纯水替代实际样品，除不加待测物质外，加入所有试剂，与实际样品相同的程序进行分析测定。

8.2.3.3 运输空白

运输空白是在采样前将纯水与样品同装入采样容器中，密封运输到采样现场，采样时不打开容器，采样结束后将其同实际样品一并运回到实验室，按照与实际样品相同程序分析。目的是用于判断运输过程、现场处理、贮存期间以及采样容器是否存在污染。例如非甲烷总烃运输空白的采集，将注入除烃空气的采样容器带到采样现场，与同批次采集的样品一起运回到实验室分析，测定结果应低于标准要求检出限。

8.2.4 应用示例

(1)《水质　氨氮的测定　纳氏试剂分光光度法》(HJ 535—2009)。本方法原理为：以游离态的氨或铵离子等形式存在的氨氮与纳氏试剂反应生成淡红棕色络合物，该络合物的吸光度与氨氮含量成正比，于波长420nm处测量吸光度。其具体步骤如下：

清洁水样：直接取50mL试样，加入10mL酒石酸钾钠溶液(50g/L)，摇匀，再加入纳氏试剂1.5mL($HgCl_2$-KI-KOH)或1.0mL(HgI_2-KI-NaOH)，摇匀。放置10min后，在波长420nm下，用20mm比色皿，以水作参比，测量吸光度。

有悬浮物或色度干扰的水样：取经预处理的水样50mL(若水样中氨氮质量浓度超过2mg/L，可适当少取水样体积)，按与上述相同的步骤测量吸光度。

空白试验：用纯水代替水样，按与样品相同的步骤进行前处理和测定。

注：实验中纳氏试剂和酒石酸钾钠对空白值的高低影响很大，可能的原因有：测定使用的纯水被污染，含有影响实验结果的杂质，如含有氨；试管、移液

管等器皿没有清洗彻底；实验使用的无氨水含氨量较高。。

(2)《环境空气和废气 氯化氢的测定　离子色谱法》(HJ 549—2016)。本方法原理为：用水或碱性吸收液分别吸收环境空气或固定污染源废气中的氯化氢，将形成含氯离子的试样注入离子色谱仪进行分离测定。用电导检测器检测，根据保留时间定性，峰面积或峰高定量。

样品采集方式如下：

全程序空白：每次采集样品至少带两套全程序空白样品。将同批次装好吸收液的吸收瓶带至采样现场，不与采样器连接，采样结束后带回实验室待测。

环境空气及无组织排放样品：将两支吸收瓶中的样品溶液(采集的吸收液)分别移入两支 10mL 具塞比色管中，用少量水洗涤吸收瓶内壁，洗液并入比色管，稀释定容至 10mL 标线，摇匀。

固定污染源废气样品：将两支 75mL 冲击式吸收瓶中的样品溶液(采集的吸收液)分别转入两支 50mL 具塞比色管中，用少量水洗涤吸收瓶内壁，洗液并入比色管，稀释定容至 50mL 标线，摇匀。

样品测定方式如下：

实验室空白：在实验室内，取同批次、装有同体积吸收液的吸收瓶按照上述环境空气及无组织排放样品和固定污染源废气样品制备相同的步骤制备实验室空白试样。

全程序空白：将全程序空白样品溶液按照样品制备的相同步骤制备全程序空白试样。

用一次性注射器抽取处理后的样品，在注射器前端套上微孔滤膜，轻推试样过柱，弃去初始的 3mL 样品，收集剩余的洗脱液，待测。

试样测定：将试样注入离子色谱仪，按照与绘制标准曲线相同的色谱条件和步骤测定含量。当样品中 Cl^- 含量超出标准曲线绘制范围时，应用水稀释后重新测定。

8.3　重复性测试

8.3.1　定义

重复性：指在同一实验室，使用同一方法由同一操作者对同一被测对象使用相同的仪器和设备，在相同的测试条件下，相互独立的测试结果之间的一致程度。

重复性限(r)：一个数值，在重复性条件下，两次测试结果的绝对差值不超过此数的概率为 95%。

8.3.2 重复性测试控制要求

环境样品重复性测试同样包括前处理阶段，在前处理过程中进行重复性试验，可以评价样品的检测结果是否存在差异。

对于均匀样品，凡能进行平行双样的分析项目，分析每批样品均须做不少于10%的平行双样，样品少于3个时，每批样品应至少做一份平行双样。

污染事故、污染纠纷样品随机抽取不少于20%的平行双样。

平行双样可以采用密码或明码编入，测定结果允许差或相对偏差应符合规定质控指标要求，最终结果以双样测试结果的平均值报出。

平行双样结果超出规定允许偏差时，在样品允许保存期内，再加测一次，取相对偏差符合规定质控指标的两个测定值报出。

在检测分析过程中，一般每个基体类型、每批次样品、每20个样品即开展一次重复性测试。当经过试验表明检测水平处于稳定和可控制状态下，可适当减少重复检测频率。

8.3.3 重复性试验操作

环境样品重复性测试依据标准方法前处理步骤操作即可。

8.3.4 重复性测试评价要求

环境样品前处理结束后进行分析，可以参照以下要求评价前处理过程中重复操作的有效性。

8.3.4.1 通用要求

当标准方法中对于重复性测试的评价有明确要求时，以标准方法中的要求评价。

8.3.4.2 特殊要求

当标准方法未标明要求时，参考以下要求进行：

(1) 水和废水相对偏差或相对允许差应符合如下规定：

①《水和废水监测分析方法》(第四版、增补版)国家环境保护总局(2002年)，具体指标见表8-1。

$$平行样相对偏差(\%)=(x-\bar{x})/\bar{x} 即 di/\bar{x}$$

② 若无具体指标时，除有机样品外按照分析结果数量级，可以参考表8-2。

$$平行样相对偏差(\%)=(x-\bar{x})/\bar{x}$$

③ 有机样品平行样相对偏差控制范围。

样品浓度在mg/L级，或者显著高于方法检出限(5~10倍以上)，相对偏差≤10%；

样品浓度在 μg/L 级，或者接近方法检出限，相对偏差≤20%；
对某些色谱行为较差组分，相对偏差≤30%。

表 8-1　水质监测实验室质量控制指标

项目	样品含量范围/(mg/L)	室内($di/\bar{x}$)	适用的监测分析方法
氨氮	0. 02~0. 1	≤20	纳氏试剂分光光度法；水杨酸一次氯酸盐光度法
	0. 1~1. 0	≤15	
	>1. 0	≤10	滴定法；电极法
亚硝酸盐氮	<0. 05	≤20	*N*-(1-萘胺)-乙二胺光度法
	0. 05~0. 2	≤15	离子色谱法；*N*-(1-萘胺)-乙二胺光度法
	>0. 2	≤10	离子色谱法
硝酸盐氮	<0. 5	≤25	酚二磺酸分光光度法；离子色谱法；紫外分光光度法
	0. 5~4	≤20	酚二磺酸分光光度法；离子色谱法；
总氮	0. 025~1. 0	≤10	经消解。蒸馏，用纳氏试剂比色法或滴定法测定后，换算为氮的含量
	>1. 0	≤5	
总磷	<0. 025	≤25	钼锑抗分光光度法；离子色谱法
	0. 025~0. 6	≤10	
	>0. 6	≤5	离子色谱法
高锰酸盐指数	<2. 0	≤25	酸碱法
	>2. 0	≤20	
溶解氧	<4. 0	≤10	碘量法、膜电极法、便携式溶解仪法
	>4. 0	≤5	
化学需氧量	5~50	≤20	重铬酸钾法
	50~100	≤15	
	>100	≤10	
五日生化需氧量	<3	≤25	稀释法[(20±1)℃]
	3~100	≤20	
	>100	≤15	
氟化物	<1. 0	≤15	离子选择电极法；离子色谱法
	>1. 0	≤10	
硒	<0. 01	≤25	原子荧光法
	>0. 01	≤20	

续表

项目	样品含量范围/(mg/L)	室内($di/\bar{x}$)	适用的监测分析方法
总砷	<0.05	≤20	Ag·DDC 光度法
	>0.05	≤10	
总汞	<0.001	≤30	冷原子吸收法；冷原子荧光法
	0.001~0.005	≤20	
	>0.005	≤15	同上；双硫腙光度法
总镉	≤0.005	≤20	火焰、石墨炉原吸法
	0.005~0.1	≤15	双硫腙光度法
	>0.1	≤10	火焰原吸法
六价铬及总铬	≤0.01	≤15	二苯碳酰光度法
	0.01~1.0	≤10	
	>1.0	≤5	硫酸亚铁铵滴定法
总铅	≤0.05	≤30	石墨炉原吸法
	0.05~1.0	≤25	双硫腙光度法
	>1.0	≤15	火焰原吸法
总氰化物	≤0.05	≤20	异烟酸-吡唑啉酮光度法；吡啶-巴比妥酸光度法
	0.05~0.5	≤15	
	>0.5	≤10	硝酸银滴定法
挥发酚	≤0.05	≤25	4-氨基安替比林光度法
	0.05~1.0	≤15	
	>1.0	≤10	
阴离子表面活性剂	≤0.2	≤25	亚甲蓝分光光度法
	0.2~0.5	≤20	
	>0.5	≤20	
总硬度	<50	≤15	EDTA 滴定法
	>50	≤10	

表 8-2 平行双样测定值的精密度相对偏差

分析结果所在数量级/(g/L)	10^{-4}	10^{-5}	10^{-6}	10^{-7}	10^{-8}	10^{-9}	10^{-10}
相对偏差	1%	2.5%	5%	10%	20%	30%	50%

（2）土壤相对偏差或相对允许差应符合如下规定(表 8-3，表 8-4)

表 8-3　土壤监测平行双样测定值的精密度和准确度允许误差

监测项目	样品含量范围/(mg/kg)	室内相对标准偏差/%	适用的分析方法
镉	<0.1	±35	原子吸收光谱法
	0.1~0.4	±30	
	>0.4	±25	
汞	<0.1	±35	原子荧光法
	0.1~0.4	±30	
	>0.4	±25	
砷	<10	±20	原子荧光法 分光光度法
	10~20	±15	
	>20	±15	
铜	<20	±20	原子吸收光谱法
	20~30	±15	
	>30	±15	
铅	<20	±30	原子吸收光谱法
	20~40	±25	
	>40	±20	
铬	<50	±25	原子吸收光谱法
	50~90	±20	
	>90	±15	
锌	<50	±25	原子吸收光谱法
	50~90	±20	
	>90	±15	
镍	<20	±30	原子吸收光谱法
	20~40	±25	
	>40	±20	

表 8-4　土壤监测平行双样最大允许相对偏差

样品含量范围/(mg/kg)	最大允许相对偏差/%	样品含量范围/(mg/kg)	最大允许相对偏差/%
>100	±5	0.1~1.0	±25
10~100	±10	<0.1	±30
1.0~10	±20		

（3）实验室可制定作业指导书详细规定各类型检测指标的精密度控制范围，方便使用。

8.4 加标回收率测试

加标回收实验是化学分析中常用的实验方法，也是实验室内经常用以自控的一种质量控制技术，回收率是判定分析结果准确度的量化指标。进行加标回收实验一般在测定样品的同时，于同一样品的平行样中加入一定量的标准物质进行测定，将其测定结果扣除样品的测定值来计算回收率。加标实验及回收率的计算并不复杂，加标方式可根据不同项目、不同分析方法和不同的需要灵活掌握，回收率的计算也各不相同。

8.4.1 加标回收的分类

空白加标回收：在未添加待测物质的空白样品基质中加入定量的标准物质，按样品的处理步骤分析，得到的结果与理论值的比值即为空白加标回收率。

实际样品基体加标：相同的样品取两份，其中一份加入定量的待测成分标准物质；两份同时按相同的分析步骤分析，加标的一份所得的结果减去未加标一份所得的结果，其差值同加入标准物质的理论值之比即为样品加标回收率。

8.4.2 加标回收率的计算

加标回收率的测定，对于它的计算方法，给定了一个理论公式：

加标回收率=(加标试样测定值－试样测定值)÷加标量×100%

（1）使用理论公式时应当满足以下 2 个条件：

① 同一样品的平行样取样体积必须相等；

② 各类平行样的测定过程必须按相同的操作步骤进行；

（2）使用理论公式的约束条件：

加标量不能过大，一般为待测物含量的 0.5~2.0 倍，且加标后的总含量不应超过方法的测定上限；加标物的浓度宜较高，加标物的体积应很小，一般以不超过原始试样体积的 1%为好。

（3）理论公式的不足：

各文献对公式中“加标量”一词的定义，均未准确给定，使其含义不是十分明确。从公式的分子上分析，加标量应为浓度单位；从公式的分母上理解，应为加入一定体积的标准溶液中所含标准物质的量值，为质量单位。

若公式中的加标量为浓度单位，此时的加标量并不是指标准溶液的浓度，而应该是加标体积所含标准物质的量值除以试样体积(或除以试样体积与加标体积

之和）所得的浓度值。这里存在着浓度换算，而在理论公式中并没有明确予以表现出来。

（4）不同加标方式计算回收率：

① 以浓度值计算加标回收率理论公式

$$P=(c_2-c_1)/c_3\times100\%\quad（在 V_1=V_2 条件下）\tag{8-1}$$

式中　P——加标回收率；

c_1——试样浓度，即试样测定值，$c_1=m_1/V_1$；

c_2——加标试样浓度，即加标试样测定值，$c_2=m_2/V_2$；

c_3——加标量，$c_3=c_0\times V_0/V_2$；$m=c_0\times V_0$；

m_1——试样中的物质含量；

m_2——加标试样中的物质含量；

m——加标体积中的物质含量；

V_1——试样体积；

V_2——加标试样体积，$V_2=V_1+V_0$；

V_0——加标体积；

c_0——加标用标准溶液浓度。

上述符号意义在下文中均相同。

a. 在加标体积不影响分析结果的情况下，即 $V_2=V_1$，当 $c_3=c_0\times V_0/V_1$时，

$$P=[(c_2-c_1)\times V_1]/(c_0\times V_0)\times100\%\tag{8-2}$$

b. 在加标体积影响分析结果的情况下，即 $V_2=V_1+V_0$，当 $c_3=(c_0\times V_0)/(V_1+V_0)$时，

$$P=[(c_2-c_1)\times V_1+C_2V_2]/(c_0\times V_0)\times100\%\tag{8-3}$$

② 以样品中所含物质的量值计算加标回收率。

将理论公式中各项均理解为量值时，则可以避开加标体积带来的麻烦，简明易懂，计算方便，实用性强，即

$$P=(m_2-m_1)/m\times100\%，或 P=(c_2\times V_2-c_1\times V_1)/c_0\times V_0\times100\%\tag{8-4}$$

③ 以吸光度值计算加标回收率。

本方法仅限于用光度法分析样品时使用，在光度法分析过程中，会用到校准曲线 $Y=bx+a$，导出量值公式为：$x=(Y-a)/b$；

由②节可知，当以物质量值计算加标回收率时，可导出

$$P=(Y_2-Y_1)/(b\times c_0\times V_0)\times100\%\tag{8-5}$$

式中　Y_2——加标试样的吸光度；

Y_1——试样的吸光度；

b——校准曲线的斜率。

但是，使用公式(8-5)的前提条件为 $Y_1-Y_0>a$，其中，Y_0为空白试样的吸光度；a 为校准曲线的截距，而当 $Y_1-Y_0<a$ 时，加标回收率只能用公式(8-4)进行计算，否则将使回收率值人为地增大，引起较大的正误差。

(5) 影响情况：

下列情况下，均可以采用公式(8-1)计算加标回收率：

① 样品分析过程中有蒸发或消解等可使溶液体积缩小的操作技术时，尽管因加标而增大了试样体积，但样品经处理后重新定容并不会对分析结果产生影响。比如采用酚二磺酸分光光度法分析水中的硝酸盐氮(GB/T 7480—1987)，样品及加标样品经水浴蒸干后，需要重新定容到50mL再进行测定。

② 样品分析过程中可以预先留出加标体积的项目，比如采用离子选择电极法分析水中的氟化物(GB/T 7484—1987)，当样品取样量为35mL、加标样取5.0mL以内时，仍可定容在50mL，对分析结果没有影响。

③ 当加标体积远小于试样体积时，可不考虑加标体积的影响，比如采用4-氨基安替比林萃取光度法分析水中的挥发酚(HJ 503—2009)，加标体积若为1.0mL，而取样体积为250mL时，加标体积引起的误差可以忽略不计。

(6) 注意事项：

① 加标物的形态应和待测物的形态相同。

② 加标量应和样品中所含待测物的测量精密度控制在相同的范围内，一般情况下做如下规定：

a. 加标量应尽量与样品中待测物含量相等或相近，并应注意对样品容积的影响；

b. 当样品中待测物含量接近方法检出限时，加标量应控制在校准曲线的低浓度范围；

c. 在任何情况下加标量均不得大于待测物含量的3倍；

d. 加标后的测定值不应超出方法测定上限的90%；

e. 当样品中待测物浓度高于校准曲线的中间浓度时，加标量应控制在待测物浓度的半量。

③ 由于加标样和样品的分析条件完全相同，其中干扰物质和不正确操作等因素所导致的效果相等。当以其测定结果的减差计算回收率时，常不能确切反映样品测定结果的实际效果。

8.4.3 不同类别样品加标回收的控制要求

(1) 水和废水：除了悬浮物、碱度、溶解性总固体、容量分析项目外的项

目，每批样品随机抽取 10%样品做加标回收。加标量以相当于待测组分浓度的 0.5~2.5 倍为宜，加标总浓度不应大于方法上限的 90%。如待测组分浓度小于最低检出浓度时，按最低检出浓度的 3~5 倍加标。

（2）土壤(含农林业土壤)、底质、固体废物、污泥、生活垃圾和危险废物：当测定项目无标准物质时，可用加标回收实验来检查测定准确度。

① 加标率：在一批试样中，随机抽取 10%~20%试样进行加标回收测定。样品数不足 10 个时，适当增加加标比率。每批同类型试样中，加标试样不应小于 1 个。

② 加标量：加标量视被测组分含量而定，含量高的加入被测组分含量的 0.5~1.0 倍，含量低的加入被测组分含量的 2~3 倍，但加标后被测组分的总量不得超出方法的测定上限。加标浓度宜高，体积应小，不应超过原试样体积的 1%，否则需进行体积校正。

（3）大气降水、生活饮用水、环境空气、废气和固定污染源废气、公共场所卫生类等：监测方法允许时，每批样品随机抽取 10%样品做加标回收。

8.4.4　加标回收结果的评价要求

当检测方法有要求时，按照检测方法进行；当检测方法未标明要求时，按照以下要求进行：

（1）水和废水。

① 标准参考：《水和废水监测分析方法》(第四版、增补版)国家环境保护总局(2002 年)(表 8-5)。

表 8-5　水质监测实验室质量控制指标

项目	样品含量范围/(mg/L)	加标回收率/%	适用的监测分析方法
氨氮	0.02~0.1	90~110	纳氏试剂分光光度法；水杨酸一次氯酸盐光度法
	0.1~1.0	95~105	
	>1.0	90~110	滴定法；电极法
亚硝酸盐氮	<0.05	85~115	N-(1-萘胺)-乙二胺光度法
	0.05~0.2	85~105	离子色谱法；N-(1-萘胺)-乙二胺光度法
	>0.2	95~105	离子色谱法
硝酸盐氮	<0.5	85~115	酚二磺酸分光光度法；离子色谱法；紫外分光光度法
	0.5~4	90~110	酚二磺酸分光光度法；离子色谱法

续表

项目	样品含量范围/(mg/L)	加标回收率/%	适用的监测分析方法
总氮	0.025~1.0	90~110	经消解，蒸馏，用纳氏试剂比色法或滴定法测定后，换算为氮的含量
	>1.0	95~105	
总磷	<0.025	85~115	或滴定法测定后，换算为氮的含量
	0.025~0.6	90~110	
	>0.6	90~110	离子色谱法
氟化物	<1.0	90~110	离子选择电极法；离子色谱法
	>1.0	95~105	
硒	<0.01	85~115	原子荧光法
	>0.01	90~110	
总砷	<0.05	85~115	Ag·DDC 光度法
	>0.05	90~110	
总汞	<0.001	85~115	冷原子吸收法；冷原子荧光法
	0.001~0.005	90~110	
	>0.005	90~110	同上；双硫腙光度法
总镉	≤0.005	85~115	火焰、石墨炉原吸法
	0.005~0.1	90~110	双硫腙光度法
	>0.1	90~110	火焰原吸法
六价铬及总铬	≤0.01	85~115	二苯碳酰光度法
	0.01~1.0	90~110	
	>1.0	90~110	硫酸亚铁铵滴定法
总铅	≤0.05	80~120	石墨炉原吸法
	0.05~1.0	85~115	双硫腙光度法
	>1.0	90~110	火焰原吸法
总氰化物	≤0.05	85~115	异烟酸-吡唑啉酮光度法；吡啶-巴比妥酸光度法
	0.05~0.5	90~110	
	>0.5	90~110	硝酸银滴定法
挥发酚	≤0.05	85~115	4-氨基安替比林光度法
	0.05~1.0	90~110	
	>1.0	90~110	

续表

项目	样品含量范围/(mg/L)	加标回收率/%	适用的监测分析方法
阴离子表面活性剂	≤0.2	80~120	亚甲蓝分光光度法
	0.2~0.5	85~115	
	0.5	85~110	
总硬度	<50	90~110	EDTA 滴定法
	>50	95~105	

② 综合性评价见表 8-6。

表 8-6　水质监测实验室质量控制综合性评价

样品	回收率/%	样品	回收率/%
一般样品	90~110	有机样品浓度在 mg/L 级	70~120
废水样品	70~130	有机样品浓度在 μg/L 级	50~120
痕量有机污染物	60~140		

(2) 土壤(含农林业土壤)、底质、固体废物、污泥、生活垃圾和危险废物。标准参考:《土壤环境监测技术规范》(HJ/T 166)(表 8-7)。

表 8-7　土壤监测实验室质量控制指标

项目	样品含量范围/(mg/L)	加标回收率/%	适用的监测分析方法
镉	<0.1	75~110	原子吸收光谱法
	0.1~0.4	85~110	
	>0.4	90~105	
汞	<0.1	75~110	原子荧光法
	0.1~0.4	85~110	
	>0.4	90~105	
砷	<10	85~105	原子荧光法;分光光度法
	10~20	90~105	
	>20	90~105	
铜	<20	85~105	原子吸收光谱法
	20~30	90~105	
	>30	90~105	

续表

项目	样品含量范围/(mg/L)	加标回收率/%	适用的监测分析方法
铅	<20	80~110	原子吸收光谱法
	20~40	85~110	
	>40	90~105	
铬	<50	85~110	原子吸收光谱法
	50~90	85~110	
	>90	90~105	
锌	<50	85~110	原子吸收光谱法
	50~90	85~110	
	>90	90~105	
镍	<20	80~110	原子吸收光谱法
	20~40	85~110	
	>40	90~105	

(3) 大气降水(表8-8)。

表 8-8　大气降水监测实验室质量控制指标

项目	样品含量范围/(mg/L)	加标回收率/%	适用的监测分析方法
pH	1~14(无量纲)		玻璃电极法
SO_4^{2-}	1~10	80~120	离子色谱法
	10~100	85~115	
NO_3^-	<0.5	80~120	离子色谱法
	0.5~4.0	85~115	
Cl^-	1~50	80~120	离子色谱法
$NH_4{}^-$	0.1~1.0	90~110	纳氏试剂光度法
	>1.0	90~110	
K^+、Na^+、Ca^{2+}、Mg^{2+}	1~10	80~120	原子吸收分光光度计
F^-	10~100	85~115	离子色谱法

8.5　试剂耗材验收

实验室的工作是环境管理的重要环节之一，对高效开展污染防治具有深远影

响。其中，实验室试剂和耗材种类繁多，质量水平可直接影响实验结果。因此，试剂和耗材作为影响实验室检测结果的重要因素之一，相关工作人员应严格遵守《检验检测机构资质认定能力评价　检验检测机构通用要求》（RB/T 214—2017）等相关规定，明确试剂和耗材采购、验收及存储的具体要求，切实保障试剂和耗材质量，保证实验室分析检测结果的准确性。

在实验室试剂和耗材质量验收前期，相关工作人员需做好试剂和耗材供应商综合评价工作。但由于不同供应厂家或不同生产批次中的试剂与耗材质量存在一定差异性，因此需选择信誉度更高、具有良好的服务能力及质量管理能力的供应商。不仅如此，同时也需站在经济利益最大化目标上与供应商进行深入磋商，以更好的降低实验室试剂和耗材成本，确保检测实验工作的顺利开展。

8.5.1　试剂和耗材验收周期、内容及方式

依据国家针对检验检测工作颁布的《检验检测机构资质认定能力评价　检验检测机构通用要求》（RB/T 214—2017）等明文规定，实验室试剂和耗材质量验收分为外观验收及质量验收两部分，需要相关工作人员结合检测标准要求，明确能够影响实验检测结果的试剂及耗材，从根本上提升实验结果的准确性。

8.5.1.1　验收周期

（1）进行入库登记后；

（2）更换试剂或耗材厂家时；

（3）每批次新到货时。

8.5.1.2　验收内容

（1）外观验收，包括但不仅限于以下内容：

① 是否具备生产厂家出具的质量保证书；

② 需入库的试剂和耗材数量是否与发货清单一致；

③ 包装密封性，是否破损、泄漏，标签、标识是否清晰；

④ 物理性质与瓶贴描述是否一致；

⑤ 是否有贮存条件；

⑥ 是否在有效期内；

⑦ 纯度级别是否符合采购要求。

（2）技术验收：是否满足方法中用水级别要求；是否满足方法空白信号（如吸光度、峰面积等）要求；是否满足方法检出限、精密度和准确度要求；是否满足标准曲线的斜率和截距要求等。

8.5.1.3 验收方式

（1）试剂验收：实验室多采用分析试剂空白等方式进行验收；

（2）耗材验收：通过内部校准和分析耗材本底值等方式进行验收。

8.5.2 试剂和耗材质量验收范围

根据检验检测能力及要求，明确实验室试剂和耗材质量验收范围。通常情况下，质量验收范围主要包括对检测结果具有直接影响、在检测分析方法中具有明确要求、空白值及波动较大的试剂与耗材等。

8.5.3 验收记录

实验室试剂和耗材的验收记录需包括生产厂家、批号、性能及评价等。

表8-9、表8-10列举了目前在环境检测实验室中常用试剂及耗材的验收要求。

表 8-9 部分试剂验收情况描述

试剂种类	验收项目	结果要求	标准方法
纳氏试剂	氨氮	试剂空白的吸光度不超过0.030(10mm比色皿)	HJ 535—2009
四氯乙烯	石油类和动植物油	2930cm^{-1}、2960cm^{-1}、3030cm^{-1}处吸光度应分别不超过0.34、0.07、0	HJ 637—2018
四氯化碳	可回收石油烃（石油溶剂）	空白测定结果低于标准方法检出限	GB 5085.6—2007
氢氧化钠	总氮	含氮量小于0.0005%	HJ 636—2012
过硫酸钾			
硝酸	金属元素	空白测定结果低于标准方法检出限	HJ 776—2015
高氯酸			
丙酮	多环芳烃	多环芳烃测定结果低于标准方法检出限	HJ 478—2009
一级纯水	电导率、吸光度、可溶性硅	电导率≤0.01mS/m、吸光度≤0.001、可溶性硅≤0.01mg/L	GB/T 6682—2008
二级纯水	电导率、可氧化物质含量、吸光度、蒸发残渣、可溶性硅	电导率≤0.10mS/m、可氧化物物质含量≤0.08mg/L、吸光度≤0.01、蒸发残渣≤1.0mg/L、可溶性硅≤0.01mg/L	

表 8-10　部分耗材验收情况描述

耗材种类	验收项目	结果要求	标准方法
聚氟乙烯气袋	非甲烷总烃	总烃测定结果低于标准方法检出限	HJ 604—2017
玻璃纤维滤膜	多环芳烃	多环芳烃测定结果低于标准方法检出限	HJ 647—2013
PUF(聚氨酯泡沫)			
玻璃纤维滤筒	硫酸雾	空白结果低于标准方法检出限	HJ 544—2016

8.5.4　应用示例

8.5.4.1　试剂验收

（1）氢氧化钠、过硫酸钾：

① 验收依据：《水质　总氮的测定　碱性过硫酸钾消解紫外分光光度法》(HJ 613—2012)；

② 适用范围：分析总氮时所使用的氢氧化钠和过硫酸钾试剂含氮量(以 N 计)的测定方法，其他项目使用该试剂时，以分析方法为准；

③ 验收操作步骤：

氢氧化钠含氮量检验的试样：将装有氢氧化钠样品溶液、标准溶液和空白溶液的消解瓶中各加入 10mL 过硫酸钾溶液(30g/L)，加塞后用纱布和线绳扎紧，待测；

过硫酸钾含氮量检验的试样：在装有过硫酸钾样品溶液、标准溶液和空白溶液的消解瓶中各加入 10.0mL 氢氧化钠溶液(100g/L)，加塞后用纱布和线绳扎紧，待测；

将上述消解瓶置于高压蒸汽灭菌器中加热至 120℃ 开始计时，保持温度在 120~124℃之间 40min，关闭电源，冷却至室温；取出消解瓶后，用硫酸溶液调节 pH 值至 12.6±0.2，分别转移至 100mL 容量瓶，用水冲洗消解瓶并将冲洗液移入容量瓶中，摇动容量瓶直至无气泡产生，用水稀释至标线；从容量瓶中分别取 10.00mL 溶液至 3 支试管中，加入 1.0mL 硫酸铜/硫酸锌溶液摇匀；向试管中分别加入 1.0mL 硫酸肼溶液(0.7g/L)摇匀，将试管置于(35±1)℃的水浴中，保持 2h；从水浴中取出试管后，加入 1.0mL 磺胺溶液(10g/L)，立刻摇匀；将试管静置 5min 后，分别加入 1.0mL *N*-1-奈乙二胺盐酸盐溶液(1g/L)，摇匀，静置 20min；用 10mm 比色皿于波长 540nm 处以氢氧化钠空白溶液为参比，测定氢氧化钠样品溶液和氢氧化钠标准溶液的吸光度，分别记为 A_1 和 A_2；以过硫酸钾空白溶液为参比，测定过硫酸钾样品溶液和过硫酸钾标准溶液的吸光度，分别记为

A_3和A_4。

④ 结果计算与表示：若$A_1 \leqslant (A_2-A_1)$，则氢氧化钠含氮量小于0.0005%；若$A_3 \leqslant (A_4-A_3)$，则过硫酸钾含氮量小于0.0005%，即视为验收合格。

（2）四氯乙烯：

① 验收依据：《水质　石油类和动植物油的测定　红外分光光度法》(HJ 637—2018)；

② 验收操作步骤：四氯乙烯需避光保存，以干燥4cm空石英比色皿为参比，在2800～3100cm^{-1}之间使用4cm石英比色皿测定四氯乙烯，2930cm^{-1}、2960cm^{-1}、3030cm^{-1}处吸光度应分别不超过0.34、0.07、0。

（3）4-氨基安替比林：

① 验收依据：《水质　挥发酚的测定　4-氨基安替比林分光光度法》(HJ 503—2009)

② 验收操作步骤：4-氨基安替比林的质量直接影响空白试验的吸光度值和测定结果的精密度。必要时，可按下述步骤进行提纯：将100mL配制好的4-氨基安替比林溶液置于干燥烧杯中，加入10g硅镁型吸附剂(弗罗里硅土，60～100目，600℃烘制4h)，用玻璃棒充分搅拌，静置片刻，将溶液在中速定量滤纸上过滤，收集滤液，置于棕色试剂瓶内，于4℃下保存。

8.5.4.2　耗材验收

（1）容量瓶：

① 验收方式一：委托有检定校准资质的机构进行定期校准检定；

② 验收方式二：内部校准，对清洗干净并经干燥处理过得被校容量瓶进行称量，称得空容量瓶质量。注纯水至被校容量瓶标线处，称得纯水质量。将温度计插入到被校容量瓶中，测得纯水温度，读数应准确到0.1℃。重复称量6次，计算出被校容量瓶的容许误差。

（2）移液器：

① 验收方式一：委托有检定校准资质的机构进行定期校准检定；

② 验收方式二：内部校准，将称量杯放入电子天平中，待天平显示稳定后，归零，将移液器容量调至被校点。垂直地握住移液器，将按钮旋到被校点，将吸液嘴浸入装有纯水的容器内，并保持液面下2～3mm处，缓慢放松按钮，等待1～2s后离开液面，擦干吸液嘴外的液体(此时不能碰到流液口，以免将吸液嘴内的液体带走)。从电子天平中取出称量杯，将吸液嘴流液口靠在称量杯内壁与其形成45°，缓慢地将按钮摁到第一停止点，等待1～2s，再将按钮完全摁下，再将吸液嘴沿着称量杯的内壁向上移开。将量杯放到天平上，记录此时天平显示的数值，同时测量并记录纯水的温度，读数应准确到0.1℃。重复称量6次，计算移

液器容量允许误差和移液器容量重复性。

（3）玻璃纤维滤筒（膜）：

① 验收依据一：《固定污染源废气　硫酸雾的测定　离子色谱法》（HJ 544—2016）

新购入的玻璃纤维滤筒（膜）将其放入 100mL 比色管内，加纯水，定容至刻度线（需浸没滤筒或滤膜），再将比色管放入超声波清洗器中，超声 45min，混匀后，将浸出液经 0.45μm 水系微孔滤膜过滤器过滤至洁净的容器中，并测定其浓度值，测定值低于方法测定下限即视为合格；

若玻纤滤筒空白值高于检出限，用纯水反复浸洗滤筒，将滤筒装入盛有纯水的大烧杯，用石蜡封口膜或表面皿盖好烧杯，放入超声波清洗器中清洗 10min，然后测定浸泡水的电导率，电导率值应小于 3.0mS/m，否则重复上述步骤，将洗涤完毕的滤筒放在滤筒架上，置于干燥箱中常温晾干，干燥后放入滤盒中备用。

② 验收依据二：《环境空气和废气　气相和颗粒物中多环芳烃的测定　高效液相色谱法》（HJ 647—2013）

用铝箔将滤膜包好，并留有开口，放入马弗炉中 400℃下加热 5h，并注意滤膜不能有折痕。处理好的滤膜用铝箔包好密封保存，从每批处理的滤膜中抽样进行多环芳烃类空白实验。

（4）金属滤筒：

① 验收依据：《固定污染源废气　油烟和油雾的测定　红外分光光度法》（HJ 1077—2019）；

② 新购置金属滤筒或采集高浓度油烟（油雾）的滤筒，需用溶剂或洗涤剂洗涤。当用洗涤剂洗涤时，需用纯水将洗涤剂冲洗干净，并烘干。除用溶剂或洗涤剂外，还可将滤筒在 400℃下灼烧 1h，去除油污染。处理后的滤筒测定值低于方法检出限后方可使用。

8.5.4.3　实验室用水验收

（1）验收依据：《分析实验室用水规格和试验方法》（GB/T 6682—2008）；

（2）验收项目：pH 值、电导率、可氧化物质、吸光度、蒸发残渣、可溶性硅；

（3）特别说明：若分析标准中对实验室用水有特殊要求，应以分析标准为准。

8.6　人员培训、考核与监督

8.6.1　人员培训

8.6.1.1　培训总要求

新进人员或换岗人员上岗之前，应接受有关培训，经考核合格后方可上岗从事相应岗位的工作；

对已取得上岗证的人员，以适应知识和技能的不断更新，进一步提高人员的技术水平和工作能力。

8.6.1.2 培训计划的制定

（1）培训计划应与当前的或预期的检测业务相适应。

（2）年度培训计划以岗位培训为主。

8.6.1.3 培训的内容及组织形式

（1）教育、培训应考虑业务知识、检测技能不断更新，检测工作适应先进科学技术发展，培训内容可包括：国家有关认证/认可、计量等法律法规；认证/认可准则；质量体系与管理；检测方法（含前处理方法）；质量控制方法；有关化学安全和防护、救护知识；仪器设备如色谱、光谱、质谱等的原理、操作和维护知识；数据处理技术，统计技术，计量理论等；

（2）培训组织形式：内部培训和外部培训。

8.6.1.4 培训效果评价

（1）内部培训结束后，适时进行有效性评价，评价方式可包括：笔试、提问、操作考核或在体系运行工作中的表现等。

（2）外部培训结束后，培训人员持相关证明材料（如合格证书等），另建议培训人员培训后至机构组织分享会，将所学与其他员工一同分享。

8.6.2 人员考核

8.6.2.1 被考核对象

从事采样、分析的人员，包含前处理人员。

8.6.2.2 考核方式

内部考核（含理论考核和操作考核）或外部考核（参加外部单位考核）。

8.6.2.3 上岗证制作

内部上岗证内容可包括但不限于：姓名、职称、部门、出生年月、考核形式、考核项目（包含前处理内容）、考核结论、考核日期、考核有效期等。

外部上岗证由发证单位负责制作。

8.6.2.4 检测人员授权

对考核通过的人员进行授权。

8.6.2.5 未上岗人员参与检测

未取得上岗证的检测人员若要参与检测，必须在持证人员的指导下进行，其

检测数据质量由指导其工作的持证者负责。

8.6.3　人员监督

8.6.3.1　质量监督员选择

质量监督员应熟悉检验检测方法、程序、目的和结果评价。

8.6.3.2　被监督对象

所有检测人员包括实习人员。

8.6.3.3　监督时机

被授权之前。

8.6.3.4　监督计划制定

监督计划包括监督方式、监督时间、监督内容、监督对象、监督员及监督有效性评价等，监督计划要全覆盖所有需要被监督的人员。

8.6.3.5　监督方式

监督方式可以包括但不限于口试、笔试、操作演示、现场见证、样品考核、结果评价等。

8.6.3.6　监督内容

监督内容可包括人员、仪器、样品、方法、环境等各个环节。

8.6.3.7　监督结果处理

质量监督员将监督中发现的情况及时与检测人员沟通，确保其检测人员的能力保持或提升及按照管理体系的要求进行工作，发现严重问题时有权要求停止检测，并提出不符合项要求整改。

8.6.4　材料归档

人员培训、考核及监督材料均要按要求进行归档，保存期限至少至人员离职后 6 年。

8.7　仪器检定校准与期间核查

8.7.1　仪器设备校准与检定

8.7.1.1　校准

（1）校准的定义：校准是指在规定条件下，为确定测量装置或测量系统所指示的量值，或实物量具或参考物质所代表的量值，与对应的由标准所复现的量值之间关系的一组操作。

（2）校准的目的：

① 确定示值误差是否在预期的允差范围之内；

② 得出标称值偏差的报告值，可调整测量器具或对示值加以修正；

③ 给任何标尺标记赋值或确定其他特性值，给参考物质特性赋值；

④ 确保测量器具给出的量值准确，实现溯源性。

（3）校准的依据是校准规范或校准方法，也可自行制定。

（4）校准的结果表示：校准的结果可记录在校准证书或校准报告中，也可用校准因数或校准曲线等形式表示校准结果。

8.7.1.2 检定

（1）检定的定义及检定对象：检定是指查明和确认计量器具是否符合法定要求的程序，它包括检查、加标记和出具检定证书。检定是法制计量工作中计量器具控制的重要组成部分，它的对象是法制管理范围内的计量器具。强制检定应由法定计量检定机构或者授权的计量检定机构执行。我国对社会公用计量标准以及部门和企业、事业单位的各项最高计量标准，也实行强制检定。这些构成了我国计量器具检定的对象。

（2）计量器具的法定要求：计量器具的法定要求分为计量要求、技术要求和行政管理要求，具体操作是对其进行计量检查、技术检查和行政检查，这三方面的检查也称为检定的三分量。

① 计量检查：确定计量器具的误差及其他计量特性，如测量不确定度、示值误差、准确度等级，稳定性、重复性和漂移，读数装置分辨力、分度值、电磁干扰敏感度等。

② 技术检查：为满足计量要求而必须具备的结构、安装要求，读数的可见性，是否存在欺骗的可能等。

③ 行政检查：包括标识、铭牌、型式批准、检定标记、许可证标记、有关证书及有效期、密封，锁定和其他计量安全装置的完整性、检定、修理和维护记录等。

（3）检定的依据：检定的依据是按法定程序审批公布的计量检定规程。在检定结果中，必须有合格与否的结论，并出具证书或加盖印记。从事检定的工作人员必须是经考核合格，持有国家注册计量师资格证。

8.7.1.3 校准和检定的主要区别

（1）校准不具法制性，是自愿溯源的行为；检定则具有法制性，是属法制计量管理范畴的执法行为。

（2）校准主要用以确定测量仪器的示值误差；检定是对测量器具的计量特性及技术要求符合性的全面评定。

（3）校准的依据是校准规范、校准方法，可做统一规定也可自行制定；检定的依据必须是检定规程。

（4）校准不判断测量器具合格与否，但需要时，可确定测量器具的某一性能是否符合预期的要求；检定要对所检的测量器具做出合格与否的结论。

（5）校准可以自校、外校或自校与外校结合；检定只能在规定的检定部门或经法定授权具备资格的组织进行。

（6）校准的对象是属于强制性检定之外的测量装置。检定的对象是我国计量法明确规定的强制检定的测量装置。

（7）校准周期由组织根据使用需要自行确定，可以定期、不定期或使用前进行。检定周期按我国法律规定的强制检定周期实施。

（8）校准是自行确定监视及测量装置量值是否准确。属于自下而上的量值溯源；检定是对计量特性进行强制性的全面评定，属于自上而下的量值溯源。

（9）校准结论属没有法律效力的技术文件；检定结论属具有法律效力的文件，作为计量器具或测量装置检定的法律依据。

8.7.1.4　检定与校准的实施

（1）制定检定与校准计划。测量仪器设备的检定或校准计划应从设备选择源头抓起，实验室在进行仪器设备选择时便要考虑如何才能满足测量不确定度的需要，包括控制使用环境、计量周期、期间核查、授权使用和正常维护等一整套控制措施，确保仪器设备能满足测量要求。

被列入了国家依法管理的计量器具目录的测量仪器需实施检定，其他测量仪器由实验室根据需要自行选择检定或校准。凡是对检测/校准的准确性有影响的测量仪器设备，即使是辅助测量仪器设备，均需列入计划。

对于实施检定的测量仪器设备，其检定周期在对应的计量检定规程中也有明确的规定。对于实施校准的测量仪器设备，校准周期无明确规定时，由实验室自行根据仪器状态或校准建议周期决定，具体可参考《测量设备校准周期的确定和调整方法指南》（RB/T 034）。

对于实施检定的测量仪器设备，其检定项目、检定方法在对应的计量检定规程中也有明确的规定，实验室只需提出执行计量检定规程的要求即可。对于实施校准的测量仪器设备，实验室要根据检测、校准工作的需求确定技术指标，包括量程、准确度等级等。

实验室制定的检定或校准计划应考虑到不同测量仪器设备具有不同的溯源方式，一部分可以内部校准，一部分可以使用外部校准/检定。当进行内部校准时，应符合国家有关的规定，并能证实其具备从事校准的能力，内部校准的方法必须形成文件并经过评审和确认，校准人员应经过必要的培训并获得相应的资格，可参照《内部校准要求》(CNAS-GL01-G004)实施。当实验室选择外部校准或检定的，应选择有资质的检定/校准机构。

(2) 检定或校准结果的确认及处理。对于实施检定的测量仪器设备，可直接从检定证书的结论，来确定仪器是否可以直接使用。对于实施校准的测量仪器设备，必须对校准数据进行分析，确认其是否满足实验室的使用要求，详细内容可参考《检测实验室仪器设备计量溯源结果确认指南》(RB/T 039)。只有确认符合要求的仪器设备，才能投入使用。校准数据的分析确认，示值误差是测量仪器设备最主要的计量特性之一，可作为重点考虑的因素。

8.7.2 期间核查

8.7.2.1 设备期间核查的一般要求

(1) 期间核查适用于所有设备，但不是所有设备均需要进行期间核查。当需要利用期间核查以保持对设备性能的准确性时，应基于风险管理策划制定期间核查方案并按照程序进行核查。确定设备是否需要进行期间核查需考虑以下因素：

① 检测/校准方法的要求；

② 设备的稳定性；

③ 设备的使用寿命和运行状况；

④ 设备的校准周期；

⑤ 设备历次校准的结果及变化趋势；

⑥ 质量控制结果；

⑦ 设备的使用范围(或参数)、使用频率和使用环境；

⑧ 设备的维护保养情况；

⑨ 是否具备实施期间核查的资源或配置期间核查资源的成本；

⑩ 测量结果的用途及风险大小。

(2) 对于实施期间核查的设备，实验室应根据检测/校准方法对设备的要求和风险的可接受程度对期间核查做出文件化规定，至少包括以下内容：

① 被核查对象的范围；

② 实施期间核查活动相关人员的职责和要求；

③ 实施期间核查的作业指导文件。

(3) 作业指导文件的内容应明确具体，便于操作人员的理解和实施，通常应包括以下内容：

① 被核查对象，包括设备的名称和型号等信息；

② 核查内容(设备具体的功能或计量特性)；

③ 核查标准，包括名称、唯一性编号、计量特性(如参考值和测量不确定度)等信息；

④ 核查的环境要求，确保环境条件不影响核查结果的有效性；

⑤ 核查步骤；

⑥ 核查频次；

⑦ 核查结果的判据及采取的应对措施；

⑧ 核查的记录表格。

(4) 必要时，期间核查作业指导文件在发布实施前，实验室应对其可行性和有效性进行确认。

(5) 期间核查记录应具有可追溯性，至少满足以下要求：

① 准确性：使用规范的术语、数据和计量单位；

② 原始性：记录实时、直接观察或读取的数据；

③ 完整性：记录应包含足量的信息，如被核查对象、核查项目、环境条件、核查标准、核查地点、核查数据及处理、核查结果判据及结果、核查人员、核查时间等信息。

8.7.2.2　期间核查的方法来源

期间核查并不是一次再校准，但校准的某些方法可用于期间核查，一般有以下几种具体方法来源：

(1) 检测标准中规定了核查方法。许多标准方法已经详细规定了校准等方法和要求，可以直接作为期间核查的方法。

(2) 仪器设备检定或校准规程。仪器设备检定或校准规程往往详细规定了整个检定过程，期间核查可以采用其中的需要核查部分。如果没有该类仪器设备的检定规程，还可以参照类似仪器检定规程。

(3) 仪器设备使用说明书或供应商提供的方法。一般实验室可将仪器设备按照功能等大致分类，每类设备由于功能相近，核查方法往往也相近，其作业指导书给出的总体原则，具体到每一个仪器设备的核查方法可以据此细化。

8.7.2.3　期间核查的方法及其判定原则

期间核查的方法及判定原则有多种，可根据实验室及其检定、校准、检测样品的特点，从测量设备的特性以及经济性、实用性、可靠性、可行性等方面综合考虑。要有一个核查标准用以对测量设备进行期间核查，核查标准的性能必须稳定，它可以是上一等级、下一等级或同等级计量标准、标准物质，也可以是准确度等级更高或较低的同类测量设备、实物样品等。主要方法有传递测量法、两台套设备比对法、多台套设备比对法、标准物质法、留样再测法、实物样件检查法、自带标样核查法、直接测量法、实验室间比对法、方法比对法等，具体可参考《测量设备期间核查的方法指南》(CNAS-GL042)。

8.7.2.4　核查结果处理及核查频次

(1) 当通过期间核查发现测量设备性能超出预期使用要求时，首先应立即停止使用并进行维修，在重新检定或校准表明其性能满足要求后方可投入使用；其次应立即采取适当的方法或措施，对上次核查后开展的检定、校准、检测工作进行追溯，以尽可能减少和降低设备失准而造成的风险，有效地维护实验室和客户的利益。

(2) 实验室应从自身资源、技术能力、测量设备的重要程度，以及追溯成本和可能产生的风险等因素，综合考虑期间核查的频次。

8.7.2.5　期间核查的管理

(1) 编制有关程序性文件，明确期间核查工作的职责分工、工作流程及要求，并明确期间核查不符合结果的处理。

(2) 编制年度的期间核查计划，期间核查计划应该包括仪器设备名称、型号规格、编号、期间核查的日期或频次、检查方法依据来源、执行人等。

(3) 编制《仪器设备期间核查记录表》，包括仪器设备名称和编号、核查所用仪器设备的名称和编号、核查环境条件、核查方式描述、核查数据记录和综合结论、核查人员及核查日期。

8.8　实验室内部比对

8.8.1　实验室内部比对的定义

在规定条件下，改变某一种实验条件，如分析人员、分析仪器、分析方法、分析时间等，其他条件都相同的情况下，对实验结果进行汇总、分析和评价。

8.8.2　实验室内部比对的意义

实验室内部比对试验是实验室质量控制和质量保证的重要措施，建立和实施实验室内部比对计划和程序，以确保实验室内部检验结果具有可比性。全面反映实验室的综合能力，包括实验室的操作人员水平、仪器设备状态、分析方法适用性、环境条件等。

8.8.3　人员比对

8.8.3.1　人员比对的形式内容

人员比对试验是指在相同的环境条件下，采用相同的分析方法、相同的仪器设备，由不同的检测人员对同一样品进行检测的试验。

当某项试验可由多人进行操作时，实验室可采用人员比对试验的方式进行内部质量控制，通过安排具体具有代表性的不同层次的两人或者多人展开，考核测试人员的能力水平，判断检测人员操作是否正确、熟练、用以评价人员对试验检测结果准确性、稳定性和可靠性的影响。

8.8.3.2　人员比对应用示例

作为实验室内部质量控制的手段、人员比对优先适用于以下情况：

（1）依靠检测人员主观判断的项目，例如生活饮用水中的嗅和味项目；

（2）在培员工和新上岗的员工；

（3）检测过程的关键控制点或关键控制环节；

（4）操作难度大的项目和或者样品；

（5）检测结果在临界值附近；

（6）新安装的设备；

（7）新开验的检测项目。

8.8.4　仪器比对

8.8.4.1　仪器比对的形式内容

仪器比对试验是指在相同的环境条件、相同的分析方法、由相同的检测人员采用不同的仪器设备对同一样品进行检测的试验。

当某项试验可由多种设备进行操作时，实验室可采用设备比对试验的方式进行内部质量控制，判断对测量准确度、有效性有影响的设备是否符合测量溯源性的要求，用以评价仪器设备对实验室检测结果准确性、稳定性和可靠性的影响。

8.8.4.2　仪器比对的应用示例

作为内部质量控制手段，设备比对试验优先适用于以下情况：

（1）新安装的设备；

（2）修复后的设备；

（3）检测结果出现在临界值附近的设备。

8.8.5 方法比对

8.8.5.1 方法比对的形式内容

方法比对试验是指在环境条件相同、由相同的人员采用不同的检测方法对同一样品进行检测的试验。

当某个检测项目可以由多种方法进行操作时，实验室可以采用方法比对进行内部质量控制，判断检测所遵循的标准或者方法是否被严格地理解和执行，用以评价检测方法对试验检测结果准确性、稳定性和可靠性的影响。

8.8.5.2 方法比对的应用示例

作为实验室内部质量控制的手段、方法比对优先适用于以下情况：

（1）实施的新标准或者新方法；

（2）引进的新技术、新方法和研制的新方法；

（3）已有的具有多个检验标准或方法的项目。

8.8.6 留样再测

8.8.6.1 留样再测的形式内容

留样再测是指在尽可能相同的环境条件下，采用相同的检测方法、相同的仪器设备，由相同的检测人员对已完成检测的样品在其留样保存期间进行再次检测的试验。

实验室通过留存样品的再次测量，比较分析上次测试结果与本次测试结果的差异，用以发现实验室因偶然因素对实验室检测结果准确性、稳定性和可靠性的影响。

8.8.6.2 留样再测的应用示例

作为内部质量控制手段，留样再测可在下列情况采用：

（1）验证检测结果的准确性；

（2）验证检测结果的重复性；

（3）对留存样品特性的监控。

8.8.7 实验室内部比对计划的制定、实施与评价

8.8.7.1 实验室内部比对计划的制定

实验室制定年度内部质量控制计划，其中应包括实验室内部比对，相关人员根据计划实施比对试验。参与实验室内部比对计划制定的人员包括熟悉实验室质量管理、检测方法和统计学等方面工作的技术人员，必要时，可以成立比对实验

技术小组，负责比对方案的设计，实施的监督以及对比对操作过程进行指导。

实验室内部比对计划一般包括比对形式、检测项目、检测方法、仪器设备、实施部门、实施时间、实施人员等。

8.8.7.2　实验室内部比对计划的实施

用于比对实验的样品需满足以下要求：

（1）样品具备充分的均匀性和稳定性，在适合的条件下保存；

（2）样品的数量应能够满足所有测试项目的要求，必要时要留出附加测试的样品；

（3）样品的制备应有文件化处理程序，在使用前应对样品进行确认。

比对试验的样品可分为阴性样品和阳性样品。对于阳性样品，可通过以下途径获得：

① 自制样品。在对样品制备方式了解的情况下，实验室可以利用自有的仪器设备进行简单样品的制备，也可以合作制备。无论采用哪种制备方式，制备的样品都应经过抽样检验评价其均匀性和稳定性，证实其可用于比对试验。

② 阳性留样。在日常检测过程中遇到的阳性样品，可以根据样品和目标检测项目的性质，选择是否将该样品留存并用于比对试验。

运用此类样品进行比对试验时，应确认此类样品在上次检测完成后一直处于符合要求的妥善保存状态，并通过技术人员评估或样品评价等有效的手段确证其中被分析物的成分和含量没有发生变化。

③ 标准样品或质控样品。有证标准物质、参加实验室间比对或能力验证活动剩余的比对样品以及实验室质控样品，通常均匀性比较好，且具有指定的参考值和测量不确定度。因此，这类样品只要确认其一直处于符合要求的妥善保存状态，均可用作比对试验样品。

④ 加标样。同时在一系列称取好的样品中分别添加适当浓度的标准物质。添加的过程应独立于检测过程，添加的人员应为有经验的技术人员，添加的浓度应适合比对试验的目的，添加的体积应准确、少量，添加后的样品应在适当的条件下进行一定时间的放置。

实施过程的注意事项：

（1）实验室开展比对试验进行内部质量控制时，应确认其环境条件不会对所要求的检测质量产生不良影响。

（2）实验室开展比对试验进行内部质量控制时，应确认用于检测的对结果准确性或有效性有显著影响的所有设备，包括辅助测量设备（例如用于测量环境条件的设备），经过校准并通过有效的期间核查保持其校准状态的置信度。

（3）参与比对试验的人员，应按检测方法的要求进行测试，如实记录试验结果及相关信息，提交检测报告和原始记录。

（4）当试验过程中出现可能影响比对试验结果统计分析的意外情况时，比对试验负责人应及时分析各种因素，与检测人员进行充分协调，并做出继续按原试验方案进行或修改原试验方案、执行新方案的决定。

8.8.7.3 实验室内部比对的评价

当实验室采取有证物质进行比对时，首先测量值必须在有证标准物质证书标示的“标准值±不确定度”范围内，再比对结果偏差是否符合方法标准要求；当实验室采取样品比对(样品无标准值)核实准确性时，可以通过加标试验使得准确度得到保证的前提下，再比对结果偏差是否符合方法标准要求。

质量监督员协助检测人员查找根本原因并针对性地采取纠正措施，积极参加实验室间比对，以提高实验室技术水平。

参 考 文 献

[1] 周进．标准物质/标准样品的管理和质量控制措施探究[J]．质量管理与监督，2019，(03)：166-167

[2] 刘曼曼，吴宏萍，吴丽华，等．标准物质基础知识及使用[J]．酿酒，2020，47(06)：88-90

[3] 赵艳，李娜，谢艳艳，等．标准物质及其在分析测试中的重要作用[J]．检测认证，2019(10)：185-190

[4] 荆新艳，李萍，杨学林，等．国内标准物质概况及重点领域发展现状[J]．化学分析计量，2017，26(6)：120-124

[5] 吴邦灿，李国刚，刑冠华主编．环境检测质量管理[M]．北京：中国环境科学出版社，2011

[6] 刘崇华，董夫银主编．化学检测实验室质量控制技术[M]．北京：化学工业出版社，2013

[7] 中国合格评定国家认可委员会．CNAS-CL01-A002 检测和校准实验室能力认可准则在化学检测领域的应用说明[S]．2020

[8] 中国合格评定国家认可委员会．CNAS-GL035 检测和校准实验室标准物质/标准样品验收和期间核查指南[S]．2020

[9] 生态环境部．《土壤环境监测分析方法》[J]．中国环境出版社，2019

[10] 辽宁省环境监测中心．HJ 535—2009 水质　氨氮的测定　纳氏试剂分光光度法[S]．北京：中国环境科学出版社，2009

[11] 北京市环境保护监测中心．HJ 549—2016 环境空气和废气　氯化氢的测定　离子色谱法[S]．北京：中国环境出版社，2016

[12] 中国合格评定国家认可委员会．CNAS-CL01-A002：2018 检测和校准实验室能力认可准则在化学检测领域的应用说明[S]．2018

[13] 国家环境保护总局．HJ 166—2004 土壤环境监测技术规范[S]．2004

[14] 中国生态环境部 . HJ 168—2020 环境监测分析方法标准制订技术导则[S]. 2020

[15] 国家环境保护总局 . 水和废水监测分析方法(第四版　增补版)[S]. 北京：中国环境科学出版社，2002

[16] 江苏省环境监测中心 . 苏环监测[2006]60 号《关于印发<江苏省日常环境监测质量控制样采集、分析控制要求>的通知》[S]. 2006

[17] 杭州市环境保护监测站 . GB/T 7480—1987. 水质　硝酸盐氮的测定　酚二磺酸分光光度法[S]. 北京：中国环境科学出版社，1987

[18] 中国环境监测总站 . GB/T 7484—1987. 水质　氟化物的测定　离子选择电极法 . [S]. 北京：中国环境科学出版社，1987

[19] 大连市环境监测中心 . HJ 503—2009. 水质　挥发酚的测定　4-氨基安替比林分光光度法 . [S]. 北京：中国环境科学出版社，2009

[20] 国家环境保护总局水和废水监测分析方法编委会 . 水和废水监测分析方法(第四版)[S]. 北京：中国环境科学出版社，2002

[21] 南京市环境监测中心站 . 中国环境监测总站 . HJ/T 166—2004. 土壤环境监测技术规范[S]. 北京：中国环境科学出版社，2004

[22] 广东省环境监测中心 . HJ 637—2018 水质　石油类和动植物油类的测定　红外分光光度法[S]. 北京：中国环境科学出版社，2018

[23] 大连市环境监测中心 . HJ 636—2012 水质　总氮的测定　碱性过硫酸钾消解紫外分光光度法[S]. 北京：中国环境科学出版社，2012

[24] 辽宁省大连生态环境监测中心 . HJ 1077—2019 固定污染源废气　油烟和油雾的测定　红外分光光度法[S]. 北京：中国环境科学出版社，2019

[25] 北京市环境保护监测中心 . HJ 544—2016 固定污染源废气　硫酸雾的测定　离子色谱法[S]. 北京：中国环境出版社，2016

[26] 沈阳市环境监测中心站 . HJ 647—2013 环境空气和废气　气相和颗粒物中多环芳烃的测定　高效液相色谱法[S]. 北京：中国环境出版社，2013

[27] 国家质量监督检验检疫总局 . JJG 646—2006 移液器检定规程[S]. 北京 . 中国质检出版社，2007

[28] 国家质量监督检验检疫总局 . JJG 196—2006 常用玻璃量器检定规程[S]. 北京 . 中国质检出版社，2007

[29] 国家质量监督检验检疫总局《检验检测机构资质认定管理办法》(第 163 号)

[30] 中国合格评定国家认可委员会 . CNAS-CL01：2018 检测和校准实验室能力认可准则[S]. 2018

[31] 中国合格评定国家认可委员会 . CNAS-CL01-G001：2018CNAS-CL01〈检测和校准实验室能力认可准则〉应用要求[S]. 2018

[32] 国家市场监督管理总局，中华人民共和国生态环境部 .《检验检测机构资质认定　生态环境监测机构评审补充要求》国市监检测【2018】245 号[S]. 2018

[33] 中国国家认证认可监督管理委员会 . RB/T 214—2017 检验检测机构资质认定能力评价　检验检测机构通用要求[S]. 2017

[34] 中国国家认证认可监督管理委员会 . RB/T 041—2020 检验检测机构管理和技术能力评价 生态环境监测要求[S]. 2020
[35] JJF 1001—2011 通用计量术语及定义[S]
[36] 国家认证认可监督管理委员会 . RB/T 039—2020 检测实验室仪器设备计量溯源结果确认指南[S]
[37] 中国合格评定国家认可委员会 . CNAS-GL 042 测量设备期间核查的方法指南[S]
[38] 国家认证认可监督管理委员会 . RB/T 034—2020 测量设备校准周期的确定和调整方法指南[S]
[39] 余定华，王益民 . 实验室测量仪器设备的检定和校准[J]. 铁道技术监督，2014，42(001)：9-11

附　　录

附录一　前处理技术(无机检测部分)

序号	领域	标准方法名称	涉及前处理技术章节
1	水和废水(含大气降水)	《水质　悬浮物的测定　重量法》(GB/T 11901—1989)	5.6 过滤、5.11 干燥
2		《水质　石油类和动植物油类的测定红外分光光度法》(HJ 637—2018)	5.6 过滤、5.15 液液萃取、5.18 干扰消除
3		《水质 pH 值的测定　电极法》(HJ 1147—2020)	5.1 直接测定、5.5 搅拌
4		《水质　全盐量的测定　重量法》(HJ/T 51—1999)	5.10 加热蒸发、5.11 干燥、5.18 干扰消除
5		《水质　石油类的测定　紫外分光光度法(试行)》(HJ 970—2018)	5.6 过滤、5.15 液液萃取、5.18 干扰消除
6		《水质　氨氮的测定　纳氏试剂分光度法》(HJ 535—2009)	5.2 显色反应、5.4 蒸馏、5.8 沉淀、5.18 干扰消除
7		《水质　无机阴离子(F^-、Cl^-、NO_2^-、Br^-、NO_3^-、PO_4^{3-}、SO_3^{2-}、SO_4^{2-})的测定　离子色谱法》(HJ 84—2016)	5.1 直接测定、5.6 过滤、5.18 干扰消除
8		《水质　硝酸盐氮的测定　紫外分光光度法(试行)》(HJ/T 346—2007)	5.5 搅拌、5.7 离心、5.8 沉淀、5.16 离子交换、5.18 干扰消除
9		《水质　总磷的测定　钼酸铵分光光度法》(GB/T 11893—1989)	5.2 显色反应、5.3 消解、5.6 过滤、5.18 干扰消除
10		《水质　总氮的测定　碱性过硫酸钾消解紫外分光光度法》(HJ 636—2012)	5.3 消解、5.18 干扰消除
11		《水质　色度的测定　稀释倍数法》(HJ 1182—2021)	5.1 直接测定

续表

序号	领域	标准方法名称	涉及前处理技术章节
12	水和废水（含大气降水）	《水质　氟化物的测定　离子选择电极法》(GB/T 7484—1987)	5.1 直接测定、5.4 蒸馏、5.18 干扰消除
13		《水质　氯化物的测定　硝酸银滴定法》(GB/T 11896—1989)	5.6 过滤、5.8 沉淀、5.18 干扰消除
14		《水质　氰化物的测定　容量法和分光光度法》(HJ 484—2009)	5.2 显色反应、5.4 蒸馏、5.18 干扰消除
15		《水质　浊度的测定　浊度计法》(HJ 1075—2019)	5.1 直接测定
16		《水质　化学需氧量的测定　重铬酸盐法》(HJ 828—2017)	5.3 消解、5.18 干扰消除
17		《水质　挥发酚的测定　4-氨基安替比林分光光度法》(HJ 503—2009)	5.2 显色反应、5.4 蒸馏、5.15 液液萃取、5.18 干扰消除
18		《水质　可吸附有机卤素(AOX)的测定　离子色谱法》(HJ/T 83—2001)	5.1 直接测定、5.6 过滤、5.17 燃烧
19		《水质　总有机碳的测定　燃烧氧化-非分散红外吸收法》(HJ 501—2009)	5.1 直接测定、5.17 燃烧
20		《水质　阴离子表面活性剂的测定　亚甲蓝分光光度法》(GB/T 7494—1987)	5.15 液液萃取、5.18 干扰消除
21		《水质　硫化物的测定　亚甲基蓝分光光度法》(GB/T 16489—1996)	5.2 显色反应、5.9 酸化-吹气-吸收、5.18 干扰消除
22		《水质　六价铬的测定　二苯碳酰二肼分光光度法》(GB/T 7467—1987)	5.1 直接测定、5.2 显色反应、5.3 消解、5.18 干扰消除、5.6 过滤
23		《水质　甲醛的测定　乙酰丙酮分光光度法》(HJ 601—2011)	5.2 显色反应、5.4 蒸馏、5.18 干扰消除
24		《水质　细菌总数的测定　平皿计数法》(HJ 1000—2018)	5.18 干扰消除、6.1 清洗、6.2 微生物消毒灭菌、6.3 培养基的选择和配制、6.4 样品稀释、6.5 接种 6.6 培养
25		《大气降水　电导率的测定方法》(GB/T 13580.3—1992)	5.1 直接测定

续表

序号	领域	标准方法名称	涉及前处理技术章节
26	水和废水（含大气降水）	《水质　总大肠菌群、粪大肠菌群和大肠埃希氏菌的测定　酶底物法》(HJ 1001—2018)	5.18 干扰消除、6.1 清洗、6.2 微生物消毒灭菌、6.3 培养基的选择和配制、6.4 样品稀释、6.5 接种、6.6 培养
27		《生活饮用水标准检验方法　微生物指标》(GB/T 5750.12—2006)	6.1 清洗、6.2 微生物消毒灭菌、6.3 培养基的选择和配制、6.4 样品稀释、6.5 接种、6.6 培养
1	土壤和沉积物	《土壤　干物质和水分的测定　重量法》(HJ 613—2011)	5.11 干燥
2		《土壤　pH 的测定　电位法》(HJ 962—2018)	5.5 搅拌、5.13 浸出
3		《土壤总磷的测定　碱熔-钼锑抗分光光度法》(HJ 632—2011)	5.2 显色反应、5.3 消解、5.7 离心
4		《土壤　水溶性氟化物和总氟化物的测定　离子选择电极法》(HJ 873—2017)	5.3 消解、5.5 搅拌、5.7 离心、5.14 超声提取
5		《土壤质量　全氮的测定　凯氏法》(HJ 717—2014)	5.3 消解、5.4 蒸馏
6		《土壤和沉积物挥发酚的测定 4-氨基安替比林分光光度法》(HJ 998—2018)	5.2 显色反应、5.4 蒸馏、5.13 浸出、5.14 超声提取
7		《土壤　氨氮、亚硝酸盐氮、硝酸盐氮的测定　氯化钾溶液提取-分光光度法》(HJ 634—2012)	5.2 显色反应、5.7 离心、5.13 浸出、5.16 离子交换
8		《土壤　氰化物和总氰化物的测定　分光光度法》(HJ 745—2015)	5.2 显色反应、5.4 蒸馏
9		《土壤和沉积物　硫化物的测定　亚甲基蓝分光光度法》(HJ 833—2017)	5.2 显色反应、5.9 酸化-吹气-吸收
10		《土壤检测　第 6 部分：土壤有机质的测定》(NY/T 1121.6—2006)	5.3 消解
11		《土壤　有效磷的测定　碳酸氢钠浸提-钼锑抗分光光度法》(HJ 704—2014)	5.2 显色反应、5.6 过滤、5.13 浸出

续表

序号	领域	标准方法名称	涉及前处理技术章节
12	土壤和沉积物	《土壤　石油类的测定　红外分光光度法》(HJ 1051—2019)	5.6 过滤、5.13 浸出
13		《土壤检测　第 14 部分：土壤有效硫的测定》(NY/T 1121.14—2006)	5.5 搅拌、5.6 过滤、5.8 沉淀、5.13 浸出
14		《森林土壤　全硫的测定》(LY/T 1255—1999)	5.17 燃烧
1	固体废物	《固体废物　有机质的测定　灼烧减量法》(HJ 761—2015)	5.11 干燥、5.12 灼烧
2		《固体废物浸出毒性方法　醋酸缓冲溶液法》(HJ/T 300—2007)(7.1)	5.11 干燥、5.13 浸出
3		《固体废物　浸出毒性浸出方法　硫酸硝酸法》(HJ/T 299—2007)(7.1)	5.11 干燥、5.13 浸出
4		《固体废物　热灼减率的测定　重量法》(HJ 1024—2019)	5.11 干燥、5.12 灼烧
5	空气和废气(含室内空气)	《固定污染源废气　硫酸雾的测定　离子色谱法》(HJ 544—2016)	5.6 过滤、5.14 超声提取、5.18 干扰消除
6		《环境空气和废气　氨的测定　纳氏试剂分光光度法》(HJ 533—2009)	5.2 显色反应、5.18 干扰消除
7		《大气固定污染源　氟化物的测定　离子选择电极法》(HJ/T 67—2001)	5.1 直接测定、5.5 搅拌、5.14 超声提取
8		《空气质量　苯胺类的测定　盐酸萘乙二胺分光光度法》(GB/T 15502—1995)	5.2 显色反应
9		《环境空气　颗粒物中水溶性阴离子(F^-、Cl^-、Br^-、NO_2^-、NO_3^-、PO_4^{3-}、SO_3^{2-}、SO_4^{2-})的测定　离子色谱法》(HJ 799—2016)	5.6 过滤、5.14 超声提取
10		《居住区大气中硫化氢卫生检验标准方法　亚甲蓝分光光度法》(GB/T 11742—1989)	5.2 显色反应、5.18 干扰消除
11		《固定污染源排气中氰化氢的测定　异烟酸-吡唑啉酮分光光度法》(HJ/T 28—1999)	5.2 显色反应

续表

序号	领域	标准方法名称	涉及前处理技术章节
12	空气和废气（含室内空气）	《环境空气　二氧化硫的测定　甲醛吸收-副玫瑰苯胺分光光度法》(HJ 482—2009)	5.2 显色反应、5.7 离心、5.18 干扰消除
13		《空气质量　甲醛的测定　乙酰丙酮分光光度法》(GB/T 15516—1995)	5.2 显色反应、5.18 干扰消除
14		《环境空气　氮氧化物(一氧化氮和二氧化氮)的测定　盐酸萘乙二胺分光光度法》(HJ 479—2009)	5.2 显色反应、5.18 干扰消除
15		《固定污染源废气　油烟和油雾的测定　红外分光光度法》(HJ 1077—2019)	5.14 超声提取

附录二　前处理技术(有机检测部分)

序号	领域	标准	涉及章节
1	水和废水（含大气降水）	《水质　丙烯腈的测定　气相色谱法》(HJ/T 73—2001)	2.1 水样的保存及运输
2		《水质　苯系物的测定　气相色谱法》(GB/T 11890—1989)	3.1 液液萃取
3		《水质　苯系物的测定　顶空/气相色谱法》(HJ 1067—2019)	3.4 静态顶空及动态顶空
4		《水质　五氯酚的测定　气相色谱法》(HJ 591—2010)	3.1 液液萃取、3.14 常用浓缩技术、3.16 常用衍生化技术
5		《水质　阿特拉津的测定　高效液相色谱法》(HJ 587—2010)	3.1 液液萃取、3.14 常用浓缩技术
6		《环境　甲基汞的测定　气相色谱法》(GB/T 17132—1997)	5.13 浸出、7.4 液相微萃取
7		《水质　烷基汞的测定　气相色谱法》(GB/T 14204—1993)	3.1 液液萃取、5.6 过滤、5.7 离心
8		《水质　吡啶的测定　顶空/气相色谱法》(HJ 1072—2019)	3.4 静态顶空及动态顶空

续表

序号	领域	标准	涉及章节
9	水和废水（含大气降水）	《水质　吡啶的测定　气相色谱法》（GB/T 14672—1993）	3.4 静态顶空及动态顶空
10		《水质　苯胺类化合物的测定　*N*-(1-萘基)乙二胺偶氮分光光度法》(GB/T 11889—1989)	3.16 常用衍生化技术、5.2 显色反应
11		《水质　17 种苯胺类化合物的测定　液相色谱-三重四极杆质谱法》(HJ 1048—2019)	3.2 固相萃取、5.6 过滤
12		《水质　苯胺类化合物的测定　气相色谱-质谱法》(HJ 822—2017)	3.1 液液萃取、3.14 常用浓缩技术、3.15 常用净化技术
13		《水质　甲醛的测定　乙酰丙酮分光光度法》(HJ 601—2011)	3.16 常用衍生化技术、5.2 显色反应
14		《水质　挥发性石油烃(C_6-C_9)的测定　吹扫捕集气相色谱法》(HJ 893—2017)	3.4 静态顶空及动态顶空
15		《水质　可萃取性石油烃(C_{10}-C_{40})的测定　气相色谱法》(HJ 894—2017)	3.1 液液萃取、3.14 常用浓缩技术、3.15 常用净化技术
16		《水质　甲醇和丙酮的测定　顶空气相色谱法》(HJ 895—2017)	3.4 静态顶空及动态顶空
17		《水质　松节油的测定　气相色谱法》（HJ 696—2014）	3.1 液液萃取
18		《水质　松节油的测定　吹扫捕集/气相色谱-质谱法》(HJ 866—2017)	3.4 静态顶空及动态顶空
19		《水质　丙烯酰胺的测定　气相色谱法》（HJ 697—2014）	3.1 液液萃取、3.14 常用浓缩技术、3.15 常用净化技术、3.16 常用衍生化技术
20		《水质　百菌清和溴氰菊酯的测定　气相色谱法》(HJ 698—2014)	3.1 液液萃取、3.14 常用浓缩技术
21		《水质　百菌清及拟除虫菊酯类农药的测定　气相色谱-质谱法》(HJ 753—2015)	3.1 液液萃取、3.2 固相萃取、3.14 常用浓缩技术、3.15 常用净化技术

续表

序号	领域	标准	涉及章节
22	水和废水（含大气降水）	《水质　草甘膦的测定　高效液相色谱法》(HJ 1071—2019)	3.1 液液萃取、3.2 固相萃取、3.15 常用净化技术、3.16 常用衍生化技术、5.6 过滤
23		《水质　乙腈的测定　吹扫捕集/气相色谱法》(HJ 788—2016)	3.4 静态顶空及动态顶空
24		《水质　乙腈的测定　直接进样/气相色谱法》(HJ 789—2016)	5.6 过滤
25		《水质　乙撑硫脲的测定　液相色谱法》(HJ 849—2017)	3.1 液液萃取、5.6 过滤
26		《水质　硝磺草酮的测定　液相色谱法》(HJ 850—2017)	3.1 液液萃取、5.6 过滤
27		《水质　百草枯和杀草快的测定　固相萃取-高效液相色谱法》(HJ 914—2017)	3.2 固相萃取、3.14 常用浓缩技术、5.6 过滤
28		《水质　四乙基铅的测定　顶空气相色谱-质谱法》(HJ 959—2018)	3.4 静态顶空及动态顶空
29		《水质　灭多威和灭多威肟的测定　液相色谱法》(HJ 851—2017)	3.1 液液萃取、5.6 过滤
30		《水质　硝基苯类化合物的测定　气相色谱法》(HJ 592—2010)	3.1 液液萃取、3.14 常用浓缩技术
31		《水质　硝基苯类化合物的测定　液液萃取固相萃取-气相色谱法》(HJ 648—2013)	3.1 液液萃取、3.2 固相萃取、3.14 常用浓缩技术、3.15 常用净化技术
32		《水质　硝基苯类化合物的测定　气相色谱-质谱法》(HJ 716—2014)	3.1 液液萃取、3.2 固相萃取、3.14 常用浓缩技术、3.15 常用净化技术
33		《水质　氯苯的测定　气相色谱法》(HJ/T 74—2001)	3.1 液液萃取、3.14 常用浓缩技术
34		《水质　氯苯类化合物的测定　气相色谱法》(HJ 621—2011)	3.1 液液萃取、3.14 常用浓缩技术、3.15 常用净化技术

续表

序号	领域	标准	涉及章节
35	水和废水（含大气降水）	《水质　有机氯农药和氯苯类化合物的测定　气相色谱-质谱法》（HJ 699—2014）	3.1 液液萃取、3.2 固相萃取、3.14 常用浓缩技术、3.15 常用净化技术
36		《水质　酚类化合物的测定　液液萃取　气相色谱法》（HJ 676—2013）	3.1 液液萃取、3.14 常用浓缩技术
37		《水质　酚类化合物的测定　气相色谱-质谱法》（HJ 744—2015）	3.1 液液萃取、3.2 固相萃取、3.14 常用浓缩技术、3.16 常用衍生化技术
38		《水质　4 种硝基酚类化合物的测定　液相色谱-三重四极杆质谱法》（HJ 1049—2019）	3.15 常用净化技术
39		《水质　硝基酚类化合物的测定气相色谱-质谱法》（HJ 1150—2020）	3.1 液液萃取、3.2 固相萃取、3.14 常用浓缩技术、3.15 常用净化技术
40		《水质　卤代乙酸类化合物的测定　气相色谱法》（HJ 758—2015）	3.1 液液萃取、3.16 常用衍生化技术
41		《水质　亚硝胺类化合物的测定　气相色谱法》（HJ 809—2016）	3.1 液液萃取、3.14 常用浓缩技术、3.15 常用净化技术
42		《水质　六六六、滴滴涕的测定　气相色谱法》（GB/T 7492—1987）	3.1 液液萃取、3.14 常用浓缩技术、3.15 常用净化技术
43		《水质　有机磷农药的测定　气相色谱法》（GB/T 13192—1991）	3.1 液液萃取、3.14 常用浓缩技术
44		《水、土中有机磷农药的测定　气相色谱法》（GB/T 14552—2003）	3.1 液液萃取、3.6 振荡提取、3.14 常用浓缩技术、3.15 常用净化技术
45		《水质　多溴二苯醚的测定　气相色谱-质谱法》（HJ 909—2017）	3.1 液液萃取、3.14 常用浓缩技术、3.15 常用净化技术
46		《水质　挥发性卤代烃的测定　顶空-气相色谱法》（HJ 620—2011）	3.4 静态顶空及动态顶空
47		《水质　多氯联苯的测定　气相色谱-质谱法》（HJ 715—2014）	3.1 液液萃取、3.2 固相萃取、3.14 常用浓缩技术、3.15 常用净化技术

续表

序号	领域	标准	涉及章节
48	水和废水（含大气降水）	《水质　多环芳烃的测定　液液萃取和固相萃取　高效液相色谱法》（HJ 478—2009）	3.1 液液萃取、3.2 固相萃取、3.14 常用浓缩技术、3.15 常用净化技术
49		《水质　15 种氯代除草剂的测定　气相色谱法》（HJ 1070—2019）	3.1 液液萃取、3.2 固相萃取、3.14 常用浓缩技术、3.15 常用净化技术、3.16 常用衍生化技术
50		《水质　气相色/质谱法测定邻苯二甲酸酯类》（ISO 18856—2004）	3.2 固相萃取、3.15 常用净化技术
51		《水质　挥发性有机物的测定　吹扫捕集/气相色谱-质谱法（HJ 639—2012）	3.4 静态顶空及动态顶空
52		《水质　挥发性有机物　吹扫捕集气相色谱法》（HJ 686—2014）	3.4 静态顶空及动态顶空
53		《水质　挥发性有机物的测定　顶空气相色谱-质谱法》（HJ 810—2016）	3.4 静态顶空及动态顶空
54		《水质　总 α 放射性的测定　厚源法》（HJ 898—2017）	5.10 加热蒸发、5.12 灼烧
55		《水质　总 β 放射性的测定　厚源法》（HJ 899—2017）	5.10 加热蒸发、5.12 灼烧
56		《水质　二噁英类的测定　同位素稀释高分辨气相色谱-高分辨质谱法》（HJ 77.1—2008）	3.1 液液萃取、3.2 固相萃取、3.7 索氏提取、3.14 常用浓缩技术、3.15 常用净化技术
1	空气和废气（含室内空气）	《固定污染源排气中酚类化合物的测定　4-氨基安替比林分光光度法》（HJ/T 32—1999）	3.16 常用衍生化技术、5.2 显色反应
2		《环境空气　酚类化合物的测定　高效液相色谱法》（HJ 638—2012）	3.11 固体吸附管溶剂解析技术
3		《环境空气　醛、酮类化合物的测定　高效液相色谱法》（HJ 683—2014）	3.11 固体吸附管溶剂解析技术、3.16 常用衍生化技术
4		《固定污染源废气　醛、酮类化合物的测定　溶液吸收-高效液相色谱法》（HJ 1153—2020）	3.1 液液萃取、3.14 常用浓缩技术、3.16 常用衍生化技术

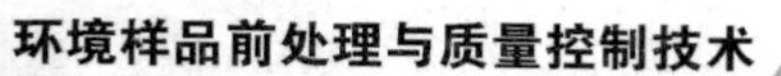

续表

序号	领域	标准	涉及章节
5	空气和废气（含室内空气）	《环境空气　醛、酮类化合物的测定　溶液吸收-高效液相色谱法》(HJ 1154—2020)	3.16 常用衍生化技术
6		《空气质量　甲醛的测定　乙酰丙酮分光光度法》(GB/T 15516—1995)	3.16 常用衍生化技术、5.2 显色反应
7		《固定污染源排气中乙醛的测定　气相色谱法》(HJ/T 35—1999)	3.16 常用衍生化技术
8		《固定污染源排气中丙烯醛的测定　气相色谱法》(HJ/T 36—1999)	2.2 气体样品的保存及运输
9		《固定污染源排气中甲醇的测定　气相色谱法》(HJ/T 33—1999)	2.2 气体样品的保存及运输
10		《固定污染源废气　总烃、甲烷和非甲烷总烃的测定　气相色谱法》(HJ 38—2017)	2.2 气体样品的保存及运输
11		《环境空气　总烃、甲烷和非甲烷总烃的测定　直接进样-气相色谱法》(HJ 604—2017)	2.2 气体样品的保存及运输
12		《固定污染源排气中氯乙烯的测定　气相色谱法》(HJ/T 34—1999)	2.2 气体样品的保存及运输
13		《固定污染源排气中丙烯腈的测定　气相色谱法》(HJ/T 37—1999)	3.11 固体吸附管溶剂解析技术
14		《固定污染源废气　三甲胺的测定　抑制型离子色谱法》(HJ 1041—2019)	5.6 过滤
15		《空气质量　三甲胺的测定　气相色谱法》(GB/T 14676—1993)	3.11 固体吸附管溶剂解析技术
16		《环境空气　氨、甲胺、二甲胺和三甲胺的测定　离子色谱法》(HJ 1076—2019)	5.6 过滤
17		《空气质量　硫化氢、甲硫醇、甲硫醚和二甲二硫的测定　气相色谱法》(GB/T 14678—1993)	3.13 气体样品的冷阱二次富集解析技术
18		《固定污染源废气　甲硫醇等 8 种含硫有机化合物的测定　气袋采样-预浓缩/气相色谱-质谱法》(HJ 1078—2019)	3.13 气体样品的冷阱二次富集解析技术

续表

序号	领域	标准	涉及章节
19	空气和废气（含室内空气）	《空气质量　苯胺类的测定　盐酸萘乙二胺分光光度法》(GB/T 15502—1995)	3.16 常用衍生化技术
20		《环境空气和废气　酰胺类化合物的测定　液相色谱法》(HJ 801—2016)	2.2 气体样品的保存及运输
21		《环境空气　苯系物的测定　固体吸附/热脱附-气相色谱法》(HJ 583—2010)	3.12 固体吸附管热解析技术
22		《环境空气　苯系物的测定　活性炭吸附/二硫化碳解析-气相色谱法》(HJ 584—2010)	3.11 固体吸附管溶剂解析技术
23		《居住区大气中苯、甲苯和二甲苯卫生检验标准方法　气相色谱法》(GB/T 11737—1989)	3.11 固体吸附管溶剂解析技术
24		《民用建筑工程室内环境污染控制标准》(GB 50325—2020)附录 D	3.12 固体吸附管热解析技术
25		《民用建筑工程室内环境污染控制标准》(GB 50325—2020)附录 E	3.12 固体吸附管热解析技术
26		《环境空气　酞酸酯类的测定　高效液相色谱法》(HJ 868—2017)	3.7 索氏提取、3.14 常用浓缩技术、3.15 常用净化技术
27		《空气质量　硝基苯类(一硝基和二硝基化合物)的测定　锌还原-盐酸萘乙二胺分光光度法》(GB/T 15501—1995)	5.2 显色反应
28		《环境空气　硝基苯类化合物的测定　气相色谱法》(HJ 738—2015)	3.11 固体吸附管溶剂解析技术
29		《环境空气　硝基苯类化合物的测定　气相色谱-质谱法》(HJ 739—2015)	3.11 固体吸附管溶剂解析技术
30		《固定污染源废气　氯苯类化合物的测定　气相色谱法》(HJ 1079—2019)	3.11 固体吸附管溶剂解析技术
31		《环境空气和废气　气相和颗粒物中多环芳烃的测定　气相色谱-质谱法》(HJ 646—2013)	3.7 索氏提取、3.8 加速溶剂萃取、3.14 常用浓缩技术、3.15 常用净化技术
32		《环境空气和废气　气相和颗粒物中多环芳烃的测定　高效液相色谱法》(HJ 647—2013)	3.7 索氏提取、3.8 加速溶剂萃取、3.14 常用浓缩技术、3.15 常用净化技术

续表

序号	领域	标准	涉及章节
33	空气和废气（含室内空气）	《环境空气　挥发性卤代烃的测定　活性炭吸附-二硫化碳解吸/气相色谱法》（HJ 645—2013）	3.11 固体吸附管溶剂解析技术
34		《固定污染源废气　挥发性卤代烃的测定　气袋采样-气相色谱法》（HJ 1006—2018）	2.2 气体样品的保存及运输
35		《环境空气　挥发性有机物的测定　吸附管采样-热脱附/气相色谱-质谱法》（HJ 644—2013）	3.12 固体吸附管热解析技术
36		《固定污染源废气　挥发性有机化合物的测定　固相吸附-热脱附/气相色谱-质谱法》（HJ 734—2014）	3.12 固体吸附管热解析技术
37		《环境空气　挥发性有机物的测定　罐采样/气相色谱-质谱法》（HJ 759—2015）	3.13 气体样品的冷阱二次富集解析技术
38		《环境空气　有机氯农药的测定　气相色谱-质谱法》（HJ 900—2017）	3.7 索氏提取、3.14 常用浓缩技术、3.15 常用净化技术
39		《环境空气和废气　二噁英类的测定　同位素稀释高分辨气相色谱-高分辨质谱法》（HJ 77.2—2008）	3.1 液液萃取、3.5 超声萃取、3.7 索氏提取、3.14 常用浓缩技术、3.15 常用净化技术
1	土壤和沉积物	《土壤和沉积物　石油烃（C_6-C_9）的测定　吹扫捕集/气相色谱法》（HJ 1020—2019）	3.4 静态顶空及动态顶空
2		《土壤和沉积物　石油烃（C_{10}-C_{40}）的测定　气相色谱法》（HJ 1021—2019）	3.7 索氏提取、3.8 加速溶剂萃取、3.14 常用浓缩技术、3.15 常用净化技术
3		《土壤和沉积物　丙烯醛、丙烯腈、乙腈的测定　顶空-气相色谱法》（HJ 679—2013）	3.4 静态顶空及动态顶空、3.6 振荡提取
4		《土壤和沉积物　醛、酮类化合物的测定　高效液相色谱法》（HJ 997—2018）	3.1 液液萃取、3.2 固相萃取、3.6 振荡提取、3.14 常用浓缩技术、3.16 常用衍生化技术
5		《土壤和沉积物　挥发性卤代烃　吹扫捕集/气相色谱-质谱法》（HJ 735—2015）	3.4 静态顶空及动态顶空、3.6 振荡提取

续表

序号	领域	标准	涉及章节
6	土壤和沉积物	《土壤和沉积物　挥发性卤代烃　顶空/气相色谱-质谱法》(HJ 736—2015)	3.4 静态顶空及动态顶空、3.6 振荡提取
7		《土壤和沉积物　挥发性芳香烃的测定　顶空气相色谱法》(HJ 742—2015)	3.4 静态顶空及动态顶空、3.6 振荡提取
8		《土壤和沉积物　多环芳烃的测定　气相色谱-质谱法》(HJ 805—2016)	3.7 索氏提取、3.8 加速溶剂萃取、3.14 常用浓缩技术、3.15 常用净化技术、7.5 凝胶渗透色谱
9		《土壤和沉积物　多环芳烃的测定　高效液相色谱法》(HJ 784—2016)	3.7 索氏提取、3.14 常用浓缩技术、3.15 常用净化技术
10		《土壤中六六六和滴滴涕测定　气相色谱法》(GB/T 14550—2003)	3.7 索氏提取、3.14 常用浓缩技术、3.15 常用净化技术
11		《土壤和沉积物　有机氯农药的测定　气相色谱-质谱法》(HJ 835—2017)	3.7 索氏提取、3.8 加速溶剂萃取、3.14 常用浓缩技术、3.15 常用净化技术、7.5 凝胶渗透色谱
12		《土壤和沉积物　有机磷类和拟除虫菊酯类等 47 种农药的测定　气相色谱-质谱法》(HJ 1023—2019)	3.7 索氏提取、3.8 加速溶剂萃取、3.14 常用浓缩技术、3.15 常用净化技术、7.5 凝胶渗透色谱
13		《土壤和沉积物　8 种酰胺类农药的测定　气相色谱-质谱法》(HJ 1053—2019)	3.5 超声萃取、3.7 索氏提取、3.8 加速溶剂萃取、3.14 常用浓缩技术、3.15 常用净化技术
14		《土壤和沉积物　草甘膦的测定　高效液相色谱法》(HJ 1055—2019)	3.5 超声萃取、3.15 常用净化技术、3.16 常用衍生化技术
15		《土壤和沉积物　多氯联苯的测定　气相色谱-质谱法》(HJ 743—2015)	3.5 超声萃取、3.7 索氏提取、3.8 加速溶剂萃取、3.9 微波辅助萃取、3.14 常用浓缩技术、3.15 常用净化技术
16		《土壤和沉积物　多氯联苯的测定　气相色谱法》(HJ 922—2017)	3.7 索氏提取、3.8 加速溶剂萃取、3.9 微波辅助萃取、3.14 常用浓缩技术、3.15 常用净化技术

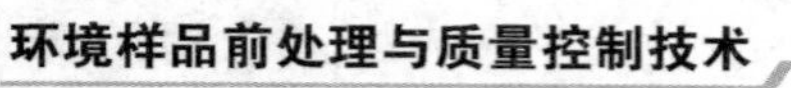

续表

序号	领域	标准	涉及章节
17	土壤和沉积物	《土壤和沉积物　11种三嗪类农药的测定　高效液相色谱法》(HJ 1052—2019)	3.7索氏提取、3.8加速溶剂萃取、3.14常用浓缩技术、3.15常用净化技术
18		《土壤和沉积物　多溴二苯醚的测定　气相色谱-质谱法》(HJ 952—2018)	3.7索氏提取、3.8加速溶剂萃取、3.14常用浓缩技术、3.15常用净化技术
19		《土壤和沉积物　多氯联苯混合物的测定　气相色谱法》(HJ 890—2017)	3.7索氏提取、3.8加速溶剂萃取、3.14常用浓缩技术、3.15常用净化技术
20		《土壤和沉积物　挥发性有机物的测定　吹扫捕集/气相色谱-质谱法》(HJ 605—2011)	3.4静态顶空及动态顶空
21		《土壤和沉积物　挥发性有机物的测定　顶空/气相色谱-质谱法》(HJ 642—2013)	3.4静态顶空及动态顶空、3.6振荡提取
22		《土壤和沉积物　挥发性有机物的测定　顶空气相色谱法》(HJ 741—2015)	3.4静态顶空及动态顶空、3.6振荡提取
23		《土壤和沉积物　半挥发性有机物的测定　气相色谱-质谱法》(HJ 834—2017)	3.7索氏提取、3.8加速溶剂萃取、3.14常用浓缩技术、3.15常用净化技术、7.5凝胶渗透色谱
24		《土壤和沉积物中二噁英类的测定　同位素稀释高分辨气相色谱-高分辨质谱法》(HJ 77.4—2008)	3.7索氏提取、3.14常用浓缩技术、3.15常用净化技术
25		《土壤和沉积物　铊的测定　石墨炉原子吸收分光光度法》(HJ 1080—2019)	4.1湿法消解、5.6过滤
26		《土壤和沉积物　钴的测定　火焰原子吸收分光光度法》(HJ 1081—2019)	4.1湿法消解
27		《土壤和沉积物11种元素的测定　碱熔-电感耦合等离子体发射光谱法》(HJ 974—2018)	4.3碱熔法

续表

序号	领域	标准	涉及章节
1	固体废物	《危险废物鉴别标准　浸出毒性鉴别》(GB 5085.3—2007 附录 H)	3.1 液液萃取、3.7 索氏提取、3.14 常用浓缩技术、3.15 常用净化技术
2		《危险废物鉴别标准　浸出毒性鉴别》(GB 5085.3—2007 附录 I)	3.1 液液萃取、3.7 索氏提取、3.14 常用浓缩技术、3.15 常用净化技术
3		《危险废物鉴别标准　浸出毒性鉴别》(GB 5085.3—2007 附录 J)	3.1 液液萃取、3.5 超声萃取
4		《危险废物鉴别标准　浸出毒性鉴别》(GB 5085.3—2007 附录 K)	3.1 液液萃取、3.7 索氏提取、3.14 常用浓缩技术、3.15 常用净化技术
5		《危险废物鉴别标准　浸出毒性鉴别》(GB 5085.3—2007 附录 N)	3.1 液液萃取、3.7 索氏提取、3.14 常用浓缩技术、3.15 常用净化技术
6		《危险废物鉴别标准　浸出毒性鉴别》(GB 5085.3—2007 附录 O)	3.4 静态顶空及动态顶空
7		《危险废物鉴别标准　浸出毒性鉴别》(GB 5085.3—2007 附录 P)	3.4 静态顶空及动态顶空
8		《危险废物鉴别标准　浸出毒性鉴别》(GB 5085.3—2007 附录 Q)	3.4 静态顶空及动态顶空
9		《危险废物鉴别标准　浸出毒性鉴别》(GB 5085.3—2007 附录 R)	3.1 液液萃取、3.7 索氏提取、3.14 常用浓缩技术、3.15 常用净化技术
10		《危险废物鉴别标准　毒性物质含量鉴别》(GB 5085.6—2007 附录 H)	3.1 液液萃取、3.6 振荡提取、3.14 常用浓缩技术、3.15 常用净化技术、3.16 常用衍生化技术
11		《危险废物鉴别标准　毒性物质含量鉴别》(GB 5085.6—2007 附录 L)	3.16 常用衍生化技术
12		《危险废物鉴别标准　毒性物质含量鉴别》(GB 5085.6—2007 附录 O)	3.4 静态顶空及动态顶空

续表

序号	领域	标准	涉及章节
13	固体废物	《危险废物鉴别标准　毒性物质含量鉴别》(GB 5085.6—2007 附录 P)	3.1 液液萃取、3.2 固相萃取、3.14 常用浓缩技术、3.16 常用衍生化技术
14		《危险废物鉴别标准　毒性物质含量鉴别》(GB 5085.6—2007 附录 R)	3.15 常用净化技术、3.16 常用衍生化技术
15		《固体废物　丙烯醛、丙烯腈和乙腈的测定　顶空-气相色谱法》(HJ 874—2017)	3.4 静态顶空及动态顶空、3.6 振荡提取
16		《固体废物　多氯联苯的测定　气相色谱-质谱法》(HJ 891—2017)	3.1 液液萃取、3.7 索氏提取、3.8 加速溶剂萃取、3.14 常用浓缩技术、3.15 常用净化技术、7.5 凝胶渗透色谱
17		《固体废物　有机氯农药的测定　气相色谱-质谱法》(HJ 912—2017)	3.1 液液萃取、3.7 索氏提取、3.8 加速溶剂萃取、3.9 微波辅助萃取、3.14 常用浓缩技术、3.15 常用净化技术、7.5 凝胶渗透色谱
18		《固体废物　挥发性卤代烃的测定　吹扫捕集/气相色谱-质谱法》(HJ 713—2014)	3.4 静态顶空及动态顶空、3.6 振荡提取
19		《固体废物　挥发性卤代烃的测定　顶空/气相色谱-质谱法》(HJ 714—2014)	3.4 静态顶空及动态顶空、3.6 振荡提取
20		《固体废物　多环芳烃的测定　高效液相色谱法》(HJ 892—2017)	3.1 液液萃取、3.7 索氏提取、3.14 常用浓缩技术、3.15 常用净化技术
21		《固体废物　挥发性有机物的测定　顶空-气相色谱法》(HJ 760—2015)	3.4 静态顶空及动态顶空、3.6 振荡提取
22		《固体废物　挥发性有机物的测定　顶空/气相色谱-质谱法》(HJ 643—2013)	3.4 静态顶空及动态顶空、3.6 振荡提取
23		《固体废物　半挥发性有机物的测定　气相色谱-质谱法》(HJ 951—2018)	3.1 液液萃取、3.7 索氏提取、3.8 加速溶剂萃取、3.9 微波辅助萃取、3.14 常用浓缩技术、3.15 常用净化技术、7.5 凝胶渗透色谱

续表

序号	领域	标准	涉及章节
24	固体废物	《固体废物 苯系物的测定 顶空-气相色谱法》(HJ 975—2018)	3.4 静态顶空及动态顶空、3.6 振荡提取
25		《固体废物 苯系物的测定 顶空/气相色谱-质谱法》(HJ 976—2018)	3.4 静态顶空及动态顶空、3.6 振荡提取
26		《固体废物 二噁英类的测定 同位素稀释高分辨气相色谱-高分辨质谱法》(HJ 77.3—2008)	3.1 液液萃取、3.7 索氏提取、3.14 常用浓缩技术、3.15 常用净化技术

附录三 前处理技术(金属检测部分)

序号	领域	标准	涉及章节
1	水和废水	《水质 汞、砷、硒、铋和锑的测定 原子荧光法》(HJ 694—2014)	4.1 湿法消解、5.6 过滤
2		《水质 总汞的测定 冷原子吸收分光光度法》(HJ 597—2011)	4.1 湿法消解、5.18 干扰消除
3		《水质 铜、锌、铅、镉的测定 原子吸收分光光度法》(GB/T 7475—1987)	4.1 湿法消解、4.5 分离富集、5.6 过滤
4		《水质 32 种元素的测定 电感耦合等离子体发射光谱法》(HJ 776—2015)	4.1 湿法消解、5.6 过滤
5		《水质 65 种元素的测定 电感耦合等离子体质谱法》(HJ 700—2014)	4.1 湿法消解、5.6 过滤
6		《城镇污水水质标准检验方法》(CJ/T 51—2018)	4.1 湿法消解、4.5 分离富集
7		《水质 镍的测定 火焰原子吸收分光光度法》(GB/T 11912—1989)	4.1 湿法消解、5.6 过滤
8		《水质 铁、锰的测定 火焰原子吸收分光光度法》(GB/T 11911—1989)	4.1 湿法消解、5.6 过滤
9		《水质 铁的测定 邻菲罗啉分光光度法》(HJ/T 345—2007)	5.2 显色反应、5.10 加热蒸发、5.18 干扰消除

续表

序号	领域	标准	涉及章节
10	水和废水	《水质　铬的测定　火焰原子吸收分光光度法》(HJ 757—2015)	4.1 湿法消解、5.6 过滤
11		《水质　钾和钠的测定　火焰原子吸收分光光度法》(GB/T 11904—1989)	5.6 过滤
12		《水质　钙和镁的测定　原子吸收分光光度法》（GB/T 11905—1989)	4.1 湿法消解、5.6 过滤
13		《水质　汞、砷、硒、铋和锑的测定　原子荧光法》(HJ 694—2014)	4.1 湿法消解、5.6 过滤
14		《水质　钒的测定　钽试剂(BPHA)萃取分光光度法》(GB/T 15503—1995)	5.2 显色反应、5.5 搅拌、5.15 液液萃取
15		《水质　钡的测定　火焰原子吸收分光光度法》(HJ 603—2011)	4.1 湿法消解、5.6 过滤
16		《水质　银的测定　火焰原子吸收分光光度法》(GB/T 11907—1989)	4.1 湿法消解
17		《水质　钴的测定　5-氯-2-(吡啶偶氮)-1，3-二氨基苯分光光度法》(HJ 550—2015)	5.2 显色反应、5.3 消解、5.18 干扰消除
18		《水质　黄磷的测定　气相色谱法》(HJ 701—2014)	3.1 液液萃取、3.15 常用净化技术
19		《水质　锑的测定　火焰原子吸收分光光度法》(HJ 1046—2019)	4.1 湿法消解、5.6 过滤
1	空气和废气(含室内空气)	《空气和废气　颗粒物中金属元素的测定　电感耦合等离子体发射光谱法》(HJ 777—2015)	4.1 湿法消解、5.6 过滤
2		《环境空气和废气　颗粒物中砷、硒、铋、锑的测定　原子荧光法》(HJ 1133—2020)	4.1 湿法消解、5.6 过滤
3		《固定污染源废气　气态汞的测定　活性炭吸附/热裂解原子吸收分光光度法》(HJ 917—2017)	4.5 分离富集
4		《大气固定污染源　锡的测定　石墨炉原子吸收分光光度法》(HJ/T 65—2001)	4.1 湿法消解、5.6 过滤

续表

序号	领域	标准	涉及章节
5	空气和废气（含室内空气）	《固定污染源废气　铅的测定　火焰原子吸收分光光度法》（HJ 685—2014）	4.1 湿法消解、5.6 过滤
6		《环境空气　铅的测定　石墨炉原子吸收分光光度法》（HJ 539—2015）	4.1 湿法消解、5.6 过滤
7		《空气和废气　颗粒物中铅等金属元素的测定　电感耦合等离子体质谱法》（HJ 657—2013）	4.1 湿法消解、5.6 过滤
8		《大气固定污染源　镉的测定　火焰原子吸收分光光度法》（HJ/T 64.1—2001）	4.1 湿法消解、5.6 过滤
9		《大气固定污染源　镉的测定　石墨炉原子吸收分光光度法》（HJ/T 64.2—2001）	4.1 湿法消解、5.6 过滤
10		《大气固定污染源　镍的测定　火焰原子吸收分光度法》（HJ/T 63.1—2001）	4.1 湿法消解、5.6 过滤
11		《大气固定污染源　镍的测定　石墨炉原子吸收分光光度法》（HJ/T 63.2—2001）	4.1 湿法消解、5.6 过滤
12		《固定污染源废气　砷的测定　二乙基二硫代氨基甲酸银分光光度法》（HJ 540—2016）	4.1 湿法消解、5.2 显色反应、5.6 过滤、5.14 超声提取、5.18 干扰消除
13		《固定污染源废气　铍的测定　石墨炉原子吸收分光光度法》（HJ 684—2014）	4.1 湿法消解、5.6 过滤
14		《固定污染源废气　碱雾的测定　电感耦合等离子体发射光谱法》（HJ 1007—2018）	5.6 过滤、5.10 加热蒸发、5.14 超声提取
1	土壤、底质（沉积物）	《土壤质量　总汞、总砷、总铅的测定　第1部分：土壤中总汞的测定　原子荧光法》（GB/T 22105.1—2008）	4.1 湿法消解
2		《土壤和沉积物　汞、砷、硒、铋、锑的测定　微波消解/原子荧光法》（HJ 680—2013）	4.1 湿法消解、5.6 过滤
3		《土壤和沉积物　铜、锌、铅、镍、铬的测定　火焰原子吸收分光光度法》（HJ 491—2019）	4.1 湿法消解

续表

序号	领域	标准	涉及章节
4	土壤、底质（沉积物）	《土壤和沉积物　12 种金属元素的测定　王水提取-电感耦合等离子体质谱法》(HJ 803—2016)	4.1 湿法消解、5.6 过滤
5		《土壤质量　铅、镉的测定　石墨炉原子吸收分光光度法》(GB/T 17141—1997)	4.1 湿法消解
6		《土壤和沉积物　六价铬的测定　碱溶液提取-火焰原子吸收分光光度法》(HJ 1082—2019)	4.4 碱消解法、5.5 搅拌、5.6 过滤
7		《土壤质量　总汞、总砷、总铅的测定　第 2 部分：土壤中总砷的测定　原子荧光法》(GB/T 22105.2—2008)	4.1 湿法消解
8		《土壤和沉积物　铍的测定　石墨炉原子吸收分光光度法》(HJ 737—2015)	4.1 湿法消解
9		《土壤　8 种有效态元素的测定　二乙烯三胺五乙酸浸提-电感耦合等离子体发射光谱法》(HJ 804—2016)	4.6 金属元素形态分析前处理技术、4.7 有效态提取技术
10		《土壤　有效磷的测定　碳酸氢钠浸提-钼锑抗分光光度法》(HJ 704—2014)	4.7 有效态提取技术
1	固体废物	《危险废物鉴别标准　浸出毒性鉴别》(GB 5085.3—2007 附录 B)	4.1 湿法消解、5.6 过滤、5.7 离心、5.13 浸出
2		《危险废物鉴别标准　浸出毒性鉴别》(GB 5085.3—2007 附录 C)	4.1 湿法消解、5.18 干扰消除
3		《危险废物鉴别标准　浸出毒性鉴别》(GB 5085.3—2007 附录 D)	4.1 湿法消解、5.13 浸出
4		《危险废物鉴别标准　浸出毒性鉴别》(GB 5085.3—2007 附录 E)	4.1 湿法消解、5.13 浸出
5		《危险废物鉴别标准　浸出毒性鉴别》(GB 5085.3—2007 附录 T)	4.4 碱消解法、5.5 搅拌、5.6 过滤
6		《固体废物　汞、砷、硒、铋、锑的测定　微波消解原子荧光法》(HJ 702—2014)	4.1 湿法消解、5.6 过滤、5.13 浸出

续表

序号	领域	标准	涉及章节
7	固体废物	《固体废物　22种金属元素的测定　电感耦合等离子体发射光谱法》(HJ 781—2016)	4.1湿法消解、5.13浸出
8		《固体废物　金属元素的测定　电感耦合等离子体质谱法》(HJ 766—2015)	4.1湿法消解、5.6过滤、5.13浸出
9		《固体废物　镍和铜的测定　火焰原子吸收分光光度法》(HJ 751—2015)	4.1湿法消解、5.13浸出
10		《固体废物　铅、锌和镉的测定　火焰原子吸收分光光度法》(HJ 786—2016)	4.1湿法消解、5.6过滤、5.7离心、5.13浸出
11		《固体废物　铅和镉的测定　石墨炉原子吸收分光光度法》(HJ 787—2016)	4.1湿法消解、5.6过滤、5.7离心、5.13浸出
12		《固体废物　总铬的测定　火焰原子吸收分光光度法》(HJ 749—2015)	4.1湿法消解、5.13浸出
13		《固体废物　六价铬的测定　碱消解\火焰原子吸收分光光度法》(HJ 687—2014)	4.4碱消解法、5.5搅拌、5.6过滤